U0276524

俄 国
自 然 科 学 史

〔苏〕C.P. 米库林斯基 等著

马左书 译

傅森 王五一 李申 马小可 审校

创于1897 商务印书馆
The Commercial Press

2020 年 · 北京

Микулинский и др.

Развитие естествознанияв в России

Copyright © 1977 by Издательство《Наука》

All rights reserved.

据莫斯科科学出版社 1977 年俄文版译出

前言

　　本书旨在阐明 18 世纪至 20 世纪初，更确切地说是至 1917 年十月社会主义革命前，俄国自然科学的发展历程。

　　科学在俄国的发展走过了漫长而光荣的道路。它的历史是俄国各族人民共同的国家史和文化史不可分割的一部分。

　　科学的产生和发展与人们的实践以及人民的社会历史创造紧密相关。人们在这一过程中同时改造着自己的生活条件、自然和人们自己。俄国的科学活动同样是社会进步的一种体现。俄国各历史时期的社会经济、政治、文化条件决定了科学发展的方向和速度。各民族科学进步的互相促进具有重大意义。俄国的科学发展是世界科学的组成部分，不注意这种相互联系就不可能正确反映科学整体及其在各国的发展过程。同时，科学在各国的发展有自己的特点，这是由不同民族和国家特殊的历史命运以及科学文化传统所决定的。这些特点不应被忽视，因为它们有助于理解和揭示科学发展过程的共同规律，以及各民族对世界科学进步的独创贡献。

　　科学史著作并非发现和发明的目录，本文作者力图揭示和说明，先进的科学思想是如何产生和发展，如何在与反科学的、陈旧的观念的斗争中为自己开辟道路。这种斗争到处都是艰难的。在沙皇俄国这一斗争尤其沉重。

　　长达几个世纪蒙古游牧部落的压迫，是西欧不曾经历过的，其后封建农奴制的统治比欧洲其他国家更漫长，最后是直至 20 世纪初仍存在的封建残余，这些导致俄国经济和政治的落后。沙皇政权的落后、愚钝和专制阻碍了人民中蕴藏的才能和天才的发掘，扼制了科学、教育和文化的发展。沙皇和教会的联合专制压制了一切科学和文化的进步。在这种条件下每前进一步都要付出巨大的努力。只有十月社会主义革命才真正为科学、教育和文化的发展打开了天地。

俄国的社会经济条件的变化，确定了从 18 世纪到 20 世纪初期，其科学史可自然地分为三个大的时期。本书据此相应地分成三篇。

第一篇回顾了 18 世纪的科学发展状况。标志这一时代开端的是彼得一世的震撼俄国的改革，它导致俄国民族国家的巩固、工业和贸易的增长，促进了封建关系的解体。彼得大帝极力改变俄国的落后状况，加强中央集权。如同列宁所言，以野蛮的手段对付野蛮。

为实现自己的目的，彼得大帝和他的幕僚采取积极措施培养本国的技术干部、军事专家、医生、药剂师、教师和学者。在短时期内建立大批专业学校。编写俄文的自然科学和数学的教材和科学著作。对世俗教育的多方推广、对国家经济发展和实力的关心、对祖国自然资源的研究和利用，以及相应的对发展和应用科学知识的需求，这些都在彼得堡科学院的建立中得到极其重要的体现，产生巨大的影响。

尽管新生的科学院遇到重重困难，但是在各个领域的科研上，在对俄国第一代学者的培养上，硕果累累非同寻常。彼得堡科学院在成立之初就以自己的科学活动著称成为世界最大的科学中心之一。

1755 年，在罗蒙诺索夫的建议下创建了莫斯科大学，这对后来俄国科学文化的发展作用重大。

第二篇阐述了 19 世纪初至 19 世纪 60 年代的科学发展历程。这是俄国社会封建关系严重危机和资本主义开始发展的时期。反抗拿破仑入侵战争，引起了国民自觉的高涨；封建农奴制矛盾加剧。在俄国出现了有组织的革命运动，其高潮即为 1825 年 12 月党人起义。起义被镇压了，但是，不满专制农奴制的暗潮在增长。非贵族出身的知识分子取代了宫廷里的革命者。革命的民主思想产生了，其先驱就是别林斯基和赫尔岑。在 19 世纪初，各个中等学校和高等学校之间的网络，尽管存在不足，但是在急剧扩张。开始与科学院共同主导科学发展的有位于莫斯科、德尔普特（Дерпт 现塔尔图）、喀山、哈尔科夫、彼得堡和基辅的大学。科学发展实现了新的跨越。涌现出大批优秀学者：数学家罗巴切夫斯基和奥斯特洛格拉德斯基、天文学家斯特鲁维、物理学家彼得罗夫、化学家沃斯克列先斯基和济宁（Зинин）、生物家和医学家佳季科夫斯基、彼罗戈夫（Пирогов）、包特金（Боткин）和鲁利耶（Рулье），哲学家赫尔岑和别林斯基。

第三篇详述了 19 世纪 60 年代至 20 世纪初的科学发展。1861 年取消农奴制后，资本主义加速生长。封建地主的残余势力仍存在并在折磨人民，遏制资本主义生长。在 19 世纪 60 年代初，农民起义浪潮云起。以杰出的政论家和哲学家车尔尼雪夫斯基为首的革命民主派，成为绝望的农民群众的代表。在知识分子中，民主倾向在增长。19 世纪末出现了俄国首批马克思主义小组。工人阶级登上历史舞台。19 世纪至 20 世纪之交成立了以列宁为首的布尔什维克党。

在这一时期，俄国的文学、音乐和绘画达到巅峰。科学上，第一批大的科学学派的时代取代了伟大的个人科学家的时代：数学的切比雪夫（Чебышев）学派、力学的茹科夫斯基和恰普雷金学派、物理学的斯托列托夫和列别捷夫学派、化学的门捷列夫和布特列罗夫学派、结构晶体学的费多罗夫学派、地质学的卡尔宾斯基学派、土壤和地理学的多库恰耶夫学派、矿物学和地质化学的维尔纳茨基学派、生理学的谢切诺夫和巴甫洛夫学派。俄国学者成为一些新科学领域的奠基人，如土壤学、进化古生物学、进化胚胎学、在世界科学上具有重要意义的化学结构理论——化学元素周期学说、中枢抑制的学说、研究高级神经活动的客观方法、条件反射学说、马尔科夫链、马尔可夫过程、空气动力研究、飞机理论等其他许多科学发现。

但是，俄国科学文化的真正自由发展，是在十月社会主义革命之后。它第一次给劳动群众开辟了通向科学的道路，根本改变了科学研究的组织机构，创立了过去未曾有也不可能实现的物质精神条件，推进了多民族国家全民的科学文化进步。出现了一些大的科学中心和新学派，包括边疆区的加盟共和国，那里过去不仅没有大学和科研机构，而且居民几乎都是文盲。

俄国十月革命后科学文化的迅速广泛发展，是社会经济条件影响科学文化发展的鲜明印证。它充分证明社会主义和科学是密不可分的。

本书不企求囊括全部俄国科技史，这也是一本书不可能做到的。作者和编辑们在大量材料中选择记载了更具实质性的科学思想和科学发现的历史。

C. P. 米库林斯基

第一篇

1800 年前俄国的自然科学

第一章 1800 年前俄国的自然科学概况

在俄国的科学史上，18 世纪占有特殊的位置。在 18 世纪的前 25 年中，俄国科学文化的发展发生了巨大的变化。1724 年，成立了彼得堡科学院。它诞生的 10 年期间，在俄国和世界科学发展中发挥了重大作用。科学创造的风格和内涵，不曾有过如此迅速的改变。在很短的时间内，俄国的科学研究发生了根本的变化，成为世界科学发展的中心之一。

如此迅猛改变的原因和动力是来自 17—18 世纪之交，因彼得大帝而发生的俄国经济、社会和政治生活的深刻变革。这个变革是由俄国历史发展的进程所确定的。科学如此显著迅猛的发展，若不是基于过去的发展所形成的基础，也是不可能的。俄国的科学在 18 世纪登上世界舞台，但不是说它产生于 18 世纪，它的形成远早于此。9 世纪在基辅罗斯就存在对于当时属于很高的物质精神文化，建筑技术、手工业、绘画和珠宝业都达到了很高的水平。

公元 988 年，俄国接受了基督教。这促进了斯拉夫裔的统一，并扩大了他们与拜占庭和南方斯拉夫国家的文化联系。9 世纪中由基里尔（Кирилл）和麦福季（Мефодий）兄弟创造的斯拉夫字母从保加利亚传入并传播，以此为基础，在 18 世纪前期创建了俄文字母。11—15 世纪在诺夫哥罗德的桦皮信，部分地证明了城市居民中文化的发展、语法和数学计算的传播。9—11 世纪，出现了丰富的斯拉夫语的翻译和原创作品，其中包括科学作品。基辅、诺夫哥罗德和其他城市有了优秀的建筑，艺术和手工业繁荣发展，出现了学校，在寺院里有了图书的积累。保留的当时的文化遗物，证明了与西欧国家相似的思想发展的强化过程，包括传播亚里士多德的自然哲学（当然是当时神学的解释）、数学、天文学和自然科学。

13 世纪前中期，蒙古征服者的入侵，给这个文化的进步带来重大的损失，造成城市文化毁灭，手工业衰败，严重地破坏了文明进步。在二百多年为挣脱游牧征服者的斗争中，莫斯科逐渐发挥了更大的作用，建立起统一的俄国。为了获取新的疆土，建立城堡，特别是从征服者的统治下解放之后必须要加强军事装备，这也促进了科学技术的发展和利用。随着商贸的扩大以及政府官员对土地和税收的计算工作量增大，对算术和初等几何的需求也增加了。出现了日常使用的计算工具，后被全世界称为"俄国算盘"。涌现了许多解决数学计算和几何以及重要形状的测量问题的法则定律。在莫斯科、诺夫格罗德、普斯科夫和其他俄国古城保留的这个时期的建筑，可证明当时在力学应用方面的知识水平。建筑中采用了起重机械，外国人都对俄国工匠的技艺之高感到吃惊。还出现了钟表和复杂玩具的制作。

被广泛应用的还有各种水力设备。在乌拉尔和西伯利亚，16—17世纪有了许多水磨房。炼钢、铸铁和其他工厂都使用水轮动力。18世纪，新出现的大型制铁厂等开始取代手工作坊。由于森林资源消耗殆尽，使得这些工厂从俄中部向北向东迁移。工厂采用先进的机械，相对产能较高。在过去，探矿仅仅是当地居民的副业，现在成为了国家的关注，并且为此开展了专业的考察。

随着制皂、制染料、陶制品、陶饰、首饰、器皿加工等俄国老传统产业的发展，要求工匠们提高化学工艺水平。当时，俄国在钾碱、松脂、柏油等自然产品的采集和加工上已占世界第一，还拥有了开采煮盐的技术。1665年，第一个火药厂在莫斯科近郊建成。

国家的治理、疆土的守卫、整个俄国市场的发展以及与邻国的贸易都要求更确切的各个地方的自然条件、人口居住、海域和内河交通的信息，这就促进了地理的调查。约16—17世纪编制了第一批西伯利亚地图，或者说是草图，它虽然不具备数学的根据，但却十分详尽，点与点的间距上标有行程天数。这样的草图成为俄国地理的初始基源，在外国地图上照它描绘俄国的领土。西方当时对西伯利亚北方海岸特别感兴趣，幻想由此开通海路抵达中国和印度。16世纪，俄国航海家从海路抵达鄂毕河湾。16世纪末出现了童话般繁荣起来的商业城市曼加泽亚（Мангазея）。17世纪初，俄国人抵达叶尼塞河及其以东地区，陆路上深入到叶尼塞河；17世纪中抵达勒拿河，经海路抵达科累马河，经陆路抵达贝加尔湖、阿穆尔河和太平洋海岸。1648年，

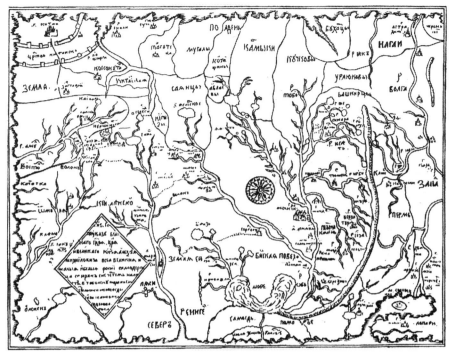

1667 年果杜诺夫的西伯利亚地图

霍尔姆人 Ф. А. 波波夫和哥萨克 С. 杰日尼奥夫（Дежнев）从海上饶过堪察加半岛，来到白令海峡。因此，在 17 世纪中叶，俄国完成了覆盖整个北方海路的航程。在 1667 年绘制的西伯利亚"草图"上，П. 戈杜诺夫（Годунов）标出了新占有的地区——西伯利亚和远东的河流。

对东方邻国——希瓦（汗）国、布哈拉和中国的出访也增加了。关于东西伯利亚和中国的信息，更多的是在 1675—1678 年的探险中获得的。此次探险组成人员 150 人，由在俄国供职的摩尔多瓦作家和哲学家 Н. 斯帕法里（Спафарий）领导，他的助手，被派往驻中国使馆的 Н. 维纽柯夫熟知西伯利亚和毗邻国家的情况。各种地理方面的手抄作品当时广为流传，还翻译了赫维留（Гевелий）的《月面学》，其内容包括哥白尼的日心说。

17 世纪俄国医学得到进一步发展，在克里姆林宫和伊兹梅洛沃（Измайлово）建立了草药园，军队配有专门医师，政府开始采取预防传染病的措施。1654 年建立了第一所医师学校。手抄本《医疗手册》和《外科手术》被广为散发。17 世纪 50 年代翻译了 А. 维萨里（Везалий）的著名解剖学著作。

17世纪出现了第一批大学类型的学校。基辅—莫基梁（Могилянская）学校始建于1631年，1701年改称学院。莫斯科的斯拉夫—希腊—拉丁学院始建于1685年，该学院的语言学很优秀，其他学科则屈从教会的利益。除了培养医生之外，尚无自然科学和技术的教育。教会阻挠接触西方的科学中心和传播科学知识。1561年在莫斯科建成的印刷所，在18世纪之前几乎是仅仅出版教会的著作。

17—18世纪之交的经济和政治改革极大地提高了对科学技术知识的需求，并通过采取积极措施来满足这样的需求。

1695—1696年，为打开俄国通向黑海的出海口而进行的亚速海征伐，使彼得大帝认识到建立海军之必要。于是，在沃罗涅什建立了船厂，开始几十艘大舰和几百艘小舰的建造。

造船业的发展带动其他产业。18世纪初在原莫斯科附近的小雅罗斯拉夫建立了五座新的冶金厂，在沃罗涅什建立了两座，成立了两个新的冶金中心——乌拉尔地区和奥洛涅茨地区。奥洛涅茨地区虽然矿源不佳，但由于靠近波罗的海，1707年也建立了四座冶金厂。在圣彼得堡附近的谢斯特罗烈茨克建立了最大的兵工厂，由杰出的工程师 В. И. 盖宁（Геннин）领导。在彼得大帝当政时期，积极建设俄国工业，共计建了15座国有的和30座私有的铸铁和武器工厂，十多座冶铜工厂。这些工厂主要集中在乌拉尔地区。1724年，俄国生铁产量从世纪初的年产15万吨升至年产116.5万吨，产量提高776%。18世纪前25年中，建立的工业企业超过200座，其中三分之一是冶金和金属加工厂。许多俄国工厂的产品不逊于历来驰名的英国和瑞典冶金企业。这一时期，还建成了最大的圣彼得堡船厂，以及武器、火药、制呢、制帆、制缆、皮加工等许多企业。水利技术设施也得到高度完善，提出连接伏尔加河和波罗的海的任务，并为此于1719—1722年建成了维什涅沃洛（Вышневолоцкая）运河。这是国内第一个人工水道，几百年来一直正常运行。

海军的建立、冶金制铁工厂的建设、俄国疆土的开拓、筑路和其他事业的发展，都迫切需要大批掌握最新科学技术知识的人才。因此需要培养海员、造船师、冶金师、采矿师、建筑师、炮兵、军事工程师、地图绘制师等等，还要为迅速扩展和更新的国家机构配备受到广泛教育的人才。向国外派送年轻学生，只能解决部分暂时的需求，因此，必须在俄国本土进行对专家的培养。彼得大帝明白：在俄国若无文化知识整体上的提高，若无科技著作出版事业的发展，若无对现代科技的掌握和继续开发，要做到这些是不可能的。所以，在1697—1698年赴荷兰和英国的大使团之旅，彼得大帝不仅研究了那里的造船厂，还了解了研究院、大学、图书馆、博物馆以及科学家个人的研究工作。他的助手，包括 Я. 布留斯（Брюс）和俄国第一位医生（在帕多瓦学习）П. В. 波斯特尼柯夫则购买了书籍和仪器，聘雇了拟在俄国开设学校的教师。1699年在莫斯科炮宫开办了炮兵学校。1701年开办了数学和导航学校，实则为大学，培养海员、测量学家和地理学家。1703年已经培养出180名学员，1712年达到517人。该校教员中著名者有：Л. Ф. 马格尼茨基，苏格兰人 А. 法尔瓦尔松。马格尼茨基是1703年出版的《算术学》一书的作者，该书不仅包括算术知识，还有代数、三角和一些几何学题解以及测量学和实际天文学的信息。该校还建立了印刷厂，印制教材和地图。

出自该校的，还有18世纪俄国最著名的机械师 А. К. 纳尔托夫，他的主要发明——车床的刀架，提高了加工精确度，实施标准件加工，不仅带来车床加工的革命，而且是实现从手工业制造向工厂化生产转变的重大技术条件（18世纪90年代西欧才开始采用该技术）。纳尔托夫还发明了速射火炮（1741）、调节升高角度的升降螺旋、加工炮膛线的机器和其他机械。

继导航学校之后，在莫斯科开办了工程学校（1711）和炮兵学校（1712）。1715年，在导航学校高年级班的基础上，建立了圣彼得堡海军学院，而莫斯科的导航学校即成为该学院的预科。到1725年，这两所学校几乎已经能保障俄海军所需的全部军官。学院培养了大批专业的测量和水文人才，为当时俄国许多城市开设的学校培养了教员。学院建立了印刷所，第一份出版物是当时学院领导 Г. Г. 斯科尔尼亚科夫–皮萨列夫（Скорняков-Писарев）写的《静力与力学科学》（1722）。1719年在圣彼得堡建立了高级工程学院——工程连队。1720—1721年，基于采矿业的需求，在中央矿务总局组建了化学实验室。

随着技术和数学教育的进步，带动了医学、化学制药等自然科学迅速发展。

1707 年，按照彼得大帝的指令，在莫斯科成立了第一所医疗学校。组建者是彼得大帝聘请的莱顿（Лейденский）大学的 H. 比德洛奥（Бидлоо）。应当指出，该校在创建初期，也和一些俄国其他学校一样，遇到了极大的阻力。在各个社会阶层中推广教育和培养专家的做法遭到许多人反对。阻力来自教会、贵族和一些外国专家，后者是怕丧失自己在俄国的垄断地位。不过，在外国专家之中远非都持这样的立场。

1733 年，在彼得堡和喀良施塔得建立了医卫学校，它们与莫斯科的学校共同发挥了很大的作用，不仅培养了俄国的医生，还传播了解剖学、植物学和动物学的知识。

与此同时，在培养俄国本国的采矿、地质、地理等领域的专家方面也有了相当大的进展。为达到此目的，在乌拉尔建立了矿山学校。对此作出重大贡献的是天才的学者、彼得大帝的幕僚 B. H. 塔季谢夫。他领导了乌拉尔的采矿，并且完成了地质地理方面一些出色的研究。

新的思想在相当程度上影响着旧的教会学校（基辅—莫基梁学院，莫斯科的斯拉夫—希腊—拉丁学院）。这些学校的许多毕业生，其中包括罗蒙诺索夫，后来从事了世俗工作。

所有这些学校的教育都与实际应用紧密结合，大多数学生和教员都是下层出身。正是这些人群营造了 18 世纪俄国科学的环境。

培养大批的专家，需要有新的科技著作。最初曾尝试在荷兰印刷俄文的科技著作，但未成功。后来在莫斯科、彼得堡和各地城市相继开设了印刷所。第一个出版的是前述马格尼茨基的《算术》和《对数表、正弦、正切、正割》（1703）。1708 年进行了字母和书写规则的改革，适应现代流行的俄语会话，引入新的字体。用新字体刊印的第一本书是德文译著《圆与线》（1708）。从此，过去主要印刷教会书籍的莫斯科印刷所开始以出版数学、地理、军事、测量、技术、历史和政治书籍为主。

1714 年，以彼得大帝的私人藏书加上各方收集的图书，在彼得堡开办了第一个对公众开放的图书馆。至 1725 年，该馆藏书已经达到 1.2 万册，还有许多珍贵的手稿。

这一时期，开始大量建造实际应用的设施设备（舰艇、道路隧道工事的修建等等），制作仪器和教学用具以及观测镜等。

在俄国基于新出现的需求，兴起了对地理的研究。探险队被派往许多地方，其中包括：1714—1717 年赴中亚和里海（А. Б. 切尔卡斯基等），此次考察的资料使得咸海和里海的地图标注（Ф. И. 索伊莫诺夫，К. 维尔坚）达到与实际近似；1717—1720 年赴前喀山和阿斯特拉罕属地和高加索土耳其边境地区；1719 年赴西伯利亚（Д. Г. 梅塞施米特）；同年赴堪察加（И. 叶夫列伊诺夫和 Ф. 卢任）等等。这些考察搜集了珍贵的地理、植物、动物、地质和民族人种等科学资料。

1719 年，开设了第一个俄国自然博物馆 —— 以珍稀物陈列馆（Кунсткамера）著称。

*　　　　*　　　　*

17 世纪和 18 世纪初，在俄国发生的经济、政治和文化生活中的根本变革，为 1724 年成立彼得堡科学院奠定了基础，并且使之成为世界最大的科学中心之一。科学院的诞生，实质上为俄国的科学发展开创了新的阶段。

与当时存在的大多数科学院不同，彼得堡科学院从最开始就是作为国家的科学机构，其目标不仅仅是一般的发展科学，同时还要满足国家对科学和技术的需求。为此，科学院附设了预科和大学。科学院自己的特征、今后的发展和其在俄国的作用，均在很大程度上由此确定。

关于彼得堡科学院本书设有专门章节，在此只作两点一般概述。

首先要指出，如果说 18 世纪俄国自然科学和数学的发展，其主流是沿着世界科学进步的主航道，那么在许多局部，有些是很重要的局部，则是由俄国的直接需求而确定其发展的，所涉及的不仅有地理、动物、采矿等方面的研究，在理论力学和数学的发展上也受到俄国生活需求的直接和间接影响。科学院常常让其成员去研究可以产生直接实用效果的研究项目。Д. 伯努利的水动力和水利研究就是个例子。在著名的《水动力学》一书前言中伯努利写道："我想说明，这项工作最主要的部分应归功于彼得堡科学院的领导、构思和支持。其全部努力，目标是为了促进科学的进步和产生社会效益。"也正是受科学院委托，Л. 欧拉完成了关于造船和导航的两卷本《海洋科学》（1749）。上述两部著作，在解决实际问题的同时，也包含理论上的总结，对力学和物理学各领域的后续发展产生巨大的影响。同样的事例不胜枚举，这里仅再说一个：地图绘制涉及多方面内容，欧拉首先绘制出了俄国的地图，而含在其中的则是数学的研究，从三角学到复变函数论。

伯努利的关于科学院的领导和支持的话不是客套之言。他在这里工作了八年，返回瑞士后还继续密切联系。在科学院确实存在着对科学开创的有利条件：许多当时有共同兴趣的精力充沛的科学家聚集在一起；科学院具有装备十分优秀的办公条件和自备印刷所等等。欧拉20岁来到彼得堡，后来成为世界级的大科学家，在1748年11月18日给И.舒马赫尔（Шумахер）的信中他写道，他将所获得的一切都归功于自己能来到彼得堡科学院。

罗蒙诺索夫在多个领域的创造工作成为俄国科学的最大标志。在他的个性和创造中体现了那个时代俄国的特征：在彼得大帝改革的影响下，俄国的生产力、人民的文化和民族自觉迅猛提高，俄国充满活力地走上世界舞台。

关于罗蒙诺索夫在物理、化学、天文、地理、地质学等领域的成就将在相应的章节讲述，这里我们从整体上对这位伟大的学者和人物作出描述。

普希金说：罗蒙诺索夫不但创造了俄国第一所大学（指莫斯科大学），而且他本人就是俄国第一所大学。

М. В. 罗蒙诺索夫

作为杰出的物理学家、化学家、思想家、政论家和诗人，罗蒙诺索夫的兴趣和积极活动还包括采矿和冶金、天文和航海、地质和人种、历史和教育、工业和经济发展问题。同时，与大多数在各方面出类拔萃的人物一样，也有异乎寻常的明确的个人目标。

罗蒙诺索夫把创立在原子概念下的物理、化学和各种自然现象统一的理论和物质存在和运动的法则，作为自己的人生主要任务。他认为这是自然界的唯一法则。

罗蒙诺索夫 1711 年出生于北德维纳河三角洲的米沙宁村。这一地区在很久前工业、商贸和文化就比较发达。北德维纳河的居民系很久前迁徙至此的诺夫哥罗德人后裔，没有经过鞑靼人的压迫和地主对土地的侵占。在 18 世纪，这里的经济繁荣起来，出现了新的手工业，大规模地从事包括与内地之间的贸易。在白海和北德维纳河沿岸有许多相当有学识的人。在米沙宁附近的大船厂，许多军舰和商船在这里建造和修理。各种类型的工厂分布在这一地区。

罗蒙诺索夫出身于自古以来从事海上渔业的家庭，有时会与父亲出海远洋。看到瓦弗丘格（Вавчуг）船厂的水轮机、锯木机和各种车床的工作情况，他开始熟悉技术知识，学会了看技术图纸。

对知识的渴求驱使罗蒙诺索夫来到莫斯科，进入了斯拉夫希腊拉丁学院。不久便转入彼得堡科学院大学。那里聚集着一批年轻人，师从于科学院的教授。在这里他了解了实验科学的基础；同时也有了自己的文学哲学观点，尤其是在诗歌方面。

1736 年，罗蒙诺索夫来到德国的马普大学赫里斯季安·沃尔夫处学习。两年后，当他还是个学士，就写了《液体流动中的固体的旋转》（1738 年 10 月）和《区分由微粒聚集构成的混合物的物理解答》两篇文章。其中后一篇文章谈到不可分的基本粒子以及由它们所构成的衍生的微粒。

最初罗蒙诺索夫的这一科学思想，在 40 年代初他所完成的经典著作中有了进一步的发展。

这一时期，罗蒙诺索夫发表了自己第一个长篇诗作《攻克霍京堡的颂歌》。俄国最伟大的批评家别林斯基认为，这首诗歌是俄国新文学的开始。罗蒙诺索夫将诗歌寄往彼得堡，附上自己的第一篇语言学论文《关于俄国诗歌规则的函》。该论文奠定了俄国诗歌的"以重音为调抑扬交错"的新诗格律。它受到来自坚持传统诗方面的人士的攻击，但是经过长期较量，最终罗蒙诺索夫的新诗格律系统获胜了。

1739 年，罗蒙诺索夫来到弗赖堡，成为著名化学家和矿业学家根克里的手下。根克里坚持旧的概念，认为化学属性和化学反应的原因在于"隐含的本性"。罗蒙诺索夫则尽力以原子概念对此加以解释，创立了微粒子力学。

在这方面罗蒙诺索夫和根克里曾经产生争执。

1741年夏，罗蒙诺索夫回国。1742年1月成为副教授。三年后被选为教授，即成为正式院士。他积极参与了在罢免宠臣比伦（Бирон）之后科学院的复新活动，并很快就成为这一斗争的领导者。同时，他完成的紧张的科学活动涵盖了各种科学和技术方面的问题，并且还创作了许多优秀诗篇。

40年代初，罗蒙诺索夫写了《冶金和矿业的首要基础》，该书成为矿冶科学的一部真正的百科全书。其内容将在关于18世纪地质学发展的章节中详细讲述。

1741—1744年，在撰写一批关于原子化学、热理论和以太物理的文章及草稿的同时，罗蒙诺索夫写下《关于构成自然物的具有基本性能的无知觉的物理颗粒》，其中的第一方案设计为"关于物体的无知觉颗粒的理论实验和颗粒属性的缘由"。正是在那个年代，罗蒙诺索夫形成了对今后继续进行的工作的意见：原子理论应该应用在各种物理化学问题的研究上。1741年，他写下著名的《数学化学基础》，明确提出了原子和分子的概念。

1744年，在《关于热与冷的思考》中发展了波义耳，伯努利等人的思想，罗蒙诺索夫奠定了关于热的力学概念。该著作1745年就向科学院作了报告，但直至1750年才修改发表。它遭到热素论者们强烈的反对，也获得欧拉的高度评价和支持。

1756年，罗蒙诺索夫完成了经典试验：加热在容器中的未氧化金属，试验结果容器总重量保持不变。由此证明：并不存在波义耳所称"火物质"穿过了容器玻璃。通过试验，实现了证明化学转化中质量保持不变的第一步。

1752—1753年，罗蒙诺索夫在电学方面展开研究，此项研究主要是与里赫曼（Рихман）合作。有关研究成果将在物理学的章节中阐述。这里要说明的是，罗蒙诺索夫的电学思想，是与他关于物质结构的总体概念有机地结合在一起的。从电学理论规律性转入关于以太的理论。在罗蒙诺索夫的手稿中保存有关于电学和以太的内容，在工作方案《数学阐述的电学原理》（1756）等文稿中，可以明显看到创建解释各种以太运动的统一理论的意图，其中不仅涉及电和光，还包括对颜色的解释。关于颜色的问题是在他有关原子—分子总概念和以太理论的著作中提出的。1756年，他在科学院宣读的《关于光的产生和颜色现象的新理论》，曾经引起相关各界极大的兴趣。

同时，罗蒙诺索夫还自己从事光学试验，研制成可在昏暗中清晰观察物体的仪器"夜视仪"。在有关该发明的论战中，他超越纯几何光学的范畴，提出了若干属于很久之后的物理光学的概念。

多年来，罗蒙诺索夫将理论和应用研究相结合，其工作重点之一是彩色玻璃的制造在马赛克的应用。在了解马赛克图案的古典制作方法后，他决定采用与意大利马赛克不同的方法，即不用天然矿物质，而是用彩色玻璃。经过长期的化学和技术试验，终于获得了彩色不透明的玻璃，用于制作马赛克画面。著名的"波尔塔夫炮台"至今还能在列宁格勒苏联科学院大楼里看到。

50 年代初，罗蒙诺索夫在靠近彼得堡的鲁季查（Рудица）河口建立了工厂，生产用于马赛克的小玻璃珠、玻璃珠串和彩色玻璃。他亲自为这个工厂设计了水轮、传送装置、车床、熔炉等等。

宫廷势力和一批科学院人士反对罗蒙诺索夫出于丰富俄国文化的意愿去组织新的工业领域的做法。罗蒙诺索夫不得不和他们处于尖锐的矛盾中，将他们称之为"俄国的科学之敌"。

罗蒙诺索夫的辩论讲演具有重要的意义。1752 年，回应反对马赛克的攻击，罗诺蒙索夫给支持他这一创举的舒瓦洛夫伯爵写了诗函。

这篇诗函《玻璃的益处》是普及性的诗篇范本。诗中罗蒙诺索夫写道：由于玻璃釉和玻璃饰品的美的价值，从而发生商人在美洲以玻璃珠换取金银的事。他对这样的殖民掠夺感到愤怒，还写了土著人的沉重生活。然后，诗篇转入对扼制科学进程的观点的批判。他列举玻璃的各种用途，讲到用于天文仪器时，他捍卫哥白尼，以普罗米修斯为榜样反对宗教的偏见。他讲了古时的日心说提出者——有学问的批评家萨莫斯基，驳斥了教会的哥白尼邪说论。《玻璃的益处》最后讲了显微镜和电动机器里使用的玻璃球，罗蒙诺索夫谈到自己从事的大气电学方面的试验。

罗蒙诺索夫的自然科学研究与他的社会哲学观点密切相关。1753 年他在科学院发言《关于空气现象》，讲述大气电学原理，也对教会进行了严厉批判。其中说到，俄国需要真正的探究现象原由的科学。他嘲讽了认为大气电学有罪的论调，谴责了迷信。

1755 年罗蒙诺索夫发表《俄语语法》——第一个提出科学的俄语语法，

这是俄国文化史的重要事件。

1756年罗蒙诺索夫发表抨击文章《胡子赞》，嘲讽教会人士反对科学，反对日心说。针对圣经教义，他提出地球和地壳历史的学说。第二年，他发表了《关于金属的产生》，进一步发展这一学说，提出一系列当时很先进的地质学思想。

鉴于海上导航的现实问题，罗蒙诺索夫写了《对海上道路的精确性的思考》（1759），开创了地理学发展的一个新时期，其中包括大量的重力学测量、天文测量和气象测量的观测结果。而他提出的原创的仪器结构，则是对应用力学的宝贵贡献。

罗蒙诺索夫还著有关于重要的社会经济问题的文章。在给舒瓦洛夫的信《关于俄国人口的保持和增长》（1761）中，他反对不平等婚姻，反对僧侣制，提出了有关医疗组织系统的问题等等。

需要补充的是，罗蒙诺索夫还是科学的研究俄国历史的最早代表之一。他进行了俄国古代历史的研究。

50年代后期和60年代前期是罗蒙诺索夫与年轻的研究者增加联系的年代。他有了许多学生和战友。罗蒙诺索夫明白，俄国需要更加广泛地培养科技工作者，因此他投入许多精力去争取建立莫斯科大学。

1762年后，形势对罗蒙诺索夫愈加不利。一些他的敌人参加了导致叶卡捷琳娜上台的宫廷政变。这些人掌权之后，得以对学者们倍加阻挠。就在如此困难的条件下，罗蒙诺索夫继续进行着地理、光学和化学的实验理论研究。这一时期保存的他的大量手稿，包含许多有意思的理论表述和新实验、新结构、原创仪器的构思。

罗蒙诺索夫生前曾写下笔记，描述在科学、历史和哲学领域自己的一些著作。笔记证实，罗蒙诺索夫将其在关于热、气体弹性、溶液、电、光等方面的理论工作，都看成是世界统一的原子图像的组成部分。

1765年罗蒙诺索夫逝世。在与18世纪上半叶历史条件大不相同的情况下，他的思想在俄国的科学中继续发扬。在后三分之一世纪，俄国对科研人员的培养空前扩大，学术著作空前增加，开始呈现科学的社会化。由罗蒙诺索夫倡导成立的莫斯科大学在这方面作出重大贡献。它是大变革的指示标和杠杆。1755年莫斯科大学的建立，证明了教育和科学的大发展，同时也促进了科教事业的继续发展。

按照罗蒙诺索夫的提议，莫斯科大学设三个系：法律系、医学系和哲学系。为了保障大学生生源，开设了预科（1757—1758 年还在喀山开设了预科）。录取入预科或大学学习，开始是面对所有阶层开放，甚至也包括农民的孩子，当然，对他们是有保留的。第一批学生来自东正教学院和其他宗教学校，其中有各阶层的孩子，大部分是靠吃公粮的穷人子弟。学生中也有贵族子弟，但他们随后去了其他军事院校。这样，学校初期是既有士兵子弟、小职员子弟，还有过去的农奴子弟。到 19 世纪，贵族子弟在校比例开始大大增加。

莫斯科大学的第一批教员是彼得堡科学院的波波夫斯基、巴尔索夫、雅列姆斯基。他们都是罗蒙诺索夫的学生，并将他的传统和教育原则带到新的学校。波波夫斯基是第一任哲学系主任。巴尔索夫直接继承了罗蒙诺索夫的俄文语法和韵律学的研究，他创建并领导了大学的自主俄罗斯会议（Вольное Российское собрание），该会议的任务是进行对俄语的修正，考察和发表历史和文学的材料。波波夫斯基将罗蒙诺索夫哲学思想的反教会倾向传给了莫斯科大学的新教师们。他们当中最杰出的是数学家阿尼奇阔夫，1769 年，他的关于宗教起源的答辩（被东正教事务总局予以取缔），包含了与当时反教会的俄国教育家相同的先进思想。

在莫斯科大学，医学的代表是济别林（Зыбелин）。他在许多方面，包括解决人口学问题，同样继承了罗蒙诺索夫的思想。

莫斯科大学建立了印刷所，其第一批出版物之一就是罗蒙诺索夫著作的两卷集。学校还出版了《莫斯科公报》和几种杂志。此外，还通过学校的公开讲座来普及科学知识。在最初的十年，莫斯科大学就注重研究在俄国境内的各民族的语言，出版了格鲁吉亚、楚瓦什、鞑靼和土耳其语的语法和教科书。莫斯科大学成立的最初这十年，是培养造就自己干部队伍的时期。在科研工作方面，当时还是由科学院起主要作用。

*   *   *

鉴于科学院的成就，在 18 世纪中叶，它已经成为团聚俄国科学力量的中心。许多天才的俄国学者成为院士：有自然学家和旅行家克拉舍宁科夫（Крашенинников）、数学家科捷利尼科夫（Котельников），在 60—80 年代有：解剖学家普罗塔索夫（Протасов）、天文学家鲁莫夫斯基（Румовский）和伊诺霍采夫（Иноходцев）、自然学家列皮奥欣（Лепехин）和奥泽列茨科夫斯基（Озерецковский）、化学家索科洛夫（Соколов）和谢韦尔金（Севергин）等等。科学院扩大了与俄国全境的科学家的联系，并在1759年设立了通讯院士称号。第一个获此称号的是地理学家、历史学家、经济学家雷奇科夫（Рычков）。他是对奥伦堡地区的自然、经济做基础综合调查研究的专著《奥伦堡地貌》（1762）一书的作者。

俄国经济的发展，17世纪末18世纪初的政治改革，以及彼得堡科学院在其创建后几十年的各个方向的工作实践，这些促成了俄国在18世纪下半叶科学技术的巨大发展。

在18世纪60—70年代，探险考察有了很大进展，已经遍布全国，并且达到进行综合研究的程度。国家经济发展的挑战和需求的刺激，大大影响了地质学、地理学、生物学的发展。关于这方面的具体成果将在章节讲述，这里仅指出它们的总体特征：第一，这些考察由科学院出面组织，作为重要的国家行为来实施；第二，在考察过程中达到了地质学、地理学、生物学的高度结合。因此，18世纪后半叶综合考察的成果，不仅具有重要实际意义，同时对俄国和世界的科学发展起了重要的作用。

在技术方面也有了进一步的发展。工业上，特别在乌拉尔和阿尔泰地区出现的许多新的采矿场，出现了能源供应的问题。解决此问题的案例之一，就是18世纪80年代初，为保障阿尔泰地区兹麦伊诺戈尔斯克（Змеиногорский）矿的能源动力供应，由弗罗洛夫建造的工程设施：水从18米高的堤上落下，流过2公里，一部分通过地下的通道，一部分沿着上面的渠道，引导着矿物和水的运送等全部系统的运作。在乌拉尔，建造了二百多个工厂的堤坝。1764—1766年波尔祖诺夫（Ползунов）在巴尔瑙尔（Барнаульский）厂建造了第一个热力装置。

18世纪后半叶，在解决实际应用问题的过程中涌现出大批专业的设计者和发明人，其中突出的代表人物是库利宾，有一大批应用力学和桥梁建造方面的发明属于他。最令人惊叹的是他的跨涅瓦河单孔木质拱桥的大胆设计，可惜当时还无法实现。

库利宾还完成了一些铁桥的原创设计，他的设计在机械力学方面有很大的意义。

对天文、物理、化学等方面的研究在延伸。所有研究的进展都伴有精确的观察和试验，其中也包括生物学。沃尔夫、捷列霍夫斯基（Тереховский）、舒姆梁斯基（Шумлянский）等人的著作可以证明这一点。

在医学生物学方面，促进其发展的则是 18 世纪末在彼得堡和莫斯科建立的医学和外科医学科学院。

著作出版的数量在不断增长。18 世纪前 60 年总共出版 1134 部著作（年均 18 部）；1761—1770 年出版 1050 部（年均 105 部）；70 年代出版 1466 部（年均 146 部）；80 年代则达到年均出版 268 部。1791—1795 年年均出版降为 220 部，这是由于沙皇政府对 1789—1794 年法国大革命的反动所致。1728 年，第一本俄国的科普杂志出版，它是《圣彼得堡新闻》报的副刊，每月一期。那以后，科学院的著作《Commentiril》开始定期出版。至 18 世纪末，已经有了许多杂志，其中许多刊物是个人的。18 世纪，俄国新闻出版的发展被赋予反封建反教会的使命。在这方面有一个人发挥了重要的作用，他就是天才能干的启蒙者诺维科夫（Новиков）。

1765 年，第一个俄国科学协会——《圣彼得堡自由经济协会》诞生。随后，在许多城市成立了它的分会，或者是挂此名称的独立的协会。协会成立伊始，便在全俄国范围吸引了广泛的人士参加，其中主要是那些想要提高生产力的地主和工厂主。协会促进了基础农业的科技开发，也促进了科学技术知识的研发和传播。协会对改善生产工具，建造新型农用机器及技术附件，研发利用农产品的新方法，发展化学工业，从事气象的观察等等都给予很多的关注。协会也反映了国家进步的趋势：在 18 世纪后期，俄国走上资本主义发展道路。在协会的会议和刊物《劳动》上，低调但却坚决地主张取消农奴制，改变农业的封建经营。

18 世纪末，自然科学的成就巩固和发扬了这样的观点——世界作为一个系统，是遵守完全自然的客观规律的。在启蒙者的著作中，这一概念显露出反神学的锋芒。18 世纪的原子论颠覆了神学的基础。在当时，原子论一词不无道理地被当成唯物主义的同义词。

俄国的科学为整个反对神学的斗争作出了自己的贡献。自然科学成为俄国社会哲学思想中革命民主方向的支柱。在俄国拉吉舍夫从科学发展中得出更加彻底的哲学结论，他继承了罗蒙诺索夫和法国百科全书派的思想。

在自己的著作《从彼得堡到莫斯科的旅程》（1790），特别是在哲学论文《论人的死与不死》（1792—1796）中，拉吉舍夫说到：这个科学与宗教和理想主义是对立的。在自然现象的本质中存在着物质的运动。它们是客观的、独立于认识的。"物体的存在独立于对它的认知力，它是自我存在的"。运动是任何存在的不可分割的属性。在他的哲学论文中我们看到了关于空间和时间的客观性的思想。他认为空间和时间就是物质存在的形式，除了空间和时间没有事物和存在。拉吉舍夫发展了大脑与思考密不可分的思想。同时他强调思考不是事物，"我们的精神和思考力并非事物本身，而是其结构的属性"。

在拉吉舍夫的论文中，关于自然的统一性和其物体的从属性的问题占有很大的篇幅。从 Ш. 博内的"事物的阶梯"观念，转为整个自然界和其中的有机世界的历史发展的观念，即从 19 世纪的科学中得到自身依据的思想。尤为体现这一思想的是拉吉舍夫的一个观点：认为人类的意识，就是从最简单的有机物都具有的初级感应性开始，从那样的认知能力，在逐渐的继承中完善过程获得的结果。

*　　　　*　　　　*

社会经济和生产技术的前进，社会思想发展的性质，以及科学发展积累的实际物质和理论材料，是这些条件确定了 18 世纪末所发生的科学和科学创造的新特征，这些特征作为 18 世纪世界科学发展的总结，究竟是什么呢？

全球贸易、伟大的地理发现、印刷术、特别是工场手工业生产，给予科学发展强大的动力。1543 年，哥白尼的日心说已经昭告了科学的成熟和独立于教会之外。随后一百年，开普勒、伽利略、惠更斯和牛顿确立了地上和天体力学的原理。对数、解析几何、随后的微积分开创了数学方法在天文、力学和物理学上的广泛应用。18 世纪末，发现并形成力学的基本定律。力学成为以强大的数学工具研发的科学。而其他领域距此还都很远，尤其是生物学领域，其科学进步基本取决于植物和动物的材料积累与初始的系统分类。

18 世纪科学的发展，为将临的下一世纪的新科学大厦构建了基础，加深了知识的细化，制定了实验和量化的研究方法。

实验作为基本的研究方法和科学的决定证明，在 17 世纪开始发挥作用，是这一百年引起自然科学革命的主要成就。18 世纪所面临的是在全世界巩固和发展这一人类认识上的胜利。

严格的证明、数学演绎、决定性的实验、对现象的详尽描述，这些要求在 18 世纪成为了必须。任何科学理论都要依据实验才能获得认可。逐渐变得更加重要的是不仅要求观察和实验，进而还要求做量化的实验。这首先体现在物理和化学上。而在生物学，首先是动植物的生理研究上，除了进行直接的观察，实验开始占据重要地位。生物研究开始经常使用显微镜。详尽系统的研究取代了一般的不确定的描述周围地形地貌、动植物种类和偶遇的出土标本。由此加深了知识的细化。

18 世纪的科学和从前一样，是力学占据优势。因为其他领域的知识不足，导致人们确认：一切自然现象，即便是其中最复杂的，最终都归结为力学的原理。由此形成相应的世界观，其核心就是：关于自然和它运行的法则是绝对不变的观念。这样的世界观统治了整个 18 世纪（虽然它也出现了缺口），而它对自然科学家的影响，要一直延续到 19 世纪下半叶。

同时，在社会实践的影响下，首先是工厂生产的发展，自然科学的面貌也逐渐发生改变。从对静力学原理的研究中，科学更加深入对动力学的研究。在力学本身产生了新问题，与机械和机器，尤其是它们的动力方面的理论研究相关。

在 18 世纪，知道了运动的守恒，但是还不知道，在运动状态的转变时，运动的度量也是守恒的。18 世纪的科学，尚不知道运动形式的统一与不可还原性的结合，以及从一种形式向另一种形式的转变。这些是在 19 世纪的前期和中期发现的，在 19 世纪最后四分之一的年代，才得以明确的形式表达和构成。

18 世纪这些科学的特征在数学和自然科学的所有基本领域体现出来。18 世纪数学研究的重要方向，是对作为力学的通用组件即无穷小的分析研究。在世纪末形成了经典的分析力学。虽然数学在 18 世纪中叶就产生与物理学某些分支相关联的问题，但是尚未置于优先地位，直至 19 世纪它们才成为数学专门独立分支的研究对象。

18 世纪，大部分物理学分支——热学、电学、磁学、光学等等，还未从力学之中解脱出来，还未达到进行数学研究的理论程度。在弹性、势能和声学方面数学研究的初始成果，还仅仅是科学整体状况的例外。笛卡尔的物理概念与牛顿力学相矛盾，具有了某些相对的独立性，但是它们既不同义，也非数量化。能量的概念已出现，但在实质上还未超出力学的范围。

化学成为独立的科学，仅仅是在将化学现象的分析建立在重量和数量计算的基础上面之后。脱离亚里士多德和炼丹师的内容，是因为它们明显的不足以解释事实，解决技术上的和气体化学的问题。燃素的概念曾经起过重要作用，建立涵盖最重要的化学转化——燃烧、熔金属和呼吸等等的统一理论，它是起始点。但是，燃素学说经不住科学实验的检验。此外，它与已经不足为信的"神秘属性"相疑似。最终，它让位于18世纪拉瓦锡创立的氧化理论。这一理论导致对物质守恒定律的实验证明。以此为基础，19世纪的原子观点能够具有非假设而是被证实可信的性质。

地质学的知识也更加明确严格。圣经的地球起源说被排斥，一方面是由于欧洲各地的地质结构的研究成果，另一方面是基于矿物质化学成分分析的矿物研究成果。在18世纪末形成的两个地质学主要概念——水成说和火成说，虽然都是很片面的，但是它们都比圣经说进了一大步，而且也比过去的自然哲学说进步了。

生物学走上对现象进行严格的自然科学解释的道路，要比其他学科晚。动物和植物对生存条件的令人惊异的适应性，映入眼帘的生物器官互相之间奇妙的适配，以及生物行为的复杂性，其原因长期都得不到解释。因此，圣经里的目的论概念，要比在非生物界的科学中较晚退出。在这方面教会的影响很大。18世纪教会的影响不仅通过强大的思想，而且通过强大的政权。对现象原因进行自然科学的解释，在天文学、力学和物理学上已经占据巩固的阵地。而在说明生物现象时，却充斥着目的论的诠释。显而易见，正是由于18世纪科学的不足，致使康德在对有机世界从无机世界产生作科学解释时，走向不可知论。

探明和描述未知的动植物物种，对其系统的原理的研究，是大多数自然学者的基本工作。在18世纪中叶，林耐的系统研究获得重大成果。形态学处于初始阶段。关于各种有机形态的组织的比较，它们结构的共同性和固有的规律性的探究，还鲜有人考虑。直到18世纪末，才在卡姆佩尔、亨特兄弟、维克-德·阿齐尔的研究中奠定了比较解剖学的基础。实验的方法在生物学中尚未得到广泛应用。生物学尚未脱离襁褓状态。在关于植物中汁液的运行、动物心脏的功能、血管中血液的运行以及神经系统活动等等方面的诸学说中，试图将复杂的生理过程归于力学的原理。虽然当时这些努力，仅仅导致介于生物体和最简单的力学之间的多少有些成绩的解剖学的构建，但是它具有进步的意义，它促进了实验的方法深入到生物科学中。对观察的精确性，对动植物物种以及它们器官的结构和功能的确定性，在18世纪成为普遍的要求。与自然界具有等级和从属性的思想的结合，引起18世纪下半叶建立物种自然分类的努力（茹西耶），推动了进化思想的发展。

从18世纪中叶，发展的思想从各个方面一步一步地给自己开辟道路。我们从布丰的地质学和生物学著作中可以看出这一点。1755年康德创建地球和太阳系起源的理论，所主张的已不是什么永恒不变，而是随着时间而发生和发展。四年后，К. Ф. 沃尔夫在研究鸡胚胎发育中与预定论坚决决裂。按照预定论，胚胎发育不过是简单的扩展，是从始存在并完全成形的原始体的生长。而沃尔夫主张渐成说——胚胎是有机体从无形的原始体所重新形成的。大约在这个年代，发展的思想在罗蒙诺索夫的地质学著作中也有清晰的表述。然而，所有这些，还仅是老的形而上学大厦的第一个裂缝。地下的震动尚且遥远，多数的体验者还未感受到。尽管如此，它仍给我们证明了，18世纪一百年科学的重大进步。

当时的思想氛围是科学进步的重要因素。它是时代社会经济需求的精神反映。唯物主义启蒙者的活动，给予科学发展很大的促进。其杰出代表是狄德罗、格尔维茨和哥尔巴赫。1757—1772年，先是达朗贝尔和狄德罗，后来是狄德罗一人编辑出版的著名的法文版《科学和工业百科全书》，不仅促成科学知识的普及，而且在相当程度上影响了科学今后的发展。

18世纪，科学是在反封建革命力量不断增长的条件下发展的。英、法资产阶级革命广泛地促进了其他国家经济、政治和文化的发展。1648年的英国革命，具有全欧洲的意义。1789年法国资产阶级革命的意义更大。在历史条件已经成熟的国家，这两个革命使得新的经济关系获得胜利。但是普遍的革命高潮并未直接导致封建僧侣制的崩溃，而是唤起社会意识、哲学和科学向进步的方向努力。社会意识民主潮流的先进代表者们，他们源自自然科学的进步，同时也以自己唯物主义的主张推动科学的发展，朝向对自然规律的实际客观的认识。他们以科学对抗宗教，努力启蒙广大社会的各个阶层，因此也在促进科学的发展。

第二章　彼得堡科学院的建立及其在 18 世纪科学发展中的作用

　　彼得大帝时代实现的文化变革的成功环节，就是建立彼得堡科学院。这是俄国文化史上意义重大的事件，它将俄国的科学迅速提升至欧洲最发达国家的水平。

　　当时在一些国家，科学活动集中在大学进行；另一些国家成立的科学社团，经常的或者是以不同形式由国家资助。这其中最突出的是三个最大的科学群体：巴黎科学院、伦敦皇家协会和柏林科学协会（1744 年改为科学院）。彼得大帝在国外周游时，与学者接洽，参观博物馆、图书馆、大学，不断产生在彼得堡成立科学院的想法。

　　持续的与瑞典的战事需要投入巨大的物力人力，妨碍建立科学院的构思。但是，彼得大帝对此念念不忘。他曾与莱布尼兹——1700 年柏林科学协会的奠基人谈话，与德国著名哲学家和学者沃尔夫通信讨论此事。最初，彼得大帝倾向于建立一所大学。但是，由于科学研究的广泛发展，此事需要数十年的时间。而当时国家迅速增长的经济、军事的强盛和文化的高涨，迫切要求尽快组织从事科学研究。彼得大帝加速推动此事，计划在他心中逐渐成熟。建立一个复杂的科学机构，它不同于当时已有的任何科学院，既从事科研和教学，又承担促进国家经济发展和普及科学知识的使命，同时培养本民族的科研干部和辅助科技人员。

　　1721 年，与瑞典的战争结束后，彼得大帝开始落实自己的计划——制定科学院章程、筹集资金，更主要的是选拔科学院的组成班子。他打算让科学院吸收大批的学者，他们能够既从事研究，又完成教学。受他的指派，御

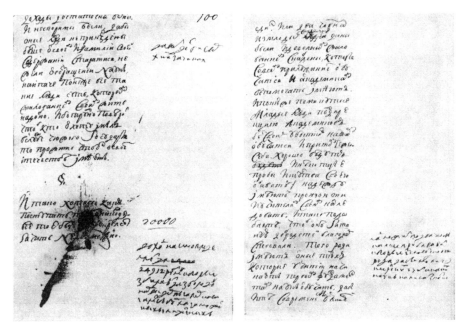

建立科学院方案——彼得大帝手迹

医布卢门特罗斯特（Л. Блюментрост）（后为彼得堡科学院首任院长）、宫廷图书馆员舒马赫尔（И. Шумахер）与沃尔夫、巴塞的数学家 И. 伯努利和其他欧洲学者通信或洽谈。虽然许多人害怕迁到遥远的尚未建成的冬都。但是，蓬勃发展国家的科学工作前景，以及来自彼得大帝的亲自保护和优待，被吸引到彼得堡来的有德高望重的科学家，如：数学家 Я. 格尔曼、天文学家德利尔、力学家和光学家莱特曼，还有虽年轻但已出名的学者：伯努利兄弟、物理学家比尔芬格、数学家哥德巴赫、解剖学家杜维尔努阿等。大多数来俄的外国学者，特别是那些在处于初创时期来的，后来均未后悔自己的选择。Л. 欧拉在伯努利之后两年来俄，当时他 20 岁。他在谈到彼得堡科学院对他个人和同事的意义时说："我和所有有幸在俄国帝国科学院度过一段时光的人都应该承认：我们之所得应该归功于在那里所获得的优越环境条件。特别是我个人，若非是遇上这么优越的机会，那就不得不去从事别的研究。而从各种迹象来看，结果只能成为一个拙劣的作者。"

　　1724 年俄历 1 月 28 日（公历 1724 年 2 月 8 日），枢密院颁布了成立科学院的指令。随后，开始了紧张的筹备组织工作。正在工作火热进行时，

1725 年 2 月 8 日彼得大帝突然去世。科学院面临着严重的威胁。但是，彼得大帝的反对者未能使国家逆转。俄国的先进人士热烈支持彼得大帝开创的事业。1725 年，科学院已实际上成立了。它准备召开自己的第一次隆重的会议。

彼得堡科学院的最初方案中，同时包含了科学和造型艺术——科学知识的附属技术部分（最初科学院名称为科学和美术学院）。但是很快就发现，科学院所得经费不可能同时朝着两个方向发展。实际上，技术工作归在了科学院附属的设备、雕刻、绘画工厂以及属于科学院编制的刻制家。建筑师们要完成科学院自身需要的工作和来自宫廷的专门订制。

科学院的组成包括：数学部，其中有数学、天文地质导航、力学等研究室；物理部，其中有理论和实验物理、解剖、化学和植物等研究室；人文研究包括一个讲演和古代研究室，一个古代与近代历史室，第三个是法学、政治和美学室。这个组成本身就预定了在科学院占明显优势的自然科学的方向。后来，这一优势变得更为明显。在 18 世纪中期，人文科学几乎已全部集中在科学院的大学中。在世纪末（1783），成立了与彼得堡科学院并行的"俄国科学院"，其任务是研究俄语和语文问题。"俄国科学院"存续至 1841 年，那时在彼得堡科学院，重新设立了语言和文学分部。1726 年，彼得堡科学院成立了附设中学和大学。

为了保障科学院的运行，建立了一系列直属机构：物理实验室装备了各种仪器和机器，在其成立前 10 年就开始了集会讨论；天文台装备有当时一流的设备；各类制造和修理仪器设备的工厂、图书馆、专用印刷厂等等。所有这些机构，在科学院最初开始工作时就已运行了。随后，又出现了地理部，受委派进行地图绘制。1748 年，成立了化学实验室，顾名思义是由罗蒙诺索夫所领导。

从 1725 年 8 月，第一批六位教授来到彼得堡后，就开始召开科学会议。俄历该年 12 月 27 日（1726 年 1 月 7 日），第一次公开的科学院会议隆重召开。比尔芬格和格尔曼在会议上的发言被迅速刊印出来。这份出版物寄往伦敦、巴黎、柏林和乌普萨拉（Упсала）。彼得堡科学院通告了自己愿为共同的科学目的，与所有欧洲的学术机构进行合作。1733 年之前，公开的会议每年都召开。后来，在 1742 年又继续恢复。早年的会议上，院士们的发言讲述了关于几何学的起源和成就；关于天文观察的意义；关于确定地理位置的方法；关于化学的产生和成就；关于人和动物的解剖。

至1725年年底，科学院有16位院士。随后两年又增加了6位教授（科学院正式院士的称谓）和副教授。他们都是来自各个国家，代表了不同学科和学派，都很年轻。在这个情况下，科学院院士之间的经常交流、宣读和讨论学术报告具有特殊的意义。科学院院士共同的会议，按照规定每周召开两次。

会议的内容广泛多样。会上除了科学报告，还讨论学院的经济事务、附中和大学的事务、枢密院的各种委托、展示新获的书籍和仪器、宣读外国学者的信件。保存至今的会议纪要是科学院的内容极其丰富的编年史。

彼得堡科学院从一开始就开展实验研究。伯努利进行了弹道学实验，还进行了肌肉收缩和血管里血液流动的力学研究实验。他的生理研究室的继承人维特勃列赫特，进行了血液循环中小动脉血管收缩的精密观察。杜维尔努阿进行了显微镜下的病理解剖学研究。格梅林研究了在燃烧中物体重量的增加。德利尔进行了定时的天文学观察。

彼得堡科学院从其存在的早期，就未脱离关于世界观和科学理论的尖锐斗争。在第一次隆重的大会上，关于地球的形状，比尔芬格和格尔曼分别作为两个对立的自然哲学观（笛卡尔与牛顿）的捍卫者发言。笛卡尔派比尔芬格多次与牛顿信奉者伯努利激烈争论关于力学的原理。在1733年的公开会议上，格梅林与欧拉辩论了关于物质的构成问题。这种自由讨论的精神促进了年轻的彼得堡学者们的科学进步。

从1728年，科学院开始出版自己的著作，名称为《彼得堡科学院记事》。著作以拉丁文出版，可以通行于各国学者。《记事》在科学院印刷厂刊印。该厂设备精良，有齐全的铅字和刻印师。这里还刊印当时全俄唯一的报纸《圣彼得堡新闻》，每周两期以俄文德文出版。《记事》邮寄给外国科学院和学者，首先是彼得堡科学院的外国院士，并且在科学院的书店销售。1728—1751年，出版了14卷《记事》（1751年改名出版）。由于其内容丰富，《记事》获得了欧洲学者们的广泛认可。这从许多外国通讯院士的信中都可以得到证明。由于对《彼得堡科学院记事》的需求量加大，1740年开始在波伦亚印刷出版，当时还加印了此前出版的《记事》前六卷。

为在俄国知识阶层中普及科学院的研究成果，1728 年出版了俄文的《科学院记事简本》，其中包括了《记事》第一卷部分论文的译文或简介，但是在第一卷出版后未能延续下来。1728—1740 年，还出版了俄文和德文的科普刊物《有关圣彼得堡新闻的历史沿革和地理的诠释》。杂志向读者介绍的不仅有圣彼得堡学者的工作，还有国外的科学新闻。一些科普短文还刊印在科学院每年印制的俄文、德文日历上。

在 30—40 年代，科学院开始广泛地出版俄、德、法文的语法书、词典和自然科学教科书等。

在发展科学和普及科学知识方面占有重要位置的是图书馆和科学院博物馆——珍稀物陈列馆（Кунсткамера）。在彼得大帝时期成立的这个机构转交给了科学院，并于 1728 年隆重开馆。

珍稀物陈列馆收藏的大量植物、动物、矿物标本和模型，是 1727 年由梅塞施米特的西伯利亚之旅载回的，以及 1733—1743 年的第二次堪察加考察的丰富收集品等等。在 18 世纪 30 年代，珍稀物陈列馆被认为是世界上收藏最丰富的博物馆之一。博物馆的收集品，不仅是求知的公众们的兴致目标，也是院士们科研工作的材料。自然科学史教授阿曼领导了对自然科学收藏品的研究。不同时期，在这个收藏品目录上工作过的，还有罗蒙诺索夫、克拉夫特、格梅林。辗转来到俄国的胚胎学创始人沃尔夫，依据非正常发育的动物和人的胚胎的收藏材料，写出了著名的关于畸形的著作。1713 年，彼得大帝在施勒斯维希、霍尔施坦因获赠的巨大的地球仪，安装在珍稀物陈列馆。这是一个借助机械旋转的独特的天象仪，可以向在馆内的观众展示天体的运行。这个地球仪经 1747 年大火后修复，现保存在列宁格勒的罗蒙诺索夫博物馆。

科学院图书馆承接了原沙皇图书馆的手抄书、彼得大帝和王子阿列克塞及其他人的私人藏书。从 1728 年起进行了系统的补充，所有在俄国出版的科学著作，均须寄送科学院。对国外的著作，科学院通过院士或者书店的代理商购买。按 1742 年刊印的三卷本目录，图书馆已有 1.5 万册藏书。图书馆广泛对公众开放。在相当长的时间里是唯一开放的国家图书馆。

副院士（年轻院士）的重要职责之一就是承担科学院附中的教学工作。附中的主要任务是培养年轻人进入科学院的大学。附中的招生从一开始便具有民主的性质。这里接收各阶层的子弟（除了农奴子弟），与贵族子弟同学的有小官吏、手工业者、士兵和僧侣等等的子弟。

除了学习语言——主要是拉丁语和希腊语，在附中还教授数学基础、历史、地理、逻辑和讲演术。尽管物质方面很困难，附中经费十分不足，学生助学金很少，但是大多数学生用心学习掌握知识。他们之中的佼佼者升入科学院大学，其他人在科学院的各个机构参加工作。科学院大学还从俄国其他学府招收旁听生。

科学院大学未能如彼得大帝所设想的那样，成为包括法律系、哲学系和医学系在内的最高学府。在20—30年代，教学还是以讲座的形式进行，对个别的学生进行单独授课。学生缺乏物质保障，因生活所迫往往不能完成学业。学生的数量很少。但是，学校还是为国家培养了许多杰出的人才。受其培养教育的，有后来的外交官和著名作家坎捷米尔（A. Кантемир）、第一位俄国的副院士阿多杜罗夫（B. Адодуров）（1762年由莫斯科大学督学任命）。在那些最早克服一切困难，成为祖国科学先驱的人们之中，有罗蒙诺索夫、爱沙尼亚人里赫曼（Г. Рихман）。

18世纪中叶涅瓦河畔的科学院和珍稀物博物馆

在 30 年代，科学院的实验基地大大加强。成立了天文馆、植物园、解剖室、物理实验室。至 1741 年，仪器设备总量达到近 400 件。它们不仅被用于科学实验，还用于讲座时的公开演示。在物理实验室，曾不止一次地召集会议，会上进行实验的展示。科学院的部分仪器来自外国专家，主要是格拉维桑德和穆申布鲁克。还有一部分是在彼得堡科学院的设备加工厂里制造的。工厂的技师卡尔梅科夫（И. Калмыков）、别利亚耶夫（И. Е. Беляев）和他的儿子（И. И. Беляев），达到了相当高的技术水平。1735 年，在任命机床制造师、机械师和发明家纳尔托夫（А. Нартов）为工厂领导之后，工厂更加拓宽了业务范围，提高了水平。

政府常常会委派科学院去研究各种矿产的样品，对各种技术问题、项目和发明进行鉴定。科学院的一项特殊工作是参加国家地图的编制。此项工作，需要对从彼得大帝时期开始的许多地理测量家、旅行家的作品加以完善。

在对国家的自然财富、领土及居住的民族的研究方面，科学院发挥了杰出的作用。在第二次堪察加考察（又称伟大的北方探险）团的组成中，科学院派出了教授格梅林、米勒、德利尔以及助教和学生们。考察工作远远超出最初的构想，以优异的发现丰富了地理学、地质学、动物学、植物学和人种学。格梅林在西伯利亚进行了矿物、植物和动物样品标本的采集，对北方地区的气候作了宝贵的观察。他在旅行记录《穿越西伯利亚》（1751—1752）和四卷本的著作 *Flora Sibilica sive historia plantarum Sibiriae*（1747—1769 年科学院出版）之中，系统化并描述了上千种西伯利亚的植物。这是对世界科学的重大贡献。米勒和格梅林一起在西伯利亚工作十年，在西伯利亚的档案中搜集了大量的史料，发现了许多仅有的文件。考察人员所收集的关于居住在西伯利亚的民族的生活、语言和各种物质文化的证明材料具有重大的科学价值。科学院助教克拉舍宁尼科夫（С. Крашенинников）在 1737—1743 年间，研究了堪察加的自然以及居民的习俗、信仰和语言。他所著的《堪察加的描述》是当时的深入综合性研究的典范，被译成几种文字，在欧洲获得广泛通晓。

1766—1774 年科学院的多次考察，在发展地质学、地理学、天文学、动物学、植物学和人种学上写下了光辉的篇章。参加这些考察的有帕拉斯、格梅林、鲁莫夫斯基、列皮奥欣、祖耶夫、奥泽列茨科夫斯基

（Н. Озерецковский）和其他的俄国学者。18 世纪的考察，使得俄国在研究本国疆土地理、深入认识辽阔广大国土上的植物群和动物群方面成为世界领先的国家之一。科学院主导了地图绘制的数学基础的研制，以及俄国疆土地图的绘制。这些考察的详细结果将在后面的章节详细讲述。

在行政方面，科学院的工作常常遇到不顺利的情况。沙皇宫廷、政府枢密院常常干涉科学院事务，强加一些与科学无关的宫廷礼仪庆典。科学院院长不是选举产生，而是任命那些靠近宫廷的人。1741—1746 年，科学院院长空缺，科学院的管理实际上被院行政部掌握。院士们多次抗议院行政部推行的官僚制度。1761 年之前，院行政部一直由舒马赫尔（И. Шумахер）掌管。在 40 年代初情况变得尤为复杂化了。

1741 年，欧拉离开俄国去了柏林。离开科学院的还有解剖学家杜维尔努阿。国外流传关于科学院的贫困状况，传说科学院可能快关闭了。

就在这个时候，罗蒙诺索夫于 1741 年从德国返回祖国，很快便成为科学院助教。1745 年成为化学实验室教授（即正式院士）。罗蒙诺索夫多方面的创造和组织工作，在彼得堡科学院的历史上开创了新的一页。

怀着强烈的愿望，将所学到的知识尽快应用，让祖国获益，罗蒙诺索夫立即投入到科学院的工作中，积极展开物理、化学、冶金、地质、地理等方面的研究。他在物理化学领域关系密切的同事，是物理学教授里赫曼、化学副教授盖勒特（后来成为德国矿业学的奠基人）、1743 年从堪察加考察回来的格梅林。罗蒙诺索夫坚决反对行政滥用专权，捍卫科学活动的自由。他还要求注重培养本国的科技干部。但是，教授们并未能从科学院获得某种程度的独立。科学院在这方面毫不改进。1747 年，没有教授参加讨论而通过了科学院章程。18 岁的拉祖莫夫斯基（К. Разумовский）——伊丽莎白女皇宠臣的兄弟当上了院长。

章程的实行多少还是规范了科学院的运转。科学院分成天文、物理和物理数学部。章程确定对科学院拨款的数目是彼得大帝确定数目的两倍多。但是，对于科学院的庞大扩编，这些钱远远不够。章程确定了正式院士和荣誉院士的名额，要求尽可能从俄国人中选拔副教授。科学院的正式语言确定为拉丁语和俄语。

1747 年，火灾使所有的天文观象台被毁灭。珍稀物陈列馆和图书馆遭受巨大损失。需要作出极大的努力去恢复损失，同时要不影响科学工作的正常运行。从科学院的会议纪要中可以看出，在这些工作中与国家的技术需求相关的、与组织地理测量和气象观测相关的实验研究越来越重要了。从1748年开始，倚仗罗蒙诺索夫的积极奔波，建成了由他设计的化学实验室。化学研究开始逐渐在科学院占据突出位置。1749年，恢复了例行的公开会议。

新章程实行后，科学院补充编员的问题随之而来。这一时期，科学院在编人员大大缺额。克拉夫特、格伊恩齐乌斯、格梅林、德利尔相继离开彼得堡。由科学院委托，通过外籍院士，首先是欧拉，尽力寻找空缺位置的合适人选。1748年，哲学教授布劳恩和力学教授——天才的发明家克拉特岑施泰因成为科学院院士。1751年，天文学教授的位置由格里绍夫担任。物理学教授的位置由埃比努斯担任。克拉特岑施泰因在彼得堡工作了5年。布劳恩、格里绍夫和埃比努斯终生留在俄国。他们都对科学的发展有过许多作为。埃比努斯主持物理研究室近半个世纪，因自己在电学和磁学方面的工作获得了很高的声誉。电学问题当时在物理学上位居首位，罗蒙诺索夫和里赫曼在科学院进行了有效的研究。后者于1753年死于一次雷电实验之中。布劳恩与罗蒙诺索夫一起进行了热与冷的重要研究。

在60—70年代，来到俄国并且将自己的终生与俄国的科学事业联系在一起的，有植物学家格梅林、物理学家克拉夫特、天文学家罗维茨、数学家列克谢利和富斯、自然学家帕拉斯、胚胎学家沃尔夫、化学家拉克斯曼和格奥尔基。

列克谢利和罗维茨，与鲁莫夫斯基和伊诺霍德采夫（П. Иноходцев）1769年在俄国的不同地点，对金星沿太阳轨道的运行进行观测，对发展天文学起了重要作用。富斯和伊诺霍德采夫、戈洛温与伟大的欧拉的学生们，为俄国的数学教育作了许多的贡献，出版了数学方面著作的译本以及作为军事和民间的学校教学的课本。

科学院在其开始的数十年间，在阿多杜洛夫、罗蒙诺索夫、里赫曼之后，补充了更多的本国学者。在50年代，增加了由科学院大学培养的副教授的人数。其中的第一位波波夫在1751年成为了天文学教授。另两位是数学家科捷尔尼科夫（С. Котельников）和鲁莫夫斯基（С. Румовский），二人在大学毕业后，被派往柏林欧拉处提高深造。1756年返回后，作为彼得堡学者中的佼佼者很快就都成为院士。鲁莫夫斯基主要从事天文学研究，为发展天文学作出了显著贡献。由于自己的科学贡献，他被瑞典科学院选为外籍院士。

在40—50年代，彼得堡科学院大大扩展了国际联系。欧洲各国的许多著名学者：布雷德里、康达明、克莱罗、穆申博鲁克、林内、拉卡伊尔、博什科维奇等等成为科学院的外籍院士。1746年，沃尔泰成为彼得堡科学院的外籍院士。他从科学院获得了其所著《彼得大帝时期的俄国历史》一书的素材，诚然，在他的俄国史论著中不太考虑科学院的意见，包括罗蒙诺索夫的批评。

科学院遴选外国学者为外籍院士，不仅是形式上承认他们的成就，还有着更实际的目的：与他们建立直接的联系，通过寄书刊和通信促进思想的交流。应当特别强调科学院学术通讯的意义，这是当时传送科学信息和科学管理信息最重要和最快捷的渠道。通信是学者交流的主要方式。他们当中，有的互相通信几十年，但从未谋面。数百位英国、德国、意大利、法国、瑞典和其他国家的学者，成为彼得堡科学院及其独立成员单位（不包括国外的正式结构）的通讯院士。在这方面通信的规模之大，可以从下列事实中看到：不久前出版的欧拉与彼得堡科学院在1741—1766年间的通信录（从他离开赴柏林至返回俄国首都）就有三大卷。

按照新的章程，彼得堡科学院每年举行获奖的任务竞赛。如同许多欧洲科学社团所实行的那样，这对促进新的探索是一种激励。1749年，按照欧拉的建议提出第一个问题，它关乎多年来的争议，吸引了许多欧洲著名学者：对观测到的关于月亮按照牛顿引力定律作不均匀运动的数据，是否认同？争议的最终解决，有利于这一理论，消除了对万有引力定律正确性的严重怀疑。1751年因解决这一问题获奖的是法国数学家克莱罗。

此后，彼得堡科学院多次提出现实的科学和技术问题，作为竞奖任务的题目：关于电力产生的原因；关于人造磁体；关于植物的性别（1759年解决此问题获奖的是著名的林内）；关于恒星影响干扰彗星的运行；关于光在不同密度介质中的折射；关于消色差透镜的制造；关于血液产生的本质；关于从矿中提炼金属的最佳方法；关于从银中分离金的方法；关于预防树木腐烂的方法；关于电动或者蒸汽推进的机器的理论等等。

新的《科学院记事》刊物的出版更为频密。1747—1775年共出版30卷。在前期各卷中，突出刊登了罗蒙诺索夫从事的物理和物理化学的经典研究，里赫曼的量热学研究。欧拉在返回俄国前（1766），在新的《记事》第 1—11 卷中刊出了 87 篇著作。在柏林期间，欧拉一直和彼得堡科学院保持密切的联系，并每年从科学院获取酬金。

在天文学的篇章中，刊印了第二次堪察加考察和在俄国各地观测所获得的资料。在这个篇章中，俄国年轻一代的学者，由科学院培养的波波夫、鲁莫夫斯基、伊诺霍德采夫等人的著作享有更高的知名度。《新记事》从第一卷开始，就得到许多欧洲科学杂志，尤其是莱比锡《Nova Acta Eruditorum》的广泛评论。彼得堡的研究，尤其是关于低温的效应、大气的电学、地理和天文的通告，在国外刊物上引起了很大的关注，也引起争议。

与原来的《记事》相比，这个系列的出版物的新颖之处在于：在每卷的开始，均对发表的文章作出简介。前四卷的简介，用俄文以《学者论述的内容》为题出版。若与 1728 年出版的《科学院记事概述》的语言相对比则显而易见，在四分之一世纪的时间中，俄国科学术语的发展产生了多么大的飞跃。罗蒙诺索夫在这方面的语言创新上发挥了杰出的作用。他将自己的译作《沃尔夫实验物理》在公开大会上以俄文宣布，创造和完善了大量的科学术语，其中有许多在流通中被固定使用。

根据罗蒙诺索夫建议，从 1754 年科学院着手出版俄文刊物《职员受益并有趣的文章月报》。米勒是该刊物的编辑。它按月出版了 10 年，刊登了原创和翻译的流行的各方面的科学文章（按照科学院会议的决定，神教方面内容的文章予以排除）。特列季阿科夫斯基（В. Тредиаковский）、苏马罗科夫（А. Сумароков）等作家在文学栏刊出了自己的作品。

直至生命的最后，罗蒙诺索夫一直特别关注培养俄国自己的专家。他提出，要增加科学院附中的学生名额，更多地招收纳税阶层（主要是市民和农民）的子弟入学。1757 年，罗蒙诺索夫成为科学院行政部的成员之后，很快就说服当局，补充拨款资助无资金来源的学生们。1759 年，他提出了科学院附中和大学的章程。在他去世前不久，附中和大学有了独立的校舍。他经常关心附中的课程和教材课本。在罗蒙诺索夫领导教学工作的四年中，有 24 人从附中升入大学，比以往任何相同时段都要多（1747 年的章程规定，大学每年接受 30 名由科学院资助的学生和若干"自由"旁听生）。

从 1760 年，科学院大学完全由罗蒙诺索夫领导，其工作取得显著进展，大学和附中的拨款增加到一倍半，确定了大学生的数额，任命了新的系主任，每年公布课程目录。但是，在1765年罗蒙诺索夫去世后，科学院很少关心自己的大学，学生数量急剧下降。至60年代末，大学实际上已经停止存在了。从60—80年代，直至法国大革命，科学院派了许多年轻人到国外学习，到哥廷根、斯特拉斯堡和欧洲其他城市。有些后来的院士都是在彼得堡接受教育，包括罗蒙诺索夫的侄子戈洛温（М. Головин）和军事工程学校毕业的古里耶夫（С. Гурьев），后者1796年成为院士。

科学院附中在18世纪末也走向衰落，学生越来越少，由科学院资助的学生常常穷困到极点。列皮奥欣院士1777年被任命为附中总监。他的一切努力均未能根本缓解事态。1805年，附中实际上不存在了，但此时全国各州都成立了中学。培养专家的任务转移至大学，其中，莫斯科大学在18世纪后四分之一年代，已成为发展俄国文化教育的中心。

在60年代末，已经掌权的叶卡捷琳娜二世在俄国的知识阶层中寻求对自己的支持。在彼得堡科学院又重新燃起了为改善科学院工作条件、争取独立、摆脱官僚机构的斗争。1766年，欧拉返回俄国。他的儿子 И. 欧拉成为物理学教授，从1769年开始担任了30多年的科学院秘书。1766年，行政部被撤销，科学院的管理归于委员会。两位欧拉、科捷尔尼科夫、鲁莫夫斯基、施捷林和列曼都进入了委员会。但是，科学院初步获得的自治是不完全的。设立委员会的同时，设立了经理一职。任命的经理和院长都是靠近宫廷的人。委员会实际上是经理的会议机构。第一任经理是奥尔洛夫伯爵。经理是特别专横的多马什涅夫（Домашнев），他企图要完全解散委员会。院士们抗议多马什涅夫的行动并迫使他于1782年离职。代替他的女公爵达什科娃（Е. Дашкова）比较策略和关心科学院的需求。在她的促进下，科学院的拨款得到改善，建成了新的科学院大楼，直至今天还保持着自己的面貌未变。

1800年，首次设立副院长一职，受任者为鲁莫夫斯基，但其作用非常有限。保罗一世把持着遴选院士的决定权。院士们想修改章程，以适应科学院在国家经济政治生活中迅速增长的作用，但是直至18世纪末没有任何结果。虽然，实际上的改变已经渗透到科学院工作的各个方面。与国外的荣誉院士（在18世纪下半叶至世纪末，有狄德罗、拉格朗日、富兰克林、布丰、拉普拉斯、赫歇耳和康德）同时，出现了许多俄国的荣誉院士，特别重要的是有了许多俄国各地包括边远地区的通讯院士。

在科学院的活动中，从事实际问题研究开发的占有很重要的位置：舰船建造材料的研制；饮用水的保存和净化；各种导航设备的研制；防火灭火措施的研究；涅瓦河大桥的结构设计等等。许多有意思的发明，原创的光学仪器、电动机器、各种设备和机械，是由天才的自学成才者 И.库利宾提出的。库利宾从 1769 年起，在科学院的所属设备厂工作了 30 多年，与其他俄国工匠一起，给科学院的考察和实验室提供了第一流的科学仪器。18 世纪末，科学院的竞奖题目，许多是关于技术问题、化学工艺和医疗方面的。后来，科学院每年搞两次竞奖，其中一次专门是针对国家的需求。

从 1778 年起，科学院出版了《著作》（Acta），替代《记事》。1787 年后，改为《新著作》。1778—1786 年，出版了 6 卷《著作》。从 1779—1806 年，出版了 15 卷《新著作》。科学普及杂志仍在继续出版。1779—1781 年，杂志名为《科学院消息》。1786—1796 年，杂志名为《每月新文章》。科学院出版的年历需求量很大，上面刊出了许多科学教育的短文。1785—1793 年科学院专门出版了历年年历上文章的专集。

俄文书籍的数量大大增加。其中有列皮奥欣、祖耶夫、格梅林、帕拉斯的旅行日记、笔记记述；有米勒、比申格的历史和地理政治；布丰的《自然史》译本；法文《百科全书》的译文集两卷。为了组织大规模出版翻译作品，1768 年在科学院成立了专门的"外文书籍俄文翻译者会议"。该"会议"成员中，有科学院大学培养的科普工作者、力学和数学教科书作者科泽尔斯基（Я.Козельский）。

后来，从 18 世纪末，莫斯科大学、全国各城市开办的私人出版社均开始出版此类书刊。科学院遂缩减了这方面的活动。但是，在 18 世纪国家出版事业的兴起中，科学院无可争议地起了主导作用。本国科学的普及，促进了俄国人民民族自觉意识的提高，传播了先进的社会思想。

科学院积极参与了 80 年代组建民间学校的工作，分别在 25 个州建立了学校。科学院参加了"学校设置委员会"，为其编写教科书，在彼得堡教师培训班培养教师。戈洛温在这方面的活动特别富有成果。在俄国民间学校大纲中，对数学和自然科学的学习研究占有重要的位置。

彼得堡科学院在 18 世纪对发展俄国和世界科学文化的作用之大，是很难作出评价的。

伯努利，尤其是欧拉在彼得堡出版的著作，大大推进了数学分析的进步，拓展了这一科学的前沿以及附属的力学、天文学、若干物理学分支等各个学科的进展。数论作为独立的一门科学，实际上是欧拉在彼得堡的研究所创立的。传说，拉普拉斯曾说：在18世纪后半叶和19世纪前期的数学家里，欧拉是我们大家全体的老师。此说不无道理，其中，欧拉奠定了19世纪在彼得堡迅猛发展的切比雪夫（П. Чебышев）数学学派的整个系列的方向基础。伯努利1738年返回瑞士后出版的经典著作《水动力学》，是他在俄国就基本完成的。欧拉在彼得堡写完并出版的《海上科学》和他在这方面的其他书籍，长期成为各国在造船方面的指南。科学院天文学家的观测和理论研究，帮助解决了这一学科的许多复杂问题。18世纪，彼得堡科学院物理学家的研究工作，首先是罗蒙诺索夫和里赫曼，关于热与冷、蒸发与低温有关现象的本质，成为热学和理论气象学发展的重要环节。里赫曼视与罗蒙诺索夫共同研究雷电的实验重于生命，实验为电学研究作出重大贡献，帮助各国学者很快找到了正确的研究路径。埃比努斯是磁学方面的先驱之一。他的著作在欧洲广为流传，第一个证明了电和磁现象的同一之处。欧拉和他的学生们的工作奠定了现代几何光学的基础。在彼得堡，由欧拉和埃比努斯领导，建成了世界第一台消色差显微镜，这对科学的发展具有极其重要的意义。科学院所做的广泛的考察，不仅开创了对俄国辽阔疆土丰富宝藏的研究，而且对发展全世界的地理学、地质学、生物学和人种学作出了巨大贡献。关于彼得堡科学院在各学科的工作的意义，将在下面的章节详述。

彼得堡科学院多方面的科学教育工作，在解决俄国经济技术发展的实际问题上积极活跃。这在相当大程度上是由它的性质和它在国家的地位决定的。后来，随着在莫斯科、德尔塔、喀山、哈尔科夫、彼得堡等地的大学的建立，随着国家高等技术教育的发展，新的科学机构在很大程度上承担并扩大了彼得堡科学院开创的事业。

第三章　数学

彼得堡科学院的数学

彼得堡科学院成立伊始，恰逢欧洲在 16 世纪开始的科学革命产生了数学和力学的繁荣时期。

18 世纪的数学，与前一世纪的数学在思想上一贯相通。1701 年，只是日历上的分界。在解决所面临的数学问题方面，科学院自始便起着杰出且日益增强的作用。同时，数学在科学院的许多其他领域也占有显著的位置。

1725—1727 年，从国外来到彼得堡的 23 位院士中，7 位是数学家（按年龄排序）：Я.赫尔曼、Х.哥德巴赫、Ф.迈耶、Г.克拉夫特、Н.伯努利和 Д.伯努利兄弟、Л.欧拉。后来，在科学院工作的数学家还有：В.阿多杜罗夫、С.科捷尔尼科夫、С.鲁莫夫斯基、М.索弗罗诺夫、И.欧拉、Н.富斯、М.戈洛温、А.列科谢利、Ф.舒伯特和 С.古里耶夫。科学院数学家院士们的成果巨大。1726—1806 年，在科学院的记事和出版物中刊印了 700 多篇关于数学和力学的科学论文和单册书刊。其中有：Л.欧拉的约 400 篇；Д.伯努利的约 40 篇；列科谢利、古里耶夫、富斯和舒伯特各约 20—30 篇；赫尔曼、克拉夫特、科捷尔尼科夫和鲁莫夫斯基各几篇。实际上，关键还不在于有如此多数量的出版物，而在于它们的内容之极其丰富和广泛。院士们对于数学的各个方面（包括力学）的经典研究，在科学院的出版物中均有介绍：数论、概率论及其应用于对居民人口和保险的统计、基础三角学和地图绘制、机器理论和天体力学。最主要的是数学分析以及它的许多分支和应用，有些后来变为独立的学科，例如：变分学、微分方程和微分几何的理论。

同时，科学院，特别是它的附中和大学，是俄国第一个培养本国的数学家和力学家的地方。除了已经指出的阿多杜罗夫、科捷尔尼科夫、鲁莫夫斯基、戈洛温，还有 A.巴尔索夫、Я.科泽里斯基和许多其他专家，富斯也是在科学院获得高等数学教育的。

科学院的出版物对数学的整体进步产生了巨大的影响。同时，科学院院士们与他们的西欧同行们的大量和经常性通信也具有重大意义。科学院成立后不久，便成为最大的国际数学研究中心。

几乎所有的科学院大学的毕业生，都在本校、附中或其他学校任过教。巴尔索夫成为 1755 年成立的莫斯科大学的首位数学教授（18 世纪数学还不是专门的学科，研究的仅是它的部分基本分支）。阿多杜罗夫在 1762—1771年首任莫斯科大学的督学。戈洛温是 1782 年成立的若干民办学校的组创人之一，并且成为俄国第一个师范学校——1786 年开办的彼得堡教师培训班的教授。以哲学著作闻名的科泽里斯基，在炮兵工程学院教授数学和力学。富斯在步兵和海军学校任教，他与鲁莫夫斯基（1805—1812 年曾任喀山大学督学）积极参加了 19 世纪初的教育制度改革。

为适应教育发展的需求，数学的教学指南也在增多，其中最好的是由科学院院士们编写的。欧拉的拉丁文《无穷数分析导言》（1748）、《微分学》（1768—1770），以及德文手稿首次以俄文发表的《通用算术》（彼得堡，1768—1769）占有特别重要的地位。这些书，就其篇幅和内容不能作为基础的教科书。但是，它们在几十年之中都是鼓舞有为的数学家和教育家们的源泉和案头书。拉普拉斯所言，"看看欧拉的书，他是我们大家的老师"，说的就是他的专著，也是指他的总结性著作。18 世纪的许多俄国各个学派的教科书，都是在欧拉的这些著作的基础上编写的，其顺序的严格性和叙述的系统性与鲜明的清晰和易懂相结合。理论部分由精选的题例加以解说，其中，欧拉的著作摘要乃是由科捷尔尼科夫首次以俄文进行讲述的数学分析的基础。还有由他改写的著名的多次再版的 Xp.冯·沃尔夫的书（1771）的译文，译本名为《简明初等数学基础》（1770—1771）。

与欧拉的《通用算术》贴近的是富斯的被广泛使用的代数教科书。首先出版的是法文版（1783），后来是俄文版（1798）。戈洛温的十分精彩的《平面和球形三角与代数证明》（1789）是按照欧拉的文章编写的。有赖于它，才有了该学科的现代的分析处理。欧拉的影响还反映在算术教学上：在

18 世纪后半叶，由曾在莫斯科中学教数学、在马格尼茨基教导航学、后来成为彼得堡海军学校教授的 H.库尔加诺夫所著的十分普及的该科目教科书，无疑是在他的老师的《算术学》和欧拉的《算术学指南》（1740—1760）（1738—1740 年首次以德文出版）的影响下写成的。

彼得堡的院士们为普及数学做了大量的工作。我们可以克拉夫特的非常有意思的文章为例。1729 年，他在《圣彼得堡新闻》报的《历史、起源和地理附注》上撰写了关于化圆为方、角的三等分和立方体倍增的问题。对数学的高等分科的社会意义进行讲解，在当时具有重要意义。这个题目贯穿于一系列文章和公开讲演中，包括科捷尔尼科夫的《关于进行纯数学的操作的益处》（1761）的著名发言。

第一批数学家院士

所有院士中的最年长者赫尔曼是 Я.伯努利的学生。来彼得堡时，他已是著名的数学家和力学家。按照合同，他在科学院工作了 5 年（1731 年返回巴塞，不久就去世了），共完成了 12 篇数学论文，其中的一部分是关于微分方程原理的。他完成了（相当繁重的）整数有理数系数的全微分方程的积分（1726，1728）。首次研究了 $y=p(z)x+g(z)$ 方程式（1727，1729），这里 $dy=zdx$，现在称作达朗贝尔方程式，其解是在 20 年后，在总结克莱罗方程（该方程中 $p(z)=z$）基础上解出的；又被称为拉格朗日方程，拉格朗日对此所进行的研究则更晚一些。赫尔曼对 $p(z)=z$ 的情况未曾研究过。对微分方程求积分的还有其他院士。И.伯努利的儿子也是他的学生 H.伯努利，在来彼得堡一年之后突然英年早逝。是他给出了借助指数代换 $y=c^{bx}z$ 去解一级线性方程 $dy/dx=by+ax^m$ 的新方法（1726，1728）。这种代换的方法后来被欧拉更广泛的采用。他还研究了里卡蒂的重要方程。作此研究的还有天才的自学数学家哥德巴赫（他学的是法律）和 И.伯努利的另一个儿子也是学生 Д.伯努利。后者在来彼得堡之前，曾发表过关于里卡蒂在平方中的专门方程的积分条件的研究文章（现在的微分方程教科书讲述的就是他的研究成果）。

Д.伯努利在彼得堡科学院工作了 8 年，主要完成的是关于水动力学的大作（将在下一章讲述）。同时，他开创了数学物理的一个重要分支的研究——自由度为有穷数或无穷数的机械系统的线性振荡理论。Д. 伯努利的此项研究除了解决了一系列具体的课题，还包含了一个极其重要的叠加原理，即任何振荡都是由标准振荡叠加组成的。在研究以非重柔线悬挂的离散重物系统的小振荡，到它的极限状态：单质重线的振荡时，他得出二级线性方程的部分状态，现在称为贝塞尔方程，并且给出了它的解：幂级数形式的 0级一类柱形函数（1738，1740）。为了确定振荡的频率，伯努利采用了他发明的代数方程数字解的近似方法（1732，1738），后来由欧拉又将其发展了（1748）。这里我们要指出，引入任意有效级的一类的柱形函数，来解一般的"贝塞尔方程"，这是属于欧拉的。他在研究弹性膜振荡时遇到此问题。

1733 年，Д. 伯努利回国。但是，直到他去世之前，作为外籍院士，他都与彼得堡科学院保持着密切的联系。许多他后来的研究被刊印在科学院记事之中。我们想特别提出的是他关于概率论的研究。为了解决赌博中的一个怪论（所谓"彼得堡之赌"），他引入了一个偶然值的"精神期待值"的概念（1730—1731）。这个概念后来被尝试用于其他方面，但是未被概率论接纳。1950 年，А. 希钦对"彼得堡之赌"的怪论作出了确实的解释。但是，如同Ю. 林尼科所言，在"精神期待值"这个概念中，存在着某种关联——在获取可能的偶然值的对数的数学期望值，与现代的信息论的思想，包括该理论的基本概念熵之间的关联。在先前的研究中，伯努利已经采用了概率论中的微积分方法。在他自己后来的文章中，被更广泛的使用，以代替较复杂的组合性推理（1768，1770）。后来，该方法成为概率论的基本方法。归功于伯努利的还有对于偶然观察错误理论的研究（1780）。就在同一文章中，同样如林尼科所言，伯努利首先采用以任何大数的已知的近似值，去找到具有最大概率密度的该数的值（所谓最大近似法）。伯努利本人只研究了其中的部分情况。高斯研究了另一些情况。完整的最大近似法，是由 P. 费希尔在 1912 年研制完成的。伯努利所提出的具体分布曲线形式——半圆周曲线是不对的。

哥德巴赫的名字，现在与著名的"哥德巴赫猜想"联系在一起。他在1742 年 6 月 7 日致欧拉的信中，提出：任何大于 2 的整数，均为三个素数之和（将 1 也算作素数）。在此之前，他还考虑过：任何偶数，均为两个素数之和。问题也涉及这个假设的正确性。这一问题，因其解决的复杂性，促进了 20 世纪许多重要的数论理论研究。直至 1937 年，И. 维诺格拉多夫院士才证明出：任何足够大的奇数，为三个素数之和。他的另一个猜想：他与伯努利在1729年的通信中提出的：数 $1/10 + 1/10^2 + 10^4$，$+ \ldots + 1/10^{2n-1} + \ldots$ 为超越数，由 P. 库兹明得出证明（1938）。属于哥德巴赫的还有其他的发现：将一个无穷级数转换成另一个——现在称之为前者的解析延拓的原创方法（1729）；在瓦利斯（1655）之后，对数列的内插法的研究（1732）；在与伯努利和欧拉的通信中，确定了二项式微分的积分，归于有理函数的积分的各种情况（1730）。在哥德巴赫与欧拉持续约30年的通信中，还有许多有意思的想法。哥德巴赫未能对数学进行系统的研究，后来，他就渐渐地淡出了。1742年，他离开科学院，转到外交部门去工作了。

再看看首批彼得堡科学院院士们在几何学方面的研究。赫尔曼的研究发展了平面解析几何（1735）。他完善了二级曲线理论的解析表达，提出了以现在所谓的方程判别式，去区分某种设定的带有 X，Y 坐标的二次方程，是否可以表达出椭圆形、抛物线和双曲线的标准。伯努利仅将极坐标的方法用于螺旋。赫尔曼将之推广至其他平面曲线。赫尔曼是首批将坐标法系统应用于立体空间者之一（1738）。应用极坐标的，还有克拉夫特，他引入了"极方程"的术语（1738）。最后，是早逝的迈耶发表了几篇关于三角学的论文。其中，关于该学科的定理的纯解析结论，比以前要占有更大的分量（1729）。

但是，上述所有这些，都远远地落在18世纪最伟大的数学家欧拉的后面。

欧拉

欧拉，一个瑞典牧师的儿子，就学于巴塞大学伯努利处。他在本国未能找到合适的工作。1727年，作为一个刚满20岁的学者，由朋友 H. 伯努利、Д. 伯努利和他们的父亲推荐，受邀来到彼得堡。这里成为他的第二个祖国。与其他许多外籍院士不同，欧拉很快就掌握了俄语，能够说和写。

如第二章中所言，欧拉在科学院研究力学和数学的同时，还参加了科学院地理部的重要研究，亲自绘制地图，参加了许多的技术鉴定，研究了造船和导航理论，并在大学里任教。在彼得堡，欧拉得到了充分发挥自己才智的最好的精神和物质条件。科学院自始形成的积极科学氛围，与志趣相投的其他院士的交流，对他的创造有巨大的刺激作用。他的同事们曾经关注的科

Л. 欧拉

学的整体和个别的问题，从三角到数学物理，他都作了进一步深入的研究，并且加以推广扩大。在科学院工作的最初年代，欧拉就瞄准了自己的所有主要的研究方向。在后来的半个世纪中，直至去世，他的精神力量从未减弱，发表的成果越来越多。

1741年，在安娜·列奥波尔多夫娜（Леопольдовна）摄政期间，科学院的状况很不稳定。欧拉接受了普鲁士国王弗里德里希二世的邀请，转到柏林科学院。他在柏林科学院工作了25年，作为科学院的数学部主任，也长期担任过院长。这段时间，除了几年战争，欧拉一直作为外籍院士，与彼得堡科学院保持密切的联系，并每年获得酬金。他将自己的作品，平均地分别在柏林和彼得堡发表。其著作的出版量，两个科学院的出版量之和都应付不了。他与科学院领导和一些院士进行私下通信，包括罗蒙诺索夫。他编纂了他的笔记的数学部分，指导了年轻的俄国学者们的作业。在他任职期间，在柏林学习的有他的儿子 И.欧拉和助手科捷尔尼科夫、鲁莫夫斯基、索弗罗诺夫。

1766年，欧拉决然地与总在干涉柏林科学院的弗里德里希国王分手，返回彼得堡。不久，他几乎完全失明但积极性依然不减。这时，他的研究通过口授或指导，由他的儿子 И.欧拉，以及他的学生和年轻同事 В.克拉夫特（Г.克拉夫特的儿子）、列科谢利、戈洛温，尤其是富斯来完成。几年之中，欧拉与儿子（1769年被任命为彼得堡科学院会议秘书）一起进入了领导科学院的委员会（决定权是在院长奥尔洛夫 Орлов 手中）。

在数学史上，欧拉的著作无人能与之相比。生前，他的刊印著作达560

篇，其中包括大部专题著作 20 多卷。彼得堡科学院刊印了其中的约 400 多篇。科学院刊印他留下的著作直至 1862 年。欧拉总共撰写了 850 篇著作。1911 年，瑞士自然教育者协会出版的欧拉全集，共 72 卷，其中还没包括通信。最终所完成的出版物为：数学部分 29 卷（其中之一分为上下卷），力学和天文学部分 31 卷（26 卷前已出版），物理和其他学科 12 卷（11 卷前已出版）。在数学部分的各卷之中：18 卷是关于分析数学的（其中之一为上下卷），4 卷半为数论，半卷为代数，4 卷为几何，1 卷为排列组合和概率论。

在欧拉的所有成果之中贯穿着数学、自然科学和技术之间互相紧密联系的思想。他将理论与实践紧密结合。他以无与伦比的智慧，从局部的、具体的题目当中抽出广泛通用的理论核心。总是将理论的研究，达到获得有效解决课题的数字表述的结果。但是，他与原为物理学家的伯努利不同，欧拉主要是数学家。他对待数学，不是从一个现象到另一个现象，而是不懈的、系统的将其作为一个整体去研究和发展。他的著作所获得的巨大成就在相当程度上是取决于此。

欧拉给予数学的发展以巨大的影响。对俄国的科学发展具有特殊的意义。在俄国，先是他的学生们继承了他的研究。后来，则是由 П. 切比雪夫和他的学生们作出了原创性的发展。

欧拉的《无穷数分析导言》

在这里，我们只是尽可能地描述他的著作在整体上对科学的贡献。首先，是从在他的研究中，无论在数量上还是价值上都占有中心位置的数学分析开始。这方面，第一个要属他的两卷集《无穷数分析导言》，其中，借助代数，以及分解为无穷级数、无穷乘积和连分数，对基本函数的理论进行了研究。欧拉虽然未作出确切的定义，但是他采用了数值无穷小和无穷大的概念。微分和积分的概念尚未采用。该书中，欧拉首先提出这样的思想：数学分析的对象是函数的抽象的概念。实际上，他是继伯努利之后将函数定作解析式。通用的解析式，为幂级数 $A+B_z+C_{z^2}+D_{z^3}+\cdots\cdots$ 进一步的通用解析式，为 $A_{z^\alpha}+B_{z^\beta}+C_{z^\gamma}+D_{z^\delta}+\cdots\cdots$ 其中 α、β、γ、δ 为任意数。我们看到，欧拉的解析乃是对函数的解析，在给定定义域上的解析。可能除了一些个别的变量值，它们的表达，为概括的幂级数（"解析函数"这一术语本身，就已超越了康多尔斯（Кондорса）和拉格朗日）。在此，函数变量可能不仅是实数，而且可为 x+$\sqrt{-1}$y 的任意复数。这样，从一开始在解析领域就包括了过去从未做过系统研究的复变函数。

当时，数学物理研究提出的需求以及解析本身，都在要求超出对解析函数的研究。在《导言》的第二卷，涉及解析几何，欧拉将函数的概念扩大了。在《微分学》（1755）一书中，他提出了这样的定义："当某些数的变化会导致相关的另一些数的改变，后者称之为前者的函数"。无论其关系式确定的条件是什么，是解析的、公式的或是其他，均无区别。后来，超越这个定义的是现在通行的罗巴切夫斯基（1834）和狄利克雷（1837）的定义。

通过对各种基本函数的研究，得出：任意有效系数的整数有理函数，可以展开为一级或二级幂的有效乘数。这个由欧拉在 1742 年的通信中提出的属性，构成为公知的代数基本定理，由他作了专门的证明（1749）。欧拉的证明，主要用代数，也依据了解析定律——关于存在单数幂方程和双数幂带负自由项的方程的根。该定律稍早曾由达朗贝尔作出了专门证明（1746）。两个证明中，按现代观点尚不严密之处，由 19 世纪的大数学家们予以修订。

接下来，欧拉研究了基本超越函数。首次将对数函数，确定为指数的反函数。完全明确了关于自变量为有效值时，三角函数的符号问题。穆瓦夫雷的公式（1722）简洁且适于现代的写法：

$$(\cos x \pm i\sin x)^n = \cos nx + i\sin nx$$

还有欧拉的为现代每一个工程师和物理学家所熟知的公式 $e^{\pm iz} = \cos z \pm i\sin z$。都是在科乌特斯（P. Коутс）（1714）作纯粹的文字表达时所没有的。除了基本函数，还研究了一些高等超越函数。其中有著名的 Z（дзета）函数（黎曼的术语），$\zeta(n) = \sum_{k=1}^{\infty} 1/k^n$，$n>1$，得出 $\zeta(2n) = k\pi^{2n}$，这里 k 为有理数（例如 $\zeta(2) = \pi^2/6$，$\zeta(4) = \pi^4/90$），并导出"欧拉恒等式"：

$$\zeta(n) = \sum_{k=1}^{\infty} \frac{1}{k^n} = \prod_{p=2}^{\infty} \frac{1}{1-\frac{1}{p^n}},$$

这里的 p 采用为任何素数。Z（дзета）函数和欧拉恒等式，随着由切比雪夫和黎曼确定出 $\zeta(z)$ 和对于 z 项的复数值，成为解析数论研究中的最重要的方法。也是在此时，欧拉发明了一个 Z（дзета）函数的函数方程（1761）。1859 年由黎曼重新确认。

《导言》第一卷，对于解析的教学和教科书产生重大影响。至今，阅读它都令数学爱好者们兴奋不已。《导言》第二卷，对于解析几何的教学也具有同样的意义。在这里讲述了通过三个"欧拉角"空间的直角坐标的转换，和二次曲面的详细分类。

欧拉对于基本复变函数理论作了实质性的补充。首先，正确地确定了复数领域的对数函数。对围绕莱布尼兹、伯努利和达朗贝尔的悖论作出解释。虽然，在1746年欧拉就研制了自己的对数理论，并且在与几位学者的通信中谈到了此事。但是，他未能来得及将其收入刊出的《对解析的引言》（1748）。几年后才得以发表（1751）。

有一部分，是与达朗贝尔同时完成的。欧拉在复变函数理论，以及其在液体力学、几何和积分学之中的应用，也作出了第一步。1777年，欧拉提出：任何（解析）函数 $u(x, y)+iv(x, y)$ 的实数和虚数，必须满足 $\partial u/\partial x=\partial v/\partial y$，$\partial u/\partial y=-\partial v/\partial x$ 的方程（1792）。首先遇到这个问题是在他的水动力研究中（1755）。而达朗贝尔则更早些（1752）。在刚才提到的和1777年的其他文章中，欧拉首先应用复变函数于专门的定积分的计算。所有这些思想，在19世纪的解析函数的总体理论中取得了进一步的发展。其中，柯什和黎曼揭示了刚刚引出的带有偏导数的方程的理论的主要意义。该方程通常称之为柯什—黎曼方程，实际上，应该称作达朗贝尔—欧拉方程。

在地图绘制的一项研究中欧拉确定：当使用（解析）复变函数，在平面上表达球体时，无穷小的形体转为其近似值。舒伯特将这种表达称之为共形（1789）。在欧拉的这项研究中，平面上的点 M(x, y) 与复数 $x+iy$ 是一一对应的。韦谢利第一个提出了对复数运算的几何解释（1799）。

欧拉的微积分学

欧拉在由彼得堡科学院出资，在柏林出版的《微分学》一书中，汇集了在当时的关于此问题的大量材料。其中大部分是属于他本人的。当时，微积分被视作有限差分算法的部分情况。当时，差分被认为是无穷小的。因此，《微分学》的前两章是关于有限差分算法的。其中，引入了现代适用的符号。我们暂时先将欧拉抑制不住的试图解析研究无穷小和微分归零等放在一边，只谈谈该著作的一小部分内容。

书中微分工具自身得到了进一步的详尽的发挥，首次大篇幅地叙述了多变函数的微分；展成无穷积分、它们的转换，以及将某种级数的部分之和与积分，和它的共同项的导数相关联的公式，获得了广泛的使用。这个公式被重视应用于有穷差分的计算和解析之中。这是由欧拉发现的（1738）。而后麦克劳林也独立提出（1742 年公布）。所以，称之为欧拉—麦克劳林求和公式。

在《微分学》书中，以及在更早一些的 1743—1745 年的通信中，欧拉讲出了自己对使用无穷级数的观点。借助他所发明的发散级数求和的方法，他作出了许多发明成果。比如前面提到的 Z（дзета）函数的函数方程。不少数学家都认为采用发散级数不可行。为了证明自己的算法是正确的，欧拉提出了归纳无穷级数的概念。当时的数学手段，还达不到可以对欧拉的概念作出无可挑剔的论证。而且，在发散级数上一不小心就会出错。这就招致在 19 世纪前半叶中对发散级数的激烈批评。一段时间曾对它完全拒绝。但是，在上世纪末，在现代函数理论的基础上，终于开始了对求和的整体理论的系统的研发。在这一理论的研究中，欧拉的和数概念的解说和他求和的方法获得了丰富的成果和严格的论证。这也涉及伯努利的求和方法（1772）。在欧拉的影响下，他转变了自己先前对发散级数的否定态度。

三卷集的《积分学》（1768—1770），按照现代的术语来看，其内容与名称并不相符。函数的积分只是占第一卷的一半，大部分的著作内容是关于微分方程的。

欧拉将不定积分的计算方法，借助基本函数，达到完善的程度。在此稍作讲述。欧拉的众多关于积分学的发明中，首先要指出的是关于椭圆积分的理论。在此，他得出了总的加法定律。欧拉还借助微分和在积分和虚代换符号下的积分，完成了许多专门的定积分计算。非常重要的是，其中所谓欧拉的一类和二类积分，以 β 函数和 γ 函数加以注称。这些函数的属性，与圆柱函数和 Z（дзета）函数同属于超越函数。对它们的分析和应用的研究，欧拉从 1729 年就开始了，在后来半个世纪中发表的文章对此多有涉及。

在拉格朗日于 1756 年 10 月 5 日的致欧拉的信中，为所谓求解最小表面积，采用了重积分之后，欧拉开创了这些积分的更为广泛的应用，以及对于它们的属性的研究，首次详细说明了它们的计算方法，导出变量函数的规则（1770）。

通过对微分方程的积分方法进行的系统研究，欧拉以新的一流的成果加以充实，首先将微分方程理论创建为独特的数学专科。他引入了普通微分方程的特别积分和完全积分（即一般解）的概念（1743），还发明了特殊解的一些标准。他详细研究了 n 次常系数的线性同（齐）次方程的解。借助指数代换（比较对伯努利的讲述），去解 n 级代数方程（1743）。现在称之为特性曲线。为了解不同（非齐）次的线性方程，欧拉提出了方程逐次下降阶次的方法（1753）。在欧拉所研究的变量系数的线性方程之中，应当提到一个二次方程。贝塞耳、勒让德、高斯（超几何的）、切比雪夫方程，都是该方程的局部情况。欧拉以两种方法对这些方程积分，将它们的解，或者表达为不定系数的级数，或者为相关参数的函数的定积分。两个方法在 18 和 19 世纪继续得到发展。在 И 伯努利和 H 伯努利时期，还是在个别情况下使用的积分加数的方法，在《积分学》中被广泛使用。欧拉还提出了微分方程的数字解的方法。这在他的天体力学的研究中是非常需要的。

在第三卷中，讲述了在 18 世纪刚刚形成的带偏导数的微分方程。在 30 年代的著作中，欧拉解决了几何题解的个别一级方程。在世纪中叶，二级线性方程占据了中心位置。它涉及数学物理的最重要的问题，包括发声弦和膜的小振荡问题。关于弦的题目，表达为"波形"方程：$\partial^2 y/\partial t^2 = a^2(\partial^2/\partial x^2)$，这里，$y(x, t)$ 是弦点在时间 t 上，对纵坐标 x 的横向偏离。泰勒在 1713 年就得出该方程的部分解。1746 年，达朗贝尔提出了该方程的通解。弦的两端固定时，其解为两个任意函数之和 $f_1(x+at)+f_2(x-at)$（1749），该函数被限于一些附加条件，涉及弦在振荡时的初始时刻的状态，以及弦的端部——只要弦未被假设为无穷的（所谓初始条件和有限边界条件）。达朗贝尔对任意函数作了某些限制。欧拉从物理概念出发，认为是过于被限制了；同时从数学观点考虑，认为其是多余的，而拒未采纳这些限制（1750）。

就此问题，达朗贝尔和欧拉之间的辩论立刻加剧了。很快，伯努利也参与其中。他确信，通过叠加正常（同步）的振荡，可以得到任何振荡。他提出，最恰当也是完全通用的解是无穷三角级数（1755）。由此引起了著名的"关于振荡弦的争论"，即首先是关于进入带偏导数的方程之解的函数的性质，以及三角函数对任意函数的表达性（因为弦的初始形态，可以认为是任意的）。达朗贝尔和欧拉不否认振荡叠加原理的重要性，但他们认为：三角函数只能表达部分函数族，而伯努利无法从数学上论证自己的论断。随后，拉格朗日和 18 世纪的其他大数学家也加入了关于弦的争议。1787 年，彼得堡科学院宣布：1789 年以此题目为竞标题目。该项奖金，由斯特拉斯堡的阿尔鲍加斯特教授以《关于进入偏微分方程积分的任意函数的性质》（1790）中标获得。他的著作包含一些有意思的思想。整体上，站在欧拉一方，而不是达朗贝尔一方。但未能对争议作出令人信服的解答。欧拉的观点更为开阔，其成果也更丰富。这为后来的数学物理学的发展所证明，包括索波列夫和施瓦茨的综合（广义）函数论。至于三角级数形式的解，则是在傅立叶所进行的热在固体中的分布的理论的研究（1807—1822）中证明的。以三角级数之和，来表达的"任意"函数，是十分广泛的。在此之后，伯努利方法的深远作用才变得清晰了。1777 年，在导出了将任意函数分解为所谓的不完全的傅立叶级数的系数的积分公式时，欧拉奇怪的未曾提到这个情况。傅立叶又重新导出了这些系数公式。但是在欧拉之前，克莱罗在一篇关于天体力学的文章中就提到了它们。现在通常称为"傅立叶系数"。

弦的争论，在函数概念的发展和在三角函数理论上面起了决定性的作用。它鲜明的证明，数学科学是如何生成涉及数学的最基础的深刻的理论问题。

变分学

在《积分学》第三卷，欧拉撰写了变分学的广泛应用。这是他新研制的分析学科。初始，则是由伯努利兄弟打下的基础。变分学的研究对象是泛函数的极值（最大值和最小值）——该值的大小，不取决于数字变量，而是取决于某个函数或者曲线。例如，在平面上的密闭曲线，求其所占面积为最大的等周问题。在古希腊就提出并得出其解为圆形。17 世纪末，提出了几个新的变分学问题，其中包括最速落径（捷径）问题，即在最短时间内，从不在同一垂直线（面）的两点，由高向低滑下的曲线。伯努利兄弟、莱布尼兹和牛顿得出结果，该曲线为摆线。И. 伯努利提出了短程线——在给定表面的最短长度曲线的问题。短程线的微分方程，最早由年轻的欧拉发表（1732）。当然，他的老师对此也是知晓的。伯努利兄弟未能创立出变分学的整体方法。对它的基本概念和任务的整体的和抽象的状态未加以区分。欧拉首先完成了这个任务，他先是通过一系列文章，后来是发表的专题论文《求最大或最小曲线的方法。或广义的等周问题之解》（1744）。欧拉将该学说与某些自然哲学的原理相关联：在世界上，任何找不到某种最大值或最小值的事物都不会发生。在欧拉看来，该原理的内容之一，即为最小作用的力学原理。1744 年，他曾在自己的专题论文构建了它。"泛函数"这个术语，是在 20 世纪出现的。欧拉在这里说的是求解曲线 $y=f(x)$。设定为该曲线经过横坐标 a 和 b，并且赋极值于积分 $\int_a^b Z(x, y, y')\,dx$，这里 Z 为已知的函数。这个写于《最大值和最小值的绝对法》的题目，是最速落径问题的一个范例。欧拉将其归为微分方程的积分，现在称之为"欧拉方程"。欧拉以有限差方程的极限转换，导出自己的方程 $\dfrac{\partial Z}{\partial y} - \dfrac{d\left(\dfrac{\partial Z}{\partial y'}\right)}{dx} = 0$，该方程是以折线替代曲线而得出的。而对于泛函数极值的题目，则以几个通过微分计算解决的变化函数的极值的题目代替。当函数 z 进入高序列任意函数时，方程很容易归纳。然后，欧拉转入《最大值和最小值的相对法》题目的研究。在这里，对于间接函数和它的导数，增加了一些补充的条件（等周问题和测地线问题，即如此）。此类问题，欧拉采取的一些解决方法，归入到上面所述之中。

解微分方程，欧拉在许多情况都遇到了很大的困难。所幸的是，欧拉所藉以导出任意函数极值的方法——有限差的方法，本身具备可以方便的近似，亦或精确的解出的能力。欧拉的这一方法，对他来说，仅仅是个辅助课题。后来，被进升为解决变分问题的"直接"方法，在 20 世纪得以发展，在数学物理领域得到重要的应用。

从 18 世纪 50 年代，变分学被拉格朗日加以显著的完善。他引入了区别于微分 dy 的特殊变分符号 δy，以及可以用新方法导出欧拉方程之值的变分规则。欧拉立即正确地评价了拉格朗日算法的优越性，并且在专门的著作中，对其作了详细的描述，文中使用了他想出的术语"变分学"（1766）。在《变分学》第三卷的附录中，欧拉随拉格朗日之后，扩展了对于常数的极限的重积分的研究。几年之后，他提出了构成变分学的与现代使用的方法近似的新方法（1772）。

欧拉关于几何的研究

我们提到，《导入分析》（1748）的第二卷，是关于解析几何的。在欧拉的其他几何学著作中，定理也是经常以解析的方法来证明的。在综合证明的题目中，我们来说说"欧拉定理"之中的，凸形多棱体的顶、肋和棱的数目 S、A 和 H，它们的相互比例为 $S+H=A+2$（1758）。很久之后才弄清楚，该等式实际上适用于一切多棱体、拓扑等量球体。而数 $S-A+H$，现在被称为"欧拉特性数"，是多棱体的基本的拓扑不变量，在表面拓扑学中起着重要的作用。在欧拉的著作中，直接涉及拓扑学的是《柯尼希斯贝格桥》一文。普列格尔（Прегель）河的几条支流上有桥梁，提出的问题是：是否可以通过这所有的桥梁，而每座桥只经过一次。如果说，关于多棱体的定理，是欧拉自然的构成的基础几何的定理。那么，关于桥的题目，则属于"位置几何"，是一门新的学科。其发展是在 19 世纪，现代的名称——"拓扑学"，则是由利斯廷提出的（1848）。

欧拉的一系列著作，是关于球面几何、球面三角和微分几何的。有一些问题，是他在力学的研究中加以解决的。对表面理论具有奠基意义的，是关于表面曲率的著作，其中导出了著名的正常截面的曲率半径的"欧拉公式"（1767）。关于展开表面（假设为无折叠和断裂的平面）的研究，欧拉认为：任何这样的非圆柱和锥形的表面，是由空间曲线的切线构成（曲线回归于肋）。他首次得出了表面的曲线坐标（1772）。在 1770 年写出，但是在 1862 年才发表的记事中，欧拉给出了两个表面可以相叠加的共同条件。而高斯是在后来找到的（1827）。

数　论

欧洲在古希腊之后，只有费尔马重新对数论作了系统的研究。但是，费尔马未能留下他所提出的大多数定理的证明。后来，许多定理是由欧拉证明的。正如切比雪夫所言："费尔马的发现，仅仅是对几何学家们的开发数论的号召。但是，尽管存在着对这种开发的浓厚兴趣，在欧拉之前，并无人对此作出响应。此事很明白，这种开发不但要求首先采用已知方法的应用和已知方法的延伸，而且需要建立新的方法，发明属于新学科的基本内容。而这件事是由欧拉完成的。"在费尔马提出的无结论的命题中，"费尔马小定理"具有重要的意义。该定理为：假设 p 为素数，a 不能被 p 整除，那么 $a^{p-1}-1$ 可被 p 整除。后来，被高斯表述为 $a^{p-1}\equiv 1$（mod p）。欧拉发表了该定理的两个证明（1741，1761）。然后，将其归纳为：如 $\varphi(m)$ 与 m 互为质数，并且小于 m，而 a 与 m 也互为质数，那么 $a^{\varphi(m)} \equiv 1 \pmod{m}$。

在对费尔马定理进行证明的过程中，欧拉从任何 $4n+1$ 形式的素数，其唯一的表示方法，是以两个平方整数之和的定义出发，总结出了幂的剩余理论。他在完成于 1772 年发表于 1783 年的一篇著作中，提出了两次方的剩余理论的基本内容——"互易定律"。该定律后来由勒让德重新提出（1788），并由高斯作出了证明（1801）。该定律在可约性理论上，具有基础性的意义。19 世纪，在此方向上的进一步研究，导致创立了与代数和数论平行的代数数论，对此问题的研究，至今仍在继续。1832 年，高斯未作证明，提出了对四次剩余的互易定律。然后，是爱森斯坦提出了对立方的定律（顺便也证明了高斯的定律）。库默提出对圆的分割的域的定律。后来的重要研究是由吉尔伯特等人完成的。

由费尔马的 $4n+1$ 的素数的定义出发，欧拉研究了关于以另外的二次方 ax^2+by^2 来表达数字的问题。使用这种方式的属性，去求出所给定的大数 N 是素数还是合成数。由此，开创了范围广阔的二次形式理论。拉格朗日和高斯将其作了进一步的发展。后面，我们还要继续讲述 19 世纪末 20 世纪初俄国数学家们在该领域的研究。

在欧拉的算术学研究中占有重要地位的，是所谓的季奥方特[①]分析问题。即求解带整数系数的整数的不定方程。此题目就是要确定一个数，其在除以给定的数时，得出给定的余值（1740）。此题目的周密解答，还是由大概在 3 世纪时的中国数学家孙子作出的。后来是 14—18 世纪时的拜占庭和欧洲的学者们。高斯是在 1801 年给出了解。欧拉还深入地研究了——虽然未能完成——求方程 $x^2 - dy^2 = 1$ 的最小整数解，这里 d 为非二次方数（1767）。古代的希腊人曾研究过此类方程，后来 7—12 世纪的印度数学家，也对此做过研究。到新时期，费尔马和瓦利斯作了此项研究。欧拉将该项解的存在，依赖于分解为连分数 $\sqrt{d}$，并用数字的例证，显示了该分数的阶段性。不久，由拉格朗日对该特性作出了严密的证明。

当然，"费尔马定理"也吸引着欧拉。该定理设整数 $n>3$，并且 $xyz \neq 0$，

---

① 古希腊数学家。——译者注

则方程 $x^n+y^n=z^n$ 没有整数解。费尔马称，有此定理的证明，但是却未将它留下来。欧拉发表了运用费尔马提出的无界限下降的方法，对该定理在 $n=4$（1676 年，德贝希曾研究过此情况）和 $n=3$ 情况下的证明。在后一种情况中，欧拉首次研究了数 $a+b\sqrt{-3}$ 这里 a 和 b 为整数一类的自然数（1763，1769）。该思想后来由高斯、库默和其他代数数论的创造者们加以总结。

源自欧拉的还有在数论当中首先使用解析的方法。其中包括这样的题目：有多少种方式，可以去表达一个自然数 N，其为相同的或不同的正整数之和 K。该解是基于对某些无穷乘积的分解，分解为无穷幂级数，其系数给出了所求的解。1747 年，欧拉用解析的方法导出了递归公式，用于确定设定数 N 的除数因子的总和（1751，1760）。在两种情况，欧拉进入了 19 世纪由雅可比研制的 Δ 级数和 Δ 函数领域。关于欧拉的 Z（дзета）函数在数论中的意义，我们曾在前面讲过。可以看到，由欧几里得证明的关于素数数量的无穷性的定理，借助欧拉函数，得出了新的结论。

欧拉还将对于某些重要常数的算术属性和它们之间的相关性的研究推向前进。由他所发现的，将数 e 和其他与之相关联的数，分解为连分数，是证明该数与兰伯特（1768）提出的数 π 的无理性的基础。考特斯—欧拉公式，被林德曼用于证明 π 的超越（函数）性。这个题目成为可能，是在厄密证明数 e 的超越性之后。最终，欧拉在《分析导言》第一卷（1878）中，提出了有理数在有理底数时的对数的超越性和有理性的命题。吉尔伯特于 1900 年的一次报告中总结了该命题。构建了在代数底数时的代数数的超越性和有理性，即关于 α^β 的超越函数性。这里 β 不能为零或 1，在代数的 α 和代数的且无理数的 β 的条件下，例如 $2^{\sqrt{2}}$ 这类数。这里的所谓吉尔伯特的第七个问题（在报告中，他提出了 23 个问题），由格尔方德在 1929—1934 年完全解决了。

数论问题通常不是源自技术和自然科学的需求。在数学之外，其极少被直接应用。但是，对它的研究乃是数学发展的必要组成部分。它研制出非常富有成果的方法，在该学科的许多其他领域获得应用。上述情况，以及数论的题目和方法之好看有趣，是费尔马、欧拉、拉格朗日、高斯、切比雪夫等等一流学者热情投身其中的原因。如所述，是欧拉奠定了该学科的基础。在俄国，对它的后续研究，则是在切比雪夫及其学派的研究之中。

欧拉的学生们和后继者

欧拉对自己的学生们，以及整个 18 世纪中彼得堡的数学家们的研究，给予了决定性的影响。大多数情况下，直接会涉及他们的研究题目。鲁莫夫斯基发表了 7 篇数学论文，包含偏分学的部分题解、无理代数函数和普通微分方程的积分、发散级数的求和。这位学者的其他著作是有关天文学和地理学方面的。

列克谢利也成功地进行了天文学方面的研究。在来彼得堡科学院之前，他曾在乌普萨拉大学工作。再早，是在自己的家乡阿鲍（Або）市的大学。在分析方面，他随欧拉之后，成功地发展了解带有固定系数的线性普通微分方程系统的方法和椭圆积分的理论。

欧拉最密切的学生和秘书，1772 年从瑞士来到彼得堡的 H. 富斯，是自己导师的著名传记的作者，以及自己导师的科研著作的不倦出版者。从 1800 年，他在 И. 欧拉死后，任彼得堡科学院的常任秘书。富斯成为 Л. 欧拉家庭的成员之一，他娶了欧拉的孙女（И. 欧拉的女儿）。

但是，在彼得堡科学院，欧拉学派的主要领域是几何学。列克谢利建立了第一个多角导线的通用系统（1775，1776），丰富了球面几何学和三角学的内容，建立了其中的精彩的规则：具有共同底面和相同面积的球三角形的顶端的几何位置，在球的小圆周之上（1783）。随后，一系列关于球形三角形的新题目，由富斯（1788）和天文学家舒伯特（1788）提出并予以解决。富斯还研究了球面椭圆形的属性，即具有设定的底面，和设定的另外两个面之和的球面三角形的顶端的几何位置（1788）。彼得堡数学家们的研究，涉及平面上的微分几何。富斯研究了属于现代所谓的"自然几何"的题目（1789，1809）。舒伯特比前人更详细地研究了会切点。古里耶夫完全以分析的方法，从笛卡尔的直角体系的相应公式中，导出了在极坐标的微分几何的所有基本公式（1801）。关于舒伯特的旋转椭圆形的几何投影的研究（1787），我们在前面曾经提到其中所提出的术语"保角（保形）投影"。

有少数文章是以数学的其他分支作为自己的研究对象。比如，舒伯特研究了源自牛顿的问题：以整数系数，乘以整数的代数多项式的分解（1798）。在近百年之后，克罗内克提出了该题之解，与舒伯特的方法完全相似。

刚刚提到的古里耶夫，是唯一的俄罗斯籍的彼得堡科学院数学院士。他受的教育不同（毕业于炮兵工程学院），是一个不属于欧拉学派的例外。在数学上，他的兴趣更放在分析的基础问题上。该问题在 18 世纪末被提到首要位置。为此，他发表了自己的《关于完善几何构成的经验》（1798）。该书的第一稿中，包含有对欧拉的严厉批评，批他所采用的发散级数，批他的对于二项式幂级数的分解定律的不严密证明。这引起了古里耶夫与科学院其他数学家们的争论。按大多数院士的意见，《经验》一书中引起争论的部分，包括柯什、阿贝尔和其他人后来提出的异议，出版时都被删除了。删去的还有，对欧拉之前的各种分析的论证方法的批判的历史回顾（在古里耶夫去世之后，1815 年，这个回顾得以刊印）。《经验》一书中，古里耶夫继承了由达朗贝尔提出的基于确定极限的极限理论。他应用极限的这个定义和最简单的属性，去证明基础几何的圆、锥体和圆形体。在《经验》一书的附录中，古里耶夫正确地指出了勒让德于 1794 年所作出的关于平行定理的一个证明上的错误。但是，他自己也犯了类似的错误。我们在古里耶夫这里，找到了俄国著作之中，第一个对平行问题的讨论。四分之一世纪后，罗巴切夫斯基发明了非欧几何。

古里耶夫在 1797 年的一篇文章中讲述发展了的极限转换的学说，构建了通用的定理：$\lim_{x \to a} f(x) = f(a)$（非明确的假设：$f(x)$ 为连续的），并且提出了自己的全微分的条件结论和定理：$\partial^2 z / \partial x \partial y = \partial^2 z / \partial y \partial x$（1795—1796）。随后，在此基础上，他编写了大型教材《微分学基础》（1811）。但是，达朗贝尔与他的第一批后继者对于极限理论还未能充分研究，不能作出对分析的令人满意的论证，也未能作出进一步的发展。很快，更加完善的柯什的极限理论便取而代之。

古里耶夫关于分析的论证的研究，在俄国引起了很大的关注。19 世纪初，从事于传播拉格朗日的极限理论以及解析函数理论的，还有其他学者：古里耶夫的学生维斯科瓦托夫（Висковатов）院士、天才的数学爱好者拉赫曼诺夫（Рахманов）等等。所有这些人的活动，对俄国 19 世纪前四分之一年代的数学教育产生重大影响。

还应指出的是，欧拉去世之后，彼得堡科学院的数学研究水平大大降低了。19 世纪 20 年代开始，俄国数学研究的新高潮又出现了，但是，它已不局限于科学院的范围之内。有关内容将在本书第二部分讲述。

第四章　力学

力学在彼得堡科学院

力学研究在俄国的发展，实际上是在彼得堡科学院成立之时开始的。在彼得大帝时期，在技术和军事学校里力学研究乃是关于普通机器的学科中附带的关于静力学的内容。因此，俄国刊印的第一本教材，称作《静力科学或力学》（1722）。它是由多年在海军学院工作的杰出教育家Γ.斯科尔尼亚柯夫–皮萨列夫写的。在这本书中没有引入证明，理论部分仅限于作出定义和简单的说明。

在彼得堡科学院开始运行后，力学的研究才得以充分的展开。在质点和固体的力学、水动力学和空气动力学、天体力学、材料的弹性和阻力理论、舰船理论和机器理论等方面，彼得堡科学院都作出了重大的贡献。在从事科学研究的同时，他们还广泛促进了力学在科学院附中和大学以及彼得堡的专科学校里的教学活动，发表了大量的文章。在100年期间（至1830年），科学院出版了约360部著作，其中尚未包括大批单篇的论文和教学指南，它们的篇幅也不在少数。关于力学的刊物中，涉及最多的是欧拉（155篇）和伯努利（35篇）。

在彼得堡科学院成立20周年时，其成员和欧洲的学者们一样，将注意力集中在力的度量问题上。赫尔曼研究了这个问题，支持并发展了莱布尼兹学派关于力的度量的观点。在科学院的著作中，有一批赫尔曼关于力学的文章：关于物体在阻力条件下的运动、关于摆动，等等。

欧拉关于点和固体力学的著作

力学与数学一样，成为欧拉创作的主要领域。还是在彼得堡进行科学活动的最初年代，他就编制了力学领域研究宏大的全系列工作计划。该计划被表述在他的两卷集著作《力学或是通过分析表述的运动的科学》（1736）之中。

他的《力学》一书包含了质点力学的基础。说到力学，欧拉指的是与静力学相区别的运动的科学。该书的特点是广泛应用新的数学工具——微分和积分计算。这反映在书名上并在前言中加以特别的强调。书中在对 17—18 世纪交界时期的关于力学方面的基本著作作出简要的评价时，欧拉指出了它们极其困扰读者的综合几何的讲述风格。牛顿的《自然哲学的数学原理》（1687）和稍后赫尔曼的《运动学》（1716），就是这样的写作风格。

欧拉创建了崭新的力学研究方法，研制了它的数学工具，出色地运用它解决了许多难题。由于他的研究，微分几何、微分方程、变分学成为力学的工具。综合几何学的方法不具有共性（普遍性），而是要求单独针对每个题目的与之适应的个体的构成。而欧拉的方法，以及他的后继者所发展的，则是立足于解决各种力学题目统一的方法。

在《力学》一书出版 8 年后，欧拉首次提出了最小作用原理的确切公式。该原理源自光学。1662 年，费尔马依据最短时间原理，提出了光的折射定律。后来这一思想被伯努利接受。而在 1744—1746 年，被莫佩尔蒂发展应用于力学。莫佩尔蒂的原理宣称：当自然界发生某种变化，产生这种变化所必需的作用的数量，乃是可能中最小的。他借助形而上学和神学来论证自己的原理。他的原理的数学表述十分有限。他将力学运动理解为 mvs 作用的大小，即质量、速度和物体经过路径的乘积。1744 年，欧拉在从事转换计算过程中，独立提出了最小作用原理的公式。按照他的公式，对于在中心力的作用下各点的轨迹，最小值为积分：

$$\int mv\mathrm{d}s = \int mv^2 \mathrm{d}t$$

或者如他所言，为"全部活力之和"。在 1746—1749 年，欧拉写出几篇关于柔性线的平衡姿态的著作。在其中，最小作用原理被应用于弹性力的作用。这一研究，后来在拉格朗日的著作中得到了进一步的发展。

欧拉为自己的固体动力学著作《固体运动理论》（1765）写了六章引言，重新论述了质点的动力学。与 30 年前出版的《力学》比较，作了改善。其中，给出的点运动等式，是在不动的直角坐标轴上的投影（而不是像在《力学》中，是在与轨迹点相关的动态的自然的三面体的轴上）。在引言"固体运动专题"之后，有 19 章，以达朗贝尔原理作为论述的基础。简短地描写固体的平移运动和引入惯性中心的概念之后，欧拉研究了围绕不动轴和围绕不动点的旋转。在这里，给出瞬间角速度、坐标轴的角加速度的公式，采用所谓的欧拉角（他在 1748 年首次引用），等等。接下来研究了惯性力矩的属性，其后转入固体的动力学。他得出了固体围绕它的重心旋转的微分公式，并用于在无外力的最简单的部分情况下去求解。就这样，产生了著名的、在陀螺仪理论上十分重要的关于固体围绕不动点旋转的课题。这一研究不久由拉格朗日继续，后来由科瓦列夫斯基和一批俄国和外国的学者后续进行。

有关天体力学的杰出研究也归于欧拉。后面在第五章将作讲述。

伯努利和欧拉关于液体与气体力学的研究

对液体和气态物体力学作深入研究，是从 18 世纪中期才开始的。这主要归功于伯努利和欧拉。伯努利在俄国进行了 8 年（1725—1733）紧张的数学和力学研究工作。1733 年，他返回巴塞，直至生命的最后，一直与彼得堡科学院保持着紧密联系。在彼得堡科学院院刊上，刊印了他大部分的论文（75 篇中的 50 篇）。这个期间，主要是关于水动力的论文。他从 1728 年末或者是 1729 年初着手进行此事。

《水动力或液体的运动和力的研究》（1738）是一部 13 篇的大著作。伯努利开始就写道，他将水动力学看作是液态整体的力学。其由两部分组成：水静力学，即关于平静液体平衡的学说；水力学，研究液体的运动。每一部分都离不开另一部分的帮助。作者为了规范，用更广义的名称——水动力学将两者统一起来。

伯努利的研究是依据他的大量实验。在理论部分，他超出莱布尼兹的活力守恒原理，是力学思想概念的进一步发展。在这里，以不同的名称给出了功的概念；通过比较不同工具的长处，给出了效率的概念，从而奠定了气体动力学理论的基础；给出了原创的著名的波义耳—马略特定律结论；第一次解决了重要命题：确定正常密度的未受压的液体流 ρ 以速度 V 流动时的压力；以最简单直观的物理推测给出了著名的伯努利等式：$V^2/2 + P/\rho + gh = \text{const}$，

g 为重力加速度，h 为相对地平高度，考虑摩擦力。这个等式在水动力学中得到最广泛的应用，同时也是动力学的基础之一。

水动力学的继续发展是和欧拉的名字相连的。他是逐渐地进入该项研究的。在彼得堡科学院工作的初期，他效仿相交甚好的伯努利，开始研究水动力学。

18 世纪 30 年代中，欧拉着手准备关于舰艇理论的大著作。对造船的理论问题的兴趣，自古就有（阿基米德时就已出现），在新时代尤其。当俄国开始组建自己的大型舰队，成为海上强国时，就面临这个问题。欧拉关于舰船理论的研究直接受命于彼得堡科学院。1743 年书基本完成，但出版稍迟。《海洋科学》为两卷本，第一卷为游浮体平衡和稳定性的总体理论；第二卷为将理论应用于对舰船结构和载荷相关问题的分析。这部著作在稳定性理论、小摇摆理论和船艇建造等方面，均占有显著的地位。

40 年代，除了水动力问题，欧拉还遇到气体力学的问题。此类问题，部分涉及弹道学。欧拉于 1727—1728 年首次研究弹道学问题，是与伯努利有关，研究的是垂直发射的球形弹体。然后，他在自己的《力学》中，考虑了在某种均匀速度的阻力的环境下，物体运动的问题。在柏林时，欧拉将 1742 年出版的罗宾斯的《炮兵新原理》从英文译成德文，并且补充了自己的关于外部和内部弹道学的研究（1745）。他的补充，无论从内容价值和数量篇幅上，都大大超过了罗宾斯。

1749 年，欧拉在完成对加维尔（Гавель）和奥德河之间的渠道所做的咨询时，重新又进行了液体力学问题的研究。然后，在 Я. 谢格涅尔（Сегнер）发明水压机，即现在中学生都知道的谢格涅尔轮机之后，欧拉对该机的最初方案作了重大改善，这样，才使得该机成为四分之三世纪后建造的喷射推进液压涡轮机的样板。在《水动反射传动机器的更完整的理论》（1754）中，他开创了水压涡轮的理论和计算方法。

50 年代，欧拉完成了几部水动力学的重要著作。首先是《液体运动入门》被刊登在彼得堡科学院 1756—1757 年文集中。其中，描述了水和气静力学的入门知识，导出了常态密度液体的连续性的等式。其他三部著作《液体平衡状态的基本入门》《液体运动基本入门》和《液体运动理论的再研究》刊登在柏林科学院的学报上，成为水动力学的基础著作。其中，在第二篇中，部分地给出了未压缩液体运动的部分导数的等式，第三篇中，涉及在任意形状的狭窄导管中，气体和液体运动的若干问题。与此相关的，是欧拉提出的解决部分导数的等式的方法。这其中一个等式的研究者还有泊松、里赫曼、达尔布等，在现在的准音速和超音速气体运动问题上可以遇到它。

弹性和柔性体的力学问题

在远古和中世纪，已经有了保障设备稳定和可靠性的经验规则。伽利略在《两个新科学的谈话和数学证明》（1638）中，开创了材料力学的学说。1678 年，胡克找到了弹簧、弦、曲轴在拉伸时的力与变形之间的线性关系的基本法则，并作了一系列相应的实验。1691 年，奠定了弹性理论的基础。伯努利进行了系列的涉及弹性线性问题的研究。他的某些假设和结论不够确切，但是在整体上是大大前进了。其中，他提出了微分公式并证明，弯曲线的曲率与在点上的弯曲力矩是成比例的。该原理后来被其他学者使用，包括欧拉在内。

欧拉在《曲线确定方法》的大篇附录中，涉及了弹性曲线问题，其基本内容在前面的章节中作了讲述。该课题，是由 1742 年 10 月 22 日伯努利致欧拉的信中的意见所引起的：伯努利建议采用等周的方法，即转为某个积分的最小值的问题来研究。

按照这个思路，欧拉重新提出了伯努利微分公式，并作出了各种边界值的解。在附录的其他章节中，欧拉分析了在轴挤压作用之下，圆柱体的纵向弯曲的问题，并给出了极限载荷——超出此载荷引起弯曲——的公式。这个公式现在被刊在所有材料力学的教科书和技术手册上。随后，欧拉转入对轴振荡的研究。首先针对的是自然状态下的直轴，并且是垂直状态的上端被硬性封住的轴。这一研究，导致对四阶的普通线性齐次微分方程的积分，最终揭明了关于末端固定的其他假设的条件下的轴振荡问题。

伯努利关于轴振荡的研究，主要写在他的两篇文章《关于轴振荡和震响的物理几何学思考》和《光学实验所绘图说明的和固定的弹性轴以各种方式发出的各种声音的力学几何学研究》中。两篇文章写于 40 年代，但是直至1751 年，在彼得堡科学院年报上才得以发表。伯努利提出了用于水平轴的简协振荡的四阶线性微分方程式，并作出了通常的解。解出了几个相应于端部被钳、靠住或自由的不同边界条件下的题目，并给出了振荡的频率公式。伯努利的理论结论与在长轴上的实验数据相符。第二篇文章，是关于声学方面的问题。

还有一些振荡系统的重要著作属于伯努利。在这里，我们提两篇密切相关的文章《由柔线连接并垂直悬挂于钩上的物体摆动的定理》和《由柔线连接并悬挂于钩上的物体摆动定理的证明》。1732—1733 年和 1734—1735 年期间，曾刊于彼得堡科学院年报。其中，涉及无重量垂直悬挂软线的载荷的离散系统的小振荡。然后是在极限情况——同类的有重量软线的小振荡。

欧拉和伯努利的关于端部固定的拉紧的同类弦的小振荡的研究，具有特别的意义。属于他们俩的，还有管中空气的小振荡的几个难题的解决。拉格朗日也参加了这一研究。这里我们不再涉及弦的振荡问题，在第三章已讲过了。

力学发展的其他问题

如前所述，1722 年出版了第一本俄文力学教科书，包含最普通机器的基本信息。由于彼得堡科学院及其附属大学，后来是其他学校的建立，力学教育提高到更高的水平。在这方面，科学院和后来莫斯科大学的教职员和学生起了主要的作用。

克拉夫特为力学的教育和普及做了很多工作。1738 年，在彼得堡出版了他的《研究普通机器和其稳定性的引言》，同时出版了阿多杜罗夫（B. Адодуров）的俄译版。1740 年，克拉夫特出了拉丁文的物理教科书，1799 年俄译版出版，名为《物理学概要　关于自然物属性　关于空气、水、火、光、磁和电力的属性》。我们之所以提到这本教科书，是因为它基本上是关于物理——物体在无阻力和受阻环境中的运动法则，以及普通的机器等等。

科捷尔尼科夫在科学院大学教授数学和力学。在自己的《关于物体平衡和运动的学说之书》（1774）中，他在许多方面，包括基本定义和定理，都是遵照欧拉的学说。教科书的主要内容为静力学和普通机器，在 14 章之中，占了 12 章。在关于机器平衡的定理证明中，他依照了可能位移的原理，将很大的注意力用在了线性平衡上，并使用了无穷小数计算的工具。

比科捷尔尼科夫的手册早一些出版的，是科泽尔斯基（Я. Козельский）的《力学建议》（1764）。与前者不同，此书不仅包含静力学，还有动力学。前五章是理论问题，其中包括摆的运动、打击等等。后三章是关于机器。对于理论的关注比较多，他们二人的书是为高等学校所用的。

18—19 世纪之交，С. 古里耶夫和维斯科瓦托夫（В. Висковатов）被选入科学院，在俄国的力学发展上他们起了显著的作用。在理论力学和数学方面，古里耶夫更关注科学基础性的共同问题。在彼得堡科学院 1803 年的学报上刊登的文章《平衡原理的直接证明和反证以及将其应用于机器》中，他强调了数学对于共同原则的重要性，指出平衡学说在这方面的不足。他研究了部分力学课题，比如阿特伍德机器的作用。在《关于液体阻力的目前状况》（1804）一文中，他指出不久前在法国进行的理论实验，与舰船的实际运行条件不相符，坚持需要重新作实验。他的教学工作是富有成果的。他的第一部教科书《力学基础》（1815）在他去世后出版。书中，作者详尽而细致地讲述了静力学，包括未拉伸软线的平衡问题。教科书未最后写完。维斯科瓦托夫在力学教育上所留下的，是鲍休的很好的教材的俄译本《力学基础》（按古里耶夫的建议所译），以及许多自己作的解释和有关静力学和动力学的补充。

在莫斯科大学，力学进入了应用数学的教程。开始，是由哥廷根大学毕业的罗斯特执教，后来转给他的学生，莫斯科大学毕业的潘克维奇（М. Панкевич），他在 1788 年完成了硕士答辩《关于最主要的水压机》。19 世纪初，潘克维奇几次扩大了力学教学大纲。他的学生和后继者丘马克夫（Ф. Чумаков）又继续按他的做法，一直在大学工作到 1832 年。然而，莫斯科大学的力学教育具有决定性的进步，乃是在 19 世纪 30 年代勃拉什曼（Н. Брашман）开始在这里工作之后。

18 世纪下半叶和 19 世纪初，彼得堡和莫斯科的学者们的研究，对力学的发展具有重要的意义。但是，在欧拉去世后（1783），科学院的力学和数学研究水平下降。力学的深入理论研究的恢复，是与 19 世纪前 10 年莫斯科大学的科学发展相关联的。

第五章　天文学

16—17 世纪在欧洲最发达的国家中，商品经济和海上贸易的增长，给天文学的发展以新的动力。为了地图绘制的科学基础研究和保障能以精确方法的航行术加天文图表进行导航，开始建设国家天文台。其中最大的是巴黎天文台和格林威治天文台，它们出现在 17 世纪末。在科学范畴，对 18 世纪天文学发展具有决定性意义的是牛顿力学。它与笛卡尔学说不同，数量化和精确地描述了最含混和最复杂的天体运行问题。

18 世纪前半叶进行的经纬度测量，和牛顿预言而被确认的地球在两极的椭圆角度，对地图绘制具有重大意义。最大的科学项目，是在一系列欧洲国家，包括 18 世纪 50—60 年代在俄国组织的天文考察。要确定太阳系天体的基本距离，以便能够编制更精确的天文图表，对天体运行理论的研究具有重要意义。首先是对月亮的研究，由此确定了海洋上的经度。对于天文仪器的完善予以很大的关注。开始奠定天文物理学的初步基础。

18 世纪俄国的天文学研究主要是在彼得堡科学院进行。彼得堡的学者们短期内就在天文学的所有领域获得很大的成就。成功地邀请到德利尔来彼得堡，培养出整整一代俄国天文学家。18 世纪彼得堡天文学学派的繁荣，是与欧拉和罗蒙诺索夫的活动相关联的。在他们去世后，彼得堡科学院的科研课题明显缩减了。

在俄国，对于传播天文知识和进行天文观察的需求，在科学院成立之前，彼得一世改革之初就已被认可。彼得一世本人就收集天文书籍和仪器，并偶尔进行观察。他的近友布留斯是个大天文爱好者，在自己家中的天文台进行天文观察，并以出版于 1709—1715 年的"布留斯历书"而闻名。在缅什科夫的奥拉尼因鲍姆宫中，也有一个小型天文台。彼得一世和他的老战友们的榜样，得到当时知识层人士的效仿。

18世纪初，在俄国出现了第一批包含天文学信息的书籍。这是马格尼茨基的《算术学》（1703），以及翻译本瓦格尼乌斯的《普通地理》（1718）、萧伯纳的《新地理和古代地理的简明问题》（1719）、惠更斯的《宇宙推论或者关于天体、世界和它们的结构的设想》，此书的译本由勃留斯于1717年完成。

从1701年，莫斯科导航学校开始培训专业领航员和大地测量员。而在苏哈列夫塔楼——从1702年起这所学校的所在之地，建立了教学天文台。这里教育学生们根据天文观察来确定纬度和计算经度。在学校授课的法尔瓦尔松编制了日历并预算出日蚀。1715年在彼得堡成立的海洋科学院也开始天文学和大地测量学的研究。

从1715年开始，以导航学校毕业生为骨干，开始组织进行大规模的大地测量考察。他们被授命在地图上画出俄国的所有领土，从波罗的海沿岸至库页岛，从北冰洋到里海和黑海。但是事与愿违，以这些考察结果绘出的地图不够确切，原因是所在地的地理坐标未能准确确定。从1719年，根据彼得一世的指令，在海洋科学院加入了"大天文学"的教育，规定要求能够掌握在直接天文观察的基础上，不仅要确定所在地的纬度，还要确定其经度的方法，并为科学院购买了大批一流的天文设备。但是法尔瓦尔松胜任不了赋予他的组织天文学和大地测量学观察的任务。要完成这些任务，需要更丰富的科学基础和更专业的干部，而海洋科学院当时还不具备这些。这样的基础出现在彼得堡科学院成立初期。

德利尔成为彼得堡科学院的第一个天文学教授。他是巴黎天文台奠基人卡西尼的学生，法国学校的教授，出身于学术世家。他以精巧的观察家、计算家和实验家驰名。他是坚定的牛顿派，无法指望在当时由笛卡尔派占统治地位的法国，去成功实现自己的广泛的科学构想。因此他高兴地接受了彼得一世的邀请，在俄国工作从1726—1747年。在彼得堡，德利尔获得了充分的自由和物质条件从事自己的研究。在拒绝阻碍法国学者的笛卡尔传统的同时，德利尔也避开了当时英国学者对牛顿权威的过分服从。在组织方面和教育方面的特殊贡献，使得德利尔成为彼得堡天文学派的奠基人。

在德利尔自己编写的大纲中，内容包括：（1）沿彼得堡子午线和平行线的经纬度测量，以搞清地球的真实形状；（2）全国的主要位置的经纬度的天文确定和三角测量，为编制精确的地图；（3）建立彼得堡天文台，组织系统的观察，将其与欧洲其他天文台的观察结合在一起；（4）确定至太阳、月亮和其他天体的准确距离，并研制它们运行的理论；（5）研究大气的折射；（6）培养俄国的科研干部；（7）编写天文学的专题科学论文，包括该学科的基础及其历史。这一大纲在很多方面确定了 18 世纪彼得堡天文学家们的研究方向。

按照德利尔的设计建造的彼得堡天文台，坐落在珍稀物陈列馆建筑之上的塔楼三层。第一批设备是德利尔从巴黎运来的 18″ 象限仪"沙波托"（Шапото）和著名法国工匠艾启恩的天文工作钟。天文台还获得彼得一世个人的藏品——在当时算很大的 15、20$\frac{1}{2}$ 和 22 英尺的长筒望远镜和海洋科学院的许多天文设备、钟和仪器。后来，设备陆续得以补充。负责完善设备的，是领导科学院工厂的纳尔托夫和艾启恩的学生，同德利尔一起来的文昂。

在天文台尚未完工便开始进行系统的观察，进行了对彼得堡坐标的确定、日历和天文图表的编制，以及完善仪器和对观察方法的研究。从 1739 年，开始运行独特的时间服务项目——每天正午时间以炮击声告知彼得堡居民，其时间点是由精确的钟表确定的。此外，在天文台接受天文学培训的还有海洋学院的大地测量员和领航员。可以说明此项工作规模的是这样一个事实：所有 1733—1743 年第二次堪察加或北方大考察的参加者，均在此通过了天文学的培训。

从 1727—1766 年，在彼得堡天文台进行了对星辰、日蚀和月蚀、木星卫星的蚀时、月亮对星辰和行星的遮蔽、金星和水星沿太阳圆周轨道运行等等的观察。观察还涉及太阳黑子（至 1747 年）、行星、彗星、晕圈和北极光（至 1765 年）。所有的天文观察均伴随着气象观测。天文台的研究，经常出现在彼得堡科学院的记事之中。科学院出版的俄文科普刊物，向广大公众介绍了天文学的新闻。

除了在编的工作人员，参加天文台研究的还有其他学者。格尔曼、伯努利和欧拉进行了对钟摆行程的校准。德利尔、克拉夫特、迈耶、欧拉、外科解剖医生杜维尔努阿，以及后来的里赫曼和罗蒙诺索夫，进行了凸透镜中的光的折射、光的衍射的实验，及其他光学研究。为了这些研究，专门在珍稀物陈列馆塔楼二层上装备了暗匣。在对太阳黑子的观察中，德利尔研制了关于它们运动的理论。1736 年，欧拉也加入此项研究之中。

后来在天文台进行观察的有从德国聘请的天文学家盖恩久斯，从海洋学院来的大地测量学家克拉西利尼科夫和库尔加诺夫。罗蒙诺索夫的密友和战友波波夫从 1744 年开始在天文台工作，1751 年成为天文学教授。

1747 年 12 月，天文台被烧毁。直至 18 世纪末才得以恢复。因此，彼得堡的天文学家们不得不利用起了家庭的天文台。波波夫、克拉西利尼科夫等人在部分修复的天文台进行大地测量员培训和个别的观察。天文台在火灾后的第一个研究项目，是 1748 年 7 月 25 日日环蚀的观察和那一年的月蚀观察。这些观察，是按照德利尔（当时已经在巴黎）、波波夫、布劳恩和罗蒙诺索夫的提议进行的。1755 —1756 年，从德国聘请的天文学家格里绍夫提出将天文台迁至城外。但是他的方案当时未能实现。

彼得堡天文学家们在 18 世纪前半叶的多样化的天文观察，特别是德利尔、克拉西利尼科夫和盖恩久斯的观察结果，仅仅有部分内容得以公布。但是，编写留存的几大卷手稿，则是多次被普尔科夫 [1] 的天文学家们使用，其中包括 B. 斯特鲁维、O. 斯特鲁维、博列基辛等人。这些观察的精确性获得专家们的高度评价。

18 世纪的重要科学任务之一，是对所谓天文点的坐标的天文确定和测量地球至天体的距离。彼得堡天文台培训的专家们顺利地完成了天文点的测定。其中，最有天分的是副教授克拉西利尼科夫和伊诺霍德采夫院士，还有克拉西利尼科夫的学生，在海洋学院授课的库尔加诺夫。此项研究的成果——俄国天文点的汇编目录，由欧拉的学生鲁莫夫斯基编制，于 1780 年在彼得堡发表，题目是《经观察确定的俄国帝国天文点的经纬度》。1786 年，这个目录连同补充，总共已经包括 67 个天文点，在巴黎发表。当时世界上没有任何其他国家有如此数量的天文确定点。对天文点的确定一直延续到 18 世纪末。

彼得堡天文学家们对天体视差的确定予以很大的关注。德利尔、波波夫、库尔加诺夫和格里绍夫在这方面的研究最多。德利尔研制了同时从几个

---

[1]　苏联最大的天文台所在地。——译者注

相距很远的点对月亮进行观察，以确定其视差的方法。1750—1754 年，他用该方法操控拉卡伊尔（好望角）、拉兰达（柏林）、布莱德尔（伦敦）和格里绍夫（彼得堡，艾泽尔岛）的观察，得出了相当精确的月亮视差值。

1740 年，德利尔还研制了通过观察经过太阳圆面的金星和水星来确定太阳视差的方法。在观察时，有来自法国、俄国和英国的 1200 人参加，分别奔赴遥远和未知的地区。特别是由彼得堡科学院组织了许多考察。1761 年，俄国有四个考察点：彼得堡（克拉西利尼科夫、库尔加诺夫）、伊尔库茨克（波波夫）、谢连金斯克（鲁莫夫斯基）和托博尔斯克（从法国聘请的德奥特罗什）。1769 年，在观察金星经过太阳圆周轨道时，已经是 7 个观察点：彼得堡、伊尔库茨克、奥尔斯克、奥伦堡、博诺耶、古里耶夫、科拉。实际参加这些考察的组织和结果处理的，在 1761 年有罗蒙诺索夫，而在 1769 年有欧拉和鲁莫夫斯基。首次得出的太阳视差值为 8″67（现在确定为 8″794 ± 0801）。

在 18 世纪，大地测量和地图绘制具有重要的国家意义。彼得一世将绘制首个带坐标网格的俄国地图，委托给导航学校毕业生基里洛夫。德利尔承担了这项天文学的指导工作。从 1726 年，开始从枢密院获得"需要修改"的单张地图。不久德利尔确认有必要将研究工作做根本性的改变。为了指导研究，他建议在科学院设立地理局或地理部。而德利尔在 1728 年研制的地图投影法，易于将单独的地区地图合并在一起。德利尔的同间距锥形投影，其平行圈纬线表达为同心圆，而子午（经）线则表达为这些圆的半径。这一方法极适于像俄国这样沿纬线延伸的国家（现在苏联地图的绘制多数为锥形投影）。德利尔未发表对自己的投影的描述。在他去世后 10 年，是欧拉在《关于德利尔的应用于俄国帝国总图的地图投影法》（发表于 1778 年的科学院著作中）的文章中对此作出了描述。

1737 年，在彼得堡发表了德利尔的著作《俄国土地测量设计》。该著作同时刊印了德文本和特列季亚科夫斯基的俄文译本。书中讲述了对于编制国家精确地图所必需的经度测量的计划。它的基础是天文点的建网，要求它们相互之间为三角形，其角度经测量确定，而其边，则是经过对三角形的一个边即底边的精确测量而计算出来的。这样的方法可以沿彼得堡的经线和纬线的很大的弧度去完成测量。通过与谢尔休斯（Цельсий）商定，其经纬弧度一直穿过整个斯堪的纳维亚半岛上瑞典的领土。为了完成此项工作，德利尔设计了专门的仪器和对观察者的培训计划。所有观察者均使用标准仪器和统一的测量方法。

完成这一计划，除了解决地图测绘的课题，还能解决关于地球的形状和大小的问题。德利尔提出的对经线度数和纬线度数的比较，或者是测量足够大的一段弧，应当可以表明，地球是否按照牛顿的理论，具有两极被压扁的球形的形状，或者是按照笛卡尔的后续者们所认为的，地球两极是被拉长的。欧拉发表了介绍有关该方法研究的著作《为了确定著名的莫佩尔蒂和他的同事所从事测量地面的经度和纬度　著名大家列昂·欧拉的方法》。该著作发表于 1750 年的科学院著作集之中。

至 18 世纪初，在荷兰、英国、意大利和其他国家进行的经纬度测量，对地球的形状未能作出同一个含义的回答。1701—1718 年在法国进行的测量（有德利尔参加）似乎在讲地球被拉长。这一结论德利尔本人和其他牛顿派学者们都存有异议。为解决该问题巴黎科学院进行了两次经纬度考察。一次是 1735—1743 年在秘鲁，由布格领导，有孔达明和果登参加。另一次是 1736—1738 年在拉普兰，由莫佩尔蒂领导，由克莱罗、卡缪和谢尔休斯参加。这些考察的结果经过克莱罗的充分分析，最终证明了牛顿是正确的。

德利尔不甘袖手旁观，号召彼得堡科学院参加研究。但是，他提出在如此大的范围进行三角测量，需要大量的耗费。而且在当时认为这种精确度是"多余"的。因此，德利尔提出的领先时代许多的有意思的方案，在 18 世纪未能实现。所有的都被简化为测量在芬兰湾冰上的基线（1737，1739），以及与其相关测量的彼得堡和波罗的海沿岸附近的几个三角形。

进一步说，德利尔对天文——大地测量研究工作所表现的高标准要求，大大提高了由他所领导的，欧拉、盖恩久斯、文斯海姆和特鲁斯克特副教授参加的地图绘制的精确性。如同过去一样，也有许多志愿者协助，其中包括：米勒、里赫曼。格鲁吉亚巴赫唐戈六世沙皇的儿子巴卡尔和瓦胡什季，像阿拉伯语言专家科尔一样，承担了翻译的任务。这项研究的成果是 1745 年在彼得堡出版了俄国帝国地图集——第一个以德利尔投影绘出的经科学论证的国家地图集。

德利尔的后继者在地理局局长的职务上，坚持他所奠定的研究方向。这一职务传统上是由天文学院士担任（只有欧拉、罗蒙诺索夫和历史学家米勒例外）。1757 年，罗蒙诺索夫制定了将地理局工作规范化的专门规程。此外，他还编制了寄至外埠的问卷，要求回复可以填补俄国地理状况的描述。扩大天文—大地测量的规模，以及多次重复测量，可以对国家地图更加精确化。俄帝国地图集再版过几次（1776，1792，1796）。但是地理局的工作人员在逐渐减少，其最后一任地理局局长，欧拉的学生舒伯特成为唯一的一名局员。他于 1798 年完成了《俄国总图》——地理局的最后一项工作。从 1772 年，沿国家西部边境的军事大地测绘（当然，不是在三角测量的基础之上），由 1768 年成立的总参谋部在进行。1798 年，向总参谋部移交了当年撤销的地理局的全部事务。

凭借全部天文—大地测量工作的集中化和精心组织，在 18 世纪初还没有一幅带经纬度网线的俄国地图，到世纪中期时，已经拥有相当精确的地图。这是基于任何一个西欧国家都没有的如此之多的天文点。这种组织的优势被法国政府看中。1795 年，在巴黎成立了后来驰名的经度局，几乎就是彼得堡地理局的翻版。

在彼得堡天文学家们的研究中，对天体运行理论的研究占有重要位置。开辟对这种运行研究道路的是哥白尼的太阳中心体系。在此道路上迈出第一步的是开普勒。他在第谷·布拉赫的观察基础上，确定了行星椭圆运行的定律。在发现了万有引力定律之后，牛顿提出了详细研究最复杂的天体运行的方法。在他的《现实哲学的数学内容》（1687）之中，奠定了建立名为理论天体学或天体力学的新科学的基础。这一新科学的研究，在 18 世纪与检验、论证和最终确认牛顿的学说紧密地联系在一起。

18 世纪彼得堡的天文学家们积极参加了许多重要的天体力学的课题研究。这项研究的首位组织者是德利尔。他研制了确定太阳斑的日心坐标（1738）和彗星轨道（1742—1744）的方法。德利尔吸引了格尔曼、伯努利、欧拉、迈耶、克拉夫特、盖恩久斯、波波夫和其他学者参加研究天体力学的各种问题。18 世纪后半叶，在俄国从事此方向研究的，有欧拉和他的儿子 И. 欧拉、克拉夫特、勒克赛尔等人。欧拉的著作具有非常重要的意义，他的涉及天体力学各种问题的著作超过 70 篇，对发展太阳、月亮、行星、彗星的运行理论，以及地球和行星旋转的理论作出了根本基础性的贡献。欧拉的成果之中有许多成为经典，被广泛应用于现代科学。彼得堡科学院在1751年，1755年和1761年举办的竞赛，对天体力学的发展产生了重要影响。

在彼得堡科学院会议上的发言中，以及在未发表的1742—1744年的著作《关于彗星理论的新议论》和《认清所看见的和真实的彗星相对太阳运行的新方法》之中，德利尔证明：仅以开普勒定律和万有引力定律，就足以解释最复杂的天体运行。在揭露卡西尼和其他笛卡尔主义者企图借助涡旋理论对这类运行的解释是站不住脚的时候，德利尔号召数学家们对牛顿的天体力学作详细的研究。按照他的想法，对这个理论的正确性的最好证明，就是在它的基础上预言到某个早期观察彗星的出现。

在1742年和1744年的彗星观察的基础上，德利尔、盖恩久斯和克拉夫特提出了自己的确定被观察彗星轨道的方法。德利尔还吸引欧拉（当时在柏林）参加了此项研究。欧拉研制了几个有意思的可以经过不很多的观察来确定彗星轨道的方法。欧拉的方法，经兰伯特加工完善，至今仍具有自己的价值。依据这个方法，克莱罗预言了哈雷彗星在1759年的出现。在他的著作《对1531年，1607年，1682年和1759年彗星的研究——作为在1758年宣布该彗星返回时间依据的理论的补充》之中，重新确认了牛顿学说的正确性。该著作发表于彼得堡（1762），是1761年科学院竞赛的获奖作品。

在欧拉研制的方法的基础上，莱克塞尔计算出1769年和1770年彗星的轨道。1770（1）年彗星是以他的名字命名的。1781年，莱克塞尔成功地证明，该年3月13日赫歇尔发现的目标，不是最初认为的彗星，而是一个行星。该行星被称为天王星。莱克塞尔的著作《关于赫歇尔发现的新行星的研究》，于1783年发表于彼得堡。

构建关于月亮的理论是相当困难的。因为强烈影响其运行的，既有地球的引力也有太阳的引力。结构造成月亮轨道明显偏离开普勒椭圆。要考虑并核算所有的偏离，即所谓的"不均衡"或"摄动"，是一项非常复杂的任务，至今仍未完全解决。在18世纪，月亮运行理论的研究被特别关注。因为该理论被用来编制天文图表，借助它来确定军舰在海上航行的经度。由于该问题具有重大的实践重要性，不列颠议会在1714年设一万英镑奖金给研制出海上经度确定达精确度0.5°的方法者。很快，奖金又翻倍增加，但是，长时间无人能成功解决此问题。

牛顿还指出过，如何可以借助万有引力定律解释月亮运行中的最重要的不均衡。但是，克莱罗于 1745 年尝试算出月亮轨道大轴旋转，结果少于观察结果达两倍（20 度 / 年—40 度 / 年）。从而导致产生了认为牛顿定律不准确的想法。为了弄清这个问题，彼得堡科学院根据欧拉的提议推出了 1751 年的竞赛题目：能否仅仅用牛顿理论解释月亮运行中的所有不均衡？克莱罗成功地证明：考虑计算时丢掉的小数的高阶项，可以达到与观察结果的一致。他的文章《仅从一个引力与距离的平方成反比的原则中导出的月亮理论》由欧拉给出评价而获奖。1751 年发表于彼得堡。

　　欧拉曾经倾向对万有引力定律作某些修改，最终赞同克莱罗的结论，并提出自己的所谓第一月亮理论《月亮运行理论》。该著作由彼得堡科学院出资于 1753 年发表于柏林。书中讲述了计算摄动的原创方法，所谓轨道要素二均差的方法，即确定轨道在空间的形状、大小和位置的数值。设定月亮一直在沿着其要素不断变化的椭圆形运行，欧拉相当精确地计算出月亮在未来相当长时间的轨道。在该月亮理论和观察基础上，德国学者迈耶编制了极精确的月亮运行图表。1765 年，迈耶（已经去世后）和欧拉被授予前面所提到的英议会奖金的一部分。奖金的大部分被授予哈利松——极精确的经线仪的发明者。

　　欧拉研制的月亮第二理论具有重要意义。在其研制过程中，И.欧拉、克拉夫特和莱克塞尔帮助了他。欧拉的《月亮运行理论》于 1772 年发表于彼得堡，其中提出了新的能同时算出所有不均衡的方法，同时将月亮的运行纳入旋转的直角坐标体系之中。欧拉的这个思想，直至 19—20 世纪才在希尔和布劳恩的研究中得到发展。

　　彼得堡科学院 1757 年的竞赛问题，也是有趣的关于天体力学的问题。要在涡旋理论或牛顿重力理论的基础上，对如何更多地描述行星的轴自转作出解释。该项奖金授给了 И.欧拉在父亲指导和参加下完成的著作《行星自转运行的思考》，1760 年在彼得堡发表。文中也表明，牛顿重力学说足以能解释行星的自转运行。天体力学的成就还反映在 1798 年在彼得堡以德文发表的舒伯特的三卷集《理论天文学》之中。按照拉普拉斯的建议，这个教程于 1822 年被翻译成法文。

　　彼得堡学者们对天文学的研究表现出浓厚的兴趣。天文学作为科学，采用光谱成像和照相的方法，是在 19 世纪后半叶才形成的。18 世纪的学者们，只能通过与地球大气圈现象的类比，去判断太阳、行星和彗星表层所发生的现象。而对地球大气层属性研究的基础，则是多年（1725—1765）系统的对气象现象、极光、黄道光和大气圈的电现象的观察，其中的参与者有：迈耶、克拉夫特、德利尔、里赫曼、罗蒙诺索夫，以及杜维尔努阿、列卢阿、米勒等等。

这些观察，加上 1742 年和 1744 年的彗星观察，提供了建立彗星光、极光和黄道光的物理属性理论的资料。彼得堡的学者们看到，这些现象的同一在于它们都是发生在大气层：地球的（极光）、彗星的（彗星尾）和太阳的（黄道光）。盖恩久斯的著作《对出现于 1744 年初的彗星的描述》于 1744 年以罗蒙诺索夫的译文发表于彼得堡。其中讲述了很有意思的观察，但是没有包含新思想，而是重复牛顿的大气层"蒸发"理论。

欧拉的著作《彗星尾、极光和黄道光的物理学研究》于 1748 年发表于柏林，完全是原创性的。为了解释彼得堡学者们发现的复杂现象，欧拉大胆地引入"太阳光线的斥力"即光压的概念。研究在重力和光压的作用下从大气圈中飞出的粒子运行时，他指出了彗星尾的弯曲和它对太阳的偏离，取决于粒子从彗星核中飞出的速度，确定了彗星尾的样子与彗星核的形状的依赖关系，解释了在 1744 年彗星尾中几个区段（等时线）的形成。欧拉的著作超过了贝塞尔和布列迪欣在 19 世纪研制彗星形状的机械论的一系列原理。

对于欧拉认为彗星、极光和黄道光发光仅是在反射太阳光的观点作出重要补充的，是罗蒙诺索夫提出的它们自发光的理论。它被阐述于 1753 年在彼得堡发表的著作《关于由电力产生的大气现象》之中。罗蒙诺索夫认为，彗星光、极光和黄道光具有电的属性，原创性地解释了极光和彗星的一系列重要特点，领先提出关于这些现象的现代物理理论的某些原理。

彼得堡的学者们十分关注对于行星物理性质的研究。还在巴黎时（1715），德利尔就对能否在金星、月亮和其他行星上发现大气圈的可能性产生兴趣。关于月亮大气圈的问题，产生于全日蚀的观察，当太阳完全被月亮遮挡的时候，周围会有发亮的光环。因此，一些天文学家（开普勒）解释为存在月亮大气圈。而另一些天文学家（卡西尼）解释为存在太阳大气圈。光圈的物理性质直到 19 世纪后半叶才被正确解释，它原本是太阳大气圈的内层（色球层）。而在 18 世纪则一直是由开普勒的假说统治着。

德利尔否认月亮存在大气圈，解释为光的衍射环。他用光衍射和模拟日月蚀的有趣实验来证明自己的意见。1715 年，在观察月亮遮蔽金星时，德利尔发现了某些色彩的效应，这使他开始怀疑金星大气圈的存在。但是，此项研究在巴黎未获承认。德利尔在将其完善之后于 1738 年在彼得堡发表了《作为天文学、地理学和物理学发展史的备忘录》一书。书中写入了发现行星大气圈的光衍射和反射的方法。按照德利尔的意见，最适于进行此类观察的是环形日蚀和行星经过太阳光盘。彼得堡的学者们，尤其是欧拉和罗蒙诺索夫，对此问题十分感兴趣。在 1748 年 7 月 25 日的环形日蚀时，成功地证明了月亮没有大气圈。许多天文学家参加了这些观察，如提到的在彼得堡有波波夫、布朗和罗蒙诺索夫观察了日蚀。已经离开彼得堡的欧拉、克拉夫特和盖恩久斯寄来了自己的研究成果。

在准备观察 1761 年和 1769 年金星通过太阳光盘的过程中，柏林科学院（1754）、彼得堡科学院（1757—1760）和巴黎科学院（1758）举办了关于金星轴自转和其大气圈的专题竞赛。1761 年 5 月 26 日，在观察金星与太阳衔接即所谓接触的时刻，罗蒙诺索夫在第二次接触中发现了"细微的头发似的发光，而在第三次接触中，发现了闪亮的'小泡'"。对此，他正确地作出了行星大气圈的反射效应的解释。罗蒙诺索夫的著作《1761 年 5 月 26 日圣彼得堡帝国科学院观察的金星对太阳的现象》于同年在彼得堡与克拉西利尼科夫和库尔加诺夫的观察结果一起发表。就这样，完成了从 1715 年开始的寻找金星大气圈的研究。这是 18 世纪最大的天文学发现。虽然有许多人觊觎这一发现，可是经过现代的专家们的详尽分析表明，18 世纪的大多数观察者只是指出了"黑滴"现象，而它是一个光学假象。少数人发现了反射效应，但未能给出像罗蒙诺索夫那样清晰和完整详尽的解释。与此研究相呼应的是另一位彼得堡学者——埃比努斯的研究：关于月亮的外形轮廓。1780 年，他提出关于其起源的火山假说。

对行星大气圈反射效应的研究和对光衍射的实验，引导彼得堡天文学家们去研制颜色和强度不同的光源的比较方法。这项由德利尔、欧拉和罗蒙诺索夫开创的研究，由布格（法国）和兰伯特（德国）完成。他们创建了光度学基础。德利尔还是在巴黎期间（1712—1715）就进行的对于光衍射的研

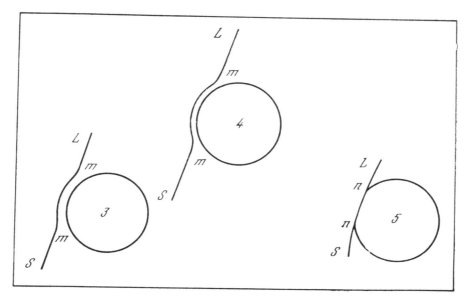

罗蒙诺索夫 1761 年 6 月 7 日观察金星通过太阳光盘的设计草图

究，对雷和闪电在大气中传播速度的测量，使得他产生对牛顿的光的粒子假说的怀疑。类似实验也在彼得堡重复进行。伯努利和欧拉经过 1727 年的试射，确信光在空气中的传播与声音类似。1727 年之后，关于光类似声音传播的波现象的概念，为学者们所普遍接受。

重要的是，为了研究细微的颜色效应，需要有不产生被着色的影像的望远镜和显微镜。在 18 世纪，还不会制造这样的设备。而牛顿则认为这是根本不可能的。通过研究 10 世纪阿拉伯光学家哈依萨玛的著作和各种动物和人的眼睛标本（柳伊沙的解剖标本），德利尔、迈耶、克拉夫特和杜维尔努阿确认，采用几个透镜可以改善影像的精确度。这一思想成为欧拉在1747—1771 年研制的著名的消色差透镜理论的基础。借助该理论成功制造出第一批实际上不产生目标着色影像的望远镜和显微镜。罗蒙诺索夫、埃比努斯等人也对完善天文学设备予以极大的关注。

德利尔赋予科学史重大的意义。按照他的想法，科学史可以有助于理解最复杂的思想和它们的相互关系，并得出能够鼓励天才的新知识。他打算撰写全世界的天文学史，不但收集了最丰富的天文书刊和手稿，还收集了季哈布拉格的全部手稿复印件，盖威尔和其他欧洲天文学家们的档案资料，关于东方天文学史的各种资料和从俄国、格鲁吉亚、亚美尼亚的书籍与编年史中获得的信息。特里季阿克夫斯基、米勒、罗蒙诺索夫和在彼得堡学习的格鲁吉亚人与亚美尼亚人帮助进行了收集。

所有这些资料均用于彼得堡天文学学者的培训和科研工作。德利尔幻想彼得堡天文台能拥有开普勒的手稿。他的幻想终于在1774年得以实现。在欧拉的协助下，从某位特吕梅尔"钱币女文官"手中购买了18卷这些手稿（现在保存在苏联科学院列宁格勒档案部）。

18世纪彼得堡的天文学者们在自己的公开讲座和普及文章中，利用了历史—天文学的资料。第一个为开普勒学说答辩的公开辩论会，于1728年由德利尔和伯努利举行。辩论会的材料于当年在彼得堡以法文发表《能否仅以一些天文事实证明世界真正是什么样的体系？地球究竟是旋转还是不旋转？1728年3月2日科学院公开会议上德利尔的发言和伯努利的回答》。

出版一批法国学者的书籍具有重大意义：冯特纳尔的《关于世界的多数的谈话》1730年由坎捷米尔（А. Кантемир）修订，于1740年出版；孟秋科拉的《数学史》包含部分历史—天文学的资料，由包格达诺维奇于1779—1781年部分出版；布丰的《自然史》由鲁莫夫斯基和列皮奥欣于1789年出版。库尔加诺夫在自己的多版本的《信函集》（1769）中，巧妙地普及了历史—天文学的材料。

借助生活在彼得堡的瓦赫唐六世及他的儿子巴卡尔和巴呼什提的帮助，德利尔和他的同事们了解了天文图表波斯手稿的内容。其作者是撒马尔罕的执政者和学者乌卢格别克（15世纪）。瓦赫唐六世在来彼得堡之前将其译成格鲁吉亚文。按照德利尔的建议，东方学家科尔将该天文图表的诸多插言译成拉丁文。对照此译著，德利尔编写了详细的关于图西（8世纪）、隆努斯（10世纪）、乌卢格别克和其他古代天文学家的科学遗产的回顾。由此，开创了对天文学和相邻科学的东方手稿的研究。科尔的译作比赛吉欧于1847—1853年在巴黎出版的《乌卢格别克的天文图表的绪论》要早一百多年。

由彼得堡学者们于18世纪前半叶开创的对天文史的研究，由伊诺霍德采夫（1779—1790年发表有关该题目的几篇文章）和库尔加诺夫的学生迦玛列（1809年出版了《天文学简史》）继续进行。这些学者，以及著名的法文天文史专著（18—19世纪出版）的作者拉兰德、拉卡伊尔、巴音、德兰波尔、阿拉果，都利用了德利尔所收集的资料。

第六章　物理学

18世纪，俄国物理学发展成就突出的是在40—60年代。其后，是一直延续到19世纪初的低潮。

18世纪前半叶后期，由于建立了科学院物理室，微粒子的研究获得了实验基地。按照专门的指令，从格拉维桑德（Гравесанд）和穆申布鲁克（Мушенбрук）为它购买了仪器。由布留斯（Я. Брюс）收集的仪器设备也转交给了物理室。原来的宫廷工坊的天才的工匠们，在科学院成立后，划归由其管辖。他们也制造了一些必需的和特有的仪器。

科学院的章程最初规定物理学院士就一个席位。但是实际上，物理学方面的席位经常是由许多学者占有。在选定研究课题时，不仅遵照国家的直接的实际需求，同时也遵照物理学的整体发展、发展逻辑和世界技术的发展。

首批院士著作中的物理学

科学院在初期受笛卡尔主义的影响。比尔芬格提出了万有引力的涡旋模式。采用他的方法，欧拉和伯努利顺利地发展了牛顿力学领域的具体意见。但是追随笛卡尔，他们都否认真空和超距作用的存在。欧拉将光视为以太的纵向波动的概念，成为他的著作《光和颜色的新理论》（1746）的依据。同时，在他更早的著作《关于火及其属性的解释》（1739）中也含有此内容。后来，当富兰克林提出关于特别的电的流体的假说时，欧拉将带电解释为，在相邻物体的此类光以太的平衡被破坏。而其运动是依照水动力学的原理，也就是再次反对牛顿的传统学说。借助以太的涡旋运动，欧拉试图去解释物体的向地心的引力。但是，他所创造的引力的水动力理论，包含着比以太更细的、与以太掺混的磁物质。在研究热现象时，欧拉也采用了特殊的火物质的概念，其构成是迅速运动的粒子，其能够断开物体颗粒之间的联系，引导它们运动。就这样，欧拉没有完全回避一切"细的物质"。但是不同于牛顿，他解释物理现象不是基于这类物质，而是基于它们的运动，所以更接近于笛卡尔的动力学概念。1768—1772 年，他在《关于不同的物理和哲学问题致一位德国公主的信》中讲述了自己的物理学体系。《信》被译成俄文和许多语种，对 18—19 世纪的许多学者产生了影响。

首批彼得堡科学院院士之中，物理学方面更突出的成就，是伯努利建立的气体的动力理论。该理论写在他的经典著作《水动力学——关于流体运动的力的笔记》（1738）的第十章之中。伯努利不赞同莱布尼兹的单子学说，但是成功地利用了他的"活力原则"——机械系统的能量守恒的原理。伯努利认为，气体是极小的运动颗粒的聚集。他指出了作为气体基本属性的可压缩性和趋于占据尽可能大的容积。从动力概念出发，伯努利提出了确切的波义耳—马略特定理，核算了气体所占的容积（下一步，核算由气体粒子相互作用所引起的补充压力，则是在 1873 年由范德瓦尔斯完成的）。根据自己的理论，伯努利作出的重要结论是：在气体容积恒定条件下，其动能的压力成比例性，和绝对零度的存在。

俄国在 18 世纪 40—60 年代，物理学的成就是与罗蒙诺索夫、里赫曼、布劳恩、埃比努斯联系在一起的。欧拉于 1741—1766 年在柏林工作。他在彼得堡刊印了许多自己的物理学著作，并与科学院频繁地进行科学的书信往来。罗蒙诺索夫及其同事们的活动，标志着物理学在俄国国家物理学中心产生。

罗蒙诺索夫的物理观

明白了物理学在世界科学领域的地位之后，罗蒙诺索夫考虑要构建"微粒子哲学"，以形成完整、严密的物理学体系，并将其作为科学世界观的基础。他批判地思考了先辈们的观念，制定了研究的初始原理体系。

在罗蒙诺索夫的世界图像中，占据中心位置的是物质和运动守恒原理。在 1748 年 6 月 5 日致欧拉的信中，他对此作出了阐述。随后，又以同样的文字表达在《关于物质和重量的数量关系》（1756）之中。在拉丁文的《关于物体液态和固态的论断》（1760）中，他写道："……一个物体，当它促使其他物体运动时，它所传给被动物体的，就是它本身丧失的。"在该文的俄译本中，罗蒙诺索夫第一次在这方面使用"力"这个词："……因为，一个物体以自身的力促使它物运动时，其本身丧失了多少，就传给发生运动的它物多少。"罗蒙诺索夫对于运动的两个度量的争议，没作直接表述。但是鲁莫夫斯基证实，他是赞成笛卡尔的。

罗蒙诺索夫体系的第二个原理是原子论。它不同于古代和伽桑狄的原子论，不承认空洞。也不同于波义耳和笛卡尔的原子论。拒绝将确定不同物体的特性的决定性作用，归于粒子的几何形状。罗蒙诺索夫的原子是圆形的，具有不同大小和表面特性。

罗蒙诺索夫的第三个原理是近距作用。他认为，牛顿在引力理论中引入的远距作用概念，是回到了中世纪科学的"秘密的力"。

罗蒙诺索夫提出的第一个具体的物理学理论，是他的热动力理论。

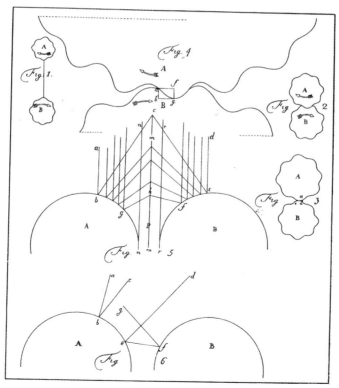

罗蒙诺索夫说明热动力学理论的草图

1744 年，在科学院的会议上，他介绍了该理论的初步设计。1750 年，在《热与冷的原因的思考》一文中他讲述了该理论。文中对热素理论作了论据充分的批判，罗蒙诺索夫将其与亚里士多德的元素火视为一谈。还讲述了他的关于热是物体最小粒子的旋转运动的概念。按照罗蒙诺索夫的认识，在气体中，热的传播是由于弹性的碰撞的结果。而在固体和液体之中，则是由于互相接触的粒子之间的一些摩擦。

对空气的弹性进行的研究（1748），使罗蒙诺索夫否认特殊"弹性物质"之说，而发展了牛顿和伯努利的概念。牛顿从波义耳—马略特定理得出结论，提出了空气粒子之间的斥力，但是他考虑的是静力的图像。伯努利提出压力是运动粒子与容器壁碰撞的结果，但是未提到运动的原因。罗蒙诺索夫比较了气体摩擦原子的斥力和陀螺的斥力：温度越高，旋转越快，碰撞时的斥力也越大，对壁的压力也越大。气体的动力学理论，使罗蒙诺索夫得以解释声音的传播过程，就像是粒子碰撞时，有序的波动压力的传导。

在罗蒙诺索夫看来，固体和液体的原子是"紧密包装"的。它们的属性取决于原子的互相排列和链接的性质。在《对物体的固态和液态的论断》一文中，罗蒙诺索夫认为液态状态是有序的。物体从固态向液态的转化，是由于温度变化时，粒子的运动和链接状况之改变，引起的"包装"方式的改变。罗蒙诺索夫关于团聚状态问题所作的动力学定律，与他的同时代人的关于存在"恒定不变"的固体和液体——可能是源于古代自然哲学——的观念相比，前进了一大步。就是由于认为汞不可能冻结凝固，使得彼得堡的院士们不相信在托木斯克（1734）发生的这种情况的消息。1759 年，汞可以凝固的实验，首次在 1746 年起即为彼得堡科学院院士的布劳恩的实验室条件下，得以证实。当时，在由罗蒙诺索夫完成的实验中，对凝固的汞进行了锻造、切削，演示了凝固汞可以导电。

创造了完整的固体、液体和气体的热现象动力学解说之后，罗蒙诺索夫转入对太阳热量在世界空间的传播问题的研究。由于罗蒙诺索夫否认存在热素，否认这种带有"隐秘属性"的"细物质"，所以他不接受关于热（和光）的充斥于空间的微粒说。为了去解释无论哪种运动的传导，需要设想存在着某种介质——以太。在这一点上，罗蒙诺索夫与惠更斯和欧拉靠近了。

但是，如果说在欧拉那里，以太是无限可分的。那么，罗蒙诺索夫的以太的原子构成是：在较大的球状粒子之间隙，存在较小的粒子，而在较小的粒子之间，还有更小的。他解释，热的散布是以太粒子的旋转运动，而光的传播是波动。这样，与牛顿相对立，罗蒙诺索夫和欧拉坚持的是光的波属性的设想。

该研究成果后来引起托马斯·杨的关注。他认为，光的干涉现象是光的波属性的直接证明。在图书目录中，杨放在他的专题著作《自然哲学讲义》（1807）第二部中的，是罗蒙诺索夫的讲演《介绍光的发生、颜色的新理论》（彼得堡，1759），放在了《物理光学》第五卷的第一位。此外，还在多处援引了欧拉的论述。

考虑电如同热一样，可以通过摩擦或加热获取。罗蒙诺索夫认为，电是旋转运动的结果，但是运动的仅仅是以太粒子，而不是物质。

只有对于引力，罗蒙诺索夫未能将其归结于物质和以太的运动。为了在近距作用说的范围内对此作出解释，就需要引入特殊的渗透性的"引力物质"，它的粒子"轰击"一般物质的原子。但是，从这种模式产生的结论是：不是对于其粒子体积，而是对于粒子的表面积，所有物体均应当具有成比例性。为此，罗蒙诺索夫怀疑：质量（物质数量）和重量成比例性的原理应用在不同质的物体时，是否正确。

值得注意的是，罗蒙诺索夫认为，必须以实验去检验自己的理论。关于引力，太阳、月亮和星球对地球引力的影响；对于重量级的摆（达 20 米长），进行了大量的重力测试。客观上，罗蒙诺索夫这些实验，是对于在 19 世纪末 20 世纪初得以传播的，关于太阳、月亮引起地球变形的观测的预见。罗蒙诺索夫的观测记录，在 1951 年才被发现。

"微粒论"作为世界的图像，包括守恒定理、原子论、近距作用和否认真空，是罗蒙诺索夫的令人惊叹的科学研究的证明。然而，18 世纪中叶的科学，还没有将其实现的手段。罗蒙诺索夫的关于微观世界物理学的实质性的具体的假设，还只能是多多少少或许成功的猜想，其依据是对宏观实验的外推和对微观世界的观察。尽管罗蒙诺索夫也认为，微观世界的法则可能与宏观世界的不同。

在罗蒙诺索夫生前所发表的物理学著作（主要是在科学院会议上的发言

讲演）中，当时外国学者所熟知的，主要就是在讲述这些假设。而对它们的实验论证，和罗蒙诺索夫关于建立新的实验方法和仪器的大量工作，则是留在实验室的日记和手稿之中，长期无人知晓。唯一公开作了记载的罗蒙诺索夫的仪器是风速计（1751）——自动记录风向和风力。它获得同时代人和科学专家们的认可。

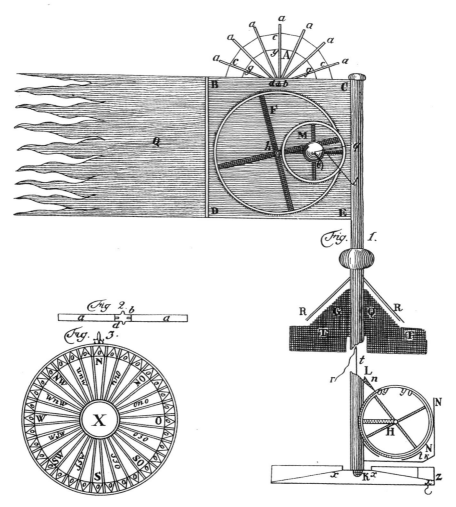

罗蒙诺索夫的风速计

在《关于航海高度精准性的思考》（1759）中，罗蒙诺索夫提出许多气象和导航仪器：航向仪（自动记录的罗盘），水底机械测速仪，确定水流方向和速度、船在风力影响下的偏移、船体受纵向颠簸影响等的仪器。这些被付诸实践，都是在百年之后了。同样命运的，还有他设计的为建立国际气象站网配置自动记录仪；成立国际航海科学院，其目标定位是包括船舶航行的所有研发工作。

Γ. 里赫曼在热和分子物理学方面的贡献

在科学院，与罗蒙诺索夫一起工作的是他的朋友里赫曼。里赫曼出生于波罗的海沿岸，上学在塔林（Ревела）、加拉、耶拿，然后进入彼得堡科学院大学。1740 年，他成为物理学副教授。一年之后，成为物理学院士。1744 年，他主持物理实验室。1753 年 7 月 26 日（公历 1753 年 8 月 6 日），在实验室不幸遇难。

在里赫曼逝世 200 周年时，首次出版了他的物理学著作，汇集了 95 篇文章、记事、科学日记和建议意见，其中 64 篇是首次公布。里赫曼的科学兴趣集中于对热和电的研究，研制出的大量实验方法是他的主要贡献。

里赫曼避免采用假设。但并不拒绝其在解释各种现象时的作用。在一篇文章的最后，他曾说："如果能成功地确定一种现象，并相应给出寻找其真正原因的理由，我就满足了。"

18 世纪前半叶，对于热现象所进行的定量的研究尚处于襁褓之中。物理实验使用的温度计的刻度五花八门。热的大小、热容量的概念还未建立。正是里赫曼研制了热量测定的基础。在他的基础上，后续才有维尔克、Π. 杜隆、A. 普蒂等人的研究。

1750 年，里赫曼发表了在不同温度（t_1, t_2, …, t_k）条件下，同质液体的份额（m_1, m_2, …, m_k），以随机数混合的温度的公式：

$$t_{混合} = \frac{m_1 t_1 + m_2 t_2 + \cdots + m_k t_k}{m_1 + m_2 + \cdots + m_k}$$

对里赫曼公式在不同液体的混合上所作的后续总结，是经过了 30 年之后，借助热容量的概念完成的，虽然里赫曼本人已明白温度与热的大小之间的差别，并在实验研究中使用了热容量的概念。

里赫曼对物体与环境的热交换进行了一系列的实验研究。他进行了许多在恒定和非恒定条件下，液体和固体的冷却的实验，研究了被冷却物体的表面形状尺寸及其质量大小带来的影响。结果发现"如果被冷却物体的质量不同，表面不同，以及被冷却物体温度与施加冷却的空气温度之间的差不同，那么，在一个相同的不长的间隔时间，所观察的热的消减额，会呈现复杂的相互关系。它们相对物体表面积是成正比；对于冷却气体和被冷却物体之间的温度之差也是如此；而对于被冷却物体的质量则是成反比"。里赫曼强调，必须区分物体保存多少热量的能力和吸收多少热量的能力。按照现代的术语，就是区分散热率和热容量的差别。他确定，保存热量能力最强的是铜，其次是铁、锡，最后是铅。

在牛顿确定物体冷却原理之后，里赫曼关于热交换的研究继续进行了半个世纪。在新的实验的基础上，对此原理作了充分的论证，并开创了在非恒定条件下的热交换的量化研究。这项研究，对于完善热的度量是必须的，因为它指明了排除或考虑热损失的方法。

与研究物体冷却的同时，里赫曼还研究了蒸发的过程，试图确定它们之间的联系。为了精确测量单位时间内水蒸发的数量，1748 年，他设计了专门的仪器——蒸发计。对它的描述，发表在 1751 年出版的《新见解》第二卷中。1749 年，在自己的讲演《关于水蒸发的定理》中，里赫曼分析了自己和前人实验的结果，得出结论：蒸发的速度，取决于冷空气和热空气的弹力之差；还取决于液体表面的大小、液体的质量和深度，以及空气在其表面运动的速度。针对这些，他指出，为了彻底确定蒸发的总法则，必须要继续进行实验。里赫曼的研究，为道尔顿确定蒸发的量化原理，打下了基础（其中，蒸发速度不是取决于冷空气和热空气的弹力之差，而是取决于蒸汽对液体表面和在周围环境中之分压之差）。

虽然，载有里赫曼提出的气压计和温度计的著作不久之前才面世，但是，上述的基础研究是及时公布了的，并且构成了热和分子现象学说发展的重要阶段。

里赫曼和罗蒙诺索夫在大气电学方面的研究

1745 年初，里赫曼着手进行电学方面的研究。如同其他物理学家一样，这个领域引起他的好奇。很快，他就设计了自己的著名的"电指示表"。该测量仪器的构成，为竖立的铁线和固定在线上端的亚麻线。亚麻线的重量准确确定。它与铁线的倾角，借助象限测量，是与传导的电荷近似成正比的。这是首次尝试制造完全真正的静电计。借助这个仪器，里赫曼研究了带电体的电荷损失速度，与其大小、几何形状、空气状况（包括温度）的关系，试图去找出放电现象的规律。

1752 年，在达里巴尔（Далибар）和富兰克林证明了雷击的电属性之后，出于寻找最好的避雷系统的需要，对电的研究有了新的实际的动因。

1752 年和 1753 年夏季，里赫曼和罗蒙诺索夫进行了对大气的电现象的观察。使用了"雷电机器"——专门的固定装置。其结构为固定在树上或

罗蒙诺索夫在乌斯特–鲁季查的大气电实验

屋顶上的金属杆，通过用丝线系住的导线与在屋内的仪器联接。在进行"雷电机器"实验时，里赫曼以大气中的电流给莱顿（电容）瓶充电。这是大气电荷与实验室电荷同一性的又一证明。里赫曼和罗蒙诺索夫二人观察大气电荷，均是在没有雷电的情况下。上图，为罗蒙诺索夫在乌斯特–鲁季查（Усть-Рудица）用"雷电机器"作实验的情况。实验记录了大气电荷的强烈放电，伴有几乎连续的巨大闪光和轰隆声。在图中，可以看到里赫曼的毛刷验电仪和静电计。为了自动记录最大的"大气的电力"或是"雷电的力"，罗蒙诺索夫发明了弹性验电仪。

在《由于电力所产生的大气现象》（1753）一文中，罗蒙诺索夫陈述了

自己的关于雷电发生的理论，其中包含了几个为 20 世纪的科学所证明了的思想。按照他的归结，起主要作用的是垂直的相对的气流的运动，其产生是由于地面和下层空气被晒热，而较重的冷空气下降。他认为，电荷产生于无数细微粒子的碰撞，电荷的分布是在云的整个空间，而不仅是在表面，这个观念是正确的。按照当时流行的意见和看法，载有电荷必须有初始的电物质（电介体）参与。罗蒙诺索夫提出了空气中存在粗的可燃颗粒的假说，认为在其与水粒子（导出电的物质，即导体）摩擦时，产生了电荷。应当指出，细碎的燃烧材料、火山的喷发、尘土的旋风对于大气的电载荷过程的影响，已经被现代的科学确认。空气中的悬浮粒子，促进了水滴的形成。而对于水滴中过程的研究，构成了雷电现象理论的基本内容（关于揭示云中的电荷的形成机制和电荷分布，被普遍接受的、不存在难点的理论，目前尚不存在）。

罗蒙诺索夫认为，彗星尾光和北极光的原因相似。为了解释北极光的机理，在带电的球上（球中的空气被抽空）进行了该现象的实验室模拟。

为了取得不同高度的温度的垂直递减数据和大气中的电荷情况，罗蒙诺索夫设计了"机场设备"——弹性的装载气象仪器升空的飞行器。1754 年 7 月 1 日，他展示了实用模型。

埃比努斯与关于电、磁的学说

里赫曼去世后，接替他的是聘请的德国学者埃比努斯。埃比努斯于 1757 年抵达彼得堡，立即积极开展他在德国已经开始的电学和磁学研究。他还参与了各种行政工作方面的设计和实施。其中，正是由于他的关于初等和中等教育的意见，在 18 世纪 80 年代，奠定了县和州的平民学校的组织基础，这些学校基本上对所有阶层出身的孩子开放。

埃比努斯是牛顿学说的后继人。在自己的基础论文《电学和磁学的理论实验》（1759）中，他认为，电荷和磁极互相作用的原理，与牛顿的万有引力原理相似。依据富兰克林关于存在一种电流体的假说，埃比努斯研制了电和磁感应的理论。他第一个提出，未带电体的引力，必然与其磁极化相关。他的关于莱顿瓶放电的波动性的预见，在 1859 年才由费德森实验证明。

借助于电气石的热电实验，埃比努斯证明了电和磁现象的同一性。带电的晶体，一端正电，一端负电，就如同是一个磁体。此外，依据观察，在静电学范围之外，实际上，去证明的不是电和磁现象的同一性，而是它们相互的关系——在进行富兰克林雷电实验时铁丝的磁化；罗盘指针在电闪时的交变磁化。

埃比努斯解释了短轴会逐渐消磁，原因是它们有对"磁性电荷"的阻力。他还研制了制造人工磁铁、磁针进行磁化的有效方法。

库伦、卡文迪什、拉普拉斯、伏打和其他学者们在18世纪末，依据埃比努斯的成果继续从事电学研究，获得了很高的评价。

欧拉、罗蒙诺索夫和埃比努斯在应用光学方面的贡献、在完善和制造新型光学仪器方面的巨大功勋要归于彼得堡科学院。其研制以光学计算开始，组织了加工、制作新的结构的光学仪器的样品，以及海军舰队和天文地理测量探险所需用的标准设备。

罗蒙诺索夫在1741年提出他的第一个原创的光学仪器——为获取高温的"反射屈光点火设备"。他发明了快速转换显微镜物镜的设备（转盘）。但是他的更实质性的发明则是在他的晚年，与他对天文学的兴趣和担任科学院地理分部领导职务相关。

看到牛顿和格里高利反射镜的不足之处，罗蒙诺索夫提出了大胆的"不带小镜的一个大镜"的反射镜的建议。镜片相对镜筒的小轴倾角（4°），可以使得凹镜反射镜的焦点在镜筒之外，在目镜即可以观察到所得影像。1762年4月15日（公历1762年4月26日）单镜望远镜的样机成功试用。在《关于完善望远镜的发言》（1762）一文中，他指出了原来的反射镜的缺陷和新设计的优点。但是文章打印稿只剩一份，其他全部被销毁。所以，此研究未能公布直至1827年。因为在会议前夕，发生了国家政变，彼得三世被推翻，而在罗蒙诺索夫"发言"的结尾，含有惯用的对这位彼得大帝的称赞。

二十多年后，英国天文学家赫歇尔制造了这样的望远镜。他还独自实现自己的另一个设计：借助该方法，将牛顿—格里高利望远镜的反射镜置于镜筒之外，以便不遮挡落在镜上的部分光线。

罗蒙诺索夫还提出了水平望远镜的结构，即旋转潜望镜；观察河底和海底的探水镜；比较星星亮度的测光仪。

为了在夜间进行观测，尤其是对海员们，专门采用了罗蒙诺索夫在夜间条件下实验的基础上设计的带有大物镜的"夜视镜"。围绕几何光学原理，罗蒙诺索夫的同事们就这个"夜视镜"发生了争论。随后，该设计的正确性为物理光学的原理所证实，在极弱光线下，视网膜会呈现出更大程度接受被观测物体的光亮的属性。因此，在黑暗中采用带有增大倍数的视镜，比普通视镜更能分辨观测物体。此外，在深暗条件下，色差不再构成仪器的缺陷。

光学计算的奠基人欧拉，从色差着手开始进行研究。在发现光的色散现象和由此产生的凸透镜的色差之后，牛顿作出错误的判断，认为其"不可纠正"。尽管英国光学爱好者切斯特·霍耳在 1728 年就确认，可以通过采用各种折射率的玻璃获得消色差的物镜，并且很快就设计了几款消色差的望远镜。但是，牛顿的权威在很长时间仍然占据上风。1743 年，欧拉成为对该问题作彻底研究的倡导者。在理论思考的基础上，他认为，组合使用各种折射率的材料可以消除色差，并且进行了在水和玻璃透镜上的实验。英国光学家多隆德按照欧拉的建议，对牛顿的结论进行验证。结果，他的实验不仅推翻了牛顿的结论，也推翻了欧拉的公式。最终，多隆德采用两种玻璃——无铅玻璃和铅玻璃，做成了望远镜的消色差物镜。但是，他对铅玻璃的配方保密。

鉴于制造消色差的光学仪器对众多科学的重要性，彼得堡科学院将消除球形和色差的光学系统的理论和实验研究作为 1762 年的悬奖任务课题。瑞典学者克林根斯季耶尔纳的研究获奖。在同一部获奖著作中，按照科学院的决定，同时刊印了欧拉关于此问题的文章（1762）。这两项研究作出了关于望远镜的消色差物镜的计算。

1763 年，彼得堡科学院力学室的院士采格尔在什利谢尔堡（Шлиссельбург）玻璃厂进行实验的基础上，制造了几种铅玻璃。

在自己的三卷本的《屈光学》（1769—1771）中，欧拉对许多望远镜和显微镜的方案进行了计算。他努力将球形色差、位置的色散色差和一些情况下增加的色散差别达到最小。

1774 年，欧拉的学生富斯在彼得堡以法文出版了《使各种形式的望远镜达到最完善程度的详细指导》。在此书中对欧拉的一些研究成果，以光学工匠们能够明白的形式加以描述。在库利宾的领导下，开始制造显微镜的短焦距消色差物镜。共由三个凸镜组成。凸镜的曲度半径精确度为 0.025 毫米，物镜总厚度为 14 毫米，凸镜间距约为 0.4 毫米。但是，该工作的完成情况不详，其理论计算的要求与 18 世纪当时的技术能力不符。

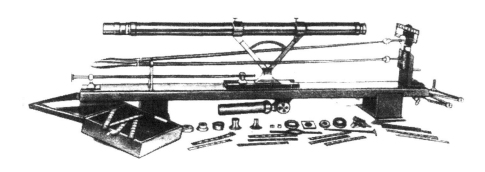

埃比努斯的显微镜

埃比努斯为制造光学仪器作了大量的工作。他对欧拉提出的，将不透明物体的放大影像投射在屏幕的太阳光显微镜加以简化。很快，就在英国制造出这种显微镜。1784 年，埃比努斯设计出全新的消色差显微镜："可伸缩"显微镜，可以将物体放在 10—20 厘米距离之处，在工作过程中改变倍数。1808 年，在埃比努斯去世之后，按照塔尔图大学校长帕罗特的建议，斯图加特的光学家季杰曼制造了非常完美的埃比努斯消色差显微镜。

在 18 世纪中叶，彼得堡科学院的科学家们在当时物理学的许多方面获得了杰出的成就。在热现象物理学方面，创建了气体的动力学理论（伯努利、罗蒙诺索夫）、对所有聚集态的热的动力理论（罗蒙诺索夫）；研制了热测量的基础，确定了蒸发和热交换的经验规律（里赫曼）；进行了汞的低温凝固的初期实验（布劳恩、罗蒙诺索夫）。在光学方面，与光的波属性假说，以及色彩问题的研究（欧拉、罗蒙诺索夫）的同时，构建了许多新的光学系统，有组织地制造了光学仪器（欧拉、罗蒙诺索夫、埃比努斯）。在电学研究方面，提出了两个对立的概念：欧拉和罗蒙诺索夫的思想，依据在以太中的近距作用的概念（后来被人们遗忘）；和由埃比努斯极大发展的富兰克林的牛顿的理论。在电测量技术方面，迈出了第一步（里赫曼），还有静电和磁现象的数量化理论（埃比努斯），和对大气中电的产生的解释（罗蒙诺索夫）。还研制了新的关于气象现象、地球磁场、重力加速变化的研究的方法。

18 世纪后三分之一年代，在实验物理学方面的研究工作处于停滞状态。但是，在物理学知识的传播上有了很大的进步。物理学编入中学的教学大纲。从 1779—1790 年，出版了三部翻译的和三部原创的物理教科书；莫斯科大学和彼得堡科学院均培养了物理教师。1793—1795 年，科学院副院士科诺诺夫（А. Кононов）（1795 年当选为额外院士）举办了实验物理学讲座。在这个期间，莫斯科大学斯特拉霍夫（П. Страхов）和彼得堡外科医学院彼得罗夫（В. Петров），为组织物理学观察和实验进行了紧张的工作。对物理学发展的引领，从科学院转到高等院校。

第七章　化学

16—17世纪，在冶金、矿业、酸的生产方面的发展，以及医疗的需求，给化学提出了重要的实践和理论课题，大大地促进了化学的发展。研制和完善了获取纯酸纯盐的方法、加工矿物质的方法和鉴定分析的方法。对于玻璃、陶瓷、火药、化学药品、染料和其他产品的生产技术也进行了改进。取代炼丹术的是化学——研究物质的属性、构成和相互转化的科学。亚里士多德的四"元素"的假说，也被逐渐认识到的实际的化学元素的概念所取代。

从17世纪末，化学逐渐开始成为独立的学科，具有自己的研究对象，自己的方法、课题和目标，研究构成矿物和植物的物质的成分和属性。这个时期，已经具备了确切的称重、蒸馏、挥发、沉淀、再结晶和其他手段。一些物理仪器，如秤、温度计、液体比重计和显微镜，也在化学实验室使用且获得公认。

但是，作为科学，化学的发展之路还仅仅是开始。17世纪的化学家们，还不知道空气是什么？它在燃烧中的作用是什么？物质还没有科学的系统和分类。亟待完善的是质量方面，尤其是数量方面的分析方法。化学过程的起因、条件和机理，对化学家们仍是百思不得其解的事情。

17世纪末18世纪初，由于冶金生产的扩大和矿业发展的需求，使得有关从矿石提取金属和制造金属制品的热处理问题具有特别现实的意义。当时的化学家研究氧化还原的过程曲折复杂。在解释燃烧（氧化）机理时，首先提出的是关于该过程的古老概念"燃素"。

在17世纪与18世纪的相交时期，德国化学家贝希尔和施塔利提出了"燃素"学说。17世纪末和18世纪初，是粒子概念在物理学和化学非常盛行的年代。17世纪的原子解说，导致借助力学和几何图形来构成化学现象的直观图像。波义耳、勒梅尔的原子具有各种形状：钩状、齿状和环状。相应于化学现象的多样，原子的形状也具有无穷的多样性。

第一位杰出的俄国化学家是罗蒙诺索夫。他自始就坚持在化学研究上的理论与实践相结合。1741年，他写道"真正的化学家应当是理论家，又是实践家"。

1748年，按照罗蒙诺索夫的设计，建立了俄国第一个化学实验室，同时进行科研和教学。该实验室的开设，成为俄国实验化学的开端。

看看罗蒙诺索夫是如何来确定化学的研究对象和任务的。

"化学，是关于在混合物中发现变化的科学"。他认为"化学研究有两个目的，一个是完善自然科学，另一个是增加社会福祉"。在《话说化学之益处》（1751）一文中，罗蒙诺索夫在化学对工业发展的意义和任务上，展开叙述了自己的观点。按照他的意见，为了使化学能够解决面临的任务，必须开辟通向物体内部的秘密的道路，弄清引起物质化学转换的原因。在将化学的研究对象和任务加以科学的确定的基础上，罗蒙诺索夫制订了广泛的研究计划。对于化学，罗蒙诺索夫的主要兴趣在于：研究粒子理论、查明金属在燃烧中重量增加的原因和在研究化学现象中应用物理仪器。

波义耳—勒梅尔的颗粒理论，以及它的不成功的物理"构建"，不能令罗蒙诺索夫满意。因此，他试图不按照关于原子复杂形状的幼稚概念，而是在新的基础上来研制原子理论，并以此来解释各种物理化学的过程。他写道："不了解结构内部的感觉不到的粒子，物理学，尤其是化学，必然处于黑暗之中"。

在《数学化学元素》（1741）一文中，罗蒙诺索夫比他的前人伽桑狄等人更接近于对"原子"（元素）和"分子"（粒子）概念的正确界定。"元素"是"物体的不由任何更小的或与其相分离的物体所构成的部分"。"粒子"是构成一个小质量的元素的集合，"若以同样方式链接同样数量的同样元素所构成，则粒子是单质的"。这样的情况所形成的是简单物质。对复杂物质，罗蒙诺索夫定性为："当元素不同、链接方式不同或者数量不同时，粒子为异质的，由此产生物体无穷的多样性。"

这个原理十分引人注目，它所提出的思想，在19世纪发展为同质异性学说。

罗蒙诺索夫认为，化学的主要任务之一，是研究物质的属性，这取决于它们的组成。而解决此问题"不会早于确定化学元素的数目，以及对它们的化学性质的确切研究"。但是，该问题的提出是在 18 世纪 40 年代，应当承认它的现实意义。因为在施塔利的系统中，对"原体"或"元素"的详细研究，被认为是化学的不重要的第二位的任务。

罗蒙诺索夫本人未从事对这种"原体"的专门研究，因为他的主要精力，是在构建属于一切物理和化学现象的原子理论。

罗蒙诺索夫研究工作的重要特点，是统一对待物理和化学的立场。统一的粒子解说，包括像化学转化、溶解、聚合这些过程。在他之前，尚无人能更连贯地将物质结构问题与原子论相联系。他认为："赋予自然物属性的基础，应当在粒子的质量和它们相互排列的方式中寻找。而它们内聚时所呈现的差别的基础，也应该在这里寻找。"

罗蒙诺索夫从未发表过他的关于原子学的研究著作。其中的原因，他在 1748 年 7 月 5 日致欧拉的信中是这样说的："我本可以发表关于粒子哲学的整个系统。但是，我担心将自己思考速成的不成熟的成果提交给学界，如果我讲出许多新的东西，而它的大部分内容是与大师们的观点相对立的。"过了几年，1754 年 2 月 12 日致欧拉的信中他就此问题又写道："我承认，我保留这些是为了在抨击大师们的著作时，不要让人觉得更像是炫耀，而不是揭示真理。还是那个原因，阻碍着我向学界提出讨论我的关于单分体的想法。虽然我坚定地认为，应当以我的证明，从根本上消除这种神秘的学说。但是，我担心会让大师老年蒙羞①。他对我的恩惠我不能忘记，否则，我是不怕会惹恼全德国的单子论者们的。"此信有许多令人感兴趣之处。可以看出，罗蒙诺索夫是莱布尼兹——沃尔夫关于存在非物质的单子（体）观点的坚定反对者。

如前所述，18 世纪化学的基本问题之一，就是认识物质在燃烧时，其重量增加的原因，研究氧化还原过程的理论。

1673 年，波义耳发表著作，讲述了金属重量变化的研究结果。对金属加热，不是在开放的坩埚中，而是在密闭的烧瓶中。金属与火焰和外界空气

---

① 指的是沃尔夫，罗蒙诺索夫的老师。——译者注

不接触，仅有的例外，是在烧瓶中的有限气体。因为后一种情况中，金属变成氧化表层，重量略有增加。波义耳认为，是火焰燃素中的细微粒，穿过了玻璃，渗入金属的空隙。以此来解释烧瓶中加热的金属（铅、锌）的重量的增加。

罗蒙诺索夫对此观点持批判意见。他写道（1745）："因为在加热时，火力更强，也产生还原过程。所以无法找到任何根据来解释，同样的火，为何一会儿进入物体，一会儿又从它离开。"1756年，罗蒙诺索夫在自己的化学实验室，进行了金属焙烧的实验。"实验在熔热坚固的玻璃器皿中完成。目的在于查明，金属单纯加热后重量是否增加？上述实验表明，波义耳的著名结论是错误的。因为在外部空气未进入的情况下，受热金属的重量未改变"。

罗蒙诺索夫实验证明了波义耳关于火对燃热物质重量增加的作用的概念的错误，得出了与梅欧（1669）相同的结论：是空气对燃烧中增加重量的现象起了作用。但是，通过对于"真空态"现象的详细检验，罗蒙诺索夫得出结论：在封闭器皿中的焙烧物质，其重量也增加。罗蒙诺索夫使用莱波尔特的很不完善的单缸活塞式无阀气泵，只能获得程度不高的真空：气压降至15—20毫米汞柱，即大气压的1/50。当然在这样的"真空态"，对易氧化的金属（铅、锌等）加热，导致金属的氧化，所以重量增加了。

为了解释该现象，罗蒙诺索夫求助于笛卡尔、沃尔夫等人主张的引力的碰撞理论。笛卡尔认为："重力不是别的，就是地球上的物体通过细物质与地球中心的碰撞。"从物体重量乃是由该物体的全部颗粒或原子的总表面积所确定的概念出发，罗蒙诺索夫认为："虽然毫无疑问，空气的粒子不断流入焙烧（即氧化）物，与其混合并增加其重量。但是，经过封闭器皿中的实验，焙烧物的重量仍然增加。那么，可能的回答是：由于粒子的链接因焙烧而消失，它们的表面，原先是相互衔接而覆盖，现在是呈引力液态的自由状态，所以会被更加压迫向地球中心。"

关于物体的重量是按物体表面均匀分布，而不是按物体质量分布的错误概念，在罗蒙诺索夫时代，已经遇到很大的矛盾和困难。随着时间的推移，牛顿的观点在化学上占了上风。按此观点"物质（质量）的数量度量是这样的：在建立了它的均匀分布的密度和体积……质量按物体的重量确定，或者它对重量是均匀分布的"。

通过对金属焙烧、彩色玻璃加工的实验研究，罗蒙诺索夫清醒地知道，为了化学的进一步发展，对物质的物理化学属性和其构成之间关系的研究，具有特别重要的意义。认识到制剂化学的方法不能解决此项任务，罗蒙诺索夫开始寻找化学现象研究的新道路，这引领着他尝试建立物理化学。

罗蒙诺索夫是如何理解物理化学的呢？他写道："物理化学，是在物理原理和实验的基础上，去解释在化学过程中发生在混合物上的现象的科学。"

罗蒙诺索夫强调："我的化学，是物理的。"

在《真实的物理化学教程》（1752—1754）中，在批驳将化学视为艺术的观点时，他认为化学不仅包括对物质组成和属性的描述，还有对引起化学转变的原因的解释。为此，他认为必须将物理真相与化学联系起来："没有物理知识的化学，就像一个人用感觉去寻知一切。两门科学之间是如此相关联，以致缺少一个另一个就无法完善。"

1752—1756 年，罗蒙诺索夫制订了物理化学研究的广泛计划。其中，占重要中心位置的是溶液和盐。"溶液的理论，是物理化学真相基础的第一个范例"，他写道。我们要指出，19 世纪 80—90 年代，由阿伦纽斯、范托夫、能斯脱和门捷列夫创建的溶液的理论，是现代物理化学的基础。在罗蒙诺索夫的计划中包括研究盐在水中溶解时水温的降低；盐在水中的溶解性（带空气或者缺空气的水中）；溶液在毛细管中的上升；影响溶解的"电力"；盐溶液在高压釜中的表现等等。

罗蒙诺索夫进行了研究金属酸和盐在水中的溶解性的实验，研究了温度对盐的溶解性的影响。

1752—1753 年，他制订了新的物理化学的教学方法，规定不仅在讲课时演示实验，还要在实验室与学生一起做实验。此外，他的学生还在实验室独自做科学实验。

罗蒙诺索夫的物理化学研究计划，是物理化学未来发展的杰出计划。应当指出，在 18 世纪的罗蒙诺索夫之前或之后的外国化学著作中，也有过以"物理化学"冠名的指南。据此，帕金顿认为在物理化学的研究上，罗蒙诺索夫不是首创。但是，罗蒙诺索夫的书与这些书有着原则上的差别。在"物理化学"的术语之下，瓦列罗乌斯和其他作者们所掩盖的，只是 18 世纪前半叶的化学教科书上的通常传统的（配方制剂）化学的讲述。

罗蒙诺索夫未能亲自完成他的物理化学研究的计划。他的许多思想、实验记录、笔记都留在手稿上。罗蒙诺索夫对其原因作了一些解释。1756 年，在"关于光的产生"中他说："若要作出最明确的解释，就必须讲出全部的我的物理化学体系。是对俄国语言、对光荣的俄国英雄和对我们祖国的事业的可靠的寻求的爱，在阻止我作出这些和告知学术界。"关于这点，他在给欧拉的信中写道："我被迫不仅要做诗人、讲演家、化学家和物理学家，而且几乎整个地离开，进入历史中去。"

罗蒙诺索夫在生前已发表的化学和物理著作，不仅在俄国，而且在国外获得了认可。他的研究对 18 世纪后半叶的一些化学家，有着确凿无疑的影响。

在评价罗蒙诺索夫的科学著作时，谢韦尔金院士 1805 年在科学院的隆重大会上赞扬说："罗蒙诺索夫是一位艺术的化学家和冶金家"，"他在思辨上有先见之明，并且能亲手作出成果。"

1904 年，门舒特金在《物理化学家罗蒙诺索夫》一书中，首次发表了罗蒙诺索夫的许多手稿。为了让外国化学家了解罗蒙诺索夫的著作，门舒特金和施波特尔发表了著作的德文译本。1952 年，在美国出版了门舒特金的关于罗蒙诺索夫的生活和活动的书籍的英文版。

罗蒙诺索夫的物理化学著作的发表，表明了 18 世纪前半叶在俄国有一位天才的学者。美国化学协会主席斯密特写道"重新发现了罗蒙诺索夫，立刻增添了一位第一流的大化学家，以及一位对世界上最伟大的人的有限阵营具有惊人影响的人物"。

罗蒙诺索夫以惊人的洞察力，在物理化学中看到了化学发展的更富成果和发展前景之路。但是，18 世纪的化学和物理，都不具有在其基础上物理化学可以作为独立科学存在的理论和实验资料。为了进一步顺利发展物理化学的研究，还得去研究气体化学；建立燃烧和氧化—还原过程的理论；研制原子—分子学说；发现和实验验证化学的基本原理：质量守恒定律、定比定律和倍比定律。18 世纪和 19 世纪初的化学家们的努力，就是在解决这些问题。18 世纪的著名化学家布莱克、舍里、普利斯特列、卡文狄许、克兰博特、贝格曼、沃克兰、特别是拉瓦锡堪为榜样。

18 世纪后半叶，俄国的化学家们，主要是从事化学应用问题的研究。迅速发展的采矿业，需要具体产地矿源的成分和质量的资料，以及对其加工的工艺。拉克斯曼、谢韦尔金、扎哈罗夫、穆欣–普希金、宾得盖姆的著作中，大部分的内容是涉及解决技术化学的任务。这一时期，建成了第一批工厂实验室，进行了各种实验研究。例如，拉克斯曼在巴尔瑙尔的实验室；在彼得堡造币厂的化学实验室等。

1764—1766 年，在巴尔瑙尔玻璃厂，拉克斯曼提出了具有重大实际意义的以脱水的天然芒硝取代氢氧化钾（碳酸钾）制取玻璃的新方法。他提出的方法，于 1798 年载入彼得堡自由经济协会的著作中。

在 18 世纪后半叶俄国化学家们的研究中，彼得堡总药局药剂师洛维兹的原创性研究比较突出。在通过重结晶来清除酒石酸时，洛维兹发现了（1785）煅烧过的木炭[①] 对于溶解物质的吸附现象。他利用炭的这一属性，去净化酒精和饮用水。1792 年，洛维兹完成提炼晶体状的葡萄糖。1793 年，他获得以混合剂（3 份冰雪和 4 份 $CaCl_2 \cdot 6H_2O$）进行人工制冷达到-50℃的方法。同年，他分离出纯冰醋酸（晶体）。对醋酸进行氯化，洛维兹在 1793 年第一个获得了氯乙酸的固—液混合态。1795 年，他在重晶石中找到锶。研制了从锶和钙中分离出钡的方法。他确认，在绝对脱水的酒精中，$BaCl_2$（氯化钡）完全不溶，$SrCl_2$（氯化锶）溶解很少，而 $CaCl_2$（氯化钙）溶解得很好。洛维兹提出了借助显微镜进行确定物质质量的晶体化学方法。1798 年，他在显微镜下，观察到了盐的结晶，证明晶体的形状可以用来做不同种盐的明确区分和严格的个体化的鉴定。该方法后来广泛应用于化学和矿物分析实验室。

---

① 活性炭。——译者注

第八章　地质学

18 世纪初，地质学作为科学处于襁褓状态。在 17 世纪末至 18 世纪初，有关地球表面的整体概念，还是认为地球现在的地貌，是源自全世界范围的洪水，淹没了平原，形成了山脉和大陆，带有死于洪水的有机物残留的沉积地层（伯内特、伍德沃德、谢依赫采尔等）。这一观点获名"洪积论"。与此同时还存在另一种意见，认为地球的地貌，是由火山爆发和地震形成的，是"可燃物"燃烧发生的（基尔海尔、莫罗等）。笛卡尔和莱布尼兹的宇宙起源假说，认为地球曾是个炙热的球体，当其冷却时蒙上厚厚的地壳。这是将地球视为如同天体一样的起源概念的前兆。

在俄国，地质学在理论和应用方面都得到发展。18 世纪，随着制造业和商业的发展，新的工业部门的产生增加了对矿产原料、石煤、矿苗等等的需求。这引起了矿业的生长，刺激了对富矿矿床的寻找。于是也就加速了对国家疆土的地质研究。寻找矿藏和对其加工成为专门的职业。从事该领域工作的人，很早就被称之为"探矿员"。

在 18 世纪初，发现了新的铜、宝石、耐火泥等等的矿床。1721 年，探矿员卡布斯金在俄国南方发现了石煤矿床。1722 年，在莫斯科附近发现了褐煤。

1700 年，彼得一世成立了以采矿部门为首的国家探矿机构。1718 年，更名为国家矿务总局，一直沿续至 1802 年。首任总裁是布留斯。一部关于地质现象的有趣著作，属于乌拉尔矿业工厂的领导——盖宁和塔季谢夫。自 1724 年创建彼得堡科学院之后，由其组织的考察在地质知识的积累上起了主导的作用。北方大考察的参加者们收集和发表了有关西伯利亚（格梅林）和堪察加（克拉舍宁尼科夫（Крашенинников）、斯杰列尔）的地质和矿产的广泛的资料。克拉舍宁尼科夫有关火山和地震的资料，后来被德国学者果夫等人采用。矿产和矿藏的样品，收集在俄国第一个自然科学博物馆——珍稀物陈列馆。

从 1730 年起，在《消息附注》杂志上开始刊登有关地质问题的文章。刊物的作者之一是塔季谢夫。他在自己观察的基础上，对喀斯特岩洞作了描述。在 1732 年的另一篇文章中，他提出自己的看法：在西伯利亚曾经有过温暖的气候。那里发现了曾经栖息在西伯利亚的后来在急剧冷冻时期死亡的猛犸象的遗骸。值得指出的是，在此之前塔季谢夫关于猛犸象的著作曾用拉丁文以小册子在瑞典出版，后刊登在乌普萨拉大学的校志之中（1725—1729）。1734 年，塔季谢夫的文章从瑞典版转刊至英国。

1731 年，出现了关于地震的文章。作者认为地震的原因是地下火与水的作用。1733 年，发布了有关火山的报道。在里赫曼的文章《关于地球表面经常被改变的值得注意之处》（1739）之中，强调地球表面经常变化，一方面是在流动的水的作用下；另一方面是由于地下的火和地震的作用。但是，在 18 世纪占统治地位的观点，还是地球和其地貌是一次形成并且是不变的。同时，到 18 世纪中叶，发展的思想开始更加深入到自然科学之中。体现在地质学上，在相当程度上是与康德、布丰和罗蒙诺索夫的名字相连在一起的。

1755 年，康德提出了关于太阳系产生于气雾的思想。布丰在 1749 年推出设想，是由从太阳脱离的部分火物质形成了地球。然后变成了独立的星体。1778 年，关于地球历史的长期性的概念有了新的发展。

罗蒙诺索夫曾有两部著作涉及地质学。《关于金属产生于地球震动》（1755）和《关于地层》（1763）。1756 年（即在俄国出版的第二年）前一部著作的详细叙述刊登在莱比锡的杂志上。1759 年刊登在另一个杂志上。同年该著作的消息刊登在法国杂志和英国杂志上。而在 1761 年，以德文全文发表在莱比锡。所以，可以认为该著作获得了全欧洲广泛的认知。

罗蒙诺索夫的地质学观点的核心，是关于地球表面恒定变化的思想。1763 年，罗蒙诺索夫在《关于地层》之中写道"必须牢牢记住，地球上可见的物体和全世界，在创建之初，不是我们现在所发现的样子，而是在它们之中发生了巨大的改变，从历史和带有现代移动的古地理可以看出，还有发生在当代的地球表面的变化"。"地球表面现在所具有的是与古时候全然不同的样子"。

罗蒙诺索夫对全部地质现象的相互关系作了研究。引起地球上的地质变化的根本力量可能是外部和内部的。属于外部的有流水、海浪、大风和严寒的破坏作用，而内部的力量更强烈，它引起陆地的缓慢升降、山脉的形成和地震。罗蒙诺索夫认为是发源于地表深处的地下之火造成了这个力。类似的概念在科学界是相当晚之后才得到承认和推广的（赫顿等人）。罗蒙诺索夫强调了组成地表的基本因素的性质和作用强度及其在地质年代期间的变化。他的这些思想，在相当久之后才在科学上得到确认，在构造地质学的理论概念上起了重要作用。

在罗蒙诺索夫的地质学著作中，可以清楚地看到那些后来经过复杂的改造而形成的现实主义方法学的要素。他从承认地质时间的长期性出发，提出了地壳的缓慢运动和海侵的思想。这些思想直至 20 世纪才得到承认和发展。罗蒙诺索夫特别伟大的贡献，是对矿种、矿物质和矿脉的研究。他所研制的沉积矿种形成的方法，描述了矿脉岩层的类型和矿床的勘察特征，提出了石油、煤、泥炭和琥珀的植物起源的证明。还应指出，罗蒙诺索夫是第一批在晶体学研究上使用显微镜的学者之一。

罗蒙诺索夫在生命的最后阶段，构想了关于俄国矿物学的浩大工程。1763 年，发布了他写的"关于编写俄国矿物学的消息"，其中他提出了在全国收集和汇寄矿苗和矿物样品给他。响应此号召，科学院通讯院士雷奇科夫从矿场给罗蒙诺索夫寄来许多样品，并且给他寄来自己的著作，稍后该著作刊印于 1766 年，题目是《关于奥伦堡州的铜矿和矿物质》。死亡中断了罗蒙诺索夫的研究，但是这个未能实现的思想，影响了俄国学者们的后续研究。最直接的回应，就是谢韦尔金的著作《俄国国家的矿物学地理实验》（1809）。

18 世纪后半叶，俄国地质学研究的规模在当时是相当大的。这要得益于一系列预先构思的对国家疆域和自然资源作研究的考察。其中最大的成果来自 1768—1774 年按照罗蒙诺索夫构思所组织的科学院考察。考察目的是对俄国疆土整体的自然科学研究。此次考察各个分队的路线，穿越了乌拉尔和伏尔加河流域、俄国南方包括高加索、外贝加尔、南乌拉尔和西伯利亚。各分队领队中，有 18 世纪杰出的自然科学家，如：帕拉斯、列皮奥欣、格梅林、希尔德施坦、法利克和格奥尔基。

考察报告中，包含大量的不同方面的地质信息：关于洞穴和冰川的描述；煤炭、各种矿藏和石油的矿床的描述；矿源、矿物质、矿种和化石的描述。希尔德施坦编写了高加索地质结构的整体描述。列皮奥欣在所获得的地质资料的基础上，得出重要结论。它们被陈述在他1768—1772年的四卷集旅行日记之中。列皮奥欣讲述了地球表面的变化性。他写道："现在城池林立的地方和居民众多的农村，曾经是海洋的底。"他将地球表面的变化归结为两个主要的因素——水和地下之火。作为反对圣经大洪水的假说的理由，列皮奥欣找出与现代海洋中的鲨鱼齿相似的从岩层发掘的鲨鱼齿。列皮奥欣得出结论："大洪水"不能从海底将这些不适宜游动的残骸移出。相反，这些残骸的发现却很容易用海洋变陆地来解释。列皮奥欣以地下火的力量的作用，来解释乌拉尔山脉的形成，该力量"使地表面突起"。这个概念接近于在很久之后发展起来的"隆起"假说。列皮奥欣在邻乌拉尔地区分离出了"比亚尔"岩层。19世纪在英国地质学家麦奇逊研究之后，被称为彼尔姆岩层。

帕拉斯院士的考察收集了广泛的资料。该次考察的路线最长，包括：伏尔加河沿岸、南乌拉尔、西伯利亚（至赤塔）、西萨杨、伏尔加河下游。其考察结果刊登在帕拉斯的多卷集著作《俄国帝国各省巡游》之中，发表于1773—1788年。通过总结自己的地质观察的资料和关于高加索、乌拉尔山脉、阿尔卑斯和安第斯山脉的著作中的信息，帕拉斯创建了自己的关于地球结构和山脉起源的理论。1777年，在彼得堡科学院的庆祝大会上所作的关于山脉形成和地表变化，包括俄国疆土上的地表变化的发言中，他阐述了这个理论。按照帕拉斯的意见，地球内部为固体，由花岗岩组成。山脉也是由花岗岩构成，过去是海洋围绕的岛屿（但是从未被海水覆盖）。后来，由于世界海面下降，沉积了晶状黏土岩层、石灰石和松散沉积岩层。再后来，巨大的火山爆发和洪水改变了地球的面目。

帕拉斯提出的山脉结构草图，在相当程度上与许多山脉相符。大量的事实材料和可信的结论，使得他的理论得以广泛传播。该理论影响了居维叶、霍尔等人。但是，帕拉斯夸大了火山爆发和洪水的作用。所以他的观点后来为岩石水成论者和灾难论者所利用，就不足为怪了。

与科学院的考察同时，在 18 世纪中叶和后半叶，还组织了大量的地质考察。应当指出的是尚金（Шангин）的研究，他研究了乌拉尔和阿尔泰的复面石和宝石矿床。拉克斯曼院士完成了对西伯利亚、阿尔泰、后贝加尔、奥洛涅茨边区的矿物质的描述，为发展俄国的矿物学提供了丰富的材料。

　　在 18 世纪后半叶，大大加强了对地质学专家的培养。1773 年，在彼得堡开设了矿山学校（即现在的列宁格勒矿山学院），对发展地质教育起了重要作用。

　　从 80 年代，开始编制第一批地质地图，其中包括东后贝加尔的地质学地图。

　　应当指出，18 世纪的俄国地质学，保持了与西欧科学的传统联系，特别是与德国，其次是与瑞典、法国等等。但是，这并不意味着是在简单的追随外国地质学家的思路。

　　在 18 世纪的俄国地质学史上，具有最重要意义的是罗蒙诺索夫的研究。他研究了地质学的理论问题，确定了地球史的变化性和长期性的思想。18 世纪末，以考察研究的大规模开展为特点，开始形成俄国疆域的地质地图，大大改善了地质教育，增加了大批地质学方面的专家。

第九章　地理学

就 17 世纪前在俄国积累的地理知识而言，其成就主要是源自俄国人的首创精神、善于观察和勇敢气概，而不是科学。

叶尔马克在 1581—1584 年的著名征战，开创了西伯利亚和远东的伟大地理发现。哥萨克和毛皮兽狩猎人的小分队，在不到半个世纪期间，将俄国的疆域从乌拉尔扩展到太平洋（1639）。他们报告了这一广大疆域的首批可靠信息，为西伯利亚的地图绘制和描述奠定了基础。

17 世纪末至 18 世纪初，在俄国开始了由彼得一世的国家政策带来的地理学发展的新时代。国家广泛的改革，需要扩展关于自然、居民和经济的知识，编制确切的标识国家边界、河流、海洋和交通的地图。所以，彼得一世立即采取果断措施，推进地理学和地图绘制的发展。按照他的指示，创建了培养地理的绘制和领航人员的学校，翻译出版了首批地理学教科书。受彼得一世委托，托博尔斯克的自学成才的地理学家和历史学家列梅佐夫及其儿子们，编制了《全西伯利亚草图》，并于 1701 年完成了《西伯利亚草书》——首幅由 32 张图构成的俄国地图，其中不仅包括了西伯利亚，还有俄国欧洲部分的北方。《草图》和《草书》，是俄国地理学史上的转折点。它们不仅被俄国学者，也被西欧学者们广泛利用。

1696—1699 年，海军上将科尔涅里·克柳斯（Корнелий Крюйс）在亚速海和顿河上进行了仪器测量。在这些资料的基础上，绘制了由 17 张图组成的顿河、亚速海和里海地图。1703—1704 年，按照彼得一世的吩咐，在阿姆斯特丹进行了刻版印刷。其中第 11 张图特别有意思，图上标出了彼得一世设计的连接伏尔加河和顿河的运河的轨迹。在图的左角，有反映运河开凿于 1700 年的版刻。

为了寻找通往印度的商路，在中亚地区进行了系列的考察，其中最重要的是，1714—1717年由彼得一世的老战友卡巴尔达亲王切尔卡斯基率领的对里海、希瓦和布哈拉的考察。此次考察，编绘了里海东岸的手绘地图。切尔卡斯基的考察，以及其他一系列地理队的工作，使得索伊莫诺夫、维尔顿和科仁能够绘制了里海的确切地图，1720年在彼得堡出版。1722年，该图由德利尔在巴黎刻印。此时，俄国研究者证明，阿姆达里亚是进入阿拉尔斯克（湖），而不是如西欧传说的那样，流入里海。

18世纪前四分之一年代，俄国政府更加关注西伯利亚。在经济上开发西伯利亚的同时，继续确定国家的东方边界。例如，1719年和1721年，地理测量家叶夫列伊诺夫和鲁仁接到任务去调查"美洲与亚洲是否相接"，航行到了堪察加。他们未能到达亚洲和美洲之间的海峡。但是，提供了详细的堪察加和库页岛的手绘地图。

那些年，彼得一世从但泽邀请了梅塞尔施密特，委托他寻找草药和研究西伯利亚内地的自然状况。整个旅程从1720年持续到1727年。梅塞尔施密特收集和加工了巨量的地理、人文、植物、动物、语言和其他科学领域的材料。遗憾的是，他的旅程日志在18—19世纪仅仅部分被出版。直至今天，才由苏联科学院科学技术史研究所和民主德国科学院历史所全部出版了共同完成的5卷全集。

1724年末至1725年初，彼得一世作出了开展堪称首次堪察加考察的指示和命令。此次考察受命要去确定：在亚洲和美洲之间是否存在海峡，以及与美洲居民进行接触的可能性。任命的考察队长为丹麦出生的俄国海军军官白令，他的副手是海军军官契里科夫和丹麦裔的什潘贝格。

1728年7月，在堪察加建造的艇"加夫里尔"（Св. Гавриил）号出航，航向向北。1728年8月15日（公元1728年8月26日），考察团抵达北纬68°18′48″。在无充分依据的情况下，白令认为：亚洲和美洲之间存在海峡已被证明，虽然他未见到美洲的海岸便终止了航行。

关于考察结果的消息，于1730年3月16日（公元1730年3月27日）发表于《圣彼得堡消息》杂志上。1740年，关于白令航行的信息刊印在韦伯的书上。

1732年，地理测量家费多罗夫和格沃兹杰夫乘"加夫里尔"号，从堪察加航行至美洲的西海岸。第一个将其载入地图，确实证明了在大陆之间存在着海峡。

首次堪察加考察的成果是编制了确切可靠的西伯利亚东北岸的地图。但是此次考察未能解决一系列最重要的地理问题：西伯利亚的整个北部海岸尚待研究；没有获得亚洲和美洲的相互位置和海岸地貌、太平洋北部的岛屿、从堪察加到日本的海道等方面的确切信息；西伯利亚内地的知识甚少。

搞清这些问题的任务交给了第二次堪察加考察。该考察的海上部分，由白令、契里科夫和什潘贝格领导。陆上部分，由不久前成立的彼得堡科学院的教授（院士）格梅林·米列尔领导，参加者有副教授斯杰列尔和学生克拉谢尼克夫。考察队还包括曾研究过北冰洋海岸的北方舰队，他们实际上是单独工作（由此产生整个项目的另一个称谓——北方大考察）。参加考察的有试金工长、海员、地理测量家、艺术家、翻译和技术人员，总共达2000人。

北方大考察分成几个队，研究了西伯利亚的广大领土、北冰洋海岸和太平洋的北部。十年调查的结果（1733—1743），获得了西伯利亚内地的珍贵地理、历史、人文和其他资料；研究了堪察加和库页岛；到达了美洲和日本的西北海岸；发现了一些阿留申群岛的岛屿。在地图上标出了数千公里的北冰洋的海岸，从喀拉海到位于科雷马河湾东方的巴拉诺沃海角。

考察搜集的自然历史资料，促使格梅林第一个将西伯利亚分为两个自然地理区域——东西伯利亚和西西伯利亚。这个划分基本上一直保留至今。

当时的学生，后来的院士克拉谢尼克夫研究堪察加，发表了一系列著作。其中精彩的两卷集《堪察加土地描述》（1756），首次使世界了解了这个遥远的和在许多方面非常有趣的半岛的自然和居民。克拉谢尼克夫的书被译成了英、荷、德文。

考察者们编制的地图，结束了地理上对地球该地区的此前凭空想象的信息和因不了解而混淆的状况。这首先是关于西伯利亚北岸、鄂霍次海和白令海的状况。

考察免不了会有牺牲，除了普通成员，还有舰长白令、奥列克斯基队的队长普罗契谢夫和他的妻子玛利亚。一些考察成员的名字永远留在了地图上（拉普捷夫海、切柳斯金海角、白令海、白令海峡等）。

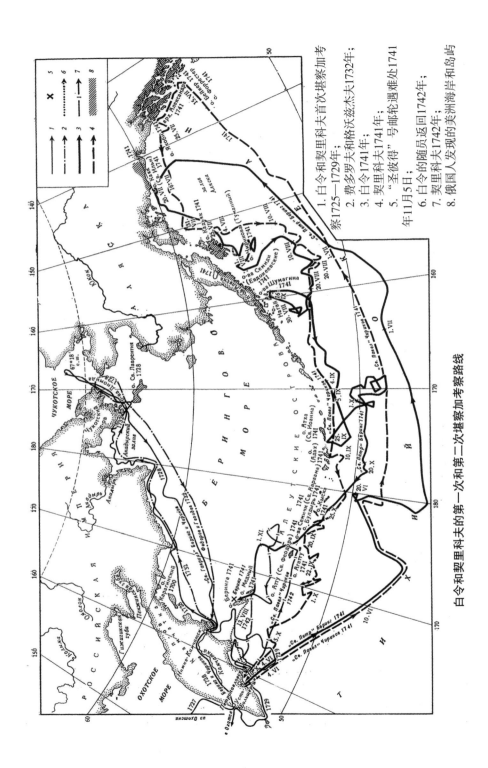

白令和契里科夫的第一次和第二次堪察加考察路线

1. 白令和契里科夫首次堪察加考察 1725—1729年；
2. 费多罗夫和格沃兹杰夫 1732年；
3. 白令 1741年；
4. 契里科夫 1741年；
5. "圣彼得"号邮轮遇难处 1741年11月5日；
6. 白令的随员返回 1742年；
7. 契里科夫 1742年；
8. 俄国人发现的美洲海岸和岛屿

在彼得一世时期的地理学家中，基里洛夫属于为首者之一。作为一个小小职员的儿子，基里洛夫凭自己的本领升到内阁执行秘书的高位。同时，他领导了地形观测和大地测量工作，包括编制了《俄国帝国总图》和1734年印刷的14张的俄国分州地图。

俄国17世纪时学历最高的国务活动家之一塔季谢夫，是位杰出的地理学家。著有三部地理著作《大俄国帝国历史地理状况引言》（1744）、《露西亚，或者现在的俄国》（1733）和《俄国历史、地理、政治和国家纪年史》（3部，1793）。在描述自然时，塔季谢夫将其视为人类活动的环境，指出其在国家的经济和文化生活中的作用。

1739年，按照彼得堡科学院院士德利尔的设计，成立了地理部。委托德利尔来管理。欧拉被任命为德利尔的助手，后来取代了德利尔。欧拉以更大的热情和行动，继续编制俄国地图的工作。在他离开俄国以后，由院士盖济乌斯和文斯格姆完成了该项工作。终于，在1745年，科学院推出了编制的俄文版和拉丁文版的19张的俄国地图集。地图集在其他国家得到承认。它包括俄国欧洲部分比例尺为1英寸：34俄里的13张图、俄国亚洲部分的比例尺较小的6张图，以及两张全俄总图，比例尺约为1英寸：$206\frac{1}{2}$俄里。18世纪末（1792—1796），地理部出版了5部地图集。其中，《少年适用地图集》（1794）是教学地图集。1802年它的第二版问世，是52张图的俄国帝国大地图集（1796）。

从1757—1765年，地理部的领导者是罗蒙诺索夫。他将生命的最后8年，用于关心地理学的发展。在研究一些理论问题的同时，他于1763年收集了4卷各个州的地理材料，准备出版新地图。他对地理学科的问题很感兴趣。早在1753年，他就发表了《源自电力作用的空气现象》。该研究中，他得出重要的关于在大气中存在垂直空气流的结论。罗蒙诺索夫对于北方海路问题予以很大关注。1755年，他写了《关于经西伯利亚沿海赴东印度的北方通道的一封信》。1759年，他写了《议海上通道的重要准确性》。1761年，他写了《关于北方海洋上冰山生成的思考》。这是第一部关于极地冰川及它们的分类的科学著作。1763年，罗蒙诺索夫写了《北方海域不同通道的简述，以及对经西伯利亚沿海至东印度通路的可能性的记载》。

关于黑土生成原因的思考属于罗蒙诺索夫。他正确地指出了在其形成中，腐殖质的重要作用。

从罗蒙诺索夫采取的发展地理学的组织措施，以及他作出的理论结论，完全有理由将其视为俄国地理学的奠基人之一。

18 世纪后半叶，对于俄国地理学的发展具有重大意义的是 1768—1774 年的科学院考察。它覆盖了俄国国家的欧洲部分和亚洲部分的最重要地区。通过 5 次考察，收集了丰富的国家自然、经济和居民的资料。

列皮奥欣、帕拉斯、法利克、格奥尔基的著作中，有丰富的地理资料及所作的分析。

列皮奥欣副教授，后来成为教授（院士）。他考察的成果记述在简称为"日记纪事"之中。与普通的记述的区别在其研究实践的方向性。在列皮奥欣的理论结论中，引人注意的是他的关于洞穴的成因的解释（在水流的作用之下），以及关于地貌随时间变化的说法。

帕拉斯在 1768—1774 年的考察中发挥了杰出的作用。他在五卷集的德文版和俄文版的《俄国帝国各省旅行记》（1773—1788）中，讲述了他的研究成果。帕拉斯揭示了克里米亚山的山志学特征，确定了在黑土带和沿里海低地半荒原带之间的过渡边界，研究了该区域的土壤性质和水文地理特征。他还研究了俄国的植物群落、动物学和动物地理学。

列皮奥欣、帕拉斯和法利克的研究成果，被收进了彼得堡科学院院士、植物学家和地理学家格奥尔基的 5 卷集著作《俄国帝国的自然地理和自然历史描述》（1799—1802）之中。

俄国地理研究的加速阶段，以 18 世纪末列皮奥欣、帕拉斯和格奥尔基的著作问世而告完成。在学术上，首次如此完整揭示了这个巨大国度的自然多样性和丰富性。1773 年，在地理部总共有 1080 张各种地图。1776 年和 1786 年的俄国总图、东北亚和西北美洲的地图受到了高度评价。

18 世纪的后四分之一年代，一批俄国研究者的注意力转向对阿留申群岛和美洲西北的自然和居民的研究。在这些研究中，有文化有进取精神的商人舍利霍夫尽力创办和经营的，并且受到俄国政府支持的俄美商贸工业公司起了不小的作用。1784 年，舍利霍夫在卡契亚克（Кадьяк）岛，组建了第一个俄国居民点。俄美公司职员，领航员普利贝洛夫，在 1787—1788 年发现了阿留申群岛北面的新岛屿，后来以他的名字命名。

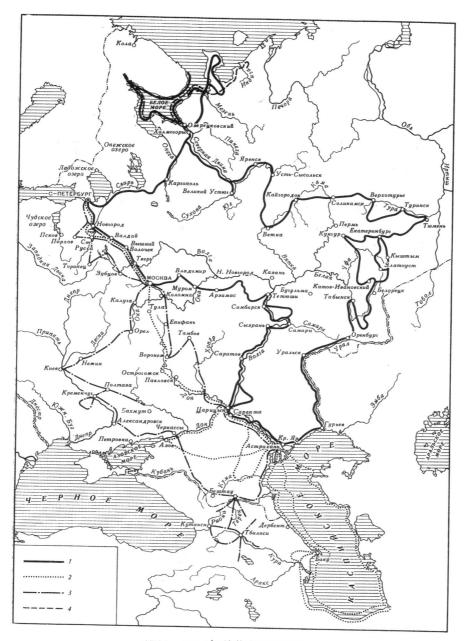

1768—1774年科学院考察路线

1. 列别辛1768—1772年；2. 格梅林1768—1774年；
3. 基尔登施泰特1768—1774年；4. 奥泽列茨科夫斯基1771—1772年

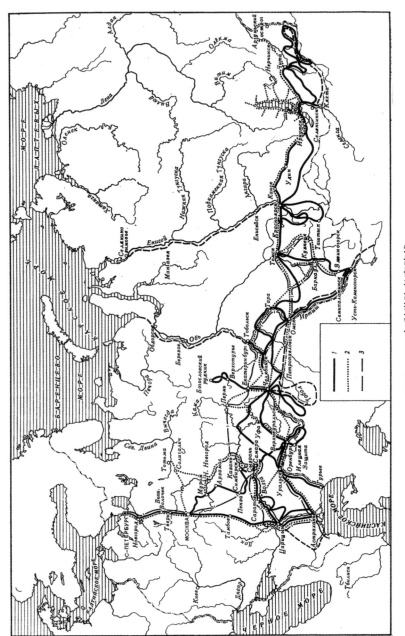

1768—1774年科学院考察路线

1. 帕拉斯1768—1773年；2. 格奥尔基1768—1774年；3. 法利克1768—1774年

俄国海军军官比林格斯和萨雷切夫于 1785—1793 年的东北方天文地理考察，为全世界所知晓。其主要任务是研究北冰洋从科雷马河口至楚科奇半岛沿岸的尚未查明的部分。该次考察的成果记录在比林格斯的简短记事，以及萨雷切夫的《萨雷切夫船长沿着当年在比林格斯船长率领下于 1785—1793 年在西伯利亚东北部、北冰洋和东太平洋持续 8 年的地理和天文海洋考察的行程》（1802 年，含地图）一书之中。

此次考察的大部分成果是萨雷切夫完成的。包括他提出的假设：阿留申链曾是统一的山脉，由于强烈的地震分为群岛。萨雷切夫确认了关于亚洲东北部和太平洋北部的信息。他编制的大比例尺地图集和海路图是其著作中的精美插页。

对俄国帝国广袤疆域的地理和其他研究，在 18 世纪得到突飞猛进的发展。在研究考察规模上，是向国家的边远区域和北美洲的令人惊诧的突飞猛进。它给世界地理科学增添了许多新的内容。

第十章　生物学

在俄国古代，通过农户和猎人的实践经验和观察，已经积累了关于植物动物以及它们生存方式的宝贵信息。这些信息广泛流传在 16—17 世纪的《草木》和《药材》抄本中。但是系统的生物学研究，在俄国实际开始于 18 世纪初。对此起重要作用的，先是珍稀物陈列馆，然后是彼得堡科学院。荷兰解剖学家吕伊施的实验标本和塞伯的动物学研究材料，成为珍稀物陈列馆收集的解剖胚胎学和动物学样品的基础。后来按照彼得大帝的专门指示，从俄国各地收集这些样品，补充了解剖学、畸形学、动物学、植物学和古生物学的材料。在珍稀物陈列馆（当时已转归彼得堡科学院），第一批科学院院士找到自己有兴趣研究的东西，这样他们的研究工作便从珍稀物陈列馆所拥有的材料开始。所收集的丰富的"畸形人"样品被沃尔夫后来用于自己的研究。欧拉和伯努利进行了生理学研究。他们研究了毛细血管中血液的流动。针对当时流行的活力论，提出了依照水动力原理来解释血液循环的生命现象。伯努利的著作《肌肉运动理论》（1726）就是奠定在这种力学的基础之上。欧拉和伯努利的后继人、解剖学家、生理学家维特勃列赫特在 1731 年指出，不能单一用水动力学原理解释血液运动，因为血管不是普通的不动的管道，而是以自己的收缩介入血液循环。除了维特勃列赫特，进行解剖学研究的还有杜维尔努阿。

为研究俄国东部地区的自然状况所进行的科学考察有重大意义。其中，首先要属梅塞尔施密特的西伯利亚之旅（1720—1727）。梅塞尔施密特广泛收集了哺乳动物和鸟类的样本，首次记述了野驴、中亚绵羊和其他动物。他详尽描述了许多西伯利亚动物的地理分布、生活方式和出现季节。他编写的旅行日志，在 18 世纪后半叶由帕拉斯和斯泰勒，19 世纪由勃兰特加以利用和部分发表。

参加第二次堪察加考察（1733—1743 年的北方大考察）有三位杰出的自然学家：格梅林、科拉申宁尼科夫（Крашенинников）和斯泰勒。此次考察的成果之一是格梅林的《西伯利亚植物群》（1747—1769），所记包括1178 种植物，其中许多是首次被记述。科拉申宁尼科夫的著作《堪察加土地概况》，其意义已经在关于地质地理的第八章和第九章中说过。文中描述了堪察加的动物群，包括几十种居栖该地的哺乳动物、鸟类和鱼类，说明了它们的地理分布、生活方式，指出堪察加动物的经济意义和在堪察加发展畜牧业的前景。其中还包括关于珊塔尔群岛（Шантарский）和千岛群岛上动物群的材料，关于鱼类为产卵从海洋向河流洄游的记载。他还收集了堪察加岛上植物的信息，尤其是其中具有实用价值的。返回彼得堡后，科拉申宁尼科夫进行了鱼类的形态学和分类研究，以及彼得堡州的植物群研究。参加考察的第三位是动物学家斯泰勒。他依据自己的观察，以及科拉申宁尼科夫收集的资料，在 1741 年撰写了广为知晓的作品《关于海洋生物》，其中包括以他名字命名的海牛（Rhycina Stelleri）、海獭、海狗和海鲈鱼。斯泰勒还留下了鱼类学、鸟类学和地理学的著作。

18 世纪中叶，罗蒙诺索夫开展科学活动，他与同时代的康德、法国百科全书派（特别是狄德罗）、布丰，一起参加对新科学的思想方法的研究。布丰在《地球的历史和论证》（1749）和《自然的时代》（1778）中，陈述了地球表面在数千年（这是他所理解的地质变化过程的时间跨度）处于变化之中的思想。他似乎觉得在地球的历史进程中生物也是在变化之中，但其表达得含糊不清，以至于至今生物史学家仍无法认定，他是否属于进化论者。然而，即便他在谨慎避免与教会矛盾冲突，但他至少怀疑过：关于一种生物产生于另一种生物的概念，或是由造物主在地球上同时独立产生各种生物的学说，究竟哪个更加接近真实。狄德罗认为，生物在短时期内变化不明显，但是在从史至今的长时期中，现存的生物和历史先前的形态之间差别是巨大的。

罗蒙诺索夫关于动植物变化的观点，同样与他的地质学和古生物学观察直接相关。首先，他坚决反对认为生物化石（包括软体动物贝壳）是"大自然的玩耍"的说法。他认为，化石就是从前活的有机体的残留。他所附带形成的，关于地球表面和生物体都处于变化中的概念，只是未能作出可以算作进化论的理论总结。罗蒙诺索夫还说过有关生物界的许多有意思的想法。他认为，非生物界和生物界的物质基础是统一的，它们全都适用那个基本的规律。但是在有机体中，依罗蒙诺索夫所见，其组成部分不是简单并列，或一个在另一个中，而是在自己的结构上互相制约。看到化学反应过程的活性，他得出新陈代谢是生物最具代表的属性的概念。通过对生长在贫瘠荒漠的植物的思考，他得出结论：植物不仅从土壤而且从空气中获取养分。因此，罗蒙诺索夫和英国植物学家盖尔索姆同属最早提出了植物从空气中汲取养分的科学家。

罗蒙诺索夫的功绩，还在于他领导了俄国的光学仪器，包括色差显微镜的制造。

在继续完善显微镜的工作上，欧拉和埃比努斯后来又迈出重要的一步。如第五章和第六章所述，欧拉在18世纪中叶设计了消色差显微物镜，70年代初，解决了由三个镜片以不同差别折射组成显微物镜的计算设计。世界上第一台消色差物镜显微镜，在1773—1775年由别利亚耶夫和库利宾制成于彼得堡科学院的光学工厂。光学上消除色差的显微镜的制造，原则上已解决，但技术尚不完善。十年之后，由埃比努斯设计并制造了更完善的消色差显微镜（此显微镜现存苏联科学技术史研究所的显微镜藏品中，仍可使用）。但是，这个杰出的发明的实际应用，被西欧制造显微镜的光学家们延迟了四分之一世纪之久。包括亚当斯，一方面他为自己的产品担忧，另一方面又在1787年书面否定埃比努斯的显微镜。

凭借显微镜，18世纪下半叶在俄国完成的特别突出的研究有胚胎学奠基者沃尔夫的研究；捷列霍夫斯基（Тереховский）完成的低等有机体的研究；第一个俄国组织学家舒姆里梁斯基（Шумлянский）的研究和鲍洛托夫（Болотов）的观察。

沃尔夫在自己的祖国德国未被承认。1759年，他发表了答辩论文《出生的理论》。随后，他在俄国作为彼得堡科学院院士工作了27年。到俄国后不久，在1768—1769年，他发表了关于鸡胚胎的小肠发育详情的文章，奠定了有机物发育的正确的新观点。这个问题曾在上述答辩论文中涉及，是针对由当时最权威的加列尔和博内所支持的公认观点，即认为胚胎从始就存在成形器官的预成论。而沃尔夫捍卫的是后成论，即器官是在胚胎发育过程中逐渐产生的。预成论实质上是否认任何发展，随附当时流行的一切存在皆为不变的观念。后成论的学说驳斥胚胎早期器官预存在的说法，也坚决回击了预成论的机械唯物主义观点。正如恩格斯所透彻指出的那样，这一学说重创了物种永恒的思想，也开辟了生物学的进化之路。在后来研究彼得堡珍稀物陈列馆收集的畸形儿样本的工作中，沃尔夫也发扬了后成论的思想。这个学说，影响了俄国医生马克西莫维奇–安博季克（Максимович-Амбодик）和佩肯，也影响了拉吉舍夫生物学观点的形成。这个影响还反映在19世纪的植物学家马克西莫维奇和果利亚尼诺夫、动物学家潘德尔、拜尔、鲁利耶以及其他学者的著作中。

显微学学者捷列霍夫斯基（Тереховский）在科学史上，以其1775年在斯特拉斯堡的答辩论文《林奈果露酒的混沌状态》而著称。论文内容为自然界与显微有机体（按当时分类笼统称之为鞭毛虫）的产生。他的基本结论是：生于淡水中的最小活物，具有运动活性，其出现不是由于自然发生，而是来自相似的物体。他的实验显示，在煮开过的水中，鞭毛虫会死亡，不会自己产生。这就证实了斯帕兰扎尼1765年的相似结论，而且更加令人信服。后来，捷列霍夫斯基成为解剖学讲师，也是成立外科医学院的首倡者之一。

如果将捷列霍夫斯基作为俄国的首位实验生物学家，那么，舒姆里梁斯基也有资格作为俄国的首位组织学家，他不仅研究显微结构，也研究器官的生理机能。与捷列霍夫斯基相似，舒姆里梁斯基也在斯特拉斯堡完成自己关于肾脏结构的答辩。1782年他在斯特拉斯堡发表《关于肾脏的结构》之前，人们对于这个器官结构尚无任何可靠的概念。17世纪曾提出过两种观点：意大利显微学家马尔比基认为肾的结构是腺体；而荷兰解剖学家吕伊施认为它是血管结。舒姆里梁斯基指出这两个观点的错误，提出肾的主质体是由尿管和毛细血管按一定比例构成的。他指出，被马尔比基认为是腺体并以其命名的球形体，其实乃是毛细血管缠绕为环形状的结，后来被称为鲍乌曼囊（合理的称谓应当为舒姆里梁斯基–鲍乌曼囊）。据舒姆里梁斯基观察，马尔比基氏体[1]与单独的肾管相衔接。在注射切片上，他确定了肾的显微结构的

---

① 肾小体。——译者注

图像，与现代的结论很接近。

对植物结构的显微研究，主要是对其导管系统的研究，是由鲍洛托夫顺利完成的。但实际上，他研究的主要成果是与种植业实践相关的植物繁殖和营养生理。鲍洛托夫探明了根和根须在植物的土壤营养中的作用；成功地研究了交叉授粉，据他观察，这有利于后代的生长，并可增加结果实量。他这个发现被奈特在 1799 年证实，并被达尔文称为《伟大的自然法则》(1877)。鲍洛托夫探明了昆虫对授粉的作用；以及花儿的雌雄两性器官在不同时间成熟来阻碍自身授粉的意义。具有重大意义的是他关于植物杂交的研究和杂交育种方法的应用。

对发展生物学具有重要意义的是彼得堡科学院组织的考察。1768—1774年的考察获得了特别重大的成果，帕拉斯（祖耶夫、格奥尔基和雷奇科夫参加）在奥伦堡和西伯利亚；格梅林在阿斯特拉罕、高加索和波斯；格奥尔基在贝加尔和彼尔姆地区；列皮奥欣和奥泽列茨科夫斯基（Н. Озерецковский）在伏尔加、乌拉尔和里海以及白海。后来（1781—1782）是祖耶夫调查了南俄国和克里米亚。这些考察，引起科学界的密切关注。

对植物学和动物学发展具有首要意义的是帕拉斯的考察。他的著作《俄国—亚洲的动物分布》和《俄国植物志》等，包含许多新的材料。帕拉斯记述了大量新的生物物种，描述了它们的地理分布、栖息条件，以及鸟类和鱼类的季节迁徙。

关于西伯利亚和乌拉尔生存居住的动物群和有关生态的许多信息，见诸于 1771—1805 年出版的四卷列皮奥欣的旅行日记。在 1771—1805 年出版的他的关于南俄罗斯的动物群的材料中，记述了在 19 世纪后半叶被屠杀殆尽的南俄罗斯野马——太盘马。

如前所述，18 世纪后半叶，标志着科学的世界观转变的开始。由于对地球栖息生物多样性的更深入的了解，不可避免导致问题的产生：这种多样性是如何产生；不同地域的植物群动物群的区别的原因是什么。关于有机世界是在变化着，一些生物是从其他原已存在的生物产生的，这些新概念的诞生遇到难以克服的障碍，首先是宗教的信条。布丰表达出变化的思想，尽管他没有对此一贯坚持，但仍被迫在索尔伯纳（Сорбонна）学院神学系为自己的"谬误"忏悔。帕拉斯年轻时也倾向赞成一些物种从其他物种形成，甚至想象它们物种起源的谱系关系呈为树分叉的样子；后来，却完全脱离先前的进步观念，承认一次形成的物种的不变性。列皮奥欣在这个问题上也是格外小心谨慎，他翻译了布丰的《自然史》（1789—1808），又加以辩驳。与此同时，在自己的"日记纪事"中，坚持提出植物对自身生存条件的依赖性，以及改变生存条件植物会发生变化的可能性。

能够证明物种变化的思想逐渐渗透到自然科学家的意识中的，还有卡维尔兹涅夫（А. Каверзнев）的一篇不长的答辩论文《关于食物的再生》。1775年，最先在莱比锡发表，然后于 1778 年在彼得堡译成俄文出版，1787 年在莫斯科匿名出版。追随布丰，他写道：生物可以变化，其后代不与祖先相像。关于变化的原因，他也随同布丰，认为在于生物生存的条件，首先是食物和气候。他从家庭饲养的结果和生物迁徙到另一地理区域的情况，得出这一证明。但是卡维尔兹涅夫未能由此作出进化的结论。

进化的观念，是在 19 世纪后，在拉马尔克（Ж. Ламарк）的著作中，形成作为终结的但仍非彻底的唯物主义理论。而在拉马尔克之后，直至达尔文《物种起源》（1859）一书的出现，物种不变的意见仍然还是被广泛散布。

第二篇

1800—1860 年俄国的自然科学

第十一章　1800—1860 年俄国的
自然科学概况

　　19 世纪的前半叶，以一系列科学发明和重大成果而著称。它们不仅根本改变了一些领域的知识概念，而且为建立 19 世纪后半叶世界的新面貌做好了准备。这也就是我们将 19 世纪前半叶世界科学发展，也包括俄国的科学发展，划为特殊阶段的依据。这个阶段具有自己的特殊性，它不是革命性的转折，而是一种过渡的性质。这个时期的自然科学已经远远超出了 18 世纪统治全世界的机械图像，但是还未能产生新的观念。然而，19 世纪前半叶的自然科学与前一时期相比，在许多方面是如此的不同，因此将它划为一个特殊阶段，不仅是自然的，也是为了反映在科学发展上的重大贡献所必须的。

　　基于拉普拉斯和赫歇尔的研究，了解了地球和整个太阳系不是在某一刻形成或发生的，而是随着时间而发展的。关于在原子论基础上解释化学现象和化学化合物组成的统一原理被发现了（道尔顿）。弄清了化学属性与原子数量及其在分子中的位置之间的依赖关系（阿伏伽德罗、别尔采里乌斯、盖-吕萨克）、化学亲和力与电现象之间的联系（德维、阿尔采里乌斯）。发明了获取电流的化学源（伽伐尼、伏打）。

　　对蒸汽机的功原理研究，产生热动力学理论。对于分子静力学关于机械不可逆过程的不可还原性概念进行发展的脉动，揭开了热功和机械功之间的关系，产生了热动力学。质量和能量守恒的思想，作为将电磁场视为物理现实的原由，奠定了关于揭示机械功和电功双向转换的电动力学的基础。

　　数学发生了实质性的重要进展。19 世纪前半叶的数学，对物理课题特别感兴趣。由此带来急剧繁荣发展的是数学物理，以及与它密切相关的分析方面的几大分科（三角级数、多重积分、复变函数）。另一方面，一系列难点和矛盾，其中有些还是产生于 18 世纪，引起了基础数学本身的深刻变革。而这一点无论对于基础数学的附属部分，还是对于它的主导原理都是必须的。这些变革的结果，是开始改革经典的分析和产生新的学科（非欧几何、群论、不可换性代数）。所有这些导致了数学思想的根本改变，并且孕育了涉及整个科学和科学方法的长远后果。在数学上标志这些进展的是高斯、柯什、罗巴切夫斯基、加鲁阿、汉密尔顿、格拉斯曼和黎曼的创作。对高斯著作和欧拉著作所做的对比，就是解释和勾画 18 世纪和 19 世纪前半叶的数学之间的传承性和深刻分歧的诸多事例之一。

在力学上，正是在 19 世纪前半叶的分析力学之中，研究确定了成为物理学万能工具的方法，其中包括后来从力学转入物理学的变分方法和最小作用原理。

在生理学方面，展现了使用物理学和化学的原理和方法去解释有机体的生命活性、过程的丰硕成果。并且在与 19 世纪中叶的活力论的斗争中，逐渐确立了将生理学视为活物的物理学—化学的观点。在 19 世纪的前四分之一年代，形成了比较解剖学。凭借比较解剖学的成就，不仅查明了各种不同种类动物结构的同一性，而且在许多情况下，这种近似存在于它们的组织当中。于是自然地产生了关于有机体之间的深层联系，关于它们的统一的思想。对于发掘出的久已消失的古代动物和植物的遗骸，开始做系统的研究，由此产生了古生物学。起初还只是不经意的触碰，后来则是越来越清晰地去研究现在存活的动物植物的形态，与过去地质时代已灭绝的有机世界之间的联系。

在 19 世纪 20 年代末，拜尔确定了胚胎发育的基本类型。并且证明，一切脊椎动物——这个群体中包含有数额巨大的最不同性状的种类——都按照一个类型发育。由此产生了动物的比较胚胎学。1838—1839 年，施旺和施莱登构建了细胞理论，揭示了一切有机形式的基本结构的统一，在植物和动物之间搭起了桥梁。

在 19 世纪 30 年代，奠定了历史地质学的基础。确定了地表的地质转换继承性，以及曾在遥远古老年代影响这些地质转换的基本因素，与现在起作用元素的对比。在这一点上特别要感谢莱耶尔。他对地表地质转换的历史观点和为解释该过程的动因而提出的现实主义原理，走进了科学，并且逐渐赢得越来越多的拥护者。同时，在生物学上，也积累了越来越多的与物种恒定和物种独立产生的学说相矛盾的资料。虽然拉马尔克在 1809 年提出的有机界进化学说，被大多数自然科学教育者视为古怪的科学幻想而遗忘。但是进化的思想在整个 19 世纪前半叶，从不同的方向隐蔽地给自己开辟道路。或者是以关于总体发展的自然哲学猜想的形式，或者是表达为关于动植物的变化性和它们对一定生活条件的预定发生性的局部经验总结。

在 19 世纪的前半叶，关于自然现象的一些旧观念，虽然还占据着统治地位，但是已经完全被动摇了。康德的星云假说、沃尔夫的"起源理论"、赫顿的地表发生理论、拉瓦锡的氧化理论以及 18 世纪后半叶的其他成就，使机械论世界观上的裂缝加宽了。全新的理论观念开始筑成，与自然不可变性的概念相对立。开始触及从一个系列现象向另一个系列现象的过渡。与此相应的是，形成了关于自然界的统一和发展的概念。通过这些对自然的研究，最终形成范围广泛的自然科学观念：能量守恒和转换的定律、达尔文的进化理论。

能量守恒和转换的定律——19 世纪前半叶对于自然科学发明最广泛的概括总结，越过了力学的边界，成为物理学的原理，激活了经典的热学、电学和光学理论，并渗入到化学和生物学。至 19 世纪中叶，原子论成为关于物质的化学和物理学学说的核心。

1859 年，在拉马尔克首次发表广泛研究的进化概念 50 年之后，达尔文的著作《物种起源》发表了。其中所表述和论证的进化理论，终结了关于有机界不变性的概念。这引起了 19 世纪后半叶不仅是整个生物学，而是关于生物思想实质的根本变革。它是科学的历史原理的胜利，是全部自然界遵循的统一自然法则和因果关系依存性体系的有力证明。它大大促进了自然科学和哲学思想的后续发展。它的重大意义，不仅仅是论证了自然界发展的原理，还在于相当程度上取代了拉普拉斯的机械决定论和纯动力的原理。进化理论中对于因果性的解释，实质上是发展的统计规律。

自然科学发展的主要动力是社会发展的需求。如果说，简单的现象描述和经验总结可以在相当程度上满足手工作坊生产的需求，那么，机器化的工业生产则要求揭示实现物理、化学和其他过程的原理。非如此，不仅仅是机器本身，连同机器化的工厂生产都是不可能的。蒸汽机的计算，要求揭示蒸汽压力与温度之间的关系，从而发明了热力学定律。获取高质量的金属和增加其出炉产量，没有对物理化学现象的认识是不可能达到的。电动机的建造要求发展电磁学和电动力学的理论。只凭经验信息，而不了解科学理论，不能迅速提升需求不断增加的农产品生产。

随着更深入掌握自然法则的客观要求的提高，以及与老观念相矛盾的新资料积累，去总结新的研究方法、研究周围世界的新思路，主要关于自然界及其相关知识的新观念的必要性更加明显。当时还在统治着科学的形而上学观念，与积累的旧理论无法解释的许多事实愈加矛盾。由此引发了19世纪上半叶自然科学家和哲学家对自然和科学的其他共性问题研究方法的巨大兴趣。创建新的世界观被提上了日程。在这一时期的最后，两个相互脱离很久并且是沿着几乎不相交的航道前行，一是对自然法则相关反映的自然科学探求，一是对存在和意识共同法则的哲学思考，相逢在马克思和恩格斯的哲学之中。在他们的哲学学说中，哲学第一次被置于科学的基础之上，其本身变成了科学。依据人类所积累的所有知识，马克思和恩格斯制定了研究自然、社会和意识的真正科学方法。

如果在自然科学史上试图简洁地从整体上评价该阶段的基本特征，可以说，这是一个因科学成就造成形而上学世界观的危机，从而在各种关于自然、关于认识自然的途径和方法的观点激烈碰撞之中，发生从主要限于描述目标、现象及其系统的科学，向研究自然界过程并揭示其原理和相互作用的科学转变的准备时期。

力学原理曾经被视作某种奠基石，构成自然科学的理论基础。学者们试图借助它去解释一切性质的多样自然现象。但是情况迅速发生了改变。力学世界图像被新的观念取代，其理论基础是能量守恒和转换定律、决定论和原子学、关于地球和有机世界的历史发展学说。"新的自然观已经具有其基本的特征：所有停滞的成为流动的，所有静止的成为活动的。曾经被认为是永久的特定，结果都是暂时的。现在已经证明：整个自然界运行在永远的流动和循环之中"。

对形而上学的、机械的旧观念的破除，发生在大多数欧洲国家。尤其明显的是在法国、英国和德国。它一方面引起自然哲学的蓬勃兴起，特别是在法国。另一方面引起对原来旧自然规律科学解释做进一步的探索，试图将实验研究、精确观察与拓宽理论总结结合起来。在这方面具有代表性的是：在法国，有拉普拉斯、卡诺、拉马尔克、约弗卢阿、马让基、克劳德的著作；在德国，有米勒、施莱登、亥姆霍兹的著作；在捷克，有普罗哈兹基、普尔基因的著作；在英国，有莱耶尔、达尔文的著作。

破除旧观念和寻求新科学世界观，明显表现为 19 世纪前半叶的时代特征。这一点也反映在与其他欧洲国家相互密切促进科学发展的俄国。甚至可以说，在 19 世纪前半叶的俄国，围绕自然科学的总体理论和科学世界观的斗争占有特殊重要的地位，斗争也特别尖锐。这可以用历史的条件，以及自然科学的唯物主义思想在当时俄国所展开的社会和思想斗争中所发挥的作用作出解释。

俄国从 18 世纪后半叶，如同许多欧洲国家一样，封建的经济体系开始瓦解。而在 19 世纪，这一过程大大加深加快了。俄国在地主农奴经济框架中，开始商品经济的快速增长。国内市场流通的增加，标志着自然经济的瓦解。在农业中开始尝试采用新技术。装备机器的工业企业数量增加。新的工业门类产生了。

1805 年，俄国在纺织工业上采用了蒸汽发动机。1809 年，开始使用亚麻纺纱机。从 20 年代，开始向机器印花和织布过渡。1813 年，开始建造河运轮船。很快就在涅瓦河、卡马河和伏尔加河上开通了轮船航运。在 20—30 年代，安装了轧钢机，进行了炼铁的热吹实验。生产农业机械的工厂出现了。可以证明俄国所完成的工业化改造进程的是机器和设备进口的不断增长。俄国的该项进口额，1815—1816 年为 8.3 万卢布，1825 年已达 82.8 万卢布，1840 年为 350 万卢布，1850 年为 839.7 万卢布。这些数据所表明，不仅仅是工业的单纯增长，而且说明工业的增长是在新的基础之上。这一进程虽然还受到俄国残余的农奴关系的制约，但是它仍在遏制不住的前行。而与此相应，对于各个知识领域专业人才的需求也在增加。相继开办了一所又一所大学——德尔塔大学（1802）、威尔诺大学（1803）、喀山大学（1805）、哈尔科夫大学（1805）、彼得堡大学（1819）、基辅大学（1834）。在莫斯科和彼得堡成立了高等医学学校——医学外科学院。还组建了高等法政学校：杰米多夫学校（1806 年，在雅罗斯拉夫）、皇村学校（1810 年，在彼得堡郊外）、李舍尔耶夫学校（1817 年，在敖德萨）。1804 年，在彼得堡开办了矿业装备学校，1866 年改变为矿业学院，在培养高级地质师上发挥了重要作用。1810 年，在彼得堡成立了交通工程师学院。在这一时期，还成立了一系列高等军事工程院校和海军院校。

彼得堡科学院还在继续扩展自己的研究工作。但是它已经不再是全国唯一的科学中心。不仅仅是在培养干部方面，也包括在科学发展方面，起主导作用的逐渐向大学过渡转移。19 世纪前半叶，在俄国的大学中培养出数十名杰出学者。他们中间有：罗巴切夫斯基、奥斯特洛格拉德斯基、切比雪夫、沃斯克列先斯基、济宁、布特列罗夫等人。

19 世纪初，在俄国实行统一的社会教育。规定在农村设立教区小学，教授语法和计算；在县城建立四年级学校；州府建立七年级学；在全国以相应的大学为首划分成学区。但是，有关教学的组织管理以及学校领导和教区教员的任命，不是由大学而是由政府从上层和军官之中选任的督学来执行。这些人的大多数不是想着传播教育，而是要去制止自由的思想。直至 1861 年，出身阶层的限制还在被严格执行着。农奴出身即占大多数的民众，其进大学和中学的道路是完全封闭的。甚至在短暂的"自由化"时期，沙皇政府也认为教育的传播是非常危险的，竭力去使教育只具有实用主义奉公守法的性质。关于这一点，教会更是变本加厉。就这样，国家出于经济上的需要，在一定程度上允许教育的传播，甚至也采取了一些有关措施。同时，又在窒息真正创造性科学思想的发展，从而扼制着科学的发展。但是，过程一旦开始就无法再停止。即便是在亚历山大一世后期，以及随后的尼古拉一世所采取的严厉限制措施，也只能是牵制教育和科学的发展，而不能停止这一进程。

在 19 世纪 30 年代后期，大学教研室数量增加了。教育水平和对学生的要求急剧提升。实行了科学博士和硕士学位制度。担任大学教授或者副教授，必须通过相应学位的答辩。大学的科研工作得到加强。不过在 19 世纪前半叶，大学科研工作的效果还十分有限。国家在这方面的投资微乎其微。而教授们则被繁重的教学任务缠身。

19 世纪俄国科学发展的重要标志是成立新的科学学会和产生新的科学杂志。俄国在 18 世纪仅有一个科学学会，出版约 20 种科学杂志。而到 19 世纪前半叶，已经有十多个自然科学和医学学会在积极开展活动，出版的自然科学和科普杂志约有 60 种。成立了莫斯科自然实验者协会（1805）、彼得堡的矿业学学会（1817）、莫斯科农业学会（1818）、俄国地理学会（1845）。莫斯科自然实验者协会出版了自己的杂志《学刊》（后来改名为《通报》），在其出版之初就声誉全欧洲，并且至今一直在继续出版。在莫斯科，还有《自然历史、物理、化学和经济信息新市场》（1810）、《自然科学和医学通报》（1828）、《莫斯科大学学术记述》（1833）、《自然科学通报》（1854）等刊物。在彼得堡，有《工学杂志》（1804）、《关于物理学和化学发明、自然历史和技术的指南》（1824）、作为俄国地质学研究和知识普及中心的《矿业杂志》（1825）、《地理学会记事》（1845）等刊物。

像莫斯科自然实验者协会、俄国地理学会、矿业学学会这样的社团，在俄国对于动物圈、植物圈、自然条件和矿产资源的研究方面，在科学研究的发展和高等研究人才的培养上，均起了重要的作用。在这些方面它们在 19 世纪前半叶所作出的贡献，不比那些最大的大学少。在 19 世纪初，科学社团和科学期刊数量的增加具有重要意义。它证明了科学的社会性在形成，学者们之间的联系加强了。

19 世纪 20 年代，俄国的社会力量在准备进行历史的大搏斗。国家的先进分子们历经磨难，满腔热忱地寻求摆脱俄国所经受的深刻社会危机的出路。十二月党人别斯捷尔称这一时期为"智慧沸腾"的时代。十二月党人运动唤醒了俄国的先进人群。

十二月革命党人失败之后的年代，并不像所描述的是只有绝望和张皇失措的年代。沙皇残酷的恐怖不能长久压制国民的觉醒。赫尔岑非常准确地捕捉到这一时期的内涵，称之为"外表奴隶和内在解放的惊奇时代"。

农民的抗议在不断增长。1826 年，农民抗议遍布至 26 个州。1830—1831 年，俄国频发农民和军屯户的"鼠疫暴动"，在许多地方演变成严酷的起义。从 1835—1844 年，平均每年发生 22 起农民抗议。在俄国产生了一个接一个的秘密政治社团和小组，其中包括在大学里。俄国从沉睡中觉醒了。19 世纪 30—40 年代，在俄国历史舞台上出现了当时已经相当大的新社会阶层——非贵族出身的知识分子。在俄国到处传播别林斯基和赫尔岑的激烈政论。虽然它们与贫苦无权的民众还存在距离，但是，像艺术文学作品一样，已经在强烈地影响社会的知识阶层。

外部事件也在促进人心的激动。1830 年 7 月在法国实现了结束波旁王朝的革命。当年 8 月比利时的革命实现了民族独立。1830 年 11 月爆发了波兰起义。甚至上层统治的代表也开始明白，旧的统治应当有所改变。仍然按照老方式统治是行不通的。1848 年遍及欧洲的革命风暴再次发出了警告。

农民起义是分散和自发性的，不能走向最后胜利。但是这些起义的不断增长以及所有的封建经济矛盾激化，促使俄国的先进人物去寻找根本改变国家全部生活制度的道路。十二月党人失败之后，俄国的先进思想家们更加清醒地认识到构建正确革命理论的必要性。因为他们非常脱离人民群众，看不到能够完成现实需要的国家变革的力量，这就使得对正确革命理论的寻求异常地艰难。

在 19 世纪 30 年代的条件下，首要的任务是去揭露封建农奴制的思想，其主要构成和最强武器是宗教，以及关于自然和社会的形而上学观点。为完成这个任务，处于严酷的审查制和尼古拉一世的恐怖政策之下，文学和科学发挥着重大的作用。在那个时代，如果没有事先思想的解放——摆脱封建和宗教世界观的枷锁，就不可能制定出严肃的社会纲领。国内阶级矛盾的激化加剧了思想上的斗争。许多自然科学的一般理论问题，成为当时思想斗争的首要问题。在法国，18 世纪伟大的资产阶级革命的前夜是这样。在俄国，19 世纪前半叶也是这样。

科学的发展并不仅仅是由社会的直接经济需求所决定的。为了认识某些复杂的现象，必须要研究它的所有具体表达和相互关系。在科学的发展上，每当面临这种关头，能够影响科学发展的，与经济生产的需求同时，还有源自科学自身知识继承性的规律，以及文化和科学传统，国家培养的科研人才的数量和水平等等。不考虑到所有这些情况，就无法弄清楚科学发展的真正状况，尤其是在一个相对较短的过渡时期，并且是在一个特定的国家。

这些因素其中之一是思想斗争的影响。在一定的历史阶段，思想斗争的影响作用可能会非常强。这就是为什么在研究某些国家在某些时期的科学发展时，认为科学和经济水平一定要完全相符是很幼稚的。经济落后的国家在某些科学分科上，可能领先于经济高度发达的国家。

但是，在研究这类现象时不应该忽略两种情况：其一，所谓经济和其他的需求，这不仅仅是指本国的，还包括其他国家的。其他国家的科学所达到的水平，会通过世界科学总体状况去间接地影响每个国家的科学发展。其二，思想对科学理论形成的促进，往往甚或多数情况不是直接的，而是以间接的形式。

19 世纪前半叶，对于自然科学根本世界观问题所发生的广泛兴趣，在俄国由于当时思想斗争的需求而突出了。现实生活和科学本身要求解决这些问题，对此不能置之不理。俄国自然科学工作者们自觉的或是自发的在不同程度上，对这些现实生活需求作出回答。

当然，当时描述性的著作还是大大超过理论性的著作。然而，若是将这个时期与从前相比较，显而易见的是关于根本性总体理论问题的著作数量大大增加了。显然，事情不在于描述性和理论性著作数量的比例，而在于 19 世纪前半叶科学上出现的新成分。季米利亚采夫曾经对于 18 世纪和 19 世纪在俄国的自然科学发展基础性问题予以关注。1894 年，在第九届俄国自然科学工作者和医生代表大会上，他说道："究竟在哪个知识领域给予两个世纪来俄国智慧的成熟性、自主性和丰富创造性最鲜明的证明？……不是气象日志的大量数据积累，而是揭示了有机物发展史的基本原理；不是对自己国家丰富矿藏的描述，而是揭示了化学现象的基本法则——这才是俄国的科学自身所体现出的'并驾齐驱'，甚至是领先超越的地位。"

19 世纪前半叶，许多俄国先进的自然科学家，不仅在自己的研究中从自发的唯物主义观点出发，执行着发展的原则，而且反对唯心主义的哲学世界观，主张对自然现象的唯物主义理解。其中最勇敢的，如佳季科夫斯基，则上升至自觉的哲学上的唯物主义。先进的俄国自然科学家的著作，丰富了唯物主义的哲学，促进了它的发展和传播。

19 世纪前半叶，俄国自然科学中的罗蒙诺索夫传统，有了进一步的发展。罗蒙诺索夫的自然科学著作没有被遗忘，它们被当时以及后来的俄国学者们所了解掌握。一些著名的学者，如别列沃柯夫、洛维茨基、德维古博斯基、马克西莫维奇、果利亚尼诺夫和稍后一些的休罗夫斯基等人，不仅是在广泛传播罗蒙诺索夫的自然科学著作，还将其中的思想用于自己的科学建树之中。1829 年，在巴甫洛夫编辑的《雅典娜》杂志上，刊登了一系列总标题为《关于罗蒙诺索夫的物理学作品》的文章。在这些文章中，详细讲述了罗蒙诺索夫的物理学和化学基本著作的内容，坚持了罗蒙诺索夫在一系列重要物理学发明上的优先权，宣传了他关于自然科学方法的思想。罗蒙诺索夫对于某些自然科学问题的观点，记述在矿物学、物理学和其他教科书上。罗蒙诺索夫关于地质学的思想，成为德维古博斯基的著作《关于目前地表状况的话》（1806）的基础。其后，又被别列沃希科夫详细记述于1848年在《现代人》杂志上发表的内容丰富的文章《关于物理的地理学》之中。19世纪50年代，鲁利耶在《自然科学通报》杂志上，将罗蒙诺索夫作为杰出的自然科学家和思想家予以宣传。

19世纪20—30年代，曾经在俄国出现了几乎完全被德国唯心主义哲学，特别是被谢林思想统治的现象。这大概是因为谢林的自然哲学在当时确实在相当程度上影响着俄国一批自然科学家（斯托伊科维奇、维兰斯基、凯达诺夫、巴甫洛夫、果利亚尼诺夫）。但是，另外一批俄国学者则坚决地反对它。如佳季科夫斯基、鲁利耶，这些在俄国享有巨大声望和影响的学者。他们认为：在谢林的自然哲学中，占据显著位置的重要科学问题，首先是关于现象的整体联系和发展的思想，是建立在唯心主义的基础之上，因此是对事实的歪曲反映。尽管它包含有值得关注的某些原理，但是在总体上是在引导自然科学家们偏离正确的道路。对唯心的自然哲学持批判立场的还有马克西莫维奇、济宁、林茨等许多人。先进的俄国自然科学家和思想家对唯心自然哲学的坚决斗争，基本上保护了俄国学者们免受谢林思想的吸引。而这场斗争本身，也引起对于研究重大自然科学哲学问题必要性的关注，成为进一步加深理论探索，主要是关于自然现象研究方法学说方面的动力。

俄国自然科学家们不仅要战胜各种形式和背景的思想——从谢林思想到宗教教条狂热的进攻，还要克服政治上的障碍。1812年卫国战争胜利所引起的政治高潮、农民的起义、上层贵族中先进分子对专制农奴制度不满的增长，招致从19世纪初起沙皇的残酷反动。受此打击的结果是教育的下降。1817年，教育部改为宗教事务和教育部。这不仅仅是说宗教领先于教育，实际上是使教育服从于宗教。沙皇就此发布的公告，使这些措施的目的昭然若揭。公告中说到：笃信基督教，永远是真正教育的基础。这就是恶名昭著的欧洲僧侣"神圣同盟"在俄国实施的第一批行动之一。1819年，喀山大学被废止。甚至是在讲授数学、医学、自然历史时没有不断引用《圣经》，也遭到残酷的迫害。1820年，哈尔科夫大学解雇了最优秀的教授、唯物主义思想家、数学家奥西波夫斯基，并且拒绝给他的学生、天才的数学家奥斯特洛格拉德斯基颁发副博士证书。1821 年，对彼得堡大学教授加里奇、阿尔先耶夫和其他人进行了蒙受羞辱的审判，使得这些最好的教师们被迫离校，并且还禁止讲授他们的述著。

1825 年亚历山大一世去世和十二月党人起义后，政治管制措施更加严厉了。哲学被禁止讲授。对自然科学课程也严加控制。书刊审查更严格，无专门许可不能引进外国作品。思想自由的教授被立即赶出大学、流放；而对学生，则是投入监狱、流放和充军。

19 世纪前半叶，俄国的科学发展反映出当时深刻的社会经济矛盾。一方面，从封建制度核心里成熟的资本主义经济，产生了要更广泛地研究和应用自然资源、发展科学知识的需求；同时，受农奴制束缚的俄国落后封建经济又在阻碍着科学研究的发展。而科学研究若是没有物质基础——实验室、设备、足够的经过专门培养并脱离其他事物的人，是不可能实现的。结果就是，在一些理论领域，19 世纪前半叶俄国的科学是与世界平行的，某些方面甚至是领先的；但是在许多实验领域落后于欧洲的科学先进国家。

所有这些，当然并不意味着在 19 世纪前半叶，俄国自然科学家们只是进行了非常普通问题的研究，而未进行专门的理论和实验研究。看了后面的章节，读者们会确信，事实远非如此。读者们将会看到，有这样一些重要的发明是属于这个时期的俄国学者们的：非欧几何的创立（罗巴切夫斯基）、热化学的创立（盖斯）、有机合成领域的发明（济宁）成为有机染料工业产生的基础、比较胚胎学的创立（拜尔）、生态学和动物心理学（鲁利耶）、发明伏特电弧建立当时最大的电源（彼得罗夫）、电铸（雅克比），一些重要的基础研究，如奥斯特洛格拉德斯基关于数学物理的研究、斯特鲁维关于天文学的研究以及许多其他成果。

俄国自然科学理论研究的高水平，为俄国哲学思想及其强大的唯物主义思潮的发展创造了有利条件。这突出反映在赫尔岑的创造之中。他极具思想力深度的著作《关于自然研究的信》（1844）是当时无法超越的典范，是对于他的现代自然科学知识中哲学问题的唯物主义总结。在世界科学探索成就鼓舞下产生的这部著作，对于俄国的后代学者们也是一个强有力的推动。

第十二章　数学

数学教育的改革

欧拉死后，彼得堡科学院在一段时间失去了欧洲最大数学中心的地位。18 世纪末和 19 世纪初，在数学上起主导作用的转为以拉格朗日、蒙日、拉普拉斯、傅里叶和柯什为首的法国学派。后来，是德国学派，其为首的和最主要的代表者是高斯。在俄国，18 世纪的数学家一个接一个离开了舞台。在 1825 年舒伯特去世和 1826 年 H. 富斯去世后，科学院只剩下二位数学家。一个是 1814 年当选的 Э. 柯林斯（Коллинс），他的研究靠近综合分析学派。另一个是 1818 年当选的 П. 富斯，他几乎全部置身于常务秘书的工作（接替其父担任此职）。但是不久，科学院便于 1829 年增补了奥斯特洛格拉德斯基和布尼亚科夫斯基，特别是在 1853 年切比雪夫来之后，科学院又成为了最大的数学研究中心。对俄国和世界的科学发展产生重大的影响。同时，在稍早之前，在俄国还形成了一些新的数学中心——莫斯科大学和其他新大学的物理数学系。

在俄国，数学和所有物理数学科学创新、不断提高的前提，是 19 世纪初的教育系统的改革。18 世纪时，专门的数学家只是在科学院的大学里培养。只有很少数，例如古里耶夫，是出自其他学校。除了科学院大学，教授高等数学的只有军事技术学校。到世纪末，才在彼得堡的民间的主要学校教授数学（1804 年在教育学院）。而在莫斯科大学，只有关于基础数学的讲座。19 世纪初的教育体系改革的一个重要举措，是在莫斯科大学和当时其他的大学成立物理数学系。同时，大大提高了当时中学的数学教育水平，使得中学数学为大学课程做好充分的准备。在这项改革的道路上困难重重，但是未能阻止全国数学教育的提高和推广。在 19 世纪上半叶，喀山、哈尔科夫和莫斯科大学，已培养出罗巴切夫斯基、奥斯特洛格拉德斯基、切比雪夫和其他杰出的大数学家。

在初期，数学教育比较突出的是喀山大学。1808 年，该校督学鲁莫夫斯基聘哥廷根大学毕业的巴特尔斯为教授。而在哈尔科夫大学，从 1804 年建校起，杰出的教育家和哲学家奥西波夫斯基就一直在校工作。他是三卷集《数学教程》一书（1801—1823）和两个著名的谈话——《论空间和时间》（1807）、《关于康德的动力系统》（1813）的著者。在这两篇谈话中，奥西波夫斯基从自然科学唯物主义的立场批判了康德的学说。罗巴切夫斯基是巴特尔斯的学生，1814 年成为喀山大学的教师。奥西波夫斯基的学生奥斯特洛格拉德斯基，后来在彼得堡工作。

1821 年，巴特尔斯转入了塔尔图大学。1839 年，他的继承者 K. 森夫来接他的班。从 1843 年开始，到这里工作的还有从德国来的教授 Φ. 明金。彼得松是森夫和明金的学生，他在 19 世纪后半叶，开创了莫斯科的微分几何学派。

在 20 和 30 年代，Д. 别列沃希柯夫、П. 谢普金，特别是 H. 泽尔诺夫和 H. 勃拉施曼教授，将莫斯科大学物理数学系的教学提高到现代科学的水平。别列沃希柯夫是从喀山大学毕业，1818—1852 年在莫斯科工作，被选为天文学院士之后转到彼得堡。1817—1833 年，在莫斯科大学从教的谢普金和接替他的泽尔诺夫，均毕业于当时的莫斯科大学。泽尔诺夫是莫斯科大学第一位数学博士。他的答辩论文《关于偏微分方程的积分的论述》（1837），包含着未丢失古典方法的本色的论述。而他的教科书《微分方程的几何应用》（1842），部分地反映出对分析的基础的改革，要略早于法国人 O. 柯什。勃拉施曼从 1834 年与泽尔诺夫一起在莫斯科大学工作，下一章会详细讨论他。作为一位优秀的教育家，他能将听众的兴趣，吸引到现代数学的和应用力学的理论和实际问题上。在他的笔下，产生了优秀的《解析几何教程》（1836）、两本力学教科书，以及一系列关于分析和几何的专门问题的文章，基本刊登在莫斯科大学 1833 年的《学者记事》上。勃拉施曼在去世前，与他的学生 A. 达维多夫倡导创建了莫斯科数学协会。该协会在俄国的科学事业上起了重要的作用。莫斯科数学协会，实际上是在 1864 年秋开始工作的，但协会的章程是在后来制定的。协会立即着手出版《数学文集》，在勃拉施曼死后不久，于 1866 年出版了第一卷。这段时间，在莫斯科大学同时涌现出索莫夫、切比雪夫、达维多夫和其他优秀的数学家和力学家。在这方面，勃拉施曼作为科学带头人，具有主要的影响。

1819 年，在教育总院的基础上组成了彼得堡大学物理数学系。其教学工作随着索莫夫（1841）、布尼亚科夫斯基（1846）的到来，尤其是切比雪夫（1847）的到来，提高到相当的水平。奥斯特洛格拉德斯基与彼得堡大学无关。他授课是在一些军事技术学校，以及于 1826 年重新开办的，后来持续至 1859 年的教育总院。

于 1834 年创办的基辅大学，其在数学方面的成就，是 19 世纪后半叶的事情了。

19 世纪前半叶的数学

如同前一章所说明的，19 世纪前半叶的数学，继续沿着自己在 18 世纪所发展的许多方向前进。同时，又有了许多新的特征。和过去一样，大多数数学家们将兴趣集中在数学分析上。同时，使用数学分析的方法来解决的科学课题也极大地扩展了。如果说，在 18 世纪，数学分析应用的主要领域是力学。那么现在，占据主要地位的有热动力学、电动力学、势能理论、弹性理论和其他数学物理学的分支。这些都依赖于偏微分方程理论以及与它相关的——三角级数理论、专门函数的理论、多重积分的理论等等方面的进展。在这个研究方向上，最早是巴黎数学学派。俄国进行此项研究的是奥斯特洛格拉德斯基。在分析力学上，爱尔兰数学家哈密顿、奥斯特洛格拉德斯基和德国学者雅可比所发展的变分原理具有重要意义。与此相关的是在变分学领域和微分方程理论以及分析的其他分支领域所进行的大力增强的研究。

另一方面，19 世纪初，数学家们重新恢复在 18 世纪就开始进行研究的数学分析论证，借助积累的大量材料获得了很大的成就。在级数理论（特别是其与数学物理学相关联的内容）、积分理论和在其他领域中所遇到的大量难点，确实提出了进行分析的基础性的改革的要求。数学家们从主要进行单独的展开级数和部分的函数类别研究，转向对于级数的收敛和各类函数的展开级数的共性问题的研究；对于广泛的函数类别，首先是连续函数的共同属性的研究；以及在更严格意义上对解决各种分析对象及其他数学方面"存在问题"的研究。

数学家们确信，分析的定理的证明，必须在算术的基础之上，而不能用直观的，但远非准确的几何学和力学概念。捷克哲学家、数学家波尔察诺和法国人柯什给连续函数作出了现代语言的定义，确定了序列边界存在的必要的和充分的标准。19 世纪 20 年代，柯什在自己的讲座和教学指南里，完成了现代的级数收敛理论的基础奠定，并且着手实现在新的边界理论基础上构建分析的程序。同时，也找到了运用无穷小变量的类似工具的论证依据。他还完成了作为积分之和的边界的连续函数的定积分的存在（非自由的，也不带间隔）的首次分析证明。与此同时，他还以更通用的方式研究了非正常积分的存在条件。然后，他证明了关于存在微分方程之解的首批定律。由柯什本人、高斯、挪威人 H. 阿拜尔和其他人所进行的此项研究和有关研究，引起了分析的研究和描述方法的根本改变。从此，分析的定律，要求以精确确定的界限加以证明。在引入新的概念时，要说明它们存在的条件。在俄国该思想被奥斯特洛格拉德斯基和罗巴切夫斯基所接受，并且加以发展。如前面所介绍的，它们被纳入大学的教程，例如泽尔诺夫（1842）。

我们暂不涉及分析的其他领域，例如在复变函数理论方面的卓越成就。这里需要着重指出的是，无论分析学科的作用如何之大，但是，数学的其他方面的研究还是逐渐走在了前面。代数学获得巨大的成就。1799 年，高斯几乎近于完美地证明了关于任意代数方程存在复数根的基本定律。意大利人 П. 鲁芬尼（略有缺陷的）和阿拜尔（非常严格的）证明了五次或更高次的一般代数方程的根的无解性。通过对被解为根的方程的级的研究，年轻的法国数学家加卢阿奠定了群理论的基础。随之进行此项研究的有：拉格朗日、鲁菲尼、高斯和柯什。该理论对数学的整体发展产生重大影响，并且被应用于物理学方面。由于实践的需求，解代数方程的数学方法获得很大的发展（傅里叶、Ж. 施图尔姆、格列菲）。在代数运算的整体理论上获得了实质性的重大进展（У. 哈密顿、英国人皮科克、德国人 Г. 格拉斯曼）。这后两个方向，也是罗巴切夫斯基所从事的研究内容。

我们仅仅在这提出在概率论（拉普拉斯、普瓦松（泊松））和数论（高斯、德国数学家狄利克雷、库默）方面的新的重要发明。在这些分支学科的某些专门的研究成果，是由罗巴切夫斯基、奥斯特洛格拉德斯基和布尼亚科夫斯基获得的。而对于它们的深入研究则是在该阶段末期，由切比雪夫单独开始进行的。

如果在上面列举的数学研究领域，俄国学者们是在沿着由西欧占据统治地位的方向（尽管范围略宽些）前行，那么在几何领域，在俄国作出的发明则是第一位的和具有决定性意义的。如同加鲁阿在群论的发明，它们在众多方面和相当长时间中决定着数学发展的性质。这要说到罗巴切夫斯基研究的第一个非欧几何体系。

罗巴切夫斯基

俄国最伟大的数学家，一个普通职员的儿子——罗巴切夫斯基，于1802 年进入喀山中学，1807 年进入喀山大学。他在巴特尔斯的指导下，深入学习了欧拉、拉格朗日、蒙日、拉普拉斯和高斯的经典著作。他的一生都与喀山大学联系在一起，服务于科学和教育事业。从 1814 年起，他开始以副教授名义开设讲座，1816 年成为正教授。在 32 年的教育活动中，他主要从事教授数学课程，也教过力学、天文学和物理学。

在由反动的沙皇官员马格尼茨基任大学学监的困难时期，学校里推行警察制度，以神秘主义和宗教侵蚀整个学校教育。罗巴切夫斯基坚持了自己的独立性。他优秀地完成了一个教授以及几次所担任的物理数学系主任的职责。1827 年，在马格尼茨基被解职后不久，罗巴切夫斯基被选为大学校长。由此，他领导了大喀山区域的学术生活 20 年。在此岗位上他的活动硕果累累。1828 年，他的发言《关于教育的首要目标》，在师生面前提出了关于人的个体的全面的精神和体质能力的协调完善的崇高理想。在这个发言中，罗巴切夫斯基的唯物主义世界观得以部分的显现，其中包括他对于通过观察、实验和逻辑的演绎，可以更充分地去认识宇宙万物的坚定信念。在罗巴切夫斯基的数学著作以及他的教程和说明之中，不乏出现哲学的表述。相信人们的几何观念（最终）起源于经验，反对和批判康德的先验论（比奥希波夫斯基的批判要深刻得多）。这是罗巴切夫斯基在几何学，在人们关于空间的概念上所进行的一场真正革命的思想准备。

罗巴切夫斯基的非欧几何

罗巴切夫斯基的第一部几何学著作——教学指南《几何学》写于1823年。因为未能获得富斯的赞同，当时未能出版，直到1909年才问世。但是，该书的部分内容，经过改写纳入了他的另一部著作《包含完整的平行线理论的几何学新构成》（1835—1838）之中。罗巴切夫斯基对几何学基础的研究始于1816年之前。这些研究在1823年的《几何学》一书中已经占有重要的位置。由此导致以他的名字命名的非欧几何的发明。对这一发明，他的最早的叙述是在《带有平行线定律的严格证明的几何学构成的简述》一文中。就此问题，他于1826年2月11日，在物理数学系的会议上作了报告。报告被纳入他的就此问题的首批发表作品。发表于1829—1830年的《关于几何学的构成》，刊登在大学刊物《喀山通报》上。此后，便是一系列进一步补充和发展此项研究的著作：长篇文章《想象的几何学》（1835）以法文刊登在杂志上（1837）、《想象的几何对某些积分的应用》（1836）、《包含完整的平行线理论的几何学新构成》（1835—1838）。接下来，罗巴切夫斯基用德文发表了对自己的体系的非常明确和基本的著述《关于平行线理论的几何研究》（1840）。1855年和1856

Н. И. 罗巴切夫斯基

年，他在喀山以俄文和德文发表了自己最后的论著《泛几何学》。

在非欧几何发明之前，人们曾有两千年时间，致力于对欧几里得《原理》一书中的数学设定 I 之 V 的证明。任何两条直线，在同一平面，若与第三条直线相交，所形成的内角之和，若是小于两个直角，则该两直线的延伸必定相交。这个欧几里得的"关于平行线的数学设定"，同时等于在确认：通过在同一平面的直线外的一点，可存在不多于一条的① 交于该直线的直线。许多古代、中世纪和新时期的几何学家们，努力地将该设定 V 作为定理去证明，认为它不够显而易见。在这方面，人们一直在探索着，或者模糊地认定某个与公设 V 等效的结论是正确的，或者以他们认为更显而易见的设定来替代它。罗巴切夫斯基于 1816—1817 年在自己的几何讲座中，也曾试图证明公设 V，和与欧几里得公理体系更等效的设定：三角形的内角之和，与两个直角相等。随后，他发现了自己的论述中，存在着与已被证明过的同效的模糊设定。他不满足于其他著者，包括著名法国数学家勒让德的证明。

19 世纪之前，可能从来就无人怀疑过，空间只能是"欧几里得"模式的。著名的哲学家康德认为：空间和时间是人类意识的先验形式。欧几里得的空间性质，原则上不需要通过实验的检验。因为欧几里得几何的全部前提，即构成了实验的必要条件。许多学者随牛顿之后，认为空洞的空间是一切物体的容纳者。将空间的属性绝对欧几里得化。而对于罗巴切夫斯基而言，不存在意识的自生概念和先验形式，不存在离开运动的物质属性的空洞的空间。依照他的观点，真实的物理空间的属性问题，应当通过实验来解决。为此，需要首先搞清楚什么是初始的几何概念，以及它们之间的关系。通过对这些问题的思考，罗巴切夫斯基得出结论：存在着更总体的几何系统，欧几里得几何属于它的部分（现在我们称之为边界）情况。

在科学史和哲学史的著作中，有时出现一种说法，说罗巴切夫斯基是在数学中的约定论的先驱之一，即认为这门学科的初始原理，只是任意的、由条件约定的。在这些约定之中，人们可以随意作自己的选择，要遵循的只是其可行性。实际上，首位非欧几何系统的开创者，正是远离约定论而创立了几何学。他认识到欧几里得设定的不足，在于任意将公设 V 作为唯一的

---

① 原书此处疑漏一"不"字。——译者注

可行，故而随意地取消了其他可能的前提。罗巴切夫斯基努力建立泛几何学，即除去了这种随意性的总体几何系统。依他所见，泛几何学只包含两个

1826 年 2 月 11 日罗巴切夫斯基报告讲稿附记

体系：现以他来命名的体系和欧几里得体系。关于真实空间的几何是什么样的，应当通过观察和实验的途径来研究解决。

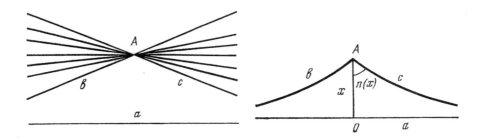

在罗巴切夫斯基的几何学中，经过同一平面上的直线外的一点，可以有一条以上与该直线不相交的直线。由此产生，这样的直线可以是无穷多条。所有这些直线，填满了以该点为顶点的某一个角。在插图上，画出了罗巴切夫斯基平面的直线，它们经过 A 点，且与直线 a 不相交。构成这一个角的两条直线，称之为在方向 b 或方向 c 上与该设定直线 a 平行的直线。而在该角之内的众直线，称之为与该设定直线发散的直线。以相同的倾角和正割去测量，某两条直线上的点，在这些直线平行方向无限远离时，点之间的距离是趋于零的。因此，罗巴切夫斯基的平行线，反映在欧几里得平面的图上时，经常被画成互相渐近的曲线（在图上，经过 A 点与直线 a 平行的 b 和 c）。平行线 c、直线 a 和从 A 至 a 的垂直线 OA 之间的角 $\prod(x)$，取决于该垂直线的长度 $OA=x$，这个 $\prod(x)$ 关系式，现在称为罗巴切夫斯基函数。罗巴切夫斯基证明：

$$\operatorname{ctg}\frac{\prod(x)}{2}=e^{\frac{x}{q}}$$

这里 q 为某一正值常数。两个发散直线上的点之间的距离，以相同倾角的正割去测量，当这些点在两个方向无限远离时，会趋于无穷。这一距离，在正割线与两直线垂直时为最小。而两个发散直线的共同垂直线，是唯一的。

以点 A 和 O，以及直线 a 上的某一点——该点距离 O 是如此遥远，因为三角形的弦近乎为经过 A 点的直线 a 的平行线，以上三点所组成的直角三角形的内角之和，显然小于二个直角。一般说来，罗巴切夫斯基平面的所有三角形的内角之和，都小于二个直角。在罗巴切夫斯基平面，除了交叉直线线束，还有由在同一方向相互平行的直线构成的平行直线线束，以及由多个垂直线和一条直线构成的发散直线线束。交叉直线线束的垂直（正割）轨迹，在罗巴切夫斯基平面，如同在欧几里得平面一样，是圆形。但是，平行和发散直线线束的垂直（正割）轨迹，则是其他的曲线——极限圆、等距（曲）线，或超圆。

在圆形、极限圆和等距线三种轨迹，均围绕一条垂直于它们直线旋转时，第一种形成球形，第二种形成极限球形，而第三种形成等距线面——与平面等距的空间点的几何位置。如果球体几何学无异于欧几里得空间的球体几何学，那么，两个等距面的每一个上面的几何学，则为罗巴切夫斯基平面的几何学。而极限球体的几何学是欧几里得的。其中，极限圆——极限球上的短程线，起着直线的作用。

利用在极限球体的几何学，以及欧几里得平面的三角学，罗巴切夫斯基得出平面三角形的三角关系式。按照现代的写法，该关系式为：

$$\left.\begin{aligned}
\operatorname{ch}\frac{a}{q} &= \operatorname{ch}\frac{b}{q}\operatorname{ch}\frac{c}{q} - \operatorname{sh}\frac{b}{q}\operatorname{sh}\frac{c}{q}\cos A \,, \\
\frac{\operatorname{sh}\frac{a}{q}}{\sin A} &= \frac{\operatorname{sh}\frac{b}{q}}{\sin B} = \frac{\operatorname{sh}\frac{c}{q}}{\sin C}\,, \\
\cos A &= -\cos B\cos C + \sin B\sin C\operatorname{ch}\frac{a}{q}\,,
\end{aligned}\right\}\quad(1)$$

这里，q 即为所说的罗巴切夫斯基平面常数。

将此公式与半径为 r 的球体三角学公式互相对比：

$$\left.\begin{aligned}
\cos\frac{a}{r} &= \cos\frac{b}{r}\cos\frac{c}{r} + \sin\frac{b}{r}\sin\frac{c}{r}\cos A \,, \\
\frac{\sin\frac{a}{r}}{\sin A} &= \frac{\sin\frac{b}{r}}{\sin B} = \frac{\sin\frac{c}{r}}{\sin C}\,, \\
\cos A &= -\cos B\cos C + \sin B\sin C\cos\frac{a}{r}\,,
\end{aligned}\right\}\quad(2)$$

罗巴切夫斯基发现，在他所规定的空间中的三角公式，可以从球体三角学公式中获得，即将三角形的 a、b、c 边，当做纯虚数，或者采用效果相同的，将球半径 r 当做纯虚数。实际上，公式（2）可以转变为公式（1），如果设 $r=qi$，并采用关系式 $\cos ix=\operatorname{ch}x$，$\sin ix=i\operatorname{sh}x$。在这里，罗巴切夫斯基看到了对于他所发明的几何学的非矛盾性的证明。罗巴切夫斯基的这个概念，可以十分严格地完成，只要能够做到：在概念中，引入构成所谓复合欧几里得空间的虚点，确定此空间中的纯虚半径的球体，研究该球体上的此类虚点的集合，在这些点上，直角坐标 X 和 Y 是实的，而坐标 Xi, Yi 是纯虚的。1906 年，普安卡雷首先将复合欧几里得空间的此类点集合，与现在被称为爱因斯坦相对论的原理联系在一起研究，常常被称为伪欧几里得空间，或者闵科夫斯基空间（1908）。在这个空间中的虚半径球体，具有双腔的双曲面的形状，其每个腔都是罗巴切夫斯基平面的模型。这个模型的结构，证明了罗巴切夫斯基平面的非矛盾性。

罗巴切夫斯基几何，具有与球面几何相似的其他属性。罗巴切夫斯基平面上的三角形的面积 S，以它的角（按其弧度）表达的公式为：

$$S = q^2 (\pi - A - B - C), （3）$$

而球面三角形的面积以它的角（同样按弧度）表达的公式为：

$$S' = r^2 (A + B + C - \pi), （4）$$

在 r=qi 时，公式（4）也可转换为公式（3）。欧几里得几何可以视作为球面几何、罗巴切夫斯基几何在 r 和 q 趋向无穷时的边界情况。或者是在 r=q=∞ 时的部分情况。因为他发明的几何学的更加广泛的性质，罗巴切夫斯基强调称之为"泛几何学"。"总体几何学"是他在最后的著作中所赋予的名称。与将数 $1/r^2$ 称为球面弧度相似，数 $1/q^2$ 后来被称为罗巴切夫斯基平面弧度，而常数 q，称为该平面弧度的半径。

在确定了新的总体几何的基础和其中的三角比例之后，罗巴切夫斯基引入了坐标，解了大量的解析几何题目和计算面积和体积的题目。

前面说过，对于真实世界的几何性质问题，罗巴切夫斯基认为必须要实验解决。为此，他计算了三角形的角之和。这个三角形的三个端点，分别是地球轨道上的直径相对的两点，与从三个不动星天狼星、参宿七星、波江座第 29 星中取其一为另一点。结果看到，这个和数与 π 的误差，没有超出观察误差的界限，因此，罗巴切夫斯基认为，现实世界的几何性质，可以看作是欧几里得的。他在 1826 年的著作《平行线定律的严格证明》中说出了这个结论。同时，在《关于几何学的构成》（1829—1830）中，罗巴切夫斯基讲述了自己的计算，并且补充说明，角之和数偏离 π 的误差，有可能在更大的宇宙三角形中才能发现。总之，按罗巴切夫斯基的意见，虽然概略地认为：在现实世界运行的是欧几里得的比例关系（他有时将非欧几何称作是想象出来的），但是，通过天文观察来对其进行充分的证明尚未解决。后来，在《完全的平行理论的几何学新构成》（1835—1838）中，罗巴切夫斯基提出，他的几何可以在"或是可见世界之外，或是分子引力的紧凑范围之中"应用。

在自己的第一批著作中，罗巴切夫斯基从公设 V 不能解决的设定出发，构建了新的几何学。在《想象出的几何学》（1835）中，他对自己的体系作出了另外的分析。依据的是其中的三角比例关系，这些比例关系，以指定的方法从球面三角的比例关系中获得，被认为是新的几何学的非矛盾性的保证。在《想象出的几何学在某些积分上的应用》（1836）中，他在计算某些形状在自己的体系中的面积和体积的基础上，得出了一系列定积分的值。首先在于明白了能够确定可以导出真实的结果，再者是得出了大量的新值。这表明，新的几何学已经可以作为对分析问题进行研究的有益工具。

非欧几何几乎是在同时，由罗巴切夫斯基和其他几位数学家发明的。在18世纪末，高斯便介入这个问题，在数十年时间中，他时而对这个问题去作研究。直至1819年，他才对新几何体系的非矛盾性有了信心。高斯未曾发表自己的成果，是在他死后（1855）出版他的信件和笔记时才被知晓的。进入这个几何学之中的，还有匈牙利数学家鲍伊亚依。他的发明写在拉丁文著作《包含宇宙的绝对真实科学的附言》（1831）之中。从名称上可以看出，该著作是他父亲1832年的一本书的附录。因此，发现非欧几何的优先权，毫无争议的归于罗巴切夫斯基一人。同时属于他的功劳，还有在四分之一多世纪之中对此所作的详尽、系统的研究和不懈的宣传。罗巴切夫斯基的发明在他生前未获承认。当时彼得堡最大的数学家奥斯特洛格拉德斯基，不理解罗巴切夫斯基发明的意义，对科学院提交了忽略此项成果的意见。另一位具有影响力的科学院院士布尼亚科夫斯基，对罗巴切夫斯基的研究持强烈的反对立场。他在自己去世前的很长时间中，一直认为非欧几何在逻辑上是荒谬的。在1834年的《祖国之子》刊物上，出现了嘲笑罗巴切夫斯基的粗暴的抨击文章（也许是不无两位院士的赞同）。总之，对于这一百年之中最伟大的数学发明，当时几乎所有的学者都未予以注意。只有高斯，他在私人信件中非常称赞罗巴切夫斯基的《关于平行线理论的几何研究》（1840）。为了能够读罗巴切夫斯基的其他著作，高斯还专门学了俄语。由高斯提议，罗巴切夫斯基被选为哥廷根学者协会的通讯会员。但是，高斯一次也未曾公开提到罗巴切夫斯基的发明。这位著名的德国学者，不想打破自己生活的平静，公开赞同与根深蒂固的概念相矛盾的思想。

情况发生转变，是在1860—1865年高斯的通信录问世之后，他对几何学原理和罗巴切夫斯基发明的观点公诸于世。1866年，奥乌埃尔发表了罗巴切夫斯基的《关于平行线理论的几何研究》法文译本和高斯与舒马赫尔的通信节选。1867年，鲍伊亚依的《附录》译本问世。1867—1868年，Дж.巴塔尔依尼翻译了罗巴切夫斯基的《泛几何学》（1856）和鲍伊亚依著作的意大利文版。1868年，在莫斯科的《数学文集》第三卷，刊出了由莫斯科技术学校A.列特尼科夫教授完成的罗巴切夫斯基的《关于平行线理论的几何研究》的俄文版。

表面几何和罗巴切夫斯基几何的解说

对于罗巴切夫斯基几何的最终认可，是在对其发明进行明确的解说，使得其非矛盾性成为显而易见之后。明金的研究，对于完成此类解说的一部分，起到实质性的作用。他是波兰卡利什市人，曾在柏林大学工作过若干年，从1843年起，在塔尔图工作了40年。明金研究了各种数学问题。例如，他的《关于带两个变量的一级微分方程的积分的研究》（1862），获得奥斯特洛格拉德斯基的高度评价，荣获彼得堡科学院的杰米多夫斯基奖，而他本人，随后当选为通讯院士（1864）和荣誉院士（1879）。在他的研究中，特别重要的是表面的内几何问题。这是一个由欧拉开创，并且由高斯（1827）大大发展了的课题。1829年，明金引入了表面上的测量曲线的概念。它在表面的内几何所起的作用，如同普通曲线在平面上的作用。1830年，他证明了在表面弯曲时测量曲线的不变性。1839年，明金找到了两个表面的可重叠性的必要和充分条件。同时，他证明了著名的"明金定律"：两个具有相等的恒定的高斯曲线的表面，总是可以相互重叠的。当对测量线（它在表面上所起的作用，如同直线在平面上）的弧构成的恒定曲线的表面上的三角形进行研究时，明金发现，在恒定的负曲线的表面上的三角公式，取公式（1），即在球面三角公式（2）上，将球半径 r 取代为纯虚数 qi。明金的相关文章刊印在1840年的 *Journal fur die reine und angewandte Mathematik* 第20卷上。在1837年的第17卷上，曾刊印了罗巴切夫斯基的含有三角公式（1）

的《想象出的几何》的法文译本。但是，没有人注意到这个吻合，它证明了罗巴切夫斯基几何可以在恒定负曲线的表面实现。

在这里，我们要顺便提到明金在塔尔图大学的学生 K. 彼得松的研究。他是里加人，农奴的儿子。在他的副博士答辩（1853）——直至 1952 年才得以从德文档案中发现该答辩的俄译文，其中首次证明了：表面的第一个和第二个二次方形式，确定了表面在空间中位置的精确性，并且找到了这些形式相关联的条件。这些条件，在 1857 年，由 A. 梅纳第重新发现并且发表。而其完整的结论，由 Д. 科达齐在 1868—1869 年得出。1866 年，法国人 O. 博内重新证明和发表了确定表面的两个二次方形式的定律。

从对比罗巴切夫斯基和明金的研究结果，产生的对恒定负曲线表面的罗巴切夫斯基几何的解说，是由意大利学者贝尔特拉米提出的。贝尔特拉米指出，罗巴切夫斯基的部分平面的内几何，可以在这样的表面实现。此外，贝尔特拉米还提出了在一般欧几里得环境中的所有平面的解说的思想。不久，即由德国数学家 Φ. 克莱因实现了。另外两个重要的解说，是由 A. 彭加勒提出来的（1882，1887）。其中的一个，由他应用于自同构函数的理论。于是，提出了罗巴切夫斯基几何的分析应用的新领域。

在现代几何学发展上，起着特别重要的作用的是 Γ. 黎曼在 1854 年的发言，后来在 1866 年发表的《关于几何学基础的假设》。对高斯的表面的内几何学概念作进一步的深化，黎曼提出了多维的弯曲空间的思想，现在称之为"黎曼空间"。后来被证明，罗巴切夫斯基空间乃是恒定负曲线的黎曼空间。

对非欧几何的后继研究，我们这里仅限于简单描述其最初的起始。在长达 30 年对罗巴切夫斯基（英国学者克利福德称之为"几何学的哥白尼"）的思想予以否认和漠视之后，迎来了新几何学的蓬勃繁荣。现在，从历史发展的前景看，1829 年的《关于几何学的构成》，不仅是几何学，也不仅是数学，而是整个物理数学科学的转折点。

罗巴切夫斯基关于代数和分析的研究

我们看到，与罗巴切夫斯基的几何研究相关联的是对专门的积分的计算。此外他还从事对分析和代数的研究。后者包含在他的书《代数，或有穷的计算》（1834）中。在这本原创的大学教学指导书里面有作者自己的发明。

其中享有特别声誉的，是带数字系数的方程根的近似计算方法。该方法的不完备形式，由比利时人丹杰莲在稍早提出（1826）。格列费后来也作了详尽的研制（1837）。三人的研究是相互独立进行的。此方法比其他方法的特殊优点在于，它可以同时求解不受倍数根限制的方程的一切实数和复数根。这里起基本作用的是隔根法，即形成一个方程，其根实质上为初始方程根的 2^n-e 次幂。

在罗巴切夫斯基的《代数》一书中，十分出色的是对整数和分数的算术运算的性质所作的精细的分析。该问题当时也吸引着其他的优秀学者们。罗巴切夫斯基在几何学和代数学方面所表现的兴趣，也决定了他在无穷小数分析方面的研究。先前曾说过，19 世纪初研究过将函数分解为级数（包括三角级数）的问题。1834—1841 年，罗巴切夫斯基就此问题写了三篇大文章。1829 年，狄利克雷设立了现在以他的名字著称的充分条件。在其中，函数 f(x) 代表傅里叶三角级数之和。在他的证明中有一个疏漏，1837 年他加以排除。罗巴切夫斯基发现这一疏漏，通过另一途径，证明了以性质不同于狄利克雷的条件的充分条件之下，将函数分解为三角级数的可能性（1834）。罗巴切夫斯基的研究工具之一，是他所发明的符号恒定级数的收敛性的新标准。罗巴切夫斯基顺便还明白地提出了函数的总概念——不必以分析表达的数的两个集合之间的任意对应。该定义要优于欧拉所提出的定义。狄利克雷对定义用了几个别的词来表达（1837），便以他的名字冠名经常出现在文章作品中。

奥斯特洛格拉德斯基和数学物理

这一时期，在分析及其应用领域所进行的研究中，奥斯特洛格拉德斯基所作的研究特别杰出。作为一个乌克兰小地主的儿子，奥斯特洛格拉德斯基于 1816 年进入哈尔科夫大学物理数学系，奥西波夫斯基指导他的学业。奥斯特洛格拉德斯基优秀地通过了一切考试。1821 年春，学校委员会认可了他的副博士学位。年轻人的命运受到亚历山大政府反对国内自由思潮的影响。1820 年，任大学校长 7 年的奥西波夫斯基，因严厉且大胆地反对教育部和个别反动教授在大学推行宗教神秘主义和形而上学，被解除了一切工作。为此，奥西波夫斯基最优秀的学生和志同道合者奥斯特洛格拉德斯基也受到牵连。教育部找借口拒绝给他颁发毕业证，说是违反了某些程序，要他重新进行考试。

奥斯特洛格拉德斯基拒绝了这个要求。为了完成数学学业，他于1822年离开俄国去了巴黎。在那里，通过与拉普拉斯、傅里叶、柯什、泊松（普瓦松）和其他法国大学者们的交往，他最终确立了自己的学术兴趣。自己的才华也迅速地成熟起来。还是在1824—1827年，他就向巴黎科学院提交了几篇论文。在《关于定积分的意见》（1824）中，在略早于柯什发表计算关于 n 阶正数函数的公式之前，给出了解答，与现在通行的公式实质上是一致的。在《关于积分学一个定律的证明》（1826）中，他继续研究了傅里叶在1822年发表的数学物理方程的积分方法。同年，他进行了在柱形水池中的波的传播的研究，进一步发展了柯什和泊松在无穷深和不受壁限制的水域所完成的小波浪运动的研究。一年之后，完成《关于热在固体中的传播的论文》一文，其中包括傅里叶方法的几种不同的表达，以及关于热在三角棱柱体中传播的新问题的解（在此之前，傅里叶和泊松曾完成了在球体、柱体、立方体和矩形六面体上的对此问题的解）。这些研究中，只有关于水动力的部分被巴黎科学院刊印出来，其他部分都存了它的档案中。但是，这些研究成果后来被写入奥斯特洛格拉德斯基所发表的文章之中。而相关的手稿和口述，当时或很快就被柯什、泊松、Г. 拉梅、久加麦尔和其他法国数学家们知晓。

1828年，奥斯特洛格拉德斯基返回俄国，在彼得堡向科学院提交了三篇自己的研究论文。当年，被选为应用数学的副院士，1830年当选为编外院士，1831年当选为编内正式院士。从1828年起，他以大量时间在各个高等院校，包括教育总院开设了讲座。此外，从1847年起，他多年领导了军事院校的物理数学学科的教育。他将自己的教育思想，其中许多是20世纪的先进思想，写入了与法国工程师勃柳姆合著的小册子《关于教育的思考》（1860）之中。

奥斯特洛格拉德斯基在数学物理上的主要贡献，包含在他关于热的理论的研究中。从上面提到的1826—1827年在巴黎的两部著作开始，随后是1831—1838年他在彼得堡科学院杂志上就此问题发表的三篇文章。在1828

年提交的《关于热的理论问题的笔记》中，奥斯特洛格拉德斯基采用了广义的傅里叶方法去解热在固体中传播的方程。傅里叶本人只是在部分情况使用了该方法。该方法是：首先找出满足物体内部的微分方程和其表面的边界条件（温度状态）的特殊解。该特殊解的表达为时间函数与物体的点坐标函数的乘积的形式。这就要求寻找如现代所称之为的某些边缘题目的特征值和特征函数。然后，发现所求的解为特征函数的无穷级数——所谓广义的傅里叶函数（其中部分情况为傅里叶三角级数）。它的系数（广义的傅里叶系数）决定于该解应当满足初始条件（时间为初始时的温度状态）。

奥斯特洛格拉德斯基的《笔记》开始就涉及给出的三个变量的函数，分解为边缘题目的特征函数级数。这里，他证明了特征函数系统的正交性，即对于物体体积的三元积分，当在带有任何级数的特定导数和常系数的线性方程的情况下，导入两个不同的特征函数时，是归于零的。在证明过程中，利用了奥斯特洛格拉德斯基在 1826 年和 1827 年的著作中就告知巴黎科学院的，归于将物体体积的三元积分，转换为对其表面的二元积分的著名定律：

$$\iiint \left(\frac{\partial P}{\partial x} + \frac{\partial Q}{\partial y} + \frac{\partial R}{\partial z} \right) = \iint P\mathrm{d}y\mathrm{d}z + Q\mathrm{d}x\mathrm{d}z + R\mathrm{d}x\mathrm{d}y$$

这里，P、Q、R 为变数 x、y、z 的函数。此定律在多重积分理论上，具有基础性的意义。借助它，引出带常系数的任意共轭微分算子的"格林公式"（Дж. 格林在 1829 年为拉普拉斯算子发表此公式）。

此后，奥斯特洛格拉德斯基转入对常温环境下的固体的热扩散课题的研究，并提出其解为广义的傅里叶级数的形式。与此研究相衔接，1829 年提出的《热理论的第二标记》。其中环境温度为坐标和时间的任意函数，表明该课题归于第一"标记"所做过的研究。这里，奥斯特洛格拉德斯基要比同时代的人走得更远。在他之前，拉普拉斯和泊松研究了变化温度环境的特殊情况。最终，是奥斯特洛格拉德斯基在 1836 年提交了论文，解决了比傅里叶的设定更广泛的液体中热的散布的问题（1838 年发表）。

应当指出，广义的傅里叶方法，在奥斯特洛格拉德斯基之后不久，也在拉梅和久加麦尔的文章中构制出来，1829—1830 年作了报告，并于 1833 年发表在 *Journal de l'Ecole Polytechnique*。奥斯特洛格拉德斯基的积分公式，由泊松在一篇关于弹性理论的文章中发表，1828 年在巴黎科学院作报告并刊登在科学院的《纪要》1829年版上。即在奥斯特洛格拉德斯基向科学院提交自己1826—1827年的上述研究的2—3年之后。多说一句，奥斯特洛格拉德斯基的这个公式被命名给许多发明者，又是高斯公式，又是格林公式，虽然与他们毫不沾边。

在1834年提交，并于1838年发表的《关于多元积分的变分计算的备忘》之中，奥斯特洛格拉德斯基将自己的积分公式扩展应用到任意多元的积分上。如前所述，拉格朗日和欧拉已经解决了表达为恒定极限的二元积分的泛函极值问题。1833年，泊松作出了带变化界限的二元积分。而奥斯特洛格拉德斯基利用他发展了极限积分的工具，表达了如何计算在通用情况之下的多元积分的变分。诚然，他没有以展开的形式写出广义的欧拉等式，其解为求知的未知函数（如果其存在）。但是，该等式可以直接从他的公式中，作为充分确定未知函数的极限条件而产生。可能就是由于缺少这个最终结果，促使巴黎科学院于1844年将奥斯特洛格拉德斯基已基本解决的该问题的竞奖，颁发给斯特拉斯堡的教授萨柳斯，而其只是更为详尽地发挥了这些推理。还要指出，属于奥斯特洛格拉德斯基的还有被编入教学指南的取代二元和三元积分中的变量的显著的公式结论。相关文章于1836年报给彼得堡科学院，1838年出版。

奥斯特洛格拉德斯基在分析的其他领域也作出很大贡献。我们可以举出在普通线性微分方程理论方面的刘维尔—奥斯特洛格拉德斯基公式；奥斯特洛格拉德斯基—厄密的不需要预先分解为许多部分分数的找出有理分数积分的代数部分的方法。这些成果也已进入大学的教科书。20年中（1833—1853），奥斯特洛格拉德斯基与刘维尔并行研究了在代数函数的有限形式之下的可被积分的条件。对该问题的研究，是由阿拜尔在此不久之前作出了光辉的开创。还要指出的是，1835年报告，并于1838年发表的《关于连续近似的方法的笔记》。在该笔记中，奥斯特洛格拉德斯基以专门的例子，表达了使用由他发明的方法，即借助分解未知解，按照小参数成为无限级数，来解非线性的普通微分方程。这个非常重要的方法，可以在解中避免所谓未知项，在潘卡列、A.李雅普诺夫和一系列现代数学家的著作中得到深刻的发挥，现在被广泛使用于解决力学、物理学和技术方面的非线性问题。奥斯特洛格拉德斯基的研究还涉及数论和概率论。

奥斯特洛格拉德斯基对俄国的数学和力学的后续发展给予重大影响，尤其是在力学领域的影响巨大。他的非常杰出的学生彼得罗夫和维施涅格拉德斯基从事了这方面的研究。奥斯特洛格拉德斯基未创建自己的学派，大概是因为他未曾在大学工作。但是，他以自己的业绩，为彼得堡的切比雪夫学派打下基础。参加该学派创建准备的还有布尼亚科夫斯基。

布尼亚科夫斯基

布尼亚科夫斯基是一名军官的儿子，从小所受的教育来自家庭。他与奥斯特洛格拉德斯基相似，也是在巴黎完成了自己的科学学业。1828 年，布尼亚科夫斯基入选科学院。1864—1889 年是科学院的领导之一，任职副院长。1846—1860 年，他在彼得堡大学开设了讲座。

属于布尼亚科夫斯基的数学各个分支及其在应用方面的著作，约有 150 篇，其中 40 多篇涉及数论，与欧拉的选题衔接（当然不限于此）。他与切比雪夫共同发表了两卷欧拉的数论研究集（1849）。

《布尼亚科夫斯基不等式》广为周知：
$$\left[\int_b^a f(x)\varphi(x)\,\mathrm{d}x\right]^2 \le \int_b^a f^2(x)\,\mathrm{d}x \cdot \int_b^a \varphi^2(x)\,\mathrm{d}x,$$
它是柯什的算术不等式：
$$\left(\sum_{i=1}^n a_i b_i\right)^2 \le \left(\sum_{i=1}^n a_i^2\right)\left(\sum_{i=1}^n b_i^2\right)$$
的积分的同类。

该不等式，布尼亚科夫斯基发表在《关于某些涉及普通积分和有限差积分的不等式》（1859）一文中。有时也被称为施瓦尔茨不等式（以在 25 年后发表它的德国数学家施瓦尔茨命名）。它在积分学和现代函数分析中起了重要的作用。如果说，所谓柯什不等式可以对多维的欧几里得空间，作出几何的解释，反映出的状态，是该空间的两个向量 $\{a_i\}$ 和 $\{b_i\}$ 的无向量之积，在绝对值上不大于这两个向量模数（系数）之积。那么，布尼亚科夫斯基的不等式，则可以对无限维的吉伯（磁通势）空间——最重要的（函数）基础性空间之一，作出类似的解释。

前已提到，布尼亚科夫斯基对平行线问题怀有极大的兴趣。在《平行线》（1853）一书中，他对许多过去试图进行的平行线定理的证明作出审批，但是他未能弄懂罗巴切夫斯基的发明，还试图自己去证明公设 V。

布尼亚科夫斯基有约 20 部涉及概率论和统计学的著作。自 1858 年，在这方面进行了政府的检验，包括对居民的统计。他的《概率论的数学理论的基础》（1846），是第一部该课题的俄文的指南。

奥斯特洛格拉德斯基和布尼亚科夫斯基的业绩，不仅将科学院的数学研究提升到新的高度，他二人还将彼得堡高校的数学教育水平大大地提高了。这些均具有深远的影响。但是，如本章前面所述，随后在俄国首都以及全国范围达到高潮的数学上起了决定性作用的，是布尼亚科夫斯基和奥斯特洛格拉德斯基全力支持的切比雪夫。有关此内容在第二十一章讲述。

第十三章　力学

第四章中，说明了 18 世纪彼得堡科学院的学者们对力学的发展作出巨大的贡献。欧拉关于点和固体力学以及天体力学的基础性研究，他和伯努利关于水动力学的研究，在很大程度上确定了 18 世纪理论力学的研究方向，并为该门学科在后来 19 世纪的成就打下基础。

18 世纪末和 19 世纪初，力学的进展，主要在于单独分支问题的解决。力学研究的新高潮是在 19 世纪上半叶兴起的。这一时期，以在分析力学方面的巨大进展而著称。其中第一位，是奥斯特洛格拉德斯基的经典研究：归纳出关于可能位移的原理、最小作用的原理、撞击的原理等等。在莫斯科和彼得堡开始形成理论力学和应用力学的大的学派。他们广泛从事研究活动，则是在 19 世纪后半叶的事情。

奥斯特洛格拉德斯基的诸多力学研究，可以分为三类（茹科夫斯基就是按此处理的）：（1）与存在可能位移相关的研究；（2）与力学的微分方程相关的研究；（3）解决力学的具体问题。

与拉格朗日相似，将力学看作是变分学的一类题解，奥斯特洛格拉德斯基一直在以更加通用的形式研究分析力学的问题。他的论文《关于等周问题的微分方程》（1850），均等地既对力学，又对变分学作出了归纳总结。其中，他研究了变分问题：被积分函数，取决于未知函数的任意数以及它们的任何高序的导数，证明了此问题可以归为对哈密顿的典型等式系统的积分。这类等式，可以作为一种形式，构成在变分问题上发生的任何等式。而且构成时，不要求任何其他操作，只要做微分和代数。此外，奥斯特洛格拉德斯基弱化了此前一直被认为恒定的对关系式的限制。因此，在 1834 年形成的积分变分原理，理应被称为哈密顿—奥斯特洛格拉德斯基原理。

1850 年，奥斯特洛格拉德斯基发表论文《关于通用动力学方程的积分》，内容包括重要的运动方程数学理论的研究成果。他证明，在更通常的情况下，当关系式和力的函数包含有时间时，运动方程也能以哈密顿形式构成。这种情况曾被哈密顿和雅可比忽略了。

力学的一个重要问题是运动方程的积分，它构成变分原理。完成典型方程积分理论的是哈密顿、雅可比、奥斯特洛格拉德斯基。其中奥斯特洛格拉德斯基作出了实质性的贡献。在研究动力方程时，他给出动力方程的典型形式，确定了性质函数的定理，采用了依托时间的系统关系式。他独自证明：确定典型方程积分，就相当于求出某些偏导数微分方程的总积分。所有所求的典型方程的积分，可以通过对偏微分方程的积分的微分求得。

奥斯特洛格拉德斯基的力学研究，成为力学变分原理的一系列后继研究的起始。

在他的其他力学著作中，应当提到的是《关于相对力矩的总体设想》（1838）。该著作大大扩展了可能位移原理的应用范围。将其扩大为所谓释放的（不保留）关系式。此项研究是他直接沿续和总结了拉格朗日的工作。

拉格朗日在《分析力学》（1788）中搁置了一个有意思的撞击理论问题，很快由卡诺进行了研究。在奥斯特洛格拉德斯基的论文《撞击的总体理论》中，研究了设想系统的撞击问题，即发生在撞击时的关系，在之后继续保持。在此，他将可能位移原理扩展至非弹性撞击现象，导出了撞击分析理论的基本公式。由此，很容易得出一系列定义，解决了上述问题，包括对卡诺的一个定义作了总结。

属于奥斯特洛格拉德斯基的，不仅是对大范围的理论问题的总结，还有对发生在当时技术实践中的力学具体问题的解决。按照茹科夫斯基的分类，此类工作属于奥斯特洛格拉德斯基的力学研究的第三方面，包括对水动力、水静力、吸引力、弹性理论和弹道理论的研究。

涉及水动力学的是他的《关于涉及液体内部热扩散的方程》（1838）。他在静力学方面的著名文章是《关于未被挤压液体平衡的特别情况》（1838），书中，借助他所加以广义了的格林的定义，将各种在水静力学遇见的面积分变为体积的积分。

《计算椭圆体引力的积分记录》（1831）是关于引力理论的。他更加完善了泊松方程的结论，确定了物体内部或表面某个质点的引力。

涉及弹性理论的，是奥斯特洛格拉德斯基的两部大作《关于属于弹性环境的小振动的偏微分方程的积分》（1831）和《关于属于弹性体的小振动的部分导数方程的积分》（1833）。其中，将纳维、泊松和柯西的关于弹性体平衡运动的一般微分方程，用于分析在同质各向均匀的弹性环境中，充满全部空间的振动之扩散问题。

弹道研究是根据俄国炮兵部的任务进行的。这方面的成果，是他的两篇论文《弹丸在阻力条件下运行记录》和《关于弹丸在空气中运行的论文》（1841）。他研究了当时炮兵的现实问题：重心的运行问题、弹丸旋转及其几何中心与重心不符的问题。在这方面与泊松先前的研究相比较，向前走了实质性的一步。泊松在研究弹丸运行时，假设两个中心都相符。在奥斯特洛格拉德斯基的公式中，他的公式只是其中的一个局部情况。

奥斯特洛格拉德斯基留下了许多珍贵的著作，成为俄国和世界科学的瑰宝。他为祖国的科学作出了难以评价的贡献，培养了一代杰出的俄国学者。他的许多学生名震应用力学和技术科学领域。И. 维什涅格拉德斯基在一系列经典研究中奠定了自动调节的理论基础。彼得罗夫（Н. Петров）创造了润滑油的水动力学理论，并且进行了机械理论和火车运行理论的有价值的研究。帕乌克尔（Г. Паукер）成为建筑方面的最伟大的工程师和理论家。索布科（П. Собко）在建筑包括建桥事业上表现杰出。茹拉夫斯基（Д. Журавский）是杰出的建桥设计师和对材料阻力作出重要研究的完成者等等。

在很长的时期中，俄国原创的力学教科书和科学著作都引用了奥斯特洛格拉德斯基的分析思想和方法。这也涉及一些教学指南，诸如：Н. 勃拉什曼的《固体和液体的平衡理论》（1837）、亚斯特尔热姆斯基（Н. Ястржембский）的《实践力学大纲》（1837，1838）、维什涅格拉德斯基的《基础力学》（1860）、И. 索莫夫的《合理力学》（1872，1877）等等。

奥斯特洛格拉德斯基的研究工作，被俄国学者向着各个方向发展。关于可能位移存在的研究——鲍贝列夫（Д. Бобылев）和 Г. 苏斯洛夫；关于最小作用原理的研究——斯鲁茨基（Ф. Слудский）、М. 塔雷京、И. 索莫夫、Г. 苏斯洛夫、叶尔马克夫（В. Ермаков）、茹科夫斯基和其他人；与他的弹道学研究衔接的是切比雪夫和一代杰出的弹道学家 H. 迈耶夫斯基（Маиев-ский）、扎布茨基（Н. Забудский）和其他人等。

当奥斯特洛格拉德斯基的研究工作在圣彼得堡展开的同时，莫斯科大学的力学教育也已达到很高的水平，使得莫斯科的力学家们能够进行独立的研究，并且对奥斯特洛格拉德斯基的思想有所发展。研究涉及实用力学，它与理论力学的研究有许多衔接点。

首先要提到的是勃拉什曼的研究。他出生在布尔诺（捷克斯洛伐克）市附近的小地方拉斯诺维。在维也纳读的大学和技术学院。1824 年他来到俄国。在彼得堡短期停留后，1825 年成为喀山大学物理数学副教授，教授力学和数学。1834 年，被聘到莫斯科大学，任应用数学（力学）教授。在此他工作了 30 年，直至临去世。

在勃拉什曼的力学研究中具有极大意义的，是他的《固体和液体的平衡理论 静力学和水静力学》（1837）。由奥斯特洛格拉德斯基提名，该成果被授予科学院捷米多夫斯基（Демидовский）奖。还有他的《理论力学》（1859）。对于勃拉什曼的力学研究，奥斯特洛格拉德斯基给予了决定性的影响。

在勃拉什曼关于物体平衡理论的著作中，对于阐述漂浮物体平衡的稳定性给予很大的关注。书中关于这个现实问题的内容，引起了莫斯科力学家们开始着手进行一系列研究。其中，首先是达维多夫。按照茹科夫斯基的说法，他的研究如同奥斯特洛格拉德斯基一样具有广泛的分析。

达维多夫出生在利巴夫的一个医生家庭。1841 年入莫斯科大学，1845 年毕业。1848 年，通过了硕士答辩《浸入液体中的物体的平衡理论》（1848）。这个选题无疑是受勃拉什曼的影响。1850 年，他开始在莫斯科大学从事教学。1851 年，他通过博士答辩《毛细管现象理论》（1851）。不久，被任命为莫斯科大学教授，一直工作到生命结束。他同勃拉什曼共同为莫斯科分析力学学派的创始人。该学派后来的最伟大的代表者是茹科夫斯基。

达维多夫的硕士答辩所涉及的是关于漂浮物体平衡的现实问题。欧拉在 18 世纪对此研究曾作出重大贡献。其后，法国数学和力学家迪潘在此研究上有重大进展。1814—1822 年，久加麦尔（Дюгамель）和泊松继续进行此项研究。这些学者都还远未能穷尽解决该问题。而达维多夫对此项研究作出了新的重大成果。他发表了三部关于漂浮物体平衡理论的著作：除了提到过的答辩论文，还有《基部完全浸入液体中的三角直棱柱的平衡位置》（1849）和《浸入液体中的三棱柱平衡位置的最大值》。与迪潘采取的几何方法不同，达维多夫在此是采用分析的方法。

莫斯科大学的力学家们极其重视涉及需要力学解决的工业需求和技术任务。勃拉什曼在自己的课题中，用很大篇幅剖析各种机器机械的稳定性和作用。他努力地让学生和年轻学者们对此发生兴趣，给他们提出相关的课题和答辩题目。1844年叶尔绍夫通过的硕士答辩，就完全是应用性的题目《水　如同发动机》（1844）。他的另一个学生И.拉赫玛尼诺夫，后来成为基辅大学教授，其硕士答辩论文是《垂直水轮的理论》（1852）。该文由切比雪夫提名，被授予科学院捷米多夫斯基奖。

1844年，由勃拉什曼提议，在大学课程中加入实践力学和画法几何。授课的是副教授叶尔绍夫（1853年成为教授）。他在培养应用力学方面的专家上起了突出的作用。组建莫斯科高等技术学校是他的功劳。

叶尔绍夫自己在应用力学方面未能作出重大成果。但是，他的教育实践，如同勃拉什曼，成为对实际问题的理论研究的浓厚兴趣的发源地。指引着伟大的由莫斯科大学培养的切比雪夫的创造活动，他不仅在数学科学各领域以自己的研究著称，而且还创建了机械和机器理论的俄国学派。

第十四章　天文学

对于在俄国发展天文学，如同其他科学一样，建立新式的能够培养各个自然科学领域专家的大学具有重大意义。包括有天文学教育的物理数学系的出现，大大扩展了过去集中于彼得堡科学院的该方面的科学基地。不久，国家就有了相当众多的专业天文学家。在 19 世纪前半叶，许多大学建立了天文台，配备了当时一流的技术设备。1839 年成立的位于布尔科夫的科学院天文台，在俄国和世界科学史上具有特殊意义。它取代了在珍稀物陈列馆楼上的天文台，成为全国各天文台的工作定位和工作方向的指导中心。重要的项目有 1816—1855 年进行的著名的俄国—瑞典角度测量。其领导者为特纳尔和斯特鲁维。测量了 25°20′ 的子午线弧线。

技术的重大发展（尤其是金属加工和玻璃铸造技术）使得天文观察领域发生了真正的革命。给予天文学者们在 19 世纪广为普及的子午仪设备，上面配备了非常精确的结果显示刻度圆盘（取代 18 世纪的天文学者们典型使用的扇形仪，即四分之一盘），以及高质量的消色差观察仪器。新的技术手段使得过去无法实现的研究目标成为可能：弱星和双星的研究、天文望远彗星和流星研究、小行星、月亮和其他行星表面的细微部分。1835—1838 年，斯特鲁维、贝塞尔和亨德逊终于测量出至星辰的第一批距离（星际视差）。这是科别尔尼克曾首个预言，而 16—18 世纪的天文学家们一直在精心寻找的。

天文和大地测量观察精确性的提高，引起对它们研制的数学方法的完善，特别体现在贝塞尔和高斯的著作中（高斯创建了测量误差理论），还导致对主要是在 18 世纪研制并由拉普拉斯在他的《关于天体力学的论文》之中加以总结的天体运行的理论得以确切化。而因此于 1846 年发现了海王星。

在整个 19 世纪发现了大量小行星（火星与土星之间）。

直至 19 世纪后最后 30 多年，基础天文学、大地测量学和天体力学，仍在天文学中保持着主导的地位。但是，新技术使得对于许多新的和重要的星球运行和银河系的结构的了解成为可能。这方面的研究开创了星际天文学的发展。星球和行星的影像学研究（盖尔舍尔和阿尔盖兰德尔 1836—1843）、照相术（1839）和频谱分析（基尔霍果夫和本生 1859—1862）导致了 19 世纪后半叶的天文物理学的蓬勃发展。

在莫斯科大学伊始，完全没有天文学课程。仅仅是罗斯特教授和他的学生潘科维奇和斯特拉霍夫于 1785 年在物理课和应用数学课上，加入某些天文学的内容。1804 年终于成立了天文学教研室。1805—1811 年，从莱比锡受聘的哥德巴赫开始进行认真的天文学教育，并且在设于他的住宅中的小天文台开展初期观察。1812 年的大火，将这些统统付之一炬。

直至 1826 年，天文学教研室才恢复。当时是由喀山大学毕业生、先前在莫斯科大学教数学的别列沃希科夫掌管。在他的领导下，1827—1832 年建成了装备优良的天文台。但是并未进行观察，因为别列沃希科夫本人对此无兴趣，他致力于天体力学研究、教育和文学活动。他出版了第一部原创的俄文教科书《天文学指南》（1842）。他以优秀的系主任和天文学普及家，参加创办进步杂志《祖国纪事》和《当代人》等而著称。1851 年，别列沃希科夫转至彼得堡科学院工作。

别列沃希科夫的学生德拉舒索夫在 1843—1855 年对莫斯科天文台做了改建。1851—1855 年，他主持了该天文台的工作。直至 1848 年，当过去在布尔科夫工作的施威采尔做天文观察员时，才开始了第一部分科研工作。作为瑞士生人，他不懂俄语，无法讲课。但是在教授学生作天文观察时，施威采尔能够吸引学生们去进行科学研究。在他周围，大学毕业生博列基辛、汉德李科夫、采拉斯基，以及他从 1850 年开始教授天文学的测地学院的工程师们，积极投入了天文台的科研工作。施威采尔与自己的志愿者助手们进行了各种不同的观察，发现了几个彗星。为《波恩观察》的星辰表确定了赤道上星辰的位置，并参加了各种考察。他研究了莫斯科及其周边地区的重力的异常，并且对天文物理学发生兴趣，这成为天文台从 1873 年起他的继承人博列基辛的主要研究方向，并带给天文台世界范围的声誉。

在喀山首次尝试讲授天文学是与 1758 年建立的喀山中学联系在一起的。该校教师科莫夫和伊万诺夫讲授了天文学课程（1767—1774），并且组建了天文台，后来在 1774 年的火灾中被烧毁。天文学的后续发展是在 1805 年成立的喀山大学。第一位天文学教授是从奥地利聘请的利特罗夫。1810—1816 年在此工作期间，他建立了临时天文台，和自己的学生西蒙诺夫、罗巴切夫斯基一起进行了观察。在利特罗夫离开之后，代替他的是西蒙诺夫。但是后者不久又被派去参加别林斯高泽和拉托列夫率领的环球航行。这次考察（1819—1821）发现了许多太平洋的岛屿和南极新大陆。这些都按照西蒙诺夫的观察标在地图上。在他离开喀山期间，由罗巴切夫斯基进行天文学教学和天文台观察。天才的非欧几何创立者深深地迷恋上了天文学，认为他所发明的几何可能是宇宙空间的几何。

1833—1838 年，在罗巴切夫斯基和西蒙诺夫的领导下，喀山大学终于建成了常设的天文台。这在当时是最好的天文台之一。1850—1855 年，M. 里亚布诺夫（著名数学家 A. 里亚布诺夫的父亲）主持了天文台的工作。为了讲授理论课程，1850 年聘请了彼得堡大学的毕业生科瓦里斯基，他从 1855 年成为天文台的主任。在缺少助手的情况下，他更加关注实现天文台的现代化，同时完成了对星辰、行星和彗星位置的观察。但是，他的研究的更大的价值是在天体力学和星际天文学方面。为此，他被选为彼得堡科学院的通讯院士、英国皇家学会的通讯会员，以及一系列俄国和外国的科研学会和机构的名誉成员。

在乌克兰，天文学发展的条件略有逊色。第一位哈尔科夫大学的天文学教授是从美茵河畔法兰克福聘请的，于 1808—1811 年期间在此工作的古特。1811 年，他在这里建立了临时的小天文台，开始进行度数测量。但是他很快就转去德尔塔，走后没有留下学生。直至 1888 年，哈尔科夫大学都没有常设的天文台和常设人员。不同时间在这里工作过的有沙金、施德罗夫斯基、费多连科和其他的有关天文—大地测量学研究的和为编制星辰目录而进行观察的参加者。

1834 年成立的基辅大学，从 1838 年起由斯特鲁维的学生费多罗夫开始进行天文学教育。1845 年在费多罗夫的领导下建立了天文台。1856 年由施德罗夫斯基进行了更新。基辅的天文学家们参加了度数测量，进行了各种天文观察。1869 年，汉德李科夫到来并主管天文台。在这里开始进行认真的研究工作。

旧的在珍稀物陈列馆楼上的天文台在 19 世纪初就已经老化，但是仍然被广泛利用于教学和科研。此时的台长是舒伯特院士，助手是曾经在柏林的博德处研究天文学的维施涅夫斯基。舒伯特和维施涅夫斯基观察了小行星、1807 年和 1811 年的彗星，培训了总参谋部军官们的天文学，培训了克鲁泽施泰因（1803—1805）、孔采布（1816—1818，1823—1826）、别林斯高泽（1819—1821）、李克特（1826—1829）等参加考察者，还参加了在尼古拉耶夫斯克（1827）、阿博（现在的图尔库）和喀琅施塔得建立海上天文台的组织工作。维施涅夫斯基进行了许多地理研究工作。1806—1815 年，他确定了 250 多个天文点（当然，是通过经线仪的比较测量的经度）。为此 1815 年他被选为院士。1819 年，彼得堡大学成立后，维施涅夫斯基在那里开办教研室，宣讲理论和实践天文学以及天体力学的课程。1828—1830 年，天文学课程由他的学生基霍米洛夫宣讲，再后来是由海军上将泽列内宣讲。

彼得堡天文学学派的奠基人是斯特鲁维的学生萨维奇。他于 1839 年主持了教研室。他撰写了两卷集的基础性的《天文学教程》（1874—1883）和一系列其他教科书，培养了许多杰出的学者。但是，尽管萨维奇付出一切努力，彼得堡大学的天文台还是直至 1881 年才得以建成。萨维奇研究了天体力学，参加了对里海和黑海海平面的比较（1836—1838），完成了在俄国的首次重力绝对确定（1865—1868）。1862 年，他当选为科学院院士。

在维尔诺（现在的维尔纽斯），从 17 世纪开始有耶稣会教徒创办的学院，在那里讲授天文学，并且于 1752 年，由波切布特-奥德良尼茨基开办了小型天文台。在耶稣会被关闭后（1773），天文台转由拉脱维亚总校管理，该校成为后来于 1803 年创建的维尔纽斯大学的基础。1788 年，天文台有了新的地址和装备。波切布特进行了各种天文观察，确定了一些地理坐标。1807—1824 年，杰出的波兰学者斯尼亚德茨基成为天文台台长。他以哥白尼发现的倡导者、杰出的讲演家和教科书的著者而闻名。后来，是他的学生斯拉文斯基和沙金在维尔纽斯天文台继续进行研究。

1832 年，当维尔纽斯大学停办时，天文台转归科学院管辖。从 1848 年起，主要是布尔科夫的天文学学者们在此作研究：欧拉的曾孙富斯、斯特鲁维的学生萨博列尔、西蒙诺夫的学生古塞夫、萨博列尔，尤其是古塞夫对天文学的兴致甚高。按照他们的倡议，维尔纽斯天文台成为俄国第一个天文物理学天文台。古塞夫研究了月亮的照片、星体的自身运动，观察了雾现象、行星、彗星、流星雨，并且开始对太阳进行摄影。他还撰写了《维尔纽斯天文台百年史》（1853），并且在1860—1863年出版了俄国首批之一的物理数学杂志《数学通报》。

1809年，在俄国与瑞典之间的1808—1809年战争之后，芬兰归入俄国。在芬兰大公的首都——阿博，古代的大学城，从17世纪就有天文学讲座，但是一直没有天文台。19世纪20年代，凭借斯特鲁维的帮助，在阿博终于成功建立了装备优良的天文台。它的第一任台长是瓦尔别克。他进行了大地测量学的研究，并且在1819年发表了记载地球形状和大小的确切资料的著作。1823—1837年，台长是由斯特鲁维推荐的别塞尔的学生阿尔格兰德尔。天文台在他领导期间，增添了新的设备。他研制了确定星辰的确切位置的方法，在1832年，为《波恩评论》编制了浩大的星辰目录。他进行了星辰的光度学研究，包括观察变化星辰的方法。他研究了太阳系的运行。在1827年的大火灾之后，大学迁至赫尔辛基。1837—1842年，新的天文台台长是物理学家和诗人涅尔旺德尔，后来是阿尔格兰德尔的学生隆达尔和沃尔斯杰特。

1825年，在宣布并入俄国帝国（1815）的波兰王国首都华沙，建立了装备优良的大学天文台，其台长为阿尔敏斯基。19世纪的前半叶在华沙天文台进行研究的有巴拉诺夫斯基，他以哥白尼发现的翻译者、研究者和普及者而著称。还有天文物理学家普拉日莫夫斯基，他于1860年在日冕中发现了光的偏振现象。

德尔塔大学天文台的研究对于天文学在俄国的继续发展具有重要意义。该校校长帕洛特关心天文台的建设和天文学家的聘用。普法夫成为德尔塔大学的第一位数学和天文学教授。他从1805年起，与后来驰名的天文学家、阿尔东天文台台长舒马赫、学生鲍科尔和威廉姆斯一起在临时天文台进行观察。

斯特鲁维于1793年生于汉堡附近的小城阿尔东的一个中学校长家庭。1808年他进入德尔塔大学语文学专业，1811年毕业。由于热衷于天文学，按照帕洛特的建议，1811—1813 年他开始研究数学、物理学和天文学，并且在 1811 年前建成的常设天文台进行观察。从哈尔科夫转来的德尔塔天文台台长古特，对观察不感兴趣，将天文台交由斯特鲁维全权管辖，斯特鲁维成为天文台的实际领导者。

从 1813 年，斯特鲁维开始观察双星，在他后来整个一生中未再中断过。1816—1819 年，在他的领导下，完成了利夫良基领土上的子午线弧的测量，然后在 1821—1827 年间持续从波罗的海沿岸芬兰湾的过格兰德岛，至（西）德维纳的雅克波施塔得市的测量。大约同期，由特涅尔将军领导在立陶宛和库尔良基进行了类似的工作。斯特鲁维和特涅尔将他们自己的研究结果归并在一起。

这些研究给德尔塔天文台带来了世界性的声誉。1822 年，斯特鲁维当选为彼得堡科学院通讯院士，1832 年当选为院士。他大大提高了德尔塔大学的天文学教育水平。教育和组织方面的天才使他成为天文学学派的奠基人。他的学生有博尔特（后来成为布尔科夫天文台的第一个力学家）、萨博利尔、萨维奇、焦令、施德罗夫斯基、费多罗夫、瓦尔别克、拉普申等等。

1822—1824 年，德尔塔天文台获得了当时一流的设备——雷恒巴赫（Рейхенбах）和埃尔捷尔（Эртель）的子午环和夫琅禾费（Фраунгофер）的 9 秒消色差折射望远镜。借助这些仪器，斯特鲁维在 1835—1836 年成功地测量了首个天琴星座 α 星（织女星）的视差。他的研究成果于 1837 年在彼得堡以《借助夫琅禾费大筒镜对双星和倍数星的测微仪测量》为题目发表。别塞尔于 1838 年公布了自己对天鹅星座第 61 星的视差的测量结果。而更德尔松（好望角）公布了 1839 年对半人马星座 α 星的视差的测量结果。

当成立国家总天文台的事项提上日程之后，斯特鲁维被理所当然地任命为台长。1839 年 4 月，他转到布尔科夫，带走了萨博利尔、自己的儿子 O. 斯特鲁维和博尔特。在此之后，德尔塔天文台失去了原来的价值。代替斯特鲁维成为台长的是麦德列尔，一个著名的月球研究者。他还继续进行他的研究。在研究普利耶昂星团的星星的自运行时，他确定最亮的昂宿六星是这个系统的"中央太阳"。与其他作者不同，麦德列尔未描述昂宿六星的巨大质量。他认为，星星的运行是由整个系统的引力引起的。麦德列尔不关心天文台的设备更新，使之逐渐走向衰败。

布尔科夫天文台的建立，开辟了俄国和世界天文学史上整整一个时代。鉴于迅速扩大的全国各地天文台网的研究工作，提出了在首都附近建立总天文台——作为这些研究的方向和定位的统一的中心的要求。珍稀物陈列馆楼上的天文台不能承担这样的任务，因为它早已老化，并且位于喧闹的城市，在塔的上层严重影响观察。

斯特鲁维为新天文台台址选择了城外，在布尔科夫丘地。那里能得到相当好的天体和星球的影像。制定天文台方案的委员会成员有维施涅夫斯基院士、斯特鲁维院士、帕洛特院士、富斯院士和先前领导了在尼古拉耶夫斯克的海上天文台建设的海军上将格雷戈。建筑师布留洛夫建造了天文台楼体。

1835 年，举行了隆重的天文台奠基仪式。订购的设备均来自最好的厂家：慕尼黑的埃尔捷尔（Эртель）和梅列茨（Мерец），汉堡的别普索尔德（Репсольд）。布尔科夫天文台的主要设备，是梅列茨的 15 英寸消色差折射望远镜。在之后 25 年之中，它一直是世界第一大望远镜。1839 年 8 月，举行了隆重的天文台开台典礼。天文台的成员有斯特鲁维、萨博列尔、富斯、O. 斯特鲁维和从德国聘请的比特尔斯。

布尔科夫天文台在斯特鲁维的领导下，继续进行由他在德尔塔开始的基础天文学、星辰天文学研究和经纬度的测量。在布尔科夫天文台观察基础上编制的星辰升起和倾落的目录，至今堪为精确性的不可逾越的典范。在它们的基础上，对主要的天文常数作了重新确定。

斯特鲁维和腾涅尔继续进行他们过去的经纬度测量。将他们领导下已经完成测量的弧联接起来，并且继续将它延伸向北方至北冰洋（在瑞典和挪威的领土上），同时将其向南方延伸至杜纳河口。从 1816 年至 1855 年，测量了 25°20′ 整体复杂的子午线弧。在当时，这是同类研究中最大的一项。更晚些时候，在美国从得克萨斯到明尼苏达的领土测量，编制出了 23° 弧。这样，德利尔的计划最终得以实现。转给总参谋部的资料是斯特鲁维和腾涅尔所熟知的。俄国—瑞典经纬度测量的结果公布在 1861 年彼得堡出版的《1816—1855 年测量的杜纳河和北冰洋之间的 25°20′ 子午线弧》一书中。

斯特鲁维于 1847 年发表于彼得堡的著作《星辰天文学探讨》，大大领先于当时的年代。文中对银河系和宇宙的结构的观察数据进行了深刻的分析，对星辰分布空间的规律继续了研究，论证了在世界的空间中发生的光的吸收。在 1845 年，斯特鲁维作了关于布尔科夫天文台的详细描述。此外，他一贯关心着存有著名的开普勒手稿的图书馆。

在斯特鲁维任台长期间，布尔科夫天文台成为全国天文学研究的中心。在这里进行了各个天文台和大学的研究人员，以及海军军官和总参谋部的大地测量员的培训。优异的设备和深思熟虑的组织工作使得布尔科夫天文台在 19 世纪的前半叶成为"世界的天文学首都"，来自许多国家的学者们聚集在此见习。

第十五章　物理学

19 世纪初，物理学发展的动因是在前世纪末伽伐尼和伏特的发明。它不仅在学者中，也在所有欧洲国家的公众中引起巨大的兴趣。"伽伐尼"电流与摩擦起电的同一性尚未确定，其生理效应就在医学界引起了新的希望的浪潮。电解的发明引起了化学家的注意。电流的热和光作用为物理学研究开辟了广阔天地。出现了以统一的观点审视电、热、光和化学性质的可能性。拉瓦锡（Лавуазье）的燃烧理论在科学发展上起了很大的作用。它引起化学的革命并对科学的整体带来巨大的促进。弄清氧气的作用和排除了燃素之后，拉瓦锡却在化学元素系统中，将热和光作为无重量的物质。俄国的物理学家也受到他的影响。

电学和光学研究

在俄国，首先发表伽伐尼的科学著作的是帕罗特。他在法国蒙贝利亚尔（Монбельяр）市出生，毕业于斯图加特大学。帕罗特在 18 世纪末作为教师来到俄国，很快成为里加的利弗良茨克（Лифляндское）经济协会的秘书。后来成为塔尔图大学的首任校长。以在里加和塔尔图大学所进行的实验为基础，1801 年，他提出了伽伐尼元素的化学理论。这与伏特的接触理论相对立，他与该理论的追随者们进行了辩论。一直到 19 世纪 30 年代，帕罗特在创立新的科学——电子化学方面的作用才得到了承认，其中包括法拉第在内。此外。他还进行了精密测量仪器的设计，包括测量人体温度的体温计和用于测量不同深度海水温度的深水测量仪。

关于电池问题，需要对 2100 种铜—锌元素成分进行研究，研究周期很长。1802 年，该课题由彼得堡外科医学院教授 B. 彼得罗夫完成。他是教区牧师的儿子，曾在哈尔科夫的专科学校和彼得堡的教师培训班学习。1788—1791 年，在阿尔泰的科雷瓦诺（Колывано-Воскресенский）矿山学校教书，后来转到彼得堡。1809 年，彼得罗夫当选为院士。1803 年，他出版了俄国第一部伽伐尼学说指导著作，其中包括他自己的实验、观察、思想和发明，还包括对电弧放电的描述。

伏特电弧，被认为是由戴维一人在 1807—1809 年间发明的。应该指出，彼得罗夫在 1802 年，已经获得了稳定的电弧。他在液体中、在大气中和压力更低的情况下，研究了电弧放电，指出了可以将电弧放电用于冶金、获取纯净氧化物和在碳粉条件下将氧化铁还原。当时，他还发现，电流的强度随着导线直径的增加而增大。而气体导电性则随温度增高而增大。他对水、酒精、油脂的导电性进行了比较，提出了击穿所必要的电偶的数量。他发现了油脂的高绝缘属性，证明了在肥油中存在氧。

彼得罗夫的一系列实验，是关于应用高压直流电研究真空中的放电。他的许多观测涉及制作电极的材料、它们的形状和极性、空气稀薄程度对于放电的影响，这些在当时无疑具有宝贵的价值。可惜的是，它们仅仅以俄文发表。看来，这些观测和实验并未被国外知晓（尽管彼得罗夫在 1810 年当选为埃尔兰根物理医学协会的荣誉会员）。

第一个成熟的电极和电解质导电性的理论，是由出生于波罗的海沿岸的格罗特古斯提出的。1803 年，当他还是个 17 岁的青年时，就出国学习了 5 年，并且在莱比锡、巴黎、那不勒斯和罗马进行了独立的研究，当选为巴黎伽伐尼协会荣誉会员、都灵和慕尼黑科学院的通讯院士。他的论文《关于水和所溶物质借助电流而分解的备忘录》，1805 年在罗马单独出版，马上在英国和法国被刊印，并且在德文刊物上被摘述。格罗特古斯认为，水分子存在着正极和负极。他对导电性机制的解释是：在电极之间，水分子连贯地从分子到分子，完成分解和合成。这样，就使电极的一端产生多出的氢气，而在另一端则产生多出的氧。

从 1808 年直至因患重病早逝，格罗特古斯住在米塔瓦（Митава），即叶尔加瓦（Елгава），继续从事物理和化学研究。1817 年，以彼得堡科学院通讯院士、著名的计量学家帕乌克为首的米塔瓦学者们，组成了科学协会。在协会年报上，格罗特古斯发表了自己的另一篇杰出的著作《关于光与电的相互作用》（1819），文中总结了对光化学的多年研究。格罗特古斯确定了光化学的基本定理：只有被物体所吞噬的光，才能引起物体的化学变化。他发现，光的平均强度与产生一定光学效应所需的时间成反比（在他的为溶液去色的实验中）。他设计了第一个化学光度计。他的这些研究在 20 世纪才被承认。作为电化学和光化学现象研究新方向的奠基人，格罗特古斯还研究了电与光学现象之间的联系，即不同形式放电时的光效应。他对光的自然属性的理解，与他关于极化的分子的连续分解和合成的概念接近。在他看来，充满世界空间的以太是正电和负电的中性合成物。光波是电的火花。光的传播乃是发生在以太元素之间的极性的传递。他认为，热即是惰性的电，其中的正负电已完全中性化了。如果说，彼得罗夫和帕罗特是以化学方式去解释物理过程，那么，对于格罗特古斯来说，首先要解释的则是电。在其生前的最后阶段，他曾试图完成物理化学现象的整体总图，包括磁和引力，其中也赋予电磁过程一定的作用（1821）。

对电磁现象的研究

至 19 世纪 20 年代中期，科学院物理研究室处于完全衰落的状况。因为，即使是按照章程规定的经费也多年未发了。帕罗特在 1826 年当选院士后，借助财政部长坎克林的支持，对物理研究室进行了改造。将自己的学生 Э.楞次和 A.库普费尔招入科学院。两者后来都是享有世界声誉的科学家。在塔尔图大学还未毕业，楞次就参加了"企业"号帆船的环球航行（1823—1826）。他所测量的不同深度的海水温度和比重，直至 19 世纪末，其精确性也无人能超过。入选科学院之后（1828），他参加了高加索和里海沿岸的考察，进行了各种地质物理的研究。从 1836 年至去世，他成功地将科学院的工作与物理教学相结合。他曾在彼得堡大学任教。不同时期，还在海军学校、炮兵学校、总教育学院任教。他将自己最有天分的学生吸收到自己从30 年代就献身的对电磁现象的研究中。正是在物理学的这个领域，俄国学者对 19 世纪中期世界物理学的发展作出了主要的贡献。

19 世纪 30—50 年代，从事电磁现象研究的物理学家们的主要任务是创立电现象的理论。法拉第提出了场的概念。但是，麦克斯韦尔在创立自己的电磁场理论和光的电磁理论时，并不是仅仅依据法拉第的思想。他还依据基尔（希）霍夫在韦伯和科尔劳希实验的基础上所确定的光速的值，与韦伯电磁定理公式中的常量（单位电流电磁与单位静电的比例）相符。这一事实的确定，没有电测量技术的发展和建立统一的度量系统是不可能实现的。这对于能量守恒定律的证明，也是不可或缺的（机械"永动机"已经声名狼藉。但是，电磁波的发现，似乎又激起了要获得"无代价功"的企望）。

彼得堡科学院科研方向的特点，是将物理学包括电测量的研究与解决电能的技术问题相结合。这就自然地涉及能量守恒问题的研究。该研究有楞次和来自德国的、1839 年成为彼得堡科学院院士的工程师发明家 Б. 雅可比共同完成。他们在电学方面的研究始于 30 年代初期。雅可比的思路源自奥斯特发现的电和磁的相互作用（1820），以及安培确定的两个电流相互作用的定理（1820）。楞次的工作思路源自法拉第发现的电磁感应（1831）。后来，楞次一直更注意的是感应发电机，而雅可比则更注意电动机和其他靠电源工作的机器。

楞次在了解了法拉第的发现之后，如他所言，大脑突然一亮，"所有电动力感应的实验都可以简单地归结到电动力运动的定理"。在 1833 年，他进行了一系列实验证明了自己思想的正确性。任何情况下，由靠近磁场或通电回路的导线的运动所产生的电流，都与引起运动的电流方向相反。在现代的表述中，这个定理（经常会被人们错误地称为规则）确定：通过电路的磁流发生任何改变，就会产生阻止这一改变的电流。感应定理的第一个数学表达，是由 Ф. 诺伊曼在 1845 年，依据楞次的定理提出的。

1838 年，楞次和雅可比展示了楞次定理的作用，致使感应式电流发生器（Пиксия 磁电机）在电动状态工作。但是，在约四分之一世纪长的时间里，发明者们并没有认识到反向原则的意义。所以，发电机和电动机的逐步完善是分开进行的。

关于楞次定理与能量守恒定律的关系则是较早就已被探明。1847 年，当亥姆霍兹在选择物理学各领域的例子，去完成能量守恒定律整体构图时，他写下了当电路在磁场运动时，感应产生的电流的能量守恒等式。所使用的是楞次定理和焦耳—楞次的电流热效应定理。关于单位时间内，导体产生的热量，与它的电阻和电流的平方成正比的定理，于 1841 年由焦耳公布。1843 年，楞次在《关于电流产生的热》一文中，以更加严格和有说服力的形式加以说明，实质性地完善了电测量的方法，提出了热量测量新方法的理论。

电磁感应最早的量化研究属于楞次。在为了测量直流电而论证出正切和正弦罗盘方法之前，他首先遇到的问题是关于怎样评价当线圈离开磁铁时，所发生的逐渐衰减的交流电。在研制出了冲击电流计（1832）之后，这个问题得以解决。测量交流电的下一步工作，是在 1846 年，由韦伯设计出电流动力计之后才得以完成。弹道方法的发明使楞次能够确定：第一，电枢电路中的感应电流大小，与线圈匝数成正比；第二，电流大小，与线圈的直径、制造导线的材料以及厚度无关；最后，是欧姆定理（1833，1838）对相关的感应电流的适用性。他还确定了各种材料的电阻的温度关系曲线的二次形式的经验公式。弹道方法在这些实验中的成果，说明它是第一个适用于研究相应现象的量化方法。

在楞次和雅可比对电磁的共同研究中（1838—1844），采用这个方法来测量磁力的大小，具有更为深远的意义。该项目是为在舰船上应用电动机而实施的。在确定了一系列仅仅在弱磁场和粗铁芯的情况下成立的经验法则的同时（磁化对电流和线圈匝数的比例关系、电磁引力相对电流大小的两次关系式等等），他们还形成了正确的结论：在任何形式的机器和电池中，机械功乃直接取决于锌的消耗，而不取决于中间的传动机械。这给企望借助电磁来获取"白得"功，划了个句号。为能量守恒定律的确定迈出新的一步。

以 Э. 克拉克的机器的两个感应器线圈，在并联和串联状态进行计算为例，楞次在 1842 年指出，为获得最大电流，机器内部的电阻，应当和外部电路的电阻一样。

1846 年，楞次着手研究机器电流电力与机器旋转速度的关系曲线（实验在更大功率的六极 Э. Штгереp 电机上进行），发现了电枢反应现象。他指出：如果电刷的位置与中线的有效位置相符，则会与韦伯的观测相反，电流和电动势，会与转速成比例的增加。而当外电路的有效电阻增加时，电动势几乎不变（1849）。楞次的这些结论，是电力建设理论基础的最重要的内容。在 Штгереp 电机上的实验中，1858 年，楞次借助专门的整流器，首次获得交流电的变化曲线（参见他的著作《关于转速对电磁机器产生的感应电流的影响》第三部分）。当时，交流电研究的重要性尚未显现。几乎是在四分之一世纪之后，类似的仪器才由儒贝尔重新发明，被称作儒贝尔盘而投入使用。楞次和雅可比除了研制测量电和磁大小的新方法，还促使采用统一的测量系统：他们所提出的电压标准在 19 世纪 40 年代获得国际认可。雅可比进行了基于电化学和有质动力效应的，测量电流强度的两种方法的比较（1839）。这样，在 30—40 年代，楞次和雅可比与高斯和韦伯同时并行地创建了电计量学基础。他们二人进行了一系列涉及电化学现象的研究。在这方面，引起楞次最初兴趣的，是想要验证欧姆定理对于第二类导体的适用性。而雅可比是寻找到作为电动机电源的伽伐尼电池的更合理的结构。

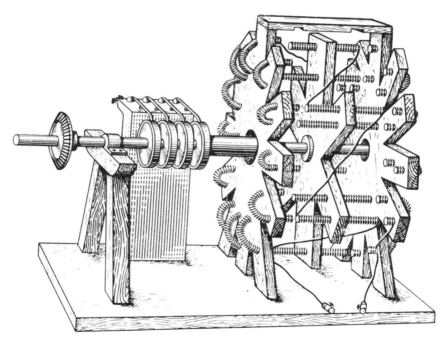

雅可比的电动机

1834 年，楞次证明，除了极化的电动势（ЭДС），没有必要像 Г. 费希纳那样引入新的"接触电阻"的值。随后，他与自己的学生、后来的喀山大学教授 A. 萨维利耶夫一起，在 1847 年的著作《关于水电路伽伐尼电流电极化和电动势》中指出，每个电极的极化电动势之和，构成磁化的完全的电动势，同样，其构成于元素的初始电动势代数相加。在电化学史上，第一次对 77 种金属和电解质的化合物，测量了处于金属的电解质状态的电极电势。硝酸铂的电极电势被定为零。

楞次和萨维利耶夫的文章的译文和文摘，出现在德国、法国和瑞士，被亥姆霍兹的《力的守恒》（1847）一书引用。

1836 年，在寻找伽伐尼电池的最佳结构时，雅可比的发明开创了电流技术的新领域——电版术。1840 年，雅可比将该工艺流程详细发表在《电版术——从铜的溶液中通过电流生产铜制品的方法》一书中。该书以俄文、德文同时发表。1841 年出版了英译本。

1832 年，俄国发明家、学者和外交家希林格（П. Шиллинг）提出了第一个实用的电磁电报系统，建成在彼得堡联接冬宫和总参谋部的线路。1837 年希林洛去世后，雅可比继续进行电报领域的研发。1843 年，他提出了同步同相的指针器。1850 年，又提出了字符打印机。

1844 年，著名的发明家 K.康斯坦丁诺夫制造了第一个可确定弹丸速度的电弹道仪。它可以记录在当时创纪录的时间间隙，精确到 0.00006 秒。他还设计了采用自动控制和以单独作业进行操纵的火箭。

地球物理学研究

电磁的发明是地球物理学上的重要事件。安培曾试图以地球内的电流来解释地球磁力。这引起了对地球物理学领域的兴趣。对于缺少研究的地区的磁场图的绘制也有了需求。在俄国，首先对此发生兴趣的是喀山大学教授 И.西蒙诺夫、南极考察参加者别林斯高晋和拉扎列夫（1819—1821）。1823 年，库普费尔先后在巴黎、柏林和哥廷根接受教育后来到喀山，他也着手对地球磁力的研究，尽管他的最初兴趣是在矿物学上（一批矿物质的精确晶体图像的测量，是由他最先完成的）。通过他在喀山、阿刺果，以及巴黎所作的测量，得以确认：引起地球磁力元素不规律变化的，不是地方性的原因。

在建立地球磁力研究的国际合作方面，A.冯·洪堡起了重要作用，使得不仅是学者们，而且各国政府都认识到，积极加强进行这方面努力的必要性。

看来，洪堡第一个完全清醒地意识到：从地区的观测，向建立完整的地球物理的转化的时代来到了。

在俄国，对地球磁力元素的测量引起了对绘制地球磁场图的兴趣。因为，有两条零偏离线穿过俄国的疆域。这是由彼得堡科学院院士舒伯特于1805 年在中国访问时发现的。1828 年，由挪威政府资助，组织了由著名的磁学家甘斯坚、年轻学者杜埃和埃尔曼参加的，旨在完成西伯利亚磁测量的考察。第二年，由俄国政府出资，洪堡、X. 爱伦堡和罗泽在乌拉尔和西伯利亚进行了更大规模的考察。1829 年 11 月返回彼得堡后，洪堡提出，要进行系统的气象和磁场观测，着手研究里海海平面的变化。1828 年，库普费尔入选科学院，编制了建立中心天文台和网站的方案。很快就开始在彼得堡、尼古拉耶夫斯克、喀山、涅尔琴斯克以及其他城市进行定期观测。1832 年，高斯提出的测量地球磁场引力绝对值（水平的分量）及其变量的方法，对这方面的研究产生了重大的影响。

在高斯著名的《地球磁力总体理论》发表之前的四年中，它的部分内容被西蒙诺夫提前提出。他找到了地球的磁位按照球形函数分解的第一项（1835），一年后，他发现了磁偏离的 27 日时段性。

1834 年，在叶卡捷琳娜堡、巴尔瑙尔、涅尔琴斯克组建了磁场气象台，进行了每日的指针偏离和倾角变化的观测。磁力和气象观测结果大部分以法文单独发表。

1849 年，库普费尔成功地建立了彼得堡的中心物理天文台。按照他的想法，对于地球物理学的全面的研究均应纳入其工作范围。但是，实际上直至 20 世纪之前，这里只是从事了对磁和气象的研究。许多大学也进行了这方面的研究。关于莫斯科气候的总结，是莫斯科大学教授斯帕斯基（M. Спасский）在多年观测的基础上写成的（1847）。

概括起来需要指出的是，19 世纪前半叶在俄国进行的基本的物理研究是对电学的研究，首先是直流电路的化学和光学效应（帕罗特、彼得罗夫、格罗特古斯）；然后是磁和热现象（楞次）；再有，是化学现象（楞次、萨维利耶夫）和电磁感应现象（楞次）。如果说，研究的第一个环节主要是定性的，其结果是发现新的现象，提出新的思想和假说。那么，第二个环节则是建立新的定量的实验方法，创立确切的定理。

在当时新生的电技术领域作出了一些基础性的发明（雅可比、楞次、康斯坦丁诺夫），获得了关于地球磁力（西蒙诺夫、库普费尔）和气象现象（库普费尔、斯帕斯基）的新的实验和理论数据。

这一时期在俄国物理学上的历史意义，还在于深化了物理学的教育和普及。所有这些为俄国在后几十年的物理学的发展高潮做好了准备。

第十六章　化学

18 世纪 70—80 年代，拉瓦锡推翻了燃素学说，提出了氧化理论和关于化学元素的学说。经过拉瓦锡和他的继承者们的研究，18 世纪末在化学方面确立了关于化学元素不可变性的基本原理；编出了首份化学元素名单（1789）；得出了质量守恒定律和完成了对其实验论证，这样就给化学反应方程式奠定了牢固的科学基础；确定了采用物理仪器（精准天平、热量测定器、温度计等等）研究的数量化的方法。化学成为研究化学元素的成分和属性、它们的化合物、化学反应和现象、它们的伴生物的科学。

但是，拉瓦锡的关于化学元素的学说和他的氧化理论，却忽略了关于确定物质多样性的原因；关于决定每个化学元素各自特性的内部性质等问题。正确解决这些问题的方法，是在化学原子论的奠基人道尔顿的著作中给出的。原子—分子理论与化学元素学说相结合，成为后来的物理和化学发展的出发点。

定比和倍比定律、原子的热容量法则、同量素现象[①]，成为 19 世纪前半叶的化学分析家和无机学家们的研究指南。他们传统上是努力去寻找新的化学元素，研究各种矿物质的组成和详细描述被发现的元素和它们的化合物的属性。从拉瓦锡时期至 19 世纪 60 年代，发现了 30 多种新的化学元素。

19 世纪前半叶，化学发生了分化，产生了分析化学、无机化学和有机化学。俄国化学家们在这几个领域均作出了自己的贡献。

1811 年，彼得堡科学院院士基尔赫果夫发现了酸的催化作用的反应——在加入稀硫酸进行煮沸时，淀粉变为葡萄糖。这个反应开创了淀粉糖的工业

[①]　实际上是同位素，但当时还未揭示其本质。——译者注

化生产。1814 年，通过淀粉酶对淀粉的作用，基尔赫果夫也同样获取了糖。这样，找到了第二种重要的催化反应，开创了对生物催化剂——酶的研究。基尔赫果夫的研究，引起了俄国和外国学者的极大兴趣，为第一个工业化的催化过程——从淀粉提取糖浆和葡萄糖奠定了基础。1812 年，基尔赫果夫被选为波士顿科学院（美）外籍院士。

1805—1818 年，格罗特古斯研究了电解质溶液的导电性的理论。它被广泛应用于 19 世纪的电化学。在研究光辐射能和化学能的相互关系时，格罗特古斯在 1819 年发现了光化学的基本法则。按此法则，只有那些被物质吞噬的光线，才可以引起它的化学转变。

1835—1842 年，彼得堡科学院院士盖斯进行了系统的热化学①研究。1840 年，他发现了热化学的基本定律。按此定律，决定化学反应热效应的，仅仅是系统的始态和终态，而与变化过程的中间步骤无关。盖斯比汤姆森和贝特洛提出这样的思想要早了许多：释放的热量，可以作为化学（广义）力的度量。1875 年，贝特洛重新表达了这个原理，称它为最大功原理。

盖斯不仅发现了热化学的基本定律，对其做了实验证明，而且还利用它作为物理化学过程中的能量平衡计算的指导原理。这个定律，按照亥姆霍兹的说法，它表明了能量守恒定律可以适用于化学过程。为了评价盖斯所发明的定律的意义，需要回顾一下。1842 年时，迈耶的文章刚刚发表，其中构建了能量守恒定律。1847 年，亥姆霍兹就指出了该定律的普遍意义。奥斯瓦尔德这样评价盖斯的热化学研究的意义："在这个天才的工作中，我们看到对全部现代热化学的发展的准备。"

盖斯是教科书《纯化学基础》（该书七次出版，1831 年第一版，第七版于 1849 年）的作者。该教科书在俄国高等学校作为化学的基本指导教程，直至门捷列夫的经典著作《化学基础》问世。门捷列夫也曾经证明："所有俄国现在新一辈化学家，都是从这本书开始学习化学的。"

盖斯广泛使用了化学方程式。这在当时是重大的创新。对大多数化学反应，他都以原子方程式表达。作为此类方程式的例证，我们援引从氯化铵和氧化钙中获取氨的反应。学者们将其表达为下列形式 *：

---

① 化学热力学，下同。——译者注

* 删掉标志相对应的意思为两个原子，元素上带点的意思为氧原子。

发生作用　　　产生结果

$$\overset{4}{N}\overset{\cdot}{H}\overset{\cdot}{C}l+\overset{\cdot}{C}a \rightarrow Ca\overset{\cdot}{C}l,\ \overset{\cdot}{H},\ \overset{3}{N}H$$

关于形成尿素的反应，盖斯的表达是：

$$\overset{3}{N}H+\overset{\cdot}{N}\overset{\cdot}{C}+\overset{2}{H}=\overset{2}{C}\overset{4}{N}\overset{8}{H}\overset{2}{O}$$

盖斯的方程式还应用于有机化合物，例如，

$$\overset{4}{H}\overset{2}{C}+\overset{\cdot}{H}\ 和\ \overset{\cdot}{H}\overset{\cdot\cdot}{S} \rightarrow \overset{4}{H}\overset{2}{C}\ 和\ \overset{2}{H}\overset{\cdot}{S}$$

盖斯与索洛菲耶夫、涅恰耶夫、索鲍列夫斯基一起，研究制订了俄国的化学化合物的目录。它的主要内容被保留至今。

在无机化学方面，喀山大学教授克拉乌斯作了大量的研究。为学者们广为知晓的是他的关于铂金属化学的研究。1844 年，克拉乌斯发现了新的铂组金属，他称之为钌（拉丁语中的 Russia 一词）。由克拉乌斯研制的用硫酸法制取纯净的铂、铑、铱和钌的方法，长期应用于金属精炼厂。

1826—1827 年，索鲍列夫斯基和留巴尔斯基研制了从铂原料中制取可锻性铂的方法。该方法开创了粉末冶金工业。

19 世纪 30—40 年代，俄国化学家们的研究涉及确定单独元素的原子量和确定其化合物的正确的化学式。1842 年，俄国矿山工程师和化学家、盖斯的学生阿夫杰耶夫，首次确定了铍的正确原子量为 9.308（氢 =1 时），或者为 9.34（在氧 =16 时）。（据现代的数据，铍的原子量为 9.0122。）阿夫杰耶夫由此得出氧化铍的正确原子构成为 BeO，而不是如同别尔采里乌斯和当时许多其他化学家所认为的 Be_2O_3。门捷列夫认为："阿夫杰耶夫的观点的胜利，从周期律的历史看，其意义不亚于钪的发现。"

在有机化学方面，重大的研究属于沃斯克列谢斯基、弗里茨舍和济宁——"以自己的实验研究在俄国创建了有机化学。他们是 19 世纪前半叶俄国化学的明亮三星"。

门捷列夫的老师、彼得堡大学的教授沃斯克列谢斯基，于 1839 年在李比希的基辛实验室工作期间，发现了奎酸和奎诺醌（$C_{12}H_8O_2$），醌的发现，在化学的发展中发挥了重大作用。作为最重要的染料类（茜素类、蒽醌类）都具有醌的结构。关于沃斯克列谢斯基，李比希写道："在俄国出现了一批有机化学家。他们以自己的工作，使俄国名声大震，并且创建了化学的该领域的学派。" 1841 年，沃斯克列谢斯基从可可豆中分离出新的生物碱，被称之为可可碱。

弗里茨舍院士在 1838—1839 年，通过对尿酸的氧化，获取了双阿脲（уроксин）。在一系列的工作中，他研究了还原类靛蓝，分离出并研究了苯胺（$C_6H_5NH_2$）（1841）。弗里茨舍关于确定靛蓝结构的研究，获得李比希的高度评价。1848 年，弗里茨舍从草原苦香中提取了肉叶芸香生物碱。1867 年，他首次获得了纯的蒽。由弗里茨舍发现的对苦味酸（三硝基酚）加入芳类烃（碳氢化合物），形成完美晶体化的分子化合物的反应（1857），在实验研究中获得非常重要的应用。1868 年，弗里茨舍发现了对烃敏感的试剂——二硝基蒽醌，被称之为"弗里茨舍试剂"。

对芳族化合物作出经典化学研究的是济宁——布特列罗夫、博罗金和其他许多俄国有机化学家的老师。

正如布特列罗夫所言："俄国的化学走向独立，并且取代了欧洲学者的显赫地位，这在相当程度上要归功于济宁。济宁启发了一批俄国化学家，使他们在科学上著名于世。这些化学家的多数是济宁的学生，或者是他的学生的学生。"

研制新型的将硝基化合物还原成胺的全部反应的功劳也属于济宁。该方法在有机化学中获得广泛的应用。1842 年，济宁发明了著名的将硝酸苯还原成苯胺染料的反应：

$$C_6H_5NO_2+3H_2S \rightarrow C_6H_5NH_2+3S+2H_2O$$

经过几年，这一反应在苯胺染料工业中获得广泛的使用。1845 年，济宁完成了又一个新发明——获取氧化偶氮苯（碱作用于硝基苯）。而通过对它的还原，产生了氢化偶氮苯。它在矿物酸的作用下，发生分子内的重组，生成苯胺染料。

济宁的方法简单易行。通过还原硝基化合物，可以很容易地获得各种芳胺（苯胺染料、萘胺、苯二胺、联苯胺等）。它们成为苯胺染料工业、制药业、炸药工业的初始原料。果夫曼在德国化学协会会议上发言纪念济宁时说到："除了将硝基苯转变为苯胺，即便济宁别的什么都没做，他的名字还会在化学的历史上留下金字。"

1853—1854 年，济宁研究了硝化甘油。他指出了这一化合物作为强炸药的技术应用的可行性。饶有兴味的是，当时在彼得堡生活的瑞典工程师诺贝尔，对济宁的这些实验产生了兴趣。

1857 年，在巴黎科学院的一次会议上，首次讨论了俄国化学家希什科夫（Шишков）关于雷酸的研究。该项研究得到化学家杜姆的高度评价。在给希什科夫的信中，对他的重大成就表示祝贺。1857 年，希什科夫与本生一同完成了关于火药燃爆过程的重大物理化学研究。贝洛特在了解此项研究之后作出结论：希什科夫和本生对火药的研究是在科学基础之上的。

这样，在 19 世纪前半叶，在俄国完成了推进世纪化学科学的重大研究。1805—1818 年，格罗特古斯研究了电解的理论；1811 年，基尔赫果夫发明了将淀粉转变为葡萄糖的催化反应；1826—1827 年，索博列夫斯基和留巴尔斯基研制了从原料铂中提取可锻铂的原创方法；1839 年，沃斯克列谢斯基分离出并且研究了醌；1840 年，盖斯发现了热化学的基本定律（热量守恒）和热中和定律；1842 年，济宁发明了将有机苯化合物转变为胺化合物的反应，并且获得了苯胺染料；1844 年，克拉乌斯发现了新的铂族元素——钌。

这些发明发现证明，引导俄国化学科学在 19 世纪后半叶走向繁荣的高潮来临了。

第十七章　地质学

19 世纪前半叶，地质学以十分蓬勃的发展为特征。关于地质现象、地质结构和地质过程知识的深化和细化，导致地质学开始划分为一系列新的领域：地层学、大地构造学、关于矿床的学说，还导致矿物学和岩石学的进一步发展。

这一时期，还记录着有关总体理论的地质概念——岩层水成论和火成论、灾难说和均变说之间的尖锐斗争。

岩层水成论的兴盛在 18 世纪后半叶。水成论者们认为：地球上所有地质过程均由水的作用所决定。最初，地球的整个表面是被"原生的海洋"所覆盖。在这个海洋的底部，经过化学沉积形成"原生的山脉"的晶体岩层。然后，在海洋平面下降时，部分通过化学沉积，部分通过陆地断裂的力学作用，形成其他的山岩。按水成论者的观点，火山现象是由于石煤层燃烧引起的，对地球本身无重大意义。在水成论中，具有正面意义的是对沉积形成过程的关注和尝试编制地质编年史。这在后来促进了地层学的发展。但是，水成论者认为，自从海平面下降露出陆地之后，地球表面未发生任何改变。因此，与前面所提到的地表变化的观点相比较，水成论的观念是倒退的。

在 18 世纪末，反对水成论的是火山学说（火成论）的代表者。这一学说是基于在地球内部存在中心之火的概念。火成论者认为，地球的发展过程是按照一定的循环周期：陆地被破坏，断层位移至海底。在那里，在地球内部热量的影响下凝固。然后在地下之火的升力作用下海洋底部上升，形成新的大陆。再开始重复整个循环。19 世纪初，火成论成为占优势的观念。促成它的原因，是在科学上对康德—拉普拉斯的宇宙起源假说的确认，从中引申出地球是覆盖着薄地壳的火熔核的概念。在这幅图像中，造就了对火山爆发、地震、存在火山喷出的矿岩等等的原因的解释。

19 世纪初的大多数俄国地质学家迅速接受了火成论的概念。在对其进行发展的同时，也没有抛弃水成论的某些要点。如果不考虑与水成论相呼应的宗教世界大洪水蛊惑的统治思想压力，纯粹的水成论在俄国几乎未被传播和产生重要影响。

与大幅度开展地质研究相应的是在俄国成立了矿业地质机构。1807 年，取代矿业总局成立了矿业司（1811 年改称为矿业盐业司）。1825 年，该司成立了所属的学术委员会，同时开始出版《矿业杂志》。地质学知识的发展也促进了自由经济协会、莫斯科自然实验者协会和矿业学学会的活动。

从 19 世纪初起，考察性的地质研究具有了系统和区域的性质。例如，顿涅茨克山脉的研究（科瓦列夫斯基，1829）、莫斯科附近的煤田考察（盖里梅尔申、罗曼诺夫斯基等，40—50 年代）。在高加索，系统的地质研究始于 19 世纪 20 年代（艾赫菲尔德、沃斯科鲍伊尼科夫等）。阿比赫研究高加索 30 多年。莫斯科大学教授舒洛夫斯基进行了在中部地区、在乌拉尔（1838）和阿尔泰（1846）的研究。

地质研究涵盖了更多的国家边远地区：后贝加尔、西伯利亚、远东、堪察加等等。

考察研究促进了地质绘图的发展。还是在 30 年代，矿业司就开始系统的地质测量工作。俄国欧洲部分的地质图编制于 1840 年，是由科克沙罗夫编制，1841 年由盖尔梅尔森以及地理学家迈因多尔弗绘制。

俄国疆域的辽阔和它的地质结构的多样性也吸引了外国研究者。1829 年，洪堡在矿物学家罗泽和生物学家爱伦堡的陪同下完成了乌拉尔、阿尔泰和里海之旅。旅行中的一些路段，还有俄国生物学家盖尔梅尔森、李森科、巴尔伯特德马尔尼参加。这次考察以及随后的穆尔契松的考察，创建了最好的研究条件。通过自己的旅行，洪堡编制了基于他的山体在地球内部的火熔化作用下"上升"的概念的中央亚洲山志图。

1840 年和 1841 年，在俄国地质学家的协助下，英国地质学家穆尔契松领导的考察对俄国欧洲部分的地质进行了考察研究。1845 年，他在伦敦发表了关于俄国欧洲部分和乌拉尔的地质学的大部头著作。他编制了比例尺 1 英寸∶140 俄里的地质图。其中图和解说的著者还有法国古生物学家维纳伊和俄国地质学家凯泽尔令格。在 40 年代的后半期，该图在俄国两次再版。

与在其他国家的情况一样，先于地质学其他分支发展起来的，是具有初始的质量描述性质的矿物学。至 19 世纪初，该领域积累了大量的资料。发表于 18 世纪和 19 世纪之交的塞维尔金的著作对矿物学的发展起了重大的作用。塞维尔金发展了描述矿物学和矿物质化学的基础，确切了矿物学的术语。他提出矿物质在自然界长期共存（它们的"邻接性"）的思想。他的《俄国国家矿物学土地描述实验》（1809）是第一个对全国的地质学和矿物学的概述。还应该指出，对于水成论概念的极端表述，塞维尔金持批判态度。1789 年，在研究哥廷根附近的玄武岩露头时，水成论者认为它是沉积岩层。塞维尔金得出的正确结论是火山形成的。塞维尔金是一系列西欧学会的成员，还是俄国矿业学学会的组织者之一。

在普通矿物学的著作之中，应当提到捷利亚耶夫教授的《矿物学史》（1819）、彼得堡矿业学院索科洛夫教授的基础性著作《矿业学指南》（1832）和《结构地质学教程》（1839）。

岩石学后来成为关于矿岩层的独立学科。在 19 世纪前半叶，它还与矿物学紧紧缠在一起。因为矿岩层被视为不过是矿物质的积累。但是塞维尔金已经将矿岩层与矿物质分开描述。阿比赫的著作促使产生了岩石学中的化学方向。从 1830 年起，在俄国地质学家们的著作中详细地描述了变质（变相）作用现象（索科洛夫、柴可夫斯基、乌索夫等）。19 世纪中叶，还研究了地壳下熔化的火山岩的晶体化问题（库托尔加）。

1825—1950 年中，与火山观念紧密相连的矿岩形成假说得到进一步的发展。提出了从熔岩物中（盖梅尔森，1838）、从火熔岩冷却时的金属蒸气中（弗兰加里，1853）和从矿物质水中（阿比赫，1858）形成矿岩的假说。阿比赫在 40—50 年代发现的规律——关于背斜升起的石油聚积的矿床性，对寻找石油具有重大意义。关于石煤从植物动物的致密遗体产生的思想得到发展（谢格洛夫，1826；约夫斯基，1828）。洛维茨基（1830）依据罗蒙诺索夫对此问题的观点，支持石油有机生成的理论。洛维茨基还强调，现代煤堆积的条件与古时不同。

对发展地层学具有重大意义的是生物学方法，即以嵌入层内的发掘物确定岩层年龄的方法的发明（斯密特 1799 年在英国，居维叶、博朗亚尔 1808

年在法国），以及地质绘图。

在俄国的生物地层学和古生物学方面，由潘杰尔完成的描述彼得堡区域的下古生代沉积层的研究（1830）、由雅济克夫完成的伏尔加流域的白垩代沉积层的研究（1837）、费舍尔和鲁利耶完成的莫斯科郊区等地的古生代和中生代的研究等等尤为重要。艾赫瓦尔德编写了俄国古生物学的总结（1850—1868）。1868 年，著名德国生物学家冯布赫在研究矿山学院寄来的由俄国地质学家在俄国各地收集的化石标本的基础上，尝试对俄国和西欧的地质地层的同一性作出鉴定。

19 世纪前半叶，开始形成地质学的另一个领域：大地结构地质学。它是关于地壳运动，以及与此相关的山体形成过程和矿层埋藏形式的科学。19 世纪前半叶后期，水成论的一个重要原理——岩层倾斜不变性被摈弃。在德国地质学家冯布赫、施图德尔的著作中，发展上升的假说占据了统治地位。按此假说，山体起源于地层在内部融化物的顶撞下升起。各种地层的地质结构，被视为原本水平的地层，在凝固起来的火成物的影响下，发生折弯的结果。这个观点得到库托尔戈、索科洛夫等人的支持。矿业工程师斯特里日夫在 1835 年写道，乌拉尔山脉的突起是火山岩层的侵入引起的。库托尔戈写道（1834），克里米亚山脉的形成是由于强烈的"地下断裂"。阿比赫得出结论，平行的高加索山脉是突然而同时形成的。

那时，还产生了各种形式的地层地质运动的概念。1844 年，奥泽尔斯基引入了关于地壳振荡运动的概念。我们发现罗蒙诺索夫就曾有这一思想。与此同时，产生了关于在山体形成时，不仅有垂直方向的运动，还有横向运动作用的概念。安基波夫和梅格里茨基（1858）对乌拉尔山的研究得出这一结论。关于由于地球冷却收缩引起的横向运动影响之下的山体形成的设想，成为鲍蒙在 1829 年和 1852 年提出假说的基础。该假说得以推广，则是 19 世纪后半叶的事了。

19 世纪上半叶，在地质学上占据重要地位的，还有古冰川和巨漂砾的问题，后来成为地质学的专门分支——第四纪地质学的研究对象之一。欧洲关于古冰川的假说，是由瑞士地质学家维内茨（19 世纪 20 年代）、沙尔潘契耶和阿加西（19 世纪 30—40 年代）提出的。但是，冰山的分散还未曾与散布在北欧大地上的漂砾的形成相关联。莱耶尔提出漂移假说，认为漂砾是由冰块移动的。为了查明这个问题俄国地质学家们作了许多研究。还是列皮奥欣在自己的"日记纪事"（1780年第三部分）中写道，他在北德维纳河河岸看到的巨石，是由春季的冰搬运至此处的。塞维尔金在1815年和1820年提出巨石是被冰和水流从斯堪的纳维亚移至此地的意见。拉祖莫夫斯基（1816）还确定了巨石移动的方向：从东北方向西南方和从西北方向东南方。1829年矿业工程师阿尔森耶夫提出，巨石是被冰从芬兰和瑞典海岸移来的。晚些时候，漂移假说在拜尔（1839）和鲁利耶（1851）等人的著作中得以研究。1876年，克罗包特金发表了基础性著作《关于冰川期的研究》。大陆冰川的假说，在这部著作中得到广泛的推广。

在19世纪前半叶后期积累的实际资料，为构建地质学中的历史原则创立了基础。如果说18世纪末至19世纪初，在理论地质学上水成论和火成论的斗争占主要地位，那么19世纪前半叶后期，占首位的则是突变论和渐变论的斗争。后来又是突变论和进化论之间的斗争。后者是由地质学各领域所积累的实际资料得出的总结。从19世纪30年代起，这成为在许多方面确定地质学多数领域的专门研究方向的中心问题。

灾难概念的起源在远古。关于改变地球的灾难的观念在古代思想家的著作中就存在。后来的地质研究表明，山岩形成的条件是经常剧烈变化的。因此。按照圣经的神话，地球的历史被认为是很短的。所以产生了改变地球表层和消灭有机界的周期性灾难的概念。最完整的灾难理论是由居维叶发展的（1812）。按照居维叶的意见，地质的过去是世界性的灾难，或叫转变，表现为大陆和海底的急剧上升和下降、洪水、地层的断裂和倾覆。

居维叶的观点和他的灾难理论，产生于水成论者的思想基础之上。认为过去的地质变化与现代的根本不同。在19世纪前半叶后期，灾难理论被火成论地质学家们（布赫、鲍蒙）视作山体灾难性快速形成的概念。这样，灾难论与水成论和火成论保持了融洽。居维叶的学生和继承人道尔比尼将老师的理论发展到极致：他列数了地球史上27次转变。每次均完成了地球面貌的改变，并伴随着地球上生命的再次创生。

某些俄国地质学家（艾赫瓦尔德、阿比赫、库托尔加）也未能避免灾难理论的影响。

在19世纪初，最先进的渐进学说基于承认作用在长时期地质时间的力的单一和持久性。

在地质学上，与灾难论对立的进化理论的实质在于承认自然界中不断的和逐步的转变。从18世纪中叶，在布丰、康德、罗蒙诺索夫和其他人的著作发表之后，发展的思想和关于地球历史的长期性和其表面缓慢变化的概念，越来越见诸于地质学家们的著作之中（赫顿，1795；拉马尔克，1802）。地质学的进化理论，由莱耶尔在他的著作《地质学基础》之中以更完整的形式加以发展。该著作的问世给灾难理论以毁灭性打击。莱耶尔证明：地球的历史很长。地球表面的变化，是在那些现在仍然起作用的地质因素的影响之下，经过缓慢的进化的途径而发生的。这后一个原理，就是渐进论学说的实质。在莱耶尔的著作中，发展和论证了地质学研究的最重要的方法之一——现实论的方法。它的实质在于，在现代地质观察的基础上作出关于过去的地质现象的结论。如同恩格斯所指出的，莱耶尔的观点在具有巨大意义的同时，也存在明显的局限性。"莱耶尔方法的缺陷在于起码是它的最初形式，认为作用于地球的力，无论是在质量上还是数量上都是恒定的"。在证明地球的进化同时，莱耶尔直至达尔文的《物种起源》问世，仍拒绝承认充满在他的著作中的有限形式的进化。

地球表面是长期历史形成的思想，在俄国有深厚的根基。它以罗蒙诺索夫的地质著作的主旨思想而著称。在19世纪初期，罗蒙诺索夫在这一领域的观点，确实是以某些苍白的形式带有很大的纯渐变主义的倾向。莫斯科大学教授德维古博斯基在《关于地球的现状的话》的发言中作了回忆。他说，地球表面在自己的历史上经历了巨大的变化。大概是"所有的物体都随时间而改变。有了新的属性并丢失了原来的属性。还有些则毁灭了，毁灭于未知的、作用于它的各种力。许多可能已不是初始形成的，而是逐渐另外产生的"。德维古博斯基在罗蒙诺索夫之后，认为地表面根本变化的原因是水的作用、温度变化、风化和火山活动。19世纪30年代，罗蒙诺索夫的观点，包括他的关于在地质历史过程中变化的不仅是地表，还有作用于它的力的概念，得到莫斯科大学教授洛维茨基的支持。1848年，该校教授别列沃希科夫对此作了精彩的讲述。在索科洛夫的《构造地质学教程》（1839）之中，说到"现在的地球变化，成为打开远古的变化的钥匙"。

19世纪前半叶后期，被称为地质学史上的"英雄时期"。如果说，这一时期在俄国科学界没有像某些西欧学者那样驰名的地质学家，那么，俄国的地质学思想在许多方面还是处于前沿的。地质学上的历史比较法（现实论）的意义，在德维古博斯基的发言中（1806）以鲜明的形式被人们所理解。而在他之前的则是罗蒙诺索夫。在俄国的进化概念的发展上起了杰出作用的是莫斯科大学教授鲁利耶。他在自己的著作中强调：地球上的地质和物理地理条件是逐渐变化的。与环境变化相关的，还有地球上的植物圈和动物圈。鲁利耶普及了康德—拉普拉斯的天体进化假说，描述了地球表面进化的后续时代：陆地与海洋比例的改变、气候条件的改变、火山过程的减弱等等。1854年，他引入"历史比较法"的术语。这样，在俄国地质学界，对进化的理解有了好的环境。地质学上的进化理论，促进了生物学发展理论的产生和论证。

19世纪中叶，地质学准备进入自己发展的新阶段，确定了许多特殊地质过程的重要规律，确定了地球经历了长期的历史，在这个过程中地球表面大大地变化了。

因此，19世纪前半叶是世界的和俄国的地质学发展的重要时期。在这个时期，通过各种各样的有时是纠缠在一起的倾向——水成论、火成论、灾难论、渐进论和进化论之间的斗争，地质学的历史原则得以确认。应当指出，每一个假说或理论都不是简单地被抛弃，而是被后来的科学发展所战胜，同时保留了其合理的部分。在这里，不是简单地引用这种那种理论的单独现成的部分，而是在新概念的前后关系上对这些理论加以根本地改造。在水成论学说中，这种合理的部分是关于地层的不断沉积的概念。它与古生物学的方法相结合成为地层学发展的基础。与火成论相关的关于山脉突然升起的观念则推动了大地构造学的发展。

与此同时，对祖国大地的多样性地质结构进行详尽的研究，引导一部分俄国地质学家得出结论：在山体形成上起作用的不仅是纵向的升起，还有在正切挤压（即水平方向力的作用）时的横向压力。

第十八章　地理学

19 世纪初，是俄国地理发现史上的转折时期，也是实现国家长期构想的时期。俄国舰队驶向世界的海洋。俄国的地理学家和水文学家们也能够加入到对全球的研究。

在本书第九章中，讲述了白令领导的两次堪察加考察。在考察前提出的任务中，包括寻找通往印度之路。其实，还在第一次堪察加考察之前，彼得一世就组织了赴印度的"南方"考察——沿着非洲周边，绕过马达加斯加。但是，在 1723 年 12 月 21 日，从雷瓦尔（塔林）出发的舰队，由于强烈的风暴不能前行而折返。

在 18 世纪的最后 25 年，出现了俄国人移居阿留申群岛，后来又移居北美大陆的情况。这促使重新试图去开通赴远东和美洲的海上通路。1787 年，组织了由穆洛夫斯基领导的新考察。但是，与瑞典的战争妨碍了它的实现。

直至 1803—1806 年，才组织了俄国的第一次环球考察。1803 年 7 月 26 日，"希望"号和"涅瓦"号从喀琅施塔得出发。船长分别是克鲁泽施泰因和里相斯基。他们是有经验的海员，此前曾去过南非和印度。在太平洋他们驶向合恩角（智利），舰队在那里分开了。

克鲁泽施泰因到了堪察加，调查研究了库页岛和日本。他描绘了萨哈林，但是将它当成了半岛。里相斯基从夏威夷群岛向北，到了利迪亚克岛（美），并且到了阿拉斯加的锡特卡（美）。在从阿拉斯加驶向中国澳门港的途中，他发现并且在图上标出了以他的名字命名的对航船有危险的低洼岛屿。

在舰队的指挥员克鲁泽施泰因和里相斯基以及随行学者的著作中，对此次航程的地理学成果进行了描述。此外，还出版了地图集和反映远方国家的自然和居民日常生活的图画。此次考察中，第一次测量了 400 米深的海水温度，进行了对洋流的观察。克鲁泽施泰因和随行的自然学家朗格多尔夫证明：水在夜间发光的原因是由于微生物的活动，而不是由于水粒子的机械摩擦。

后来，在俄国海员收集的地理资料的基础上，克鲁泽施泰因编制了南海的基本地图（1824—1826），而萨雷切夫编制了东海北部的地图（1826）。第一批俄国环球航海者的研究，是对世界地理科学的实质性贡献。

具有重大意义的事件，是俄国海员发现了南极洲——地球上最后一块大陆。由别林斯高晋和拉扎列夫指挥的两个不大的军舰——单桅炮舰"东方"号和"和平"号所完成的考察，发现了南极洲。考察队是由俄国海军军官和水手组成的志愿者补充配齐的。喀山大学天文学教授西蒙诺夫和画家米哈依洛夫加入其中。

考察之前，提出的考察任务是调查南乔治岛，位于南纬 55°。从东边绕过南夏威夷群岛，然后赴南极寻找未知的土地，首先是神秘的南方大陆（见下页插图）。

关于存在南方大陆的假说，产生于考古作家们。曾试图去发现它但未获成功的，有许多杰出的航海家，其中包括英国的库克船长。1773—1775 年，在南半球航行期间，他发现了南乔治岛和南夏威夷群岛，但是未能到达南极。在整体上评价南极海洋的冰况时，库克写道："……任何人在任何时候都不会想深入到比我达到的更远的南方去。南方有的土地，可能永远不会被了解。"接着库克声明，鉴于他的考察之行，"南半球已经被充分调查，对南方大陆的寻找划上句号"。这位当时最大的航海家如此断然的声明，导致停止了继续寻找南方大陆，地图上的关于它的假设图像也随之消失了。

俄国海员积累的环球航行的经验，使得别林斯高晋和拉扎列夫实现了看来似乎是不可能的事。1820 年 1 月 15 日（公历 1820 年 1 月 27 日），"东方"号和"和平"号到达南纬 69°23′ 和西经 2°35′，紧紧地靠近了南极的冰甲。在考察报告中，别林斯高晋写道：在那天他们遇到"成片的冰，在其边缘，被成块地抛在另一块上。而在里面向南，从不同的地方可以看到冰山"。2 月，舰船又几次靠近南极。别林斯高晋报告说："这里，在零星的冰地和岛屿的后面，可以看到冰的大陆。其边缘是垂直断面。据我们观察，它像是海岸，高耸着向南延伸。而靠近大陆的平坦的冰岛群，清楚地表明它们是该大陆的断裂物。因为它们有着与大陆相似的边缘和覆盖面。"

考察者们认为，南夏威夷群岛的陆地不足以形成多数是在大洋中遇到的巨大冰山。这需要被冰川覆盖的大陆岸。理论的思考也加深了对观察的认识。

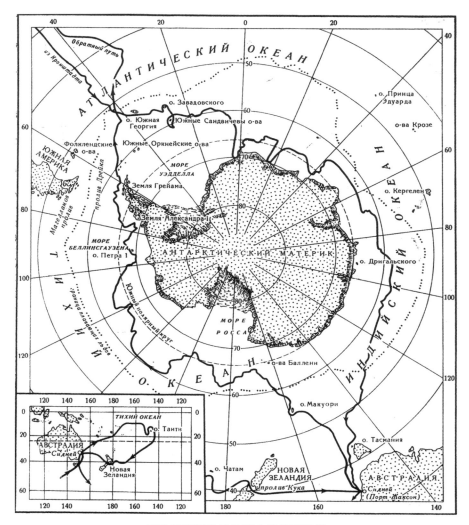

别林斯高泽和拉扎列夫的旅行路线

除了南极洲，考察队还发现了29个新岛屿，其中2个在南半球寒带，8个在温带，19个在热带。拉扎列夫和西蒙诺夫确定了岛屿和考察点的坐标。米哈伊洛维奇绘制的图，至今仍被《航海指南》采用。别林斯高晋对南极气候作出了简明而真实的评述，解释了在马尾藻海（大西洋）的水草的起源。他与诺沃希尔斯基一起，作出了关于珊瑚岛的产生是由于"极小的壳皮生物"活动的结果的正确设想。

与南极考察的同时，在 19 世纪前半叶还完成了几次环球航行，包括戈洛温在单桅炮舰"戴安娜"号（1807，1811）和"堪察加"号（1817—1819）上的航行。戈洛温关于这些航行的著作包含了许多新的对自然地理、人文和经济的观察资料，特别是关于库页岛和阿留申群岛。戈洛温收集了关于南非和日本的宝贵资料。1811—1813 年，他曾做过当时欧洲人还不知道的日本国的俘虏。

科策布（Коцебу）在"留里克"号（1815—1818）和"企业"号（1823—1828）上对太平洋的考察获得了巨大成果。在航行期间，发现和记录了约400 个岛屿；描绘了白令海峡地区的亚洲和美洲海岸。由此，科策布和随行的自然学学者恩格尔哈特得出了一个现在已被证实的结论：海峡地区的美洲和亚洲海岸具有地质的同一性。在科策布的第二次航行中，有物理学家楞次参加，实际上奠定了俄国的海洋学基础。航行中，采用他们与帕洛特一起发明的采水器和深度计，楞次进行了首次太平洋的温度随深度变化的研究，以及不同水位的水成分的研究。科策布和艾绍里茨确证和发展了珊瑚岛产生的假说，后来得到达尔文对此的高度评价。

1826—1829 年，后来成为海军上将和俄国地理学会副主席的李特科，在单桅军舰"森雅文"号上进行了环球航行。考察的基本任务是研究俄国东北海岸、鄂霍茨克海和白令海。李特科受命在冬季研究太平洋上的岛屿——加洛林群岛、马里亚纳群岛、马绍尔群岛等。参加考察的有动物植物学家马尔坚斯、矿物学家和艺术家帕斯特里斯和鸟类学家基特利茨。

1834—1836 年，李特科关于其航行的书面报告集出版，其中包括帕斯特里斯、马尔坚斯和基特利茨的文章。这是地理科学史上的一件要事。报告集获得了彼得堡科学院的最高奖励——全额杰米多夫斯基奖金。此外，依据考察的材料编制了 50 张地图，由海军总部水文局出版作为海图。

稍早之前，李特科领导了对过去研究较少的新地群岛的考察。1821—1824 年，他 4 次完成从阿尔汉格尔斯克至北极的航行，这使他誉满世界。李特科编制的海图，在整整一个世纪中为海员们所使用。

那些年，在北极东部区域进行考察的是俄国海军中尉弗兰格尔和安汝。

他们的主要任务是精确化北冰洋东北沿岸的地图以及发现新的岛屿。其中包括，委派他们去核实，是否存在"萨尼科夫地"和"安德烈耶夫地"。

在弗兰格尔的书《沿西伯利亚北岸和在冰洋上的旅行》（1841）之中，和在准尉（后来成为海军上将）马丘什金、医学博士基别尔和安汝的随从费古林医生等人的日记纪事之中，包含着许多对这片严酷地带的自然和新的地理的认识的真实考察资料。

基于比林格斯-萨雷切夫（1785—1793）、弗兰格尔和安汝的考察，西伯利亚的东部海岸，都按照最新的天文测量绘在了地图上。考察证明：每年的一定时期中，高纬度的北冰洋是可以通航的。马丘什金准尉完成了北冰洋沿岸的旅行，得出结论：从舍拉格斯基海角向北应当是陆地。关于这块陆地的位置，弗兰格尔在考察后编制的地图上作了标注。但直到1867年，美国捕鲸船船长隆格才看到这块陆地，将之命名为弗兰格尔岛。

在这一系列调查中，还包括涅维尔斯基船长在1838—1849年的航行，他发现了大陆与萨哈林岛之间的海峡。

西伯利亚人在17世纪就已经知道萨哈林是一个岛。他们在自己的地图上也是这样绘制的。但是，在1787年，法国旅行家拉彼鲁兹得出结论：萨哈林在阿穆尔河口南，与大陆相连。英国的布罗乌东的考察（1796），也得出同样的结论。克鲁泽施泰因也赞同这一观点。这些人认为，从南方，阿穆尔河口是关闭的，没有舰船的通道，不适于航行。但是，许多俄国地理学家认为问题尚未明确。

1849年7月22日（公历1849年8月3日），涅维尔斯基成功地发现了达达海峡，使得前人的迷误结论烟消云散。从这时起，大型船舶开始驶入阿穆尔河口。1850年8月1日（公历1850年8月13日），涅维尔斯基在居住在阿穆尔河下游的基立亚克人在场的情况下，在后来诞生了阿穆尔-尼古拉耶夫斯克市的地方，升起了俄国的国旗。

俄—美公司继续进行着阿拉斯加内地的调查。为此，组织装备了专门的考察。其中之一是由扎戈斯金于1842—1844年完成的。扎戈斯金收集了宝贵的关于阿拉斯加的地理概况、气候、河流水文、人种的信息。这些在他的著作《俄国控制的美洲部分巡行记》（1847—1848）中进行了描述。

沃兹涅辛斯基于1839—1849年对阿拉斯加、阿留申群岛和库页岛进行了极其重要的综合考察，给科学院收集了许多珍贵的标本。对阿拉斯加的研究，首先是沿岸，然后是其内陆区域，再去掌握其自然情况。在提高原住民的文化方面迈出第一步的功劳是属于英勇的俄国调查者的。

19 世纪前半叶，在环球航行和对于远东沿岸与海洋进行调查的同时，还继续进行着对内陆地区的地理研究——乌拉尔、西伯利亚、中亚和俄国的某些欧洲部分。

从 1809 年起，领航员科洛德金开始对里海进行系统的描绘。1826 年，出版了由他绘制的里海地图。1853—1856 年，由杰出的科学家拜尔领导，达尼列夫斯基参加的综合考察，研究了里海的自然地理特征和生物状况。在对这次考察中的观察进行研究的基础上，拜尔提出了里海的水平面降低的理论，并且将河岸结构不对称的现象解释为地球昼夜旋转产生的结果。在拜尔之前 30 年，西伯利亚的历史学家斯洛夫佐夫曾经注意到该现象。

1850 年，根据布塔科夫船长拍摄的资料，绘制了咸海的地图。该地图得到洪堡的高度评价。由洪堡提议，布塔科夫被选为柏林地理学会的荣誉会员。伦敦皇家协会为此地图授予布塔科夫奖章。

1848 年，彼得堡大学教授果夫曼、天文学家科瓦尔斯基等人的综合考察，对乌拉尔进行了研究。他们的路线包括从整个北乌拉尔至喀拉海。参与者们以天文方法确定了 186 个点，以气压计方法确定了 72 个点，发表了两卷集的关于北乌拉尔的地质和地理的著作《北乌拉尔和沿岸的帕伊霍伊山脉》（1853—1856）。动物学家勃兰特对北乌拉尔的脊椎动物进行了描述。

1842—1845 年，基辅大学教授，后来的彼得堡科学院院士米登多夫，实现了对西伯利亚东部和北部的富有成果的调查研究。他从科学院得到的任务是：（1）穿越亚洲最北部的尚未被知晓的泰梅尔半岛，弄清有机生命在高纬度区域生存的条件；（2）通过雅库茨克，具体了解所流传的费多尔·舍尔金矿井打到 166 米深的情况，发现存在永久冻土的真实性；（3）若时间还允许的话，就从雅库茨克前往鄂霍次海海岸，查看尚塔尔群岛。

克服了巨大的困难，冒着生命危险，米登多夫和他的随从地形测绘员巴戈诺夫，完成了全部所提出的任务。其中的每一项都享誉学界。此次考察对泰梅尔边区作了深入的自然地理描述。在研究永久冻土时，米登多夫对 12 个点进行了观测。根据自己调查的材料，他确定了地温级别的值。与此相应，他计算出雅库特地区冻土深度应为 204 米（苏联时期经钻探确定，冻土层厚度为 216 米）。

协助完成这项杰出研究的是雅库特的居民、俄美公司的职员舍尔金。为了挖水井，他多年用自己的资金在冻土上钻探。1842 年，钻探井深达 116 米，但是没有水。舍尔金根据科学院的请求，测量了不同井深的温度，然后给出了结果供发表。

米登多夫第一个确定了多年冻土的分布界限，开创了对永久冻土的研究。米登多夫的考察报告作出了被调查疆域自然状况的综合评价，其中尤其详细的是关于西伯利亚的气候、植被和动物界的信息。米登多夫提出了第一个西伯利亚东部和北部的生态——动物区系区划的科学论证方案，客观地考虑了关于现代动物的地理分布的起源的问题。后来，米登多夫发表了多卷集的专题著作《旅行在西伯利亚的北方和东方》（1860—1877）。该著作以在当时具有高度的理论水平，和以一个学者对于搞清辽阔边区的整体的自然状况下的地理规律的关注而著称。科学院赞赏米登多夫的考察总结，指出它给科学带来了极其重大的收获。

俄国地理学家契哈切夫，在对阿尔泰的研究上作出了巨大贡献。1842 年，他调查了在当时尚未知的阿巴坎河、丘亚河和丘雷什曼河的起源地。他发现了库兹涅茨基石炭沼泽地。属于契哈切夫的还有对小亚细亚、西班牙、阿尔及利亚和突尼斯的全面调查。基于他的杰出学术著作成果，契哈切夫被选为巴黎科学院院士和彼得堡科学院荣誉院士。

19 世纪前半叶的多次地理考察，为更充分地了解国家的气候、植物和动物与地形状况提供了丰富的资料。1798 年，科学院地理部撤销后，由专门的地图局进行俄国地理和地形的地图编制。1812 年，该局移交给军事部，改名为军事地形局，在对俄国的疆域进行地图绘制上起了杰出的作用。

1801—1804 年，地图局出版了当时堪称相当优秀的《俄国帝国和邻近的国外领地详图》，比例尺为 1 英寸：20 俄里（1：840000），该图以"百页地图"（Столистовая）著名。在总共 114 页图中，极其详尽地描绘了从西部波兰边界到东方的托博尔斯克——希瓦子午线的俄国的疆域。1839 年，绘制了 60 页的俄国西部的比例尺为 1 英寸：10 俄里的专门地图。

1852 年，在俄国境内确定的 25°20′ 延伸子午线具有重大意义。它被称为斯特鲁维（Струве）弧线。1860 年，出版了祖耶夫编写的《俄国帝国详图》（共 22 册）。1863 年，俄国西部的 435 页的 1 英寸∶3 俄里比例尺的军事地形图基本完成。后来该图增加至 517 页。由于个别图页的加工，该图的出版周期很长。

1842 年，财政部出版了《具有各类轻重工业手工业地点标识的俄国欧洲部分工业地图》。比例尺为 1 英寸∶70 俄里（1∶2940000）。这是俄国第一个经济地理地图。

与出版反映俄国自然经济方面的地图的同时，还发表了国家整体的和分州的地理学和地理统计学的著述。1807 年，齐亚勃洛夫斯基（Зябловский）的《俄国帝国的最新土地状况》问世。1810 年，他的《全部三种状态的俄国帝国土地状况》出版。1801—1809 年，谢卡托夫（Щекатов）的《俄国国家地理字典》的出版，是大量事实材料的总结。

十分有意思的是阿尔森耶夫（1818）研究俄国经济地理的初步尝试。以评价国民经济发展前景为目的，他将国家分为 10 个土壤—气候带（区）：北方带、波罗的海带、草原带，等等。对每一个区，他都作出了简要的自然地理学评价，列举了现有的和可能的产业。1848 年，阿尔森耶夫出版了《俄国统计要览》，包含有大量有意思的统计材料。

总参谋部于 1837 年开展范围广泛的具有经济—统计目标的工作，所编写的对于俄国各州的陈述中含有大量的地理信息。

俄国的地理状况也纳入了那些年出版的教科书。例如，由库兹涅佐夫编写，克片（Кеппен）院士和维谢洛夫斯基（Веселовский）院士参加编写的《俄国帝国地理教学大纲》（1852）。

这一时期，在罗蒙诺索夫唯物观的主导下，科学的自然地理学思想得以继续发展。19 世纪初，对俄国地理学具有重大影响的是西欧的先进学者，首先是洪堡的著作。他在气候学和生物地理学领域的研究，也为这些学科在俄国的发展奠定了基础。对气候学的发展贡献最大的是莫斯科大学教授斯帕斯基（Спасский）于 1847 年发表的《关于俄国的气候》一书。在此著作中，将气候问题置于广泛的理论基础之上。斯帕斯基认为，气候学最重要的任务是研究气候的规律。

这个基本任务，在 1857 年出版的维谢洛夫斯基的基础性著作《关于俄国的气候》中，用更广泛的资料得以完成。属于他的功劳的还有他于 1851 年研制的第一个俄国欧洲部分土壤一览图。在 19 世纪前半叶，涌现了许多关于俄国各州的植物群落和动物种群的著作。在米登多夫的著作中提出对生物地理学理论问题的深入研究。19 世纪 40—50 年代，鲁利耶和他的学生谢维尔佐夫的著作，对生物物理学的生态学和发展方向作出巨大贡献。

还有一些地理学的分支学科，如地理地貌学、冻土学、陆地水文学、海洋学，也建成了初步的基础。

先进的俄国社会阶层对地理学的关注，可以从该时期大量的地理教科书的出版得到证明。其中最优秀的，基于自然发展的唯物主义思想的，是著名的物理学家楞次的教科书《自然地理学》（1851）。该书对自然地理学的课程和课题作出了明确规定。楞次写道："自然地理学的课程是讲述在地球表层，以及能达到的它的内部，我们所观察到的现象。它的主要课题是去确定我们所观察到的现象，是按照什么物理法则在进行着和进行了的。"

19 世纪前半叶，组建了一系列地理学机构和协会。其中，最重要的是成立于 1845 年的俄国地理学会。它在自己成立之初就成为俄国地理科学的真正中心，成为大多数开展调查研究俄国广袤领土考察的倡导和组织者。

第十九章　生物学

19世纪，生物学的发展处于这样一个历史阶段，就是生物学所积累的经验材料，与在当时占统治地位的关于有机世界的观点（其核心概念是坚持物种绝对不变）之间产生了矛盾，并且逐渐激化。诚然，生物学的根本转折是在后来发生的，是在达尔文进化论获胜之后。它所引起的变革，不仅在于生物学的理论基础，而且涉及生物学的整个思维方式。19世纪前半叶，是在为生物科学史上这个最伟大的革命做准备。由于生物学和地质学的研究成果从根本上动摇了对有机世界不变性的信仰，造化论学说走进了深刻危机的时代。该时期的另一个主要特点，是生物学的各个基本领域成为独立的学科。如同此前已经作为独立学科的植物学、动物学和人体解剖学，成为独立学科的还有：比较解剖学、古生物学、比较胚胎学、动物和人的生理学。一方面，逐步告别在有机物和最简单机械之间的粗略的近似；另一方面，脱离了自然主义哲学和活力论学说。生物学成为关于生命活动过程的严格的实验科学。有意思的是，生物学从医学中分离出来的愈多，它对医学的影响就愈甚。从而使它加速成为医学的理论基础之一。在这一时期，形成了关于植物生理学要解决的主要问题，动物和人的地理学和生态学获得了广泛的发展。

1838—1839年，施旺和施莱登构建了关于细胞的理论。特别得益于农业实践的经验总结以及通过对各地区生态的观察，关于植物和动物的变化，以及它们生存条件影响的大量资料数据开始得以迅速的积累。再加上动物地理学、古生物学和比较解剖学的研究资料，从而动摇了关于物种恒定不变的观念。这个观念在19世纪前期，仍然牢固地在许多学者的意识中存在着，但是已经遇到越来越多的怀疑和批评。许多俄国生物学家都是这一观念的反对者。

对动物群、植物群和动物植物的单独物种进行系统的整理和描述，继续构成为多数植物学家和动物学家的工作。居维叶的名言"命名、描述和分类，这就是科学的目的所在"。19世纪中叶，俄国生物学家鲍尔津科夫（Я. Борзенков）形象地将其概括为"别下论断"，这个提法至今依然具有影响力。但是，无论是世界各国的还是俄国的生物学家，都在更加关注于生物现象的实质和基本规律问题。

总体理论概念的发展

旧的观念的失败，引起了对于认识自然的方法问题的极大关注。由于简单机械论不能对生命的基本过程作出任何令人满意的解答，人们对它已经绝望。同时，单纯的描述也显现出它的局限性。19世纪初，首先在德国，谢林格的自然哲学产生了巨大的影响。这一思想在19世纪初也明显地影响了一些俄国生物学家——维朗斯基（Д. Велланский）、凯达诺夫（Я. Кайданов）、果里亚尼诺夫（П. Горянинов）、М. 马克西莫维奇，等等。谢林格和奥肯的思想促进对片面经验论局限性的认识，在生物学中加入了发展的概念。但是，在俄国生物学家中，自然主义哲学未能占据统治地位。相反地，在吸收他们的哲学合理内核的同时，俄国学者们批判了他们的片面性——出于唯心主义的本质而忽略对自然的实验研究。即便是那些一开始曾经在自己的科学活动中，为自然主义哲学作出诸多贡献的俄国学者，也很快离开了它。莫斯科大学教授М. 巴甫洛夫——俄国农业科学的先驱之一就是这样。在19世纪20年代初，他曾被自然主义哲学所吸引。1828年，在《抽象思维和实验的信息之间的相互关系》一文中，他写道："我们认知的任何目标，无论它是什么，都只能通过实验的帮助才能够去加以认识。""只有在构成科学的实验的信息存在的情况下，构成哲学的抽象思辨的信息才是可能的。哲学不能够没有科学。如果有什么人，不知科学而去臆想搞哲学，那么，他的聪明就将会成为使智慧蒙羞、危害科学的妄诞。"

努力去克服经验主义和唯心自然哲学的片面性的，还有М. 巴甫洛夫的学生，莫斯科大学植物学教授马克西莫维奇。他写道：奥肯要在自己的体系中去反映自然，但更想要的是在自然中去表达自己的体系。按照马克西莫维奇的看法，先验的哲学乃是闪光的假设、诗人的自然观，而非科学。科学要求对现象作全面的涵盖。因此，我们不满足于对现象的表面的感觉（经验论），不满足于分散的不同的各个部分（分析主义），也不满足于将精力专注在事物的非物质的思想上（唯心主义）。我们要避免各部分事物之间的关联汇总时的随意性（合成主义）。但是，我们要努力协调这些单方面的认识方法，将感觉的经验和智慧的经验融为一个全面、生动而准确的认识。

类似的观点并非仅此一例。通过各种方式宣扬此类观点的，还有生理学家菲洛马菲茨基（А. Филомафитский）和 19 世纪前半叶的许多其他俄国学者。这种情况被充分反映在 1828—1832 年由约夫斯基（А. Иовский）教授出版的《科学和医学消息》上。该杂志坚持自然科学的实验研究方向，不只是做简单的现象描述，同时也坚决地批评唯心自然主义哲学。有意思的是，弥勒的特别视能理论第一次在科学著作中遭到批判，该理论质疑我们的感觉能够反映客观的现实。杂志反对那些否认用物理化学定理去说明生理过程的适用性的观点。在著名的居维叶和圣-伊列尔的辩论中，杂志站在后一方。

19 世纪前期，在俄国学者中，医学家佳季科夫斯基（И. Дядьковский）尤为杰出。他出身于贫苦的农村教堂工友家庭。最初受教育是在梁赞的教会进修班，后来入莫斯科医科学院。1812 年毕业，留校作植物学教员，后来主持内科学教研室。И. 佳季科夫斯基享有很高的声望，在年轻学者中追随者众多。他与俄国许多文化名人相结识：别林斯基、赫尔岑、奥加辽夫（Н. Огарев）、斯坦克维奇（Н. Станкевич）、果戈理、谢普金（М. Щепкин）、莫恰洛夫（П. Мочалов），等等。

И. 佳季科夫斯基的观点，在他的答辩论文《议药物作用于人体的方式》中已有所反映。他坚持并发展了关于自然界一切现象都基于自然原因，并且遵循物质发展的共同规律的命题。他写道：导出和解释自然界一切现象的第一起源，应当不是外力或者是什么特别的起因，即我们至今一直在寻找，而终于可以推翻的这样一个完全无益的臆想之物。只有物质存在才是现象发生的原因。

И. 佳季科夫斯基确认，发展的起源在于物质本身。他写道："完全不必将物质神灵化，或者是按照先验的哲学家们的说法，以意念使它变活，再或将主观和客观部分分开。初始起源和一切行为的基础都包含于物质本身。我不认可任何物质之外的力量。为了解释物质产生的现象，完全不必使用任何物质之外的无法解释的力量。"

И. 佳季科夫斯基坚决反对活力论，他认为，生命是不断的物理化学过程。

在他的关于对自然界认知的观点中，鲜明地显示了他的唯物主义哲学。继狄德罗之后，他写道：认知的基础在于物质对各种形式的外部刺激作出反映的属性。在有机世界发展的高级阶段出现了有机体的新属性——感觉，在此基础上产生了认知。对这个有机物与周围环境联系的高级形式，И. 佳季科夫斯基将它和神经系统的活动联系在一起。

他坚持唯物主义的自然观，证明思维不是超自然的和怪异的属性，它完全依赖于大脑——进行思维的唯一器官的活动。他认为，人类的任何精神创伤均出自于大脑的活动或组织的问题。

在他的学生（也是 И. 谢切诺夫的老师）格列博夫（И. Глебов）那里，我们看到这个观点的继续发展。在自己的答辩论文《从生理、病理、治疗和生物药学的观点看欲望》中，格列博夫试图对精神活动的产生和基本规律作出唯物主义的解释。当然，在那个时代还解决不了这个任务。格列博夫的观点和他的老师 И. 佳季科夫斯基同样都具有强烈的机械论的色彩。

И. 佳季科夫斯基认为，检验科学理论的基础和标准应当是实验。任何有悖于实验的理论，他认为"不仅无益，而且有害"。

从承认物质的自运动，И. 佳季科夫斯基自然地引出自然界整体和有机界部分的发展观念。在自己的答辩论文中，他十分确定地写道，在食物、气候和生活方式的影响下，从一个物种向其他物种变化。还提到人和动物起源的同一性。他说明自然界的多样性不是从始即存在的。有机物的明显的适应性，不是按照造物主的什么专门的打算，而只能以自然的原因来解释。

И. 佳季科夫斯基的命运和当时许多俄国先进分子一样。他的创造被强行中断。1835年，因其无神论信念被赶出学校，失去了从事科研工作的可能。

实验研究和理论知识相统一的思想，在赫尔岑的《关于自然研究的信》（1845—1846）中，有着闪亮的阐明和论证。该著作回答了许多当时俄国自然学家思想家的问题，同时也对俄国社会的先进阶层，包括新一辈的自然科学家，产生了巨大的影响。

19 世纪 40 年代初，在俄国生物学家中，对待有机世界持历史观点立场的思想更加强烈和鲜明。就像 19 世纪前 10 年 И. 佳季科夫斯基反对活力论那样，莫斯科大学的动物学教授 К. 鲁利耶坚决、勇敢、持续地酝酿和坚持了这一思想。鲁利耶于 1814 年出生在下新城，是个鞋匠和接生婆的孩子。1833 年从莫斯科医学院毕业，做了两年医生，后进入莫斯科大学，成为动物学教授。他主持动物学教研室，直至 1858 年突然去世。

对于当时俄国自然科学界形成的观点，鲁利耶认为，仅仅从实验角度和仅仅从思辨角度看问题都是愚蠢的。1841 年，他写道："观察和实验是哑巴，需要对它们作出解释，赋予意义，否则，它们就只能对科学毫无益处的躺在那里。动物学和全部自然史以实验居优势。因为它是研究本体，同时也需要思辨。因为要尊重科学规范，不是无序的、无意义的在拼凑顺势或偶然遇到的无法解释的材料。""自然界一切都存在于内部的、必有的、因果的有机联系之中"，但并非是凝固的、一次形成的不变的个体。"在自然界，没有静止和停滞，而总是不断的运动。存在于物体和水中的最小微粒也对周围产生影响，同样受周围的反作用。"所有的存在物均有自己的历史，对现象作真正的、全面的研究，就要从发展的角度去观察它。1852 年，他指出"任何事物都不是突然地从开始就存在，而是通过缓慢的不断的变化逐渐形成的"。"通过对于随着时间而发生的事物的理解，才能清楚空间里的事物的构成"。按照这个思路，他提出了科学研究方法的建议"科学的道路，是对物体和现象的持续发展的实验研究。它不是单独进行的，不是与其他相对的外部现象脱离，而是必须互相关联的"。

鲁利耶大大扩展和深化了实验的概念。他是首先将实验解释为不仅包括观察和试验室实验，还包括农业实践的生物学家之一。

关于有机界进化论的发展

18 世纪，法国唯物主义者拉美特里和狄德罗，以及罗蒙诺索夫、布丰和一些其他自然科学家提出的关于自然界的发展的思想，曾遭到强烈攻击，未能被科学家承认。19 世纪初，同样的命运也发生在首先提出有机界进化学说的拉马尔克身上。

对于进化思想的拥护者来说，1830年，当圣-伊列尔在法国科学院与居维叶的著名辩论中失败之后，情况变得更复杂了。即使像赫胥黎这样后来成为一名达尔文主义杰出战士的大学者，在达尔文《物种起源》（1859）出版之前，也反对对有机界进行历史的解说。传统力量的强大也反映在莱耶尔的观点中。他的关于地球表面及其之上的生存条件是逐渐形成的学说，本来是注定要导致承认动植物的逐渐形成和物种的变化的。但是莱耶尔看不到这点，甚至在读了达尔文的《物种起源》后，也未马上接受有机界进化的理论。

然而，就是在进化论发展这样艰难的年代里，仍有自然科学家们心怀胆怯地、多数情况仅仅是局部地在接受进化论思想，并努力用新的事实材料对它论证。这样的科学家有法国的圣-伊列尔、德国的Л.冯布赫、科塔、Л.奥肯、奥地利的温格尔、比利时的多马利乌斯、瑞士的莫里特奇。在英国，按照达尔文的说法，切姆别尔斯的《创造的轨迹》（1844年匿名出版）曾在酝酿社会意见接受进化论方面起了积极的作用。诚然，在那个年代，写出物种变化的科学家并没有将进化论作为指南。他们几乎不打算在自己的研究中采用进化论，也没有认识到，正是进化论打开了认识有机世界的广阔视野。物种恒定的思想，在19世纪前半叶依然占据着世界科学的统治地位。

在俄国情况多少有些不同。可以不夸张地说，一批主流俄国科学家在19世纪上半叶成为发展思想的拥护者，个别人则成为它的热烈坚决勇敢的捍卫者。现在看来，这是由许多情况促成的。有些是对于当时的俄国和西方学者共同的，其中包括：已有一批重要的关于进化问题的著作，布丰、拉马尔克、圣-伊列尔等；迅速积累了大量导致承认物种变化的新的事实材料；19世纪30年代之前产生的历史的地质学和古生物学，表明地球表面上居住的动植物曾经完全是另一个样子；最终，是比较解剖学的发展、19世纪30年代比较胚胎学的产生、植物地质学和动物地理学的成就。

与此同时，在俄国还有一些特殊的条件，促进了进化观点的传播。如前面第十一章所述，在俄国与官方思想的抗争具有特殊意义且特别尖锐，尤其是在十二月党人起义之后。这在许多俄国思想家首先是别林斯基和赫尔岑的创作中有所反映。俄国的先进思想家寻找改变社会制度、改革社会的道路。1825年，与专制统治的直接武装冲突，由于参加者的狭隘短视而以失败告终。但是，现实生活顽强地寻求变革，为了实现它，需要打破专制思想的影响，传播新的世界观。在这种情况下，世界观的斗争列入角逐的日程。生物学研究与世界观的热点问题密切相关，无法不被国家的理论思想潮流所触动。俄国的生物学家们自觉而平静地对社会生活提出的问题作出回答。

最终，除了布丰、狄德罗、达尔文、拉马尔克、圣-伊列尔、黑格尔、奥肯等的著作，影响俄国进化思想发展的还有罗蒙诺索夫和拉季舍夫的著作。他们的著作奠定了对于自然界发展的历史观基础。

还是在 1806 年，莫斯科大学教授 И. 德维古伯斯基在《关于地球表面的目前状态》一文中，依照罗蒙诺索夫和其他俄国及外国学者的思想明确提出：随着时间的推移，在自然原因的作用下，地球表面以及其上面的事物发生了根本的变化。它们难以被捕捉发现是因为发生在很长的历史时期，非灾难性的而是一个逐渐的过程。值得注意的是，当时 И. 德维古伯斯基已经确认：影响了过去的地质作用，在实质上与现在是同样地。"至于数千年在已经形成的地球上所发生过的，今天仍在我们眼前发生着。只不过对于在这个星球上短期生存的我们来说，大部分现象都是难以察觉到的罢了。"

逐渐积累的事实说明存在的变化性；而流行的观念则是自然界的不变性。发现这两者存在矛盾，还不是问题的真正解决。只有建立一个说明进化事实的理论，才能使事情发生转折。要达到这一点，可以通过不同的道路。一些人虽然不专门从事进化问题研究，但是通过对自然界的唯物的观察作出科学的结论，进而导致进化论的观点。如前所述，这条道路就是佳季科夫斯基走的路。

另外一大批学者——凯达诺夫（Я. Кайданов）、М. 巴甫洛夫、果利亚尼科夫（П. Горяников）、艾赫瓦尔德（Э. Эйхвальд）、休罗夫斯基（Г. Щуровский）、等等，则是从认识自然界的共同规律，即从低级向高级的发展之中来寻求结论。但是他们没有提出物种变化的历史继承性和物种产生之间的相互关联。在这些学者的著作中，个别人试图基于事实材料说明，在很长的时间中动植物发生了明显的变化，但是不曾涉及这些变化的历史继承性。有些学者也在使用"逐渐发展"、"转化的形式"等概念，但是其含义并非指的是历史继承性，而是指：可以认为有机物的形式逐渐复杂化。"亲缘"、"亲和性"的概念，对大多数 19 世纪前半叶的学者说来，还不是指生物起源的亲缘关系，而仅仅指的是结构上的高度近似性。

在这方面，果利亚尼科夫的工作颇具代表性。他是彼得堡医学院教授，是当时俄国著名的植物学、动物学和矿物学的教科书的作者。在《自然界的第一系统特征》一书中，他首创了植物系统。他认为，自然界的主要成分是：氧、氢、碳和氮。由这些元素的各种组合构成周围两大类事物：一类是无形或无定形的无机物；另一类是有机物，其性质特点是细胞结构。活物的最初形成是在我们的星球冷却之后，由水、空气、其他化学化合物和体现出光和热的以太（醚）相互作用的结果。由此堆挤成活物的内核，然后形成细胞。自然界是统一的。由以太到人，是遵循从低向高的不断上升的路线。这个路线是螺旋形的，其底基是初始的以太，其最高端是人。依据对有机世界发展的认识，果利亚尼科夫建立了植物的体系，以异乎寻常的精确性，确定了许多组植物在植物界的位置。但是，果利亚尼科夫没有沿着自然发展的法则继续前行。无论在此篇或他的其他著作中，我们都找不到关于进化过程的具体反映。有机世界的发展原因，成为他的工作中没有回答的问题。

在《自然界的第一系统特征》和自己后来的文章中，果利亚尼科夫讲述了有机物细胞的结构。他认为这是区分有机物和无机物的主要标志。但是，这一思想只是以概括的、自然主义哲学的形式表达出来，并无实际的生物学材料加以论证。有意思的是，在这一思想的后面是对有机世界统一性的确认。

对物种起源独立和绝对不变性的教条概念的正确性表示怀疑甚至加以拒绝的，还有艾赫瓦尔德。在 19 世纪 20—30 年代，虽然他那时尚未具有真正意义的进化论观点，但是在《关于动物世界的边界和发展的阶梯》（1811）以及随后的两卷集《动物学教程》（1829—1831）中，他写道，动植物的基本形式不是立即形成的，而是逐渐形成，来自于共同的根——当时覆盖地球表面的海洋中产生的最初的黏液。"每一个后面的物种均产生发展自以前的物种，生物科属相互间的联系，不断呈现的更密切。"这一思想在艾赫瓦尔德的书中作成了插图，生物界呈现为树状结构。这是在帕拉斯的 *Flenchus Zoophytorum* 之后，第一个将有机世界基本组成之间的联系，比作分叉的树状。虽然在文中和图上没有明显标出这种联系，但是该思想已是毫无疑问的既对立于宗教思想，也对立于当时在生物学家中普遍流行的观点。

艾赫瓦尔德详尽讨论了人工体系的不足，坚持自然体系的优势。他建议将生物界分为六个门类，取代居维叶的四个门类。两个新的门类为蠕虫和植形动物（phytozoa）。对于生物的自然体系结构问题，艾赫瓦尔德于 1833 年著文《关于生物的新分类》。文中，他指出居维叶、勃林威尔、拉特雷尔等体系的缺陷，坚持提出了门类之间的联系和过渡。和当时的其他生物学家一样，对这样一些联系和过渡，他尚未认识到真正的系统发育的联系。但是，提出门类之间的联系这一问题，本身就意味着怀疑居维叶和他的拥护者们关于独立起源和有机形式恒定的思想。

艾赫瓦尔德的理论观点不明晰。只是在 1861 年达尔文发表《物种起源》之后，他在《俄国古生物学》第三卷中才明确有了进化的表述。从他的事例中我们可以看出，生物学家们在 19 世纪初期，从各方面逐步地、艰苦地、十分犹豫和磕磕绊绊地去创建有机世界的新概念。同样地，还有休罗夫斯基，他的早期著作如同艾赫瓦尔德一样，带有自然主义哲学的阴影。这种当时普遍存在的现象说明：积累的材料已证明存在某种异常，提示有重审旧理论的必要。但是还不足以弄清自然界的真实联系，以及自然科学中臆想的模糊理论的缺陷。

1834 年，休罗夫斯基发表《生物器官学》一书，详尽阐述了圣-伊列尔的观点。尽管从引用的比较解剖学材料中他未能作出进化论的结论，这一点即使是圣-伊列尔本人在 30 年前也未做到；然而，其中包含对生物组织同一性的无条件承认，并提出了关于该同一性的起源、关于器官的可变性、关于在研究有机物发展规律时要紧密结合形态学和生理学等一系列问题。休罗夫斯基区分了在器官结构上同源和相似之间的不同，指出了胚胎阶段研究对于确立生物组织同一性的意义。1841 年，在《乌拉尔山岭》一书中，休罗夫斯基十分明确地写道：逐渐的发展是自然界的根本法则。关于有机世界发展的原因，他写道："外部生存条件在最开始时，与现在完全不同。是一步步地、逐渐地接近，成为目前的状况。应当想到，生物的发展与这种生存条件的逐渐性相适应……这样，先前的生物，尽管有许多不协同，都会融入一个逐步完善的整体。"

在 19 世纪 30 年代初，特别是在 30 年代中期，在存在关于有机世界发展问题的自然主义立场的同时，也出现了将进化作为物种形成过程的最初尝试。我们在马克西莫维奇、潘杰尔、拜耳的著作中看到了这种尝试。俄国生物学家的自然主义立场的著作越来越少，取而代之的是以具体确切的材料，论证有机形式的真实的历史继承的进化。

1827 年，马克西莫维奇写道："自然界是以永远运动着的现象构成的不断的链条。没有静止，静止只是相对的。运动构成自然的生命。"此前，在 1824 年，马克西莫维奇写道：有机世界是逐渐发展的，产生于无机世界。有机体最初的形态极其简单，经过发展和变化，形成现在有机物的多样性。有机物的基础是小泡——细胞。

马克西莫维奇与奥肯的思想不同。后者关于原始的粘性小泡的说法，启发了前者关于有机物细胞结构的思考。马克西莫维奇是将细胞看做具体的生物组成。这在他的文章《关于植物界的体系》中显而易见。文章中写到植物的发展，从最初始的细胞，不是简单的生长和尺寸的增加，而是在发展中有新的组成。这一思想在他的《植物学基础》一书中有新的发展。他将细胞与研究过程的进行相关联，发现了细胞中的带有一定生理功能的复杂的生物组成。在《植物世界的体系》（1827）一书中，他对植物的基本体系进行了详尽的分析，坚决反对人为的体系分类。他强调，体系应当反映各类植物之间的真正关联，反映真实存在的植物世界。当然，他提出的体系也远未做到这点，并不是真正意义的自然体系。在《植物分类》（1831）一书中，他写道：同源程度不仅存在我们的概念中，也反映着自然界的真实联系。马克西莫维奇区分"同源"和"相似"两个概念（鲸与鱼相似，但与兽同源）。物种是具有稳定属性的实际组群。"在严格意义上，自然界不存在两个相同的个体。"如果这样的个体落在不同的条件环境中，它们应发生异样性，它们生长的条件相差越大，它们之间的区别也会越大。对散布在广大空间的物种，其异样性的数量也特别大。最后的结论：看来，物种实质上是产生很久的恒定的差异（按现代术语，即差异性）。这里我们看到，已不是在一般地谈论发展，而是在说物种的具体的进化之路。

明显推进进化概念向前发展的是拜尔。在他 19 世纪 20 年代初的早期著作（大部分在 50 年代末才得以发表）中，可以看出这位杰出学者的思想，在自己科学活动之初，就活跃在自然界的发展问题上。但是，在 20 年代他尚未有确定的结论。当时，他普遍使用的"同源"和"过渡形式"的概念中，尚未注入进化的系统发育的含义。奇怪的是，在 20 年代后期，随着胚胎的研究，得出了证明进化的大量材料，而他却不去承认，甚至对进化思想本身也予以否认。在科学史上，这样怪异的事例并不少见。这种情况在不同的知识领域曾多次发生。它证明了科学创造过程的复杂性。拜尔通过大量实际材料发现：将胚胎的发育阶段认作是成熟体的发芽过程的后续重复是错误的。由于他认为产生此错误概念是承认进化的逻辑结果，所以他对进化也予以否定。

但是不久后，在 30 年代初，拜尔在研究动物家养状态的变异性、动物的地理分布和古生物学资料的基础上，不仅得出了有机世界进化的结论，而且，他认为进化问题是作为生物研究出发点的最重要的生物学问题之一。他的著作《自然界发展的共同法则》（1834）非常深刻、系统地记述和论证了处于拉马尔克到达尔文期间的进化论学说。书中详细说明了物种地理分布资料对于论证进化学说的重要意义。他列举大量动物家养变异的事实和古生物学证据，以佐证承认进化说。奇怪的是，在列举确认物种变异的事实中，拜尔完全没有提到胚胎学的资料。

拜尔不认为从低级向最高形式的进化已经证明。他只认可在种类范围内的物种的变化，但也不排除将来可以证明在更大范围的进化。

属于拜尔的大功劳还有确定进化的基本方向。他认为其中最主要的方向是向前进步的发展。他提出和论证了组织高度的标准，许多生物学家在自己的研究中接受并运用它，其中包括达尔文。拜尔在阐明进化方向方面的功绩还不仅限于此。读他 1834 年的著作，扑面而来的是他还提出了进化的两个重要方向。过去记述拜尔时，不知为何未曾注意到这点。拜尔提出的两个方向是：（1）结构在前后连续序列的形态中的完善，保障其运动性能的增强。（2）在前后连续序列的形态中，大脑的增长超过身体。后一结论常常被人们认为缺乏根据，而只是将该结论与拉尔泰和马尔施的著作相关联。

至于涉及有机物的变化和发展的原因，拜尔在这个问题上的观点是完全矛盾的。无论怎样，当他从实际自然科学工作者的角度审视时，他将其归结为有机物和外部环境的相互作用。他看到有机体对外界影响的稳定性，否认突发原因引起的变异的继承性，如失去手指、耳朵、尾巴、犄角等外伤。他写道："相反的是，个体在自己形成中产生的每一个离开正常的偏向，都将在繁殖时转传下去。如果外部条件变化，改变了饮食方式，就会在繁殖时产生作用，持续影响以后几代。其作用如此强烈，即使是该外部影响已停止，仍会作用于后代。"但是，一旦当拜尔从对有机体变化原因的考察，转向从低级向高级发展的动力原因的问题，他便离开了科学，认为其原因在于附在自然界的内在的目标倾向。他在哲学上的唯心主义观点，妨碍他去接受达尔文的理论。虽然他不拒绝进化的思想，但他反对将自然选择作为进化的主要因素。有意思的是，还在1850年，即达尔文《物种起源》一书之前9年，拜尔就曾经讨论过借助自然选择去解释进化的可能性。但是由于哲学概念之分歧，他将该解释视为唯物主义而加以否定。归结拜尔在进化问题上的局限和矛盾，证明了自然恒定不变的学说正濒临破产。

持物种变化观点的还有潘杰尔，其观点乃是基于对现代的和化石的脊椎动物骨骼的研究。在他与道尔顿合著的《比较骨学》（1822）第三版中直接说到：除非是逐渐的形成，否则新生物体的产生根本不可能。在第六版，他对居维叶关于有机体的整个观念进行了不指名的批驳。"那种认为动物的不同形态是封闭的、完全孤立的、不受外部影响而发生的观点，不仅无法解释动物世界的多样性，也抹杀了动物之间互相比较的意义。"文中还说：动物组织的变化，可以通过一系列互相关联的过渡环节产生。其发生，是在长期的持续的变化的外部条件影响下，以及在动物倾向的方向逐渐变化的影响下。

彼得堡矿山学院教授索科洛夫在自己的《地球构造学教程》（1839）一书中，清楚地表达了进化的观点。此书（布尔重著）是基于多比尤伊松和科塔等人的著作。

在这里，我们远非列出了19世纪初期以各种方式促进进化论研究和传播的全部俄国学者。同时也不要以为这个过程没有困难和斗争。同意进化观点的也远非是所有的学者。例如彼得堡大学动物学教授库托尔加（C. Kyropra）曾发表《说说反对地球上有机体是逐渐产生的理论》小册子（1839），标题就已说明它的倾向。书中用最激烈的言辞斥责了与教会对立的自然发展逐渐继承的思想，肯定一切物种均是同时产生的。后来在50年代，他又依从居维叶的学生阿加希斯和A.道尔比尼的观点，承认系列的造物延续行为。

需要指出，19 世纪中叶是对进化思想发展非常不利的年代。早期的进化概念还不能令人满意地解释进化的过程。高涨和希望的阶段被怀疑和绝望取代。在俄国又适逢整体政治反动的增长。在 40 年代，欧洲镇压了革命起义之后，开始对进步思想的迫害，全面系统地采取了管制行动，在专制压迫的同时又加上教会的压迫。自然界发展的思想被视作对宗教和国家基础的破坏。

但是，即便是在这沉重的年代，如赫尔岑所称之为"黑暗的七年之夜"——指沙皇尼古拉一世最后的年代，在俄国为进化思想而进行的斗争也从来没有停止过。正是在 40—50 年代，我们看到了在俄国为创建完整的有机界发展学说的第一次尝试。这个尝试是由鲁利耶进行的。他对自然界的历史发展的坚强信心毫不动摇，无论是面对传统的巨大势力，还是经受尝试证明进化的失败，或是教会的威胁禁止，乃至世界的权威的反对。对于后者，他勇于面对："是的，先生们，你们说动物的特征，好像开始存在就和你们如今了解的一样。我们对你们这样的权威不满意。现在掌握的事实，更多的是反对而不是支持你们的意见。"

在自己的第一篇科学文章《动物学如同科学提出质疑》（1841）中，鲁利耶坚决反对造化说。他不仅提出了有机界发展的学说，还不顾排挤，奋力为它而战斗，将它广泛传播于大学讲堂、大量的文章、公开讲座，以及他亲自在 1854 年创办的科普杂志《自然科学记事》上。在 50 年代初，围绕鲁利耶的一批年轻学者，组成了世界生物科学上第一个前达尔文时期的动物进化学派（塞维尔措夫（Н. Северцов）、包格达诺夫（А. Богданов）、鲍尔津科夫（Я. Борзенков）、乌索夫（С. Усов）等）。历史的继承性和有机物在生存条件影响作用下之发展，最初由拉马尔克提出，鲁利耶完全沿续地视其为生物学的初始理论原则，认为有机界的一切现象均应受其指导，加以研究。

属于鲁利耶的成果有莫斯科流域的地质和古生物学的重要研究。其中他对于侏罗纪海洋软体动物的地理分布与生理地理和气候条件的研究具有重要意义，由此开创了古生物地理学和古生物气候学的研究。鲁利耶认为确定各类动物群之间的关联环节"过渡分子"，是古生物学最重要的任务之一。他写道：只是找出考古的和现存的生物之间的近似和区别是不够的，必须确定它们之间落在现存生物链上的环节上的实际关联，由此去发现现在似乎隔断的组群的同源性。考古研究"只有与现存动物的研究紧密相关，才能顺利地进行"。

从 40 年代末，鲁利耶完全投入到动物学方面的研究。他对有机物与生存条件的关系进行了如此深入的研究，以至于可以毫不夸张地说，他和他的学生 H.塞维尔措夫（关于陆地脊椎动物生态专项汇报的作者）是动物生态学的奠基人之一。鲁利耶同时还进行关于本能（包括探明鸟类迁徙的原因）和动物精神活动的属性及问题的研究。这些研究在俄国为动物精神学奠定了基础。

鲁利耶的著作主要以俄文发表，所以几乎不为国外所知。这可以解释为何鲁利耶对其他国家的生态学和动物精神学的发展无所影响，虽然他的许多思想在当时是超前的。

特别应当指出，鲁利耶与多数自己的前辈和同时代人不同，他不是偶然地去注意进化问题。在他的创造活动中，进化是一个专门的研究课题。从进化学说的角度，他去观察一切其他生物问题，包括动物精神活动的实质、起源和发展。1881 年，鲍尔津科夫在回忆达尔文《物种起源》一书给莫斯科动物学家们造成的印象时写道："当我们在莫斯科读到达尔文的书（布隆的德译本）时，和鲁利耶的交谈尚记忆犹新。书里面虽然不是我们从鲁利耶听到的那些，但十分接近，与他教导我们的十分同源。新学说对我们好像早已熟知，只是归纳的更明确，形式更科学严格，特别是引入无可比拟的大量事实信息。"鲁利耶的另一个学生在 1885 年说：鲁利耶可称为"达尔文学说的先驱和完成者"。

鲁利耶不仅限于寻找进化的证据，他还努力去揭示进化的动力、变异和继承性的原因和规律。随拉马尔克和圣-伊列尔之后，他也看到变异的主要原因在于外部条件对有机体的作用。但他不赞同圣-伊列尔，后者将有机物适应环境的复杂历史过程归为某一时刻的行为，并且对继承的稳定性估计不足，以至于看不到个体和历史的发展之间的联系。所以，一面反对居维叶的学说，另一面反对圣-伊列尔的学说，鲁利耶有充分理由将自己的观点称为"我们的学说"。他基于的信念是：有机世界的任何现象的确定，都不是仅仅因为外部条件，也不仅仅是因为有机体纯粹内部的规律性，而只能是二者相互作用。鲁利耶清楚地认识到，变异和继承是不可分的，是统一的发展过程的两个方面。

鲁利耶特别关注的问题还有：功能对器官结构的影响；伴随功能丧失、改变和扩大而发生的器官变化的规律；相关的变异性；器官的退化。

值得注意的事情还有，鲁利耶不认为外部条件只是无机的环境，而是包括有机体之间的相互作用。他将物种内和物种之间的关系相区分，提出一些物种排挤其他物种的事实，描述了物种之间的"竞争"。他在《石煤的形成》一文中写道："一旦条件有利，某种植物特别是高等植物就会巩固下来。若无竞争者，就会轻易地占据一块地盘，并且阻碍一切在其后来此地者生长。"在许多文章中，他列举了一些物种排挤其他物种的例子。他还注意到胚胎数目与成熟个体数目之间的不相符。他将此比喻为"自然界的战争"，自然界好像"战争的天然舞台"。但是，他未能对发现的事实作出正确的解释。有时会陷入目的论，例如在解释繁殖的进化时。

在观察物种逐渐变化过程的同时，鲁利耶还指出单独物种和大的种群的彻底灭绝。他认为此现象具有重大意义，多次回到这个问题上来。本书对此加以关注，不仅因为他可称作是深入关注灭绝问题的首位进化学家，还在于他需要克服拉马克在这个问题上的错误观点。

鲁利耶还未达到发现自然选择在进化中的作用的高度。所以他的学说还达不到达尔文学说那么严谨可信，那么能够解释许多现象。与达尔文前的许多生物学家一样，他不能解释自然界存在的适应性，这是达尔文前在整个进化结构上的一个拦路虎。即便如此，鲁利耶的创新仍在进化论的发展上前进了一大步。

此前，尚无人像鲁利耶这样广泛地吸取农业实践积累的材料，来论证进化的学说。在达尔文之前，除了鲁利耶，也无人能这样深刻地理解个体发展和历史发展之间的相关性。通过创造性的运用拉马克关于有机世界发展的逐渐性和继承性的思想，鲁利耶研究确定了历史比较的研究方法，并将其应用于有机体的生命和结构的各个方面。他在证明进化时，不诉诸动物的"内在的努力""趋向完善的意志"和其他关于提高动物组织向上发展的因素——出自拉马克关于阶段的学说中的错误观念。他摒弃了拉马克关于"高潮"的机械论观点。对圣-伊列尔的继承性观点作了原则性的修改。所有这些，都在接近着进化说假设的胜利实现，促进了唯物主义世界观在俄国的传播和生物学理论基础的发展。

学术官僚和沙皇政府因鲁利耶对生物学先进思想的忠诚信念，而对其加以残酷迫害。他的书被没收。1852年，他被禁止公开发言。他在大学的讲座，按教育部的命令，只能在校长和系主任在场时进行。他所处的难以忍受的沉重条件，看来是他44岁便因脑溢血英年早逝的主要原因。

生物学专门领域的研究

19世纪前半叶，在俄国随着探险考察的大力拓展，对动物群和植物群的研究迅速扩大。

19世纪初，除了科学院（当时已不是国内唯一的科研机构），参加此项工作的还有各大学相应的教研室、莫斯科和彼得堡的医学院、莫斯科自然实验者协会、各植物园（彼得堡、莫斯科、莫斯科附近的果连斯基（Горенский）、克里米亚的尼基茨基（Никитский））以及科学院和莫斯科大学的动物博物馆。

与18世纪相比较，这一时期研究的特点是：在对全国各地区的动物群和植物群进行汇总的同时，涌现了大批关于动植物单独种群和体系的详情的学术作品。虽然还有许多自然工作者在同时研究动物和植物的种群，但是，这种研究基本已将植物学和动物学分开。18世纪前半叶，俄国进行考察研究的生物学家人数众多，我们只择其最重要的讲述一下。

在新领地、拉普兰、伏尔加、里海、高加索、马内奇流域，由拜尔所完成的考察，对了解动植物种群，确切和深化对国家广阔地区的地理和经济状况的认识，提供了丰富的资料。其中，具有重大科学和实践意义的是：查明伏尔加—里海流域许多鱼类的生存条件，包括确定它们的产卵地和洄游期，以及数量波动的原因。在拜尔领导下成立的科学院专门委员会，对俄国的基本渔业区域进行了系统的调查研究。

喀山大学教授埃维尔斯曼（Э. Эверсманн）进行了具有重要意义的研究。他详尽全面地研究了奥德堡地区、伏尔加—乌拉尔平原、沿里海低地、高加索和中亚地区的动物群，特别是昆虫和鸟类。尤其突出的是他的学术著作《奥伦堡区自然史》（1840—1866），书中第一次描述了许多鸟类、野兽和昆虫。属于他的，还有两篇关于伏尔加—乌拉尔地区的膜翅目和鳞翅目的重要论文和关于俄国蜥蜴类的论文。其中汇集的昆虫种类达11252种。埃维尔斯曼作了许多生态观察，包括动物生命中的季节现象。他的研究也促进了动物地理学的发展。

在西伯利亚的动物群研究上作出重大贡献的是米登多夫院士。他的观察成果载入《在西伯利亚北方和东方之旅》（1860—1868）。书中他给出了所调查地域的生态动物群的划分，并以大量材料揭示了现代动物地理分布的原因。米登多夫开创了动物群的广泛比较研究，查明了相邻动物群互相渗入的途径，以及地形地理屏障在动物分布上的作用，等等。

И. 沃兹聂先斯基长期在远东地区、阿拉斯加和俄国的加利福尼亚，收集了大量动物群标本。考察后返回，他在科学院动物博物馆作了油封师。

还应提到的是莫斯科大学教授 Г. 费希尔的5卷集总结《俄国帝国的昆虫》。他对俄国中央区域的动物学和古生物学描述具有重要意义。国家的动物界的知识能够得以拓展，还借助于德威古勃斯基（И. Двигубский）、梅涅特里、艾赫瓦尔德、塞瓦斯契亚诺夫（А. Севастьянов）、盖伯列尔、Н. 塞维尔措夫和勃朗特的研究。

类似的大规模研究工作也在植物群方面展开。卢普列赫特（Ф. Рупрехт）调查研究了俄国欧洲部分北方的植物，他的研究成果汇集在两部学术著作（1845—1854）中。他还加工整理了许多其他自然工作者收集的资料。对南方的植物群进行详细研究的是比别尔什坚，他是一部反映这一广大地区植物的图像集（1810）和一部包括2322种植物的著作《克里米亚和高加索植物群》（1808—1819）的作者。他的植物标本集至今还保存在苏联科学院植物研究所，其中包括大约一万种植物。德尔塔的植物学家莱代博在阿尔泰地区的研究意义重大。其成果为世界著名的内容充分的4卷集《阿尔泰植物志》（1829—1833）。哈尔科夫大学教授图尔恰尼诺夫（Н. Турчанинов）极其充分地研究了伊尔库茨克州和后贝加尔的植被。卡列林（Г. Карелин）和基里洛夫（И. Кирилов）在阿尔泰、准噶尔、外额尔齐斯和塞米河流域的植物考察（1839—1841）获得显著成果。К. 马克西莫维奇发表了第一部讲述阿穆尔河地区植物群的著作（1859）。世界最大的禾木植物专家特里尼乌斯（К. Триниус）制作了极其充分的禾木植物标本集（22000 页），并出版了 3 卷分类总结（1828—1836），其中包括有 360 幅原版画像。

同时，俄国学者们开始对世界其他国家的动植物进行广泛系统的研究。在这方面带来实质性成效的是环球航行和去各国考察。朗斯多夫在俄国第一次环球航行（1803—1806）期间，收集了大量鸟类、昆虫和鱼类的标本，稍后又从巴西运回十分丰富的动植物标本。他收集了最罕见的巴西、中国和澳大利亚蝴蝶。科策布和李特克领导的第二次（1823—1826）和第三次（1826—1829）环球航行，提供了丰富多彩的资料。俄国学者达尼列夫斯基（В. Данилевский）、莫丘尔斯基（В. Мочульский）、К. 马克西莫维奇、卢普列赫特、列捷布尔（К. Ледебур）、岑科夫斯基（Л. Ценковский）、契哈切夫（П. Чихачев）在研究中国、蒙古、锡兰、伊朗、小亚细亚、北非、巴西和西欧诸国的动植物方面作出显著的贡献。

借助俄国学者的广泛收集，彼得堡科学院动物博物馆在 19 世纪前半叶，成为拥有整个俄国乃至全世界的动物的丰富收藏的第一流科学中心。

在这一时期，还开创了俄国领土疆域的古动物学和古植物学研究。除了上述生物学家中的许多人，从事该研究的还有罗曼诺夫斯基（Г. Романовский）、Х. 潘杰尔、戈尔麦尔森、Г. 休罗夫斯基、梅尔克林、诺尔曼、К. 鲁利耶、С. 库托尔格（Куторг）。古生物学逐步在形态学中获得独立学科的地位。

18 世纪前半叶，动物形态学和比较解剖学研究也获得显著进展。但是，在工作规模和发展速度上还远远逊色于对动物群的研究。

维林（Виленский）大学的鲍亚努斯（Л. Боянус）教授完成了大量关于寄生蠕虫、瓣鳃纲、鱼类、爬行纲和哺乳动物的解剖学研究。细致的研究和精彩的图例使他的著作驰名全欧洲。在涉及瓣鳃纲的呼吸系统和血液系统的著作中，他纠正了居维叶的重大错误。他完成出版了关于绵羊和马的解剖学、关于欧洲野牛、家畜牛和古化石原始牛的比较解剖学的大量学术论文。

勃兰特完成了许多关于灭绝动物（猛犸象、斯杰列罗夫海牛）和现存动物（海狸、麝鼠、虎、犀牛、欧洲野牛、驯鹿、驼鹿、许多鱼类和鸟类、个别无脊椎动物群组）的解剖学研究和分类状况的详尽描述。

季京（А. Кикин）和弗谢沃洛多夫（В. Всеволодов）研究了农业和家畜动物的解剖学。弗谢沃洛多夫（В. Всеволодов）的《家畜动物的解剖学》（1—11 卷，1846—1857），还包含有胚胎和胚胎期后的发育的信息。

在人体解剖研究及其教育的实施方面，巨大的进步源自医学教授穆欣（Е. Мухин）、扎果尔斯基（П. Загорский）、布施（И. Буш）、布亚利斯基（И. Буяльский）和彼罗戈夫（Н. Пирогов）。布亚利斯基的《解剖外科图表》（1828），彼罗戈夫的《动脉干流血管和筋膜的外科解剖》（1837）和《局部解剖学》（1852），都获得世界公认，并且稳稳入选金质科学基金。

关于当时的比较解剖学研究，应当提到的是鲍亚努斯关于硬骨鱼类颅骨结构的文章（1818—1821）和他所著的《比较解剖学入门》一书（1815）。鲍亚努斯发展和具体化了对颅骨的脊椎的起源的认识，包括首先第一个承认鼻骨是前头椎上弧的组成。他认为，为了搞清一种器官的结构，必须观察它在低级组织形态的序列的发展。

潘杰尔的《比较骨学》（1821—1831）在比较解剖学方面作了大量的工作。他以非常精彩的图例，描绘了哺乳类基本科属的代表动物的骨骼、许多种鸟类的骨骼，以及巨大树懒化石与现代贫齿目的骨骼比较。潘杰尔的俄国远古沉积鱼类化石的研究，对搞清鱼类的系统发育有重大意义。

19 世纪前半叶，动物胚胎学获得了特别的成就。其中作出决定性贡献的是潘杰尔，尤其是拜尔。

潘杰尔对鸡胚胎在孵化前 5 天的发育作了系统的研究（1817）。他首先指出，一定的胚胎器官，发育自一定的位于蛋黄表面的胎盘的层面；确定了胎盘裂为三层（或三页）的事实。据此奠定了胚胎分层说的基础，为发展比较解剖学创造了前提。

潘杰尔的科学发现，以及他所发现但不能正确解释的初始的褶皱，成为拜尔研究的出发点。而拜尔的研究，在多年中确定着全世界胚胎学的发展方向。拜尔的功绩首先在于，在学者们争论了近百年之后，对前定论和后成论的对立问题作出了完全崭新的解答。他指出，胚胎不是在卵中就形成的，但也不是如同后成论者认为的那样，是在受精后从无形状的物体中产生。这一思想拜尔于 1822 年初，在柯尼希斯贝格堡宣读的报告中就已十分明确地提出了。1827 年，拜尔发现了哺乳动物包括人类的卵子，详细描述了它的显微结构。他研究鸡仔从孵化第一天到出壳的发育。然后将自己的研究扩大到其他各级脊椎动物的代表者。他对潘杰尔作的胚胎页层形成过程的描述作了实质性的修正，画出了确切的连续的组织独立和器官的生成过程。他指出，胚胎的发育是从最初的很简单的褶皱，逐渐独立为很专门的器官系统，即为向前进行差别分化的过程。他认为，这是任何发育的最重要的性质。

拜尔构建的胚胎发育的规律是：总体的形成先于专门器官的产生，不同动物的胚胎早期的相似性大于后期，高级动物的胚胎与低级动物的胚胎相像但与成体不相像。

拜尔的重要贡献还在于确立了所有脊椎动物的基本发育阶段的共同性的学说。所有这些，开辟了各种动物群组的个体发育的进一步深入研究之路，提供了论证进化学说的丰富材料。

19 世纪 30—40 年代，戈鲁别（А. Грубе）、诺尔曼（А. Нордман）和瓦尔涅克（Н. Варнек）对无脊椎动物的胚胎研究做了大量的工作。与此同时，开展了对植物胚胎的研究，其先驱是热列兹诺夫（Н. Железнов）和 Л. 岑科夫斯基。热列兹诺夫是世界上首先研究花的个体发育者之一（1840）。

在细胞学方面，19 世纪 40 年代在俄国出现了最初的地道的研究。其中，以拜尔（1847）和瓦尔涅克（1850）揭示细胞分裂时的内部变化的研究而著称。瓦尔涅克详尽描述了卵的成熟和受精的变化。

第一部自主的大型的组织学研究的著作，是雅库博维奇（Н. Якубович）和奥夫相尼科夫（Ф. Овсянников）的论文《大脑中神经起始的显微研究》（1855）。再早一些，除了 А. 舒姆里梁斯基的优秀著作之外，还可以提起的，只有 И. 格列博夫的《猛犸的软组织的显微研究》（1846）一文，它之所以被关注，是因为研究的对象是挖掘的动物。可以认为，它是最早的古生物学研究之一，虽然它并未对组织学提供新的实质性的内容。

在俄国，生物学总体上在理论方面的水平相当高，而对动植物生理学的研究则相对落后。沙皇政府拨付的工资少的可怜；教授们教学工作严重过载；国家落后，缺少直接的经济动力；所有这些均影响阻碍了生物学在实验领域的发展。生理学研究的本性就需要相应的实验基地、实验室和专业人才。

然而，若低估俄国 19 世纪前半叶的生理研究则是错误的。因为，看不到这些研究，就无法理解在俄国与 И. 谢切诺夫和巴甫洛夫的名字相连的生理学的空前崛起。在 19 世纪后半叶，这一崛起给俄国的生理学带来了在全世界的荣耀。19 世纪 60 年代的光辉发展，是在俄国生理学理论研究所达到的相当高水平，以及在 19 世纪前半叶后期逐渐积累的实验研究经验的基础上所实现的。

在 19 世纪 30—40 年代，需要对一些重要的动物生理学问题进行研究，并且在生理学的研究实践中引入实验的方法。它们在相当程度上是与莫斯科大学的教授 A. 费洛马菲茨基、B. 巴索夫、И. 格列博夫和奥尔洛夫斯基（А. Орловский）的科学活动相关联的。

费洛马菲茨基——活体解剖方法的坚定主张者。他的实验研究导致一系列重要理论和实践的发现。在研究过程中，他得出结论：动物的温度不是源于肺部，如同通常认为的那样，而是源自有机体组织中的氧气的物理化学转换。费洛马菲茨基第一个借助在狗身上安装人工瘘管来研究消化的过程。该手术方法是由巴索夫研制的。1842 年，在莫斯科自然科学家协会的会议上，首次展示了带人工瘘管的狗。此实验获得全世界的公认，开创了消化生理研究的广阔前景，后来在巴甫洛夫的研究中发挥了重要作用。费洛马菲茨基研制了输血方法的生理基础和止痛方法（醚、氯仿等）在手术中的作用。他设计了输血的设备，提出了在麻醉中使用醚口罩，在手术中一直被沿用至今。

对于实验的方法的宣传，费洛马菲茨基编写的教科书《生理学》（1836—1840），起到了实质性的作用。作为现代生理学状况的原创的关键性的总结，该教科书具有当时的最好指南的水平，同时包含有作者自己的研究成果。收入书中的其他生物学家的重要结论，都要通过例行的重复实验的检验。费洛马菲茨基自称是 И. 米勒的后继人，但是在一系列现象的解释上都保持自主的立场。自费洛马菲茨基和格列博夫起，在莫斯科大学的自然和医学系开始引入了生理学的实验课，并开始在讲座中演示实验。

在对有机物的整体功能的研究中，分离出对神经活动的生理学研究。在俄国，首批此类著作有 E. 穆欣的《关于兴奋……》（1804）和《关于感觉的作用和位置》（1817）、格列博夫的《关于恐惧……》（1833）。树立了从穆欣开始，并成为许多俄国生理学家（佳季科夫斯基、格列博夫、费洛马菲茨基、奥尔洛夫斯基）标识的共同的原则：比如承认所有神经活动的决定性；任何有机体的反应均视为对内外刺激作用的应答；确信神经系统的作用，不仅在于身体器官和各系统活动的协调，还在于确定有机体整体与外部环境的联系。前面提到的费洛马菲茨基的生理教科书中，坚定地认为：任何任意的运动，实质上都是反射。在这方面，任意和非任意的运动之间不存在不可逾越的鸿沟。但是，这一时期的生理学家还丝毫未能意识到，需将反射的原则扩大到适用于动物和人类的一切精神活动。

19世纪40—50年代，一批以俄国动物学家为主的著作，奠定了一门新的迅速兴起的科学——动物生态学的理论基础。这方面最大的功劳属于鲁利耶和塞维尔措夫。在研究鸟类迁飞、鱼类洄游和动物生命的其他季节现象中，依据对现代和考古状态的生存方式的仔细研究，鲁利耶创造了当时最深刻最先进的关于有机生命与环境的联系的学说。塞维尔措夫的《沃罗涅什州的野兽、鸟类和爬虫的生命的周期现象》（1855）继续发展和具体应用了鲁利耶的思想。这是世界最早详尽研究陆地脊椎动物的生态的著作之一。

总之，19世纪前半叶俄国生物学专业领域的发展积累了丰富的事实材料和一系列的理论总结和发现。虽然在某些领域与西欧的先进国家相比，俄国的发展比较落后，但是，其达到的知识水平，还是成为了俄国生物学在19世纪后半叶取得世界意义成就的决定性前提。

第三篇

1861—1917 年俄国的自然科学

第二十章　1861—1917 年俄国的
　　　　　自然科学概况

俄国的历史从 1861—1917 年明显分为两个阶段：第一阶段——从 1861 年取消农奴制至 1895 年，俄国从资本主义开始向帝国主义阶段转变。第二阶段—— 1895 年至伟大的十月社会主义革命。

从 1861 年起，对俄国的自然科学发展起促进作用的社会因素有两种：俄国的改革中经济迅速高涨和革命解放运动的兴起。在先进社会政治和哲学思想的影响下，许多俄国知识分子的先进代表投身于自然科学研究，将保卫先进的思想学说与反对专制和农奴制的社会政治斗争结合在一起。

俄国自然科学发展在这一时期的特点是：即使在 19 世纪末 20 世纪之交发生自然科学方法论危机的时期，唯心主义也未能在俄国自然科学家中间明显传播扩散。很能说明问题的现象是，辩证法在俄国学者认识上的渗透比该过程在西欧的发生要顺畅许多。这其中的原因将在下面讲到。而另外一个特点是，当时俄国的自然科学家们未将自己的研究与资本主义企业直接联系在一起。在俄国先进知识分子当中，传统上就有强烈探索真实理论的精神。不是为了斤斤计较得失，而是为了认识的本身，同时为了促进自己祖国的经济发展。这也和学者们愿意将自己的力量贡献给人民，服务于人民的教育和全社会整体文化的提高相关联。

还要看到，80 年代，尤其是 90 年代是无产阶级开始形成为登上经济政治斗争舞台的独立阶级的时代。在这一时期，俄国有了作为革命无产阶级理论武器的马克思学说的传播。

世界自然科学的发展概况

19世纪中期，世界自然科学发生了深刻的变化，相当于是革命性的转折。在物理学上，基于40年代由迈耶、焦耳及其他人各自独立发明的能量守恒和转换定律，迅速发展起来了将力学和热学说联系在一起的热动力学和气体分子动力学理论。在1860年，由本生和基尔霍夫发明的交汇物理学、化学和天文学的光谱分析得到迅速发展。70年代，根据吉布斯和范托夫的著作，产生了化合化学（关于化学反应和平衡的学说）和热动力学的化学热动力学。麦克斯韦尔创立了光的电磁理论，将光的学说和电磁学说联系在一起。80年代，阿伦纽斯创立了电解的理论，将化学热动力学与电的学说联系起来（以稀释的电解质水溶液为材料）。赫兹发现了电磁波。其实际应用导致波波夫（稍后是马可尼）发明了无线电（1895）。

化学的结构概念有了迅速发展。50年代引入了化合价的概念。而在60年代中期，凯库莱发明了苯的结构式，随之产生了像茜素和靛蓝这类染料的最复杂的有机合成（从70年代开始）。同时，在60年代作出在门捷列夫发明周期律基础上创建呈现元素自然体系的准备（1869）。在此之前的卡尔斯鲁厄第一次化学大会上（1860），彻底解除对于作为原子—分子理论基础的原子和分子概念的限制，这给予年轻的门捷列夫以巨大的影响。

生物学在达尔文1859年《物种起源》中讲述的学说基础上，进行了进化理论各个方面的研究。发明了生物遗传定律（米勒和赫胥黎）、发展了变异性和继承性相互作用的整体概念（赫胥黎）。1865年关于遗传性统计规律的发现（孟德尔）有些独到，直至19世纪至20世纪之交时，其意义才被理解。

在植物和动物的生理学方面获得了重大的成果。在这一时期加速发展的，还有自然科学的其他领域如地质学、天文学以及数学。

农奴制改革后俄国的经济发展

1861年农奴制改革之后，俄国的经济加速发展。法律上农民从农奴依附关系下解放，为资本主义在俄国的发展开辟了道路。但是远不能完全彻底贯彻执行。优先考虑的是地主的利益，没有分给农民耕种的土地。地主保留了他们的土地和贵族阶层的特权。其结果是资本主义的发展带有许多地主制度的残余。这在国家经济的进步发展道路上造成了巨大的困难。列宁称这一发展道路是普鲁士式的，与美国式的发展道路不同。后者完全消除了农奴制残余，可以最大限度地帮助俄国的工业发展。门捷列夫在 19 世纪 60 年代曾热忱地投入到对农业的科学基础、农产品的加工、农业生产的组织和经济活动的研究。后来，他写道："自己的经历让我很快就确信：单凭农业俄国不能达到她所需要的先进、富饶和强大。她依然是一个贫穷的国家。更紧迫需要的是各类工业：矿业、轻工业、重工业、交通和贸易的增长。"

但是，尽管存在残留农奴制对改革后俄国的钳制影响，国家经济还是蓬勃地发展了。取代原来小手工业企业的新轻重工业工厂建立起来了。城市和城市居民迅速增长了。在工业生产上实行自由雇佣劳动，刺激了技术的进步。大约在 80 年代，主要工业城市都发生了工业技术的变革。这标志着从手工劳动向机器化生产的转变。

当时最发达的领域是纺织工业，包括它的技术装备。而在重工业——冶金工业、能源工业、机器制造工业等领域也呈现出深刻的变化。这些工业领域都在进行技术装备的更新，使得它们的生产率急剧地提高。从 1867—1902 年，俄国的生铁产量增长近 10 倍。而煤的开采量增长近 50 倍。大范围实现了石煤炼铁、马丁炉炼钢。完善了机器，包括增加蒸汽机的功率。在 1860—1871 年，莫斯科（连同郊区县）的蒸汽机数量从 191 台增至 912 台，即增加近 5 倍。正如列宁所写道的"蒸汽机在生产中的应用，是大机器工业化最具代表性的标志。"

一系列新的重工业部门产生了。其中包括与蓬勃发展的铁路和水上运输相关联的机器制造业。因受此刺激而迅速发展的有火车车厢制造、蒸汽机车制造、蒸汽轮船制造、铁轨锻造以及其他等等重工业部门的生产。从 1861—1896 年，俄国的铁路网总长增加近 23 倍。而在此期间，河海运输轮船的数量增加 6 至 7 倍。农业方面的机械制造也在迅速增长。

巴库石油的工业开采从 70 年代发展起来。对格罗兹尼石油的研究也开始进行。但是，经济发展还是掠夺性的。石油只是被当做液体燃料和加热照明材料（煤油）的原料，而不是当做用于继续化学加工以获得许多新物质的珍贵原料。

针对经济上如此不明智的做法，门捷列夫曾非常愤怒地说：干脆用纸币去生炉子。他在 60 年代就开始关注石油的开采以及它的运输和加工。那时石油开采和运送的技术极端原始：石油从井下由马匹拉绳子拴着皮囊汲取，然后将皮囊中的石油装到两轮大车（车轮两米）上。竖井本身还是许多世纪前建成时的样子。门捷列夫去美国费城工业博览会（1876），详细了解了宾夕法尼亚的石油开采和加工。回到祖国，他着手对石油工业的根本改造，这是出自于科学和科学家应当帮助石油工业在俄国繁荣的信念。后来，他写道"这么说吧，当数百万普特的美国煤油运到我们这里之时，我的理论研究变为不懈宣传尽可能发展并在一定条件下开发巴库石油。当时行政界和企业界都听到了我的声音。对于后者的帮助我不仅是在提出建议，还有实践。只是我一直拒绝参加获利，因为……我的思想不受某个别企业的局限。虽然科科列夫或古博宁、拉果金或诺贝尔的企业，都曾经努力吸引我参加。"

俄国的学者们，其中有季米里亚采夫和门捷列夫，注意到俄国农业经济合理化的必要性。化学家恩格尔加尔德进行了一系列关于农业化学的研究，在 70 年代初发表了《农村来信》。当时马克思和后来的列宁都读过它。俄国帝国经济协会的活动十分活跃，对农业经济活动的先进形式作了研究。

在评价改革前和改革后俄国经济发展速度的比较时，列宁写道："1861 年之后，资本主义在俄国的发展是如此迅速，在几十年期间完成了某些欧洲国家整整一个世纪所实现的转变。"在 1861 年的改革之后，如果农奴制残余被消除，俄国的发展速度本来可以更快。列宁写道："如果将资本主义前时期的俄国与资本主义时期相比较（为了正确认识问题必须做这样的比较），那么应当承认资本主义时期社会经济发展是相当迅速的。但是如果将这种发展速度与现代技术和文化水平整体上可能达到的相比较，那么就必须承认俄国资本主义的发展是很慢的。"

高等教育——大学和科研机构的活动

1861 年改革后开始的工业高涨，要求进行教育的改革，扩大培养专家队伍。同时也刺激了科研活动的加强。

科研机构网络逐步扩大了。师范教育的组织加强了。教学大纲完善了。尽管政府仍会定期制造各种障碍，阻止"非贵族出身"的青年进入高等和中等学校，还是有越来越多的非特权阶层——不属于贵族、商界、高级官吏家庭的孩子进入中学、大学和高等技术学校。但是，对于工人的孩子，尤其是农民的孩子，除了个别例外，中学的门都是关闭的。他们之中最好的只限于上四年级，要不就是二年级的初等学校。1887年国民教育部的一个通令当中，责令中学校长们要尽量阻止小店铺主、洗衣工和车夫的子女入学。因为这些孩子"除了难得例外具有超常能力的，都不应当脱离属于他们的环境"。这种政策反映了统治阶级对丧失自己特权的恐慌和对革命思想在学生中渗透的惧怕。从青年学生中不仅产生着未来学者的基本队伍，还产生着许多革命者。

大学越来越不仅是培养知识人才的中心，也是科学研究的中心。在彼得堡、莫斯科、喀山、基辅、敖德萨（1865年成立大学）、华沙（1869年成立大学）、德尔塔、哈尔科夫、托木斯克（1888年成立大学）等城市中，大学的作用增加了。同样，也包括高等技术学校，其中特别要提到的是1868年在过去手工业学校基础上成立的莫斯科高等技术学校。

培养科学研究干部的基本方式，是在完成规定的课程后，在大学继续深造两年，通过硕士考试和写硕士答辩论文。同时完成按规定年轻学者应完成的师范工作。妇女是不准上大学的。在社会的压力下，最终政府允许开办高级女子班。1872年，首先在彼得堡和莫斯科开办，后来是在其他城市开办。女子班的存在全靠社会和个人倡导。80年代后期，国民教育部曾经关闭了所有的高级女子班。最终又于1889年在彼得堡和1900年在莫斯科同意开办，当然是在一系列不自由的限制之下。高级女子班获得更大规模的发展是在1900年之后的事了。

新的科学研究社团纷纷成立。新的科学研究杂志不断涌现。1863年，在莫斯科诞生了俄国自然科学人类学人种学爱好者协会，它前后存在了近60年。1866年，在彼得堡组建了俄国技术协会。它曾经带给国家的技术进步和工业化以显著的影响。同时因它的积极活动促成作为它的分支的许多其他技术协会的组建。1864年，莫斯科数学学会开始活动。虽然法律上它是1867年成立的，但是在1866年已经出版了自己的《数学手册》的第一卷。

1868 年，在彼得堡诞生了俄国化学学会及其会刊。该学会的组织者为杰出的化学家——济宁、布特列罗夫、门捷列夫、恩格尔加尔特等人。化学学会在后来的化学研究、化学工艺和化学教育的发展方面发挥了巨大的作用。1872 年，在彼得堡建立了俄国物理学会。

彼得堡科学院继续从事着大量的科学研究工作。这一时期，科学院的执行院士有这样一些杰出的学者：数学家佐罗塔列夫、马尔科夫、索宁；力学家索莫夫；天文学家博列基辛；物理学家果里岑；地质学家卡尔宾斯基；生物学家科瓦列夫斯基，等等。同时，在这一时期科学院的活动中，可以看到当时俄国社会进步和保守势力斗争的反映。1862 年，开始出版新的全科学院俄文版杂志《帝国科学院记事》。此前，以俄文出版的只有三个分部——物理学数学分部、历史学哲学分部和俄语词汇学分部的《消息》。对外国读者，同时继续出版全科学院的法文杂志。1894 年，该杂志改名为《帝国科学院消息》。

革命解放运动与俄国文化

所有这一切都发生在革命运动高涨的背景之下。

1861 年，在 1176 个庄园发生了农民起义。派去"平息"的军队，与因为 1861 年改革被剥夺其土地归地主所有而愤怒的起义农民发生冲突。1862 年，农民起义在 400 个庄园发生。1863 年，波兰的起义爆发了。与之同时的是在立陶宛和白俄罗斯的起义。

1861 年的农奴制改革之后，俄国历史舞台上的新社会身影——革命民主派平民知识分子，发挥着重要的作用。列宁写道，"农奴制的没落，导致出现了作为主要群众活动家的平民知识分子、全局范围的解放运动和局部民主不受审查的刊物。"

俄国农民的绝望和他们反抗沙皇和地主压迫的斗争，在以车尔尼雪夫斯基和多勃罗留包夫为首的俄国革命民主派（60 人集团）的思想中得到反映。马克思写道"现在俄国发生的思想引导证明，在下层酝酿着深刻的风潮。智慧永远在用无形的丝线与人民的身体相连"。

60 年代初期，产生了俄国平民知识阶层包括青年学生的非法组织（在

70年代融入民粹运动之中）。但是，对波兰起义和农民起义的血腥镇压，导致俄国革命浪潮的暂时低落。车尔尼雪夫斯基被判苦役。俄国的革命组织被摧毁破坏。

与资本主义发展相关联的是无产阶级数量的增长及其阶级自觉性的提高。70年代，产生了第一批人数不多并且很快被破坏的工人组织"南俄国工人协会"（1875）和"俄国工人北方协会"（1878）。在那些年代里开展了工人阶级的罢工运动。70年代末，俄国的情况变得十分白热化。据此，列宁认为俄国处于第二次革命形势（自1861年改革前的情况之后）。沙皇亚历山大二世在此情势下被民粹党人刺杀。通过残酷的恐怖，沙皇镇压了民粹派的革命运动。但是，用列宁的话说"毫无疑问，这些牺牲不是白白送掉的。他们直接或间接地增进对俄国人民继续革命的教育。但是，就其要实现人民革命觉醒的直接目标，他们未能也不可能达到"。

70年代，马克思主义开始在俄国传播。1872年，马克思的《资本论》第一卷俄译本问世。80年代在俄国发展的工人运动，成为马克思主义进一步传播和发展的基础。1883年，在国外成立了马克思主义组织——以普列哈诺夫为首的"劳动解放"小组。在俄国也出现了规模尚小的马克思主义小组。

与参加公开的政治斗争反对沙皇和作为沙皇同盟者的大资产阶级的同时，进步青年们也将自己造福人民的创造力应用于科学和文化事业上。70年代初，在彼得堡大学就读的著名生理学家巴甫洛夫写道："受60年代文学的影响，特别是皮萨列夫的影响，我们的智力兴趣投入到自然科学方面。我们中的许多人，包括我本人，决定在大学研究自然科学。"另一位大学者——植物学家季米利亚采夫（他比巴甫洛夫大几岁），在表达那个时代先进青年的情绪时写道："这一辈人，他们的意识觉悟恰逢所说的60年代。毫无疑问，是属于生长在俄国历来最幸福的年代。他们生命的青春时代，正是春风吹遍祖国大地，唤醒了被束缚四分之一世纪之久的思想智力僵硬和冬眠的人们的时代。这就是为什么当人们认识到自己是由该时代所创造，就难免对那些缔造者怀有感激的怀念。"

19世纪60年代俄国社会发展过程的高潮和深度，在相当程度上可以令人想起西欧和中欧的复兴（如果就类似历史作比较对照的话）。迅速的经济高涨和解放运动的发展刺激了全俄国文化整体上和每个分支领域的发展。俄国的作家和诗人、艺术家和音乐家深入民主阵营，在自己的创作中体现人民解放斗争的思想影响，生动地回应社会生活的实际需求，努力反映人民的现实生活，表达他们的愿望，在斗争中帮助他们实现自己更好条件的生活。许多人是在车尔尼雪夫斯基思想的直接影响之下。涅克拉索夫的进步诗篇也起了很大的作用。19世纪50—70年代去呈现创作繁荣的是屠格涅夫、列夫·托尔斯泰、陀思妥耶夫斯基、谢德林、奥斯特洛夫斯基和其他的进步作家。

这一时期，在造型艺术上也有了重大的进步。60年代初，克拉姆斯基和一些志同道合者，与保守的崇尚"为艺术而艺术"的艺术学院断绝关系，成立了彼得堡自由艺术家组合。1870年，诞生了以克拉姆斯基为首的联合俄国先进艺术家们的"艺术移动展同志会"。在巡展者之中别洛夫脱颖而出。与他思想接近的，是在当时从事创作的最伟大的俄国现实主义艺术家列宾和苏里科夫。他们创作的题目是人民，人民运动。

那些年代，在俄国与文学艺术和造型艺术繁荣相呼应的是音乐创作的大发展。正是在60年代初，产生了俄国音乐家的创作联盟——"五人团"。其中包括巴拉基耶夫、穆索尔格斯基、博罗金、里姆斯基-科尔萨科夫、居伊。天才的柴可夫斯基也是在这些年里发展起来的。

俄国在改革后的自然科学蓬勃发展，就是这个进步运动的不可分割的组成部分。

在这个时代，俄国的文化是向着两个极端对立的主要社会政治方向发展。一个是与资产阶级自由派结盟的地主君主方向，另一个是民主的方向。新的自由派资产阶级思想的代表已经出场并积极活动。他们与旧的地主和君主的思想代表相勾结。列宁写道："在60年代时期，农奴主的力量已经遭到重创，他们确实遭到虽未彻底但很严重的失败，应当淡出舞台。相反，自由派却正在抬头。自由派的言论开始大量涌现，关于进步、科学、善、与不法现象斗争，关于人民的利益、人民的良心、人民的力量等等。"在这些自由派的言论背后，掩藏着的是新的剥削阶级——大资产阶级。它的思想，在无产阶级正处于形成阶段，尚未成为真正意义的阶级之前，是与平民知识分子和农民的思想相互对立的。

列宁在1911年写道："1860年的自由派和车尔尼雪夫斯基，实质上代表着两个历史的潮流，两股历史的力量。从那时起直至现在，一直在决定着为新俄国而斗争的结果。"

俄国大部分的平民自然科学家，如前所述，属于平民知识分子阶层。许多思想先进的俄国学者通过发展先进的自然科学，努力实现着自己的社会政治理想。他们之中许多人同情农民反对沙皇的斗争。一些人积极参加到这个斗争之中，如数学家拉夫罗夫、地质学家克罗包特金、古生物学家科瓦列夫斯基、生物化学家巴赫、晶体学家费多罗夫、生理学家维金斯基、解剖学家列斯加夫特等等。但是，即便是那些没参加到政治的革命解放斗争之中的学者们，也接受了"60人集团"的民主思想。他们之中有化学家门捷列夫、物理学家斯托列托夫、生理学家谢切诺夫和巴甫洛夫、地理学家和人种志学家米克鲁霍-马克莱、生物学家麦奇尼科夫，等等。他们痛恨竭力阻挠社会和科学发展的农奴制。他们在为了发展国家的生产力，为了国民教育的进步而奋斗。他们批判科学脱离国家的需求和人民的需要。他们捍卫了唯物主义的世界观。车尔尼雪夫斯基的朋友谢切诺夫，研究并且热忱地捍卫了在生理学和心理学方面的唯物主义思想。麦奇尼科夫和季米利亚采夫是坚定的唯物主义者和无神论者。门捷列夫在70年代坚决反对当时风行的招魂术，批评它是与真正的科学毫不相干的迷信。

1861 年后的俄国自然科学发展的基本方向

从1861年，在俄国自然科学获得强大动力之后，很快就在世界科学上占据前列。如果说自然科学在俄国的发展过去只限于个别的领域、个别的科学家，那么现在这个发展具有了全面的性质，占领了许多最重要的科学领域。新的科学学派在迅速形成。对刺激俄国自然科学发展发挥重大作用的，除了改革后的特殊条件，还有已提到的19世纪前三分之二年代中自然科学的伟大发现：细胞理论、能量守恒和转换学说、达尔文的进化学说，以及原子—分子学说。以这些伟大的自然科学发明为跳板，俄国自然科学急速前进，在某些重要领域超过了西欧国家。科学的接力棒，在此之前几乎完全是在西欧学者们的手中。短短数年之内，就被俄国的先进科学家们接过来，并且向前传递了很远。他们的著作进入了世界科学最高水平的前列。

1861年，布特列罗夫创立了有机化合物的化学结构理论，总结了此前有机化学的发展，成为今后一切有机化学发展的出发点。1863 年，谢切诺夫发表了自己的著作《脑的反射》，1878 年发表了《思考的元素》，对思考的生理基础进行了研究。1868 年，季米利亚采夫在俄国自然科学家和医生代表大会上作报告，开创了他在植物光合作用方面的研究。根据进化的学说，B. 科瓦列夫斯基创立了进化的古生物学。而他的兄弟 A. 科瓦列夫斯基和麦奇尼科夫创立了进化的比较胚胎学。大约是在同时，多库恰耶夫研究奠定了土壤学的科学基础，在欧洲常常被称为"俄国的科学"。伟大的外科医生和解剖学家彼罗戈夫奠定了关于人的局部解剖学的基础。60 年代初，有岑科夫斯基在原生动物学和细菌学方面的发明。1869 年，门捷列夫创立了化学元素周期律的学说，为关于物质及其结构的一切科学后续发展打开了新的道路。70—80 年代，米克鲁霍-马克莱研究了太平洋岛屿上的巴布亚人的生活，证明了所有人种的统一种性。在这些年代之中，普尔热瓦尔斯基组织了研究中亚细亚的考察。

在数学上展开广泛研究的是以切比雪夫为首的彼得堡数学学派。其成员包括他的学生佐洛塔耶夫、果尔金、马尔科夫、李雅普诺夫、李雅普诺夫的学生斯捷克洛夫和其他杰出学者们。在对现有的数学领域——数论、函数理论、数学物理、概率论作出原创性发展的同时，该学派开辟了新的研究方向。例如与现实机器制造课题有机相关的切比雪夫最佳渐近函数理论。还有涉及理论力学的研究，当时最重要的代表人物是茹科夫斯基。他是水动力学和水力学、空气动力学和航空学的经典研究者。其研究在 20 世纪成为飞机制造的理论基础。切比雪夫的，尤其是茹科夫斯基的特点——理论探索与实践任务紧密联系，还在一些其他属于广义力学范围的科学领域有所反映。例如维施涅格拉德茨基的自动化调节理论，和他的学生彼特罗夫的润滑水动力理论。我们注意到，他们两都是 19 世纪前半叶一位最伟大的数学家奥斯特洛格拉德斯基的学生。

所有这些以及其他的发明，都在证明着俄国自然科学的成熟性，证明着它的先进性，证明着它在世界科学某些基本方向如数学、化学和生物学方面的领先地位。正是在改革后的俄国，出现了一代杰出的科学家，类似于文艺复兴时期的西方。英国和荷兰是在 17 世纪中期的资产阶级革命时期，法国是在 18 世纪末的资产阶级大革命，德国是在 1848 年革命时期。这些现象并非偶然。

关于在俄国蓬勃发展的科学进步，在季米利亚采夫的书《19世纪60年代俄国自然科学的发展》之中，做了非常清晰的描述。书中讲述了俄国在改革前科学发展相对薄弱。季米利亚采夫以化学为例，勾画出俄国60年代自然科学的迅速发展。他写道："在区区10—15年，俄国化学家们不仅赶上了自己的欧洲老同行，甚至有时是走在他们前面。"在这个时期末，英国化学家弗兰克兰德十分肯定地说："化学在俄国的表现，优于在戴维、道尔顿、法拉第的祖国英国。化学的成就，无疑是那个著名时代科学复兴总背景下最出色的现象。"

产生这一现象的原因，季米利亚采夫认为是在于俄国当时历史发展的特殊性。他坦率地指出，"如果我们的社会未被激发起热情的活力，门捷列夫和柴可夫斯基可能只是作为辛菲罗波尔和雅罗斯拉夫的一名教师，消磨掉自己的一生。而工兵谢切诺夫还在按自己的艺术原理挖着战壕。"

如前所述，俄国自然科学的蓬勃发展，起始恰逢那个时期，由于19世纪的伟大自然科学发明，整个自然科学发生了根本性的革命变革。其结果，就是关于自然现象的发展和整体联系的伟大思想，立即成为19世纪60年代先进俄国学者们研究著作和发明的出发点。于是，从自然"力"（能量的形式）转换的思想出发，门捷列夫发明了自己的周期律，指出涵盖所有化学元素的规律性联系。这一发明，不在已有的能量守恒和转换学说之内，是完全原创和新颖的。

俄国的生物学和生理学也实现了同样巨大的进步。从达尔文的学说出发，俄国生物学家们对世界生物科学作出了自己的贡献。季米利亚采夫正确地写道："达尔文主义很快成为年轻的俄国动物学家们的口号。在他的旗帜下，他们为自己赢得了在欧洲科学上的光荣地位。"关于科瓦列夫斯基古生物学著作中所包含的进化思想，美国古生物学家奥斯伯恩在1894年写道："这些著作中，扫除一切欧洲传统关于古生物的干涸科学。它被达尔文新思想所渗透。涉及的主要研究之中，起源问题被赋予比确定种属更大的意义。"

在这方面，谢切诺夫的著作更具代表性。他的主要著作《大脑的反射》（1863）仿佛激发起了俄国先进自然科学家们的智慧。正如季米利亚采夫所写的，当时没有一个俄国学者，能像谢切诺夫给予俄国的科学和俄国社会的科学精神发展，以如此广泛和有益的影响。

　　同样地，还有季米利亚采夫本人的著作。起源是迈耶提出的问题：落在有生命的有机物（植物）上的光，比落在无生命物体上面的光，有完全不同的作用。季米利亚采夫第一个对此问题作出了回答，揭示了太阳能量、地球上的生命和植物叶绿体的内部联系。

第二十一章　数学

1861—1917 年数学发展的基本特点

在这段时期，俄国数学发展的特点是探索领域的大幅扩展，以及带有明确的研究课题和研究指导思想的科学团队的产生。在这类团体中，成立时间和作用均占第一位的是，彼得堡以最伟大的数学家切比雪夫为首的数学学派。他领导了该学派 30 多年，直至 1894 年去世。该学派也被称为以它的主要组织者和鼓舞者命名的切比雪夫学派。切比雪夫的研究发展了数论、概率论、代数函数的积分。与技术的需求直接相关联，他创立了函数值近似的理论。切比雪夫的研究由他的学生继承和推广到新的领域。A. 果尔金、E. 佐罗塔列夫、A. 马尔科夫、Γ. 沃罗诺伊推进了二次方形的理论。佐罗塔列夫推进了代数数论。马尔科夫和李雅普诺夫研究与概率论极限定律相关的问题，其中马尔科夫建立了重要的分支被称为马尔科夫链的理论。在函数最佳渐近理论方面，A. 马尔科夫和 B. 马尔科夫兄弟进行了出色的研究。C. 伯恩斯坦指出了它的新方向。

李雅普诺夫从切比雪夫提出的一个课题出发，完成了关于旋转液体的平衡姿态的一整套研究工作。他十分优秀地发展了稳定性的经典理论和普通微分方程系统研究的方法，并且完善了数学物理方程的研究方法。李雅普诺夫的学生斯捷科洛夫在数学物理和正交函数理论上，获得了优秀的成果。果尔金创建了微分方程的理论。他的学生克雷洛夫完成了有关应用数学的有价值的研究。

彼得堡数学学派首先源自彼得堡大学（其名称由此产生），其次也与科学院相关。1876—1915 年，相继当选科学院院士的有佐罗塔列夫、伊姆舍涅茨基、马尔科夫、索宁、李雅普诺夫、斯捷科洛夫、克雷洛夫。所列学者中只有伊姆舍涅茨基和索宁两人不是在彼得堡获得数学教育。前者是在喀山大学，后者是在莫斯科大学。同时，切比雪夫学派的代表人物还在哈尔科夫（李雅普诺夫、斯捷科洛夫）、华沙（沃罗诺伊、莫尔杜哈依-勃尔托夫斯基）、喀山（瓦西里耶夫）等地从事研究。切比雪夫的影响遍及全国。

在俄国，切比雪夫学派是最强大的、在数学家中最有影响力的。同时，在俄国还建立了一系列新的研究方向，各方向的中心在莫斯科、喀山、基辅和其他城市的大学。所从事的研究有：非欧几何和多维几何、高等代数和群论、复变函数理论及其应用（例如对椭圆函数的研究）、集合理论、数学基础问题、数理逻辑等等。19 世纪的后三分之一年代，在莫斯科产生了微分几何学派，推动该项研究的是明金（Ф. Миндинг）的学生彼特松（К. Петерсон）。在 20 世纪初，叶果罗夫和卢津（Н. Лузин）开创了实变函数的莫斯科学派。在喀山，罗巴切夫斯基去世 25 年后，恢复了对非欧几何的研究（苏沃洛夫、卡捷利尼科夫），并开始对数理逻辑的研究（波列茨基）。在偏微分方程理论上，获得杰出成就的是科瓦列夫斯卡娅（非大学系统），20 世纪初是伯恩斯坦。波尔在里加创建了普通微分方程的拓扑学方法。在德尔塔，莫棱（Ф. Молин）成功地研究了超复数理论问题。在基辅，产生了代数学派（格拉维、施密特）。在敖德萨，产生了几何基础学派（卡甘、沙图诺夫斯基）。

我们远未列举出革命前的 50 年中，在俄国所发生的数学思想的全部流派。其他的将在后面讲到。这些研究方向上的初步成果，其意义还远不如彼得堡学派的重要发明，但是却有巨大的承前启后的作用，建立了与当时在西欧迅速发展的某些数学分析的联系，并与切比雪夫学派一起保障了十月革命后初期年代，俄国的数学开始了新的全方位的迅速繁荣。

切比雪夫和彼得堡数学学派

П. 切比雪夫，小地主的儿子，在莫斯科大学获得的数学教育。在那里，对他的科学观念的形成有显著影响的是布拉施曼教授。他的硕士答辩（1845），包含有概率论的原创表述。1847 年，他应聘到彼得堡大学工作，开始是副教授。从 1850 年起，任教 35 年，教育和培养了许多学生，成为彼得堡数学学派的核心。切比雪夫不仅是个伟大的数学家，还是个伟大的教育家。他与众不同，能够看到学者的天赋，并引导他们开始迈出第一步。他直接教导的学生有：果尔金、索霍茨基、佐罗塔列夫、马尔科夫、李雅普诺夫、普塔什茨基（И. Пташицкий）、伊万诺夫、波赛（К. Поссе）、格拉维、沃罗诺伊、瓦西里耶夫。

布尼亚科夫斯基吸收了切比雪夫参加出版的欧拉的

П. Л. 切比雪夫

数理论文和手稿。这促使切比雪夫去从事数论问题的研究并建立了他与科学院的联系。1829 年，出版了欧拉的两卷集算术著作。同时，出版了切比雪夫的《比较论》，他以此文通过了纯数学的博士答辩。1853 年，他当选为科学院院士。随后，当他的言论在全世界传播后，他被选为巴黎、柏林、伦敦、罗马和斯德哥尔摩的科学院的外籍院士和通讯院士。

首先给切比雪夫带来名声的是他的关于素数分布理论的著作，但是，数论问题很快就被数学和应用力学结合之处的问题挤到第二位了。切比雪夫对技术问题的专注热忱，可以在他 1852 年 7—11 月去法国、英国和德国访问的报告中得到印证。报告中说："……8 月 8 日前，我的活动限于巴黎及其周围的项目。在有限的时间里，我需要安排'艺术和技巧大会'、卡维的工厂和许多涉及应用力学的超级有意思的项目。比如在圣日耳曼的大气（атмосферическая）铁路、以弯曲而杰出著名的 Co 公路、马尔里的汽车，等等。我认为，不放过与法国著名几何学家们的座谈，这使得我的理论水平有所完善，是很必要的。午饭之前，我或者是在'艺术和技巧大会'，或者在卡维的大部分工厂。昨天与柯什、刘维尔、本埃美、戈尔米（即厄密）、塞雷、列别格和其他学者座谈，其中有理论问题。它们或是与我对各种机械系统的研究所获得的数据有直接联系，或是与某位学者谈话中提到的分析问题相关。于是，按照刘维尔和厄密的意见，我将我在 1847 年向圣彼得堡大学提交的答辩上所写的内容作了进一步的发展。"

说过在这个方向上获得的成果之后，切比雪夫讲述了关于以力学理论和他创造的最佳渐近函数理论开始的新课题："在许多研究对象当中，我认为，各种运动传送机械，尤其是像蒸汽机这样的，其燃料耗费和机器的可靠性在很大程度上取决于蒸汽的功的传递方式。在对其研究和对比时，我专门进行了力学理论，以平行四边形而著称的研究。"切比雪夫在这方面研究的数学成果，是刚刚提到的渐近函数理论，我们下面会讲到。关于他发明的许多铰链机械，将在力学的章节中讲述。

在援引的切比雪夫的报告中，鲜明地表达了理论和实践的统一，无论是在他本人还是在他的学生的数学创造中，这一点都是确定无疑的。1856 年，切比雪夫在彼得堡大学的隆重典礼上的发言《地图的制图法》中，提出了自己的整体的方法论观点。他说："数学科学，自远古时期就受到特别关注。在当代，它又因其对艺术和工业的影响而引起更大的兴趣。理论与实践相靠近，产生了最丰富的成果。这不仅是实践单方面的受益，数学本身也因实践的影响而发展。实践为科学打开了新的研究课题或者知晓很久的课题的新内容。"

切比雪夫的这些观点也被他的学生们所接受。彼得堡数学学派的团结一致，不仅是，或者说并不是取决于他们行动的方法和所研究的问题相接近（他们的兴趣范围一直在不断扩大，研究方法不断丰富和多样化），而主要是对数学的共同的态度。如同李雅普诺夫在纪念切比雪夫的文章中所作的表述："仔细的研究那些在应用上特别重要，同时又具有特别的理论难度，需要发明新的方法，因而创造或多或少属于通用理论的问题。这就是切比雪夫和持有他的观点的学者们的大部分工作的方向。"与此相关联的，就是不懈的努力，去追求严格的、同时是有效的对问题作出精确数字答复的解决。起码是误差限制在一定范围内的适用的近似结果。

数论

19 世纪，在数论的各个分支中，关于素数在自然序数中的分布的问题占有显著的位置。古希腊人就已经证明，素数是无穷多的。但如何在其他正整数中遇到它们，还不清楚。法国数学家勒让德在 1798—1808 年作出结论：不超过 x 的素数，在 x 的值很大时，设该素数为 $\pi(x)$，则可以近似的表达为：$\pi(x) \approx \dfrac{x}{\ln x - 1.08366}$。其后 40 年，就此问题再未有新著。切比雪夫开辟了函数的 $\pi(x)$ 研究新路。首先在 1849 年，利用欧拉所引入的对于实数 s 的函数 $\zeta(s) = \sum\limits_{n=1}^{\infty} 1/n^s$ 的属性，他确定了在 $\pi(x)$ 和所谓积分对数 $Lix = \int\limits_{2}^{x} dt/\ln t$ 之间的比例。借助于此，证明勒让德的近似在对所有 x 足够大时，是严重不确的。同时，切比雪夫证明了，如果 $\pi(x)$ 对函数 Lix 和 $x/\ln x$ 的比例，在 x 趋于无穷时，是有极限的，那这个极限只可能为 1。高斯也得出了该结果，1849 年在他给安卡的信中说到此事（刊印于 1863 年）。在另一篇文章中，切比雪夫证明了贝特朗的假设：在数 n 和 $2n-2$ 之间，当 $n>3$ 时，永远会至少存在一个素数。此外，还首次确定了在其间无条件包含 $\pi(x)$ 的边界：该函数在 x 为很大值时，偏离 x/Lix 只比 10% 略多一点。

1859 年，黎曼在研究 дзета（Z）函数 $\zeta(s)$ 在 s 为复数值时，对 $\pi(x)$ 的研究迈出了新的一步。这样，就扩大了将 $\zeta(s)$ 应用于数论的可能性。从而导致阿达玛和瓦列·普森在 1896 年得出证明：上述 $\pi(x)$ 对 Lix 或 $x/\ln x$ 的比例，在 $x \to \infty$ 时存在着极限 1。在 1949 年，这个素数分布的渐近定理，借助实变函数得以证明（谢里别格、埃尔德什）。所有这些研究均属于分析数论。

在俄国，数论研究史的另一页，是由彼得堡大学和海军学院教授果尔金和该大学教授、科学院院士佐罗塔列夫开创的。他们二人大大推进了二次方形的算术理论，即表达为 $\sum\limits_{i,j=1}^{n} a_{ij} x_i x_j$，这里系数 $a_{ij} = a_{ji}$ 为任意实数，而变量 x_k 为有理整数。依据变量 n 而产生出二次方形、三次方形等等。若该值（不考虑零值）只有一个（正负）符号，则称之为定值；若在该值中既有正值也有负值，则称之为不定值。

二次方形的算术研究，起始于欧拉和拉格朗日的二次方公式 $a_{11}x_1^2 + 2a_{12}x_1x_2^2 +$

$a_{22}x_2{}^2$。高斯将其大大地向前推进了。重要的课题，是寻找该方形的最小值。即在固定系数 a_{ij} 时，变量 x 趋于一切可能的整有理数，但不同时为零时，所能被接受的最小值。引起对该课题的兴趣，不仅是在该方形的理论上，同时也在于其可应用于数论的其他分支，比如季奥方特（古希腊数学家）的分析——不定代数方程的整数解。19 世纪中期，厄密进行了该课题的研究，找到了带 n 变量和带由方形系数构成的给定的行列式，确定了正数方形最小值的一些上限，提出了这些最小值的确切的上限值的假说。随厄密之后从事该课题研究的是果尔金和佐罗塔列夫。后者是在其关于解决一个三级的不定方程的硕士答辩（1869）中，首次遇到该课题的二次和三次方形。在 1872—1877 年的一系列共同论文中，果尔金和佐罗塔列夫提出了新的好办法。依据他们引入的极限方形的概念，详尽研究了带 4 个和 5 个变量的正数方形。同时，他们指出，厄密的假说只是在方形的某些级时是正确的。

这个发明引起了厄密和切比雪夫的极大兴趣，后来又有许多俄国和外国的学者们继续进行此项研究。不久，马尔科夫在 1880 年的硕士答辩中，从果尔金和佐罗塔列夫的一个认识出发，充分地证明了不定二次方形最小值分布的定理。其中，他巧妙艺术地利用了切比雪夫曾用来解决许多问题的连续分数的工具。他在 1884 年的博士答辩中，专门涉及连续分数的理论的应用（特别是关于矩的理论）。

19 世纪末，出生于俄国的德国数学家明科夫斯基发现了二次方形与欧几里得空间的正确点阵的属性之间的相同。从后者测出的数据，与变量方形得数相等。在这点上，所有二次方形的算术理论的概念都是相似的。例如，方形的最小值如同点阵间最小距离的平方。这样，便产生了新的学科"数论几何"（明科夫斯基在 1896 年出版的书，即以此为名）。在数论几何中，几何和算术的概念和方法互相配合。俄国的第一位数论几何学代表是马尔科夫的学生沃罗诺伊，1894 年起的华沙大学的教授。

沃罗诺伊的数论几何的思想，一段时期跟从明科夫斯基，但是又独立于他。实际上，沃罗诺伊开始这个想法，是在 1896 年完成自己的博士答辩时，虽然当时使用的是算术的语言。10 年后，在 1908—1909 年出版的两部大著作中（第二部出版是在作者早逝之后），沃罗诺伊公开使用几何方法进行正二次方形理论的深入研究。通过引入方形的特殊形式，他称之为完善的形式，沃罗诺伊创建了寻求的算法：研究相对应于方形的 n 维欧几里得空间的多棱体，其坐标作为纳入方形的变量 x_1，$\cdots$，x_n。这些多棱体的棱，由含有方形系数 a_{ij} 的线性不等式确定。这里，沃罗诺伊建立了平行多边体的整体理论——凸形的多棱体，通过其平行和相接的位置沿整体的棱，可以填满整个空间，没有交叉和空缺。三维的平行多边体，在 1885 年，即由杰出的晶体学家费多罗夫在制订所谓晶体组理论时，进行了研究。

沃罗诺伊与明科夫斯基对数论几何的研究，对数论理论的许多分支的发展产生了重大的影响。

上述佐罗塔列夫在 1869 年的硕士答辩，道出了俄国学者们对代数数论，即作为带有整有理数系数的代数方程的根进行研究的动力。分析的季奥方特课题（包括著名的费尔马定理：方程 $x^n+y^n=z^n$ 在 $n>2$ 和 $xyz\neq0$ 时，无整数解。至今只对指数 n 的特定值作出了证明），要求规定整体的代数（超复系）的和阵的数论，和它们的可约性理论。如果一个集合数的部分的总和、差额和乘积仍属于该集合，那么该集合数称之为超复系。例如，整有理数集合和偶数集合，属于此类。而奇数集合则不是。如果超复系的任意两个成员 a 和 b 的商，在 $b\neq0$ 时，也是该超复系的成员，则该超复系称之为阵。可称之为阵的例子有：一切有理数的集合、一切实数的集合，或一切复数的集合。整有理数和偶数集合不是阵。如果向有理数阵联接一切数，该数是带有由 n 阶的某种没简化的代数方程的无理根得出的有理系数的有理函数，那么，就得出依据该根或方程的新的扩大了的 n 阶阵。

在整有理数的可约性理论中，具有决定意义的是每一个这种数分解为简单乘数（包括 $+1$ 或 -1）的乘积的可能性和唯一性的定律。当数额有理性、整数性和简单性的概念被传播到整体的代数阵时，弄清楚了：关于分解为简单乘数的唯一性的定律，失效于整代数数的超复系（所谓带整有理数的代数方程的根，其系数在高阶时等于 1）。在从事费尔马定理研究时，库默被要求恢复这个定律，使之适用于依据所谓圆分割方程的数的超复系。他成功地做到了。引入了特别的"理想"乘数，不属于超复系本身（1847）。

在代数数论理论上，下一个决定性的阶段是将刚刚提到的库默的思想扩展到整体的阵上。在求解切比雪夫提出的某些椭圆的积分的最终形式的可积分性的课题时，佐罗塔列夫作出了这样的总结。涉及这一问题的，有他的博士答辩《整复数理论及其在积分学的应用》（1874）和两篇相关的文章（1877，1880）。其中后一篇是在他 31 岁早逝之后才面世的。

与佐罗塔列夫同时，1871—1879 年，戴德金（P. Дедекинд）在另外的基础上建立了关于整体代数数阵的理想乘数的理论。稍后，克罗内克也同样作出了这一结果。关于佐罗塔列夫和戴德金理论的等同效力以及它们所获得的重要应用，由彼得堡的数学家伊万诺夫在 1891—1893 年予以证明。沿着佐罗塔列夫的代数数论理论问题继续进行研究的，除了伊万诺夫，还有索霍茨基和马尔科夫。后者研究了取决于非立方数的立方根的整数超复系（1892）。还有沃罗诺伊，其在博士答辩（1896）中，构建了取决于任何三阶方程的根的整数理论。为此目的，他广泛地总结了无穷分数的算法。在 20 世纪初，对理论的后续研究发挥重大作用的是基辅的代数学学派：格拉维、维利明（B. Вельмин），后来是德洛内、切鲍塔列夫。

分析数论问题，也未脱出俄国数学家们的兴趣范围，挑起此方向的研究的是切比雪夫。在该领域的一系列发明，某些算术函数的渐近公式，属于莫斯科的布加耶夫教授（1871—1872）。1870—1873 年，布加耶夫还发表了大量的算术等式，被应用于现代数论，包括对素数分布的渐近法则的基础性证明。

沃罗诺伊提出了分析理论研究的新方向。1903 年，他实质性地完善了狄利克雷在 1849 年给出的对于函数 $S(n)$ 的大数值 n 的评估，该函数表达为带有整数坐标 x，y（$xy \leqslant n$，$x>0$，$y>0$）的点的数目，即这些点是分布于双曲线 $xy=n$ 的上沿和坐标轴之间。解决此课题时，沃罗诺伊采用了作为著名的欧拉-马克洛林（Маклорен）公式的广义化的索宁（1885）的总和数公式。沃罗诺伊的学生，波兰数学家谢尔平斯基采用他的方法于类似的课题：针对 $x^2+y^2 \leqslant n$ 时的圆内的点。乌斯平斯基在彼得堡研究了数的函数的渐近概念，以及带有多个变量的二次方形的理论。

最后，从上述沃罗诺伊的研究出发的，是彼得堡大学毕业的维诺格拉多夫的研究。他提出了用于评估算术函数的渐近表达的相当简单的方法。维诺格拉多夫将自己的方法顺利应用于沃罗诺伊和谢尔平斯基研究过的课题。此外，他还对高斯的从二元的二次方形的理论提出的一个渐近表达式的课题，作出了比过去更精确的著名评估。不久，他采用新的更有效的研究方法

（1918 年发表）对上述结果作了完善。在创建解决分析数论课题的更通用有效的方法上，维诺格拉多夫继续前行。十月革命后不久，他就进入了世界上最优秀的数论专家的行列。1929 年，他成为苏联科学院院士。从 1932 年起，他领导了苏联最大的斯捷科洛夫数学研究所。

概率论

切比雪夫的硕士答辩（1845）的目标，是构建基本的概率论理论。他达到了这个目标。同时，切比雪夫还对泊松的大数法则作出了新的更严格的结论（1846）。概率论的讲座和弹道学的课程驱使切比雪夫在 19 世纪 60 年代重新研究大数法则。在经典著作《关于平均值》（1867）中，他借助如今以他名字冠名的不等式，导出新的更大范围的大数法则，扩展到独立的偶然值序列的广泛级别。切比雪夫的定律确定：对于具有数学期望值 a，b，c，$\cdots$，并且满足某些条件的偶然值 x，y，z，$\cdots$ 的序列 n，有近于真实的概率可以确认：在 n 值足够大时，偶然值的平均算术值，与它们的数学期望值的平均算术值，差别甚小。该定律直接来自切比雪夫给出的那个概率的值的评估：第一个平均值对第二个平均值，不大于任何给定的正值。切比雪夫定理的局部情况，即为泊松定律（1837）和伯努利的最简单大数法则（发布于1713）。切比雪夫的优秀而简单的证明，后来成为通行的方法。

在《关于概率论的两个定律》（1887）一文中，切比雪夫将概率论的另一个极其重要的穆瓦夫雷—拉普拉斯定律扩展到独立偶然值的总和上。该中心极限定律告诉切比雪夫，许多满足某些条件的独立偶然值的总和，可以以近似真实的概率，作为服从标准的高斯分布定理的偶然值。切比雪夫的定律开辟了比从前更广泛的范围，应用概率论在那些数学统计学的课题。在那里，被研究的对象可看作是非常大量的偶然因素共同作用的结果。这些因素中的每一个因素的影响，与它们的组合的影响相比较，是很小的。

切比雪夫的这两篇文章，对概率论后来的发展起了很大的作用。在纪念由于切比雪夫才使得俄国的概率论学派居世界之首时，该领域最伟大的现代数学家科尔莫戈洛夫写道：从切比雪夫所作出的具有根本性转折的方法来看，他不仅仅是第一个十分坚决地提出对极限定律证明的绝对严格的要求

（穆瓦夫雷、拉普拉斯和泊松的结论从形式逻辑上是无可指责的，与伯努利的差别在于，后者以尽善尽美的算术严格性来证明自己的极限定律），而主要是在于他处处努力获得极限定律的误差的精确评估，即使可能是在大而有限的试验数的情况，也表现为在不等（式）试验任意数的情况下都是毫无疑义正确的。

接下来，切比雪夫首先明确地评估和利用了偶然值的"偶然值"和"数学期望值"（平均值）概念的一切效力。这些概念过去就有，是由基本概念"事件"和"概率"导出的，但是偶然值和它们的数学期望值属于更方便和灵活的算法。

在证明两个极限定律时，切比雪夫依据了自己对定积分值的评估的研究。这就是在力学中所提出的最简单的问题。它引起本埃美的注意，并由切比雪夫和他的学生们加以归纳和仔细研究。如果给定了长度、重量、重心和密度变化的物体直线的惯性力矩，要求找出直线某截面重量的最窄的极限。在通常形式下题目是这样的：找出边界，其间的积分值为 $\int_a^b f(x)\,dx$，如果已知函数力矩值 $f(x)$ ——积分 $M_k = \int_a^b x^k f(x)\,dx$，且 $k = 0, 1\cdots, m$，同时 $A < a < b < B$。该课题由切比雪夫进行了研究（1874，1875）。马尔科夫、波塞、索宁和其他人也进行了各种条件不同的情况下的研究。问题的这些范围，与连续分数定律密切相关。在法国，被斯蒂尔杰斯、马尔科夫同时研究成功，包括证明了切比雪夫的一个设定。切比雪夫曾经利用它于未证明的中心极限定律的结论。同时他指出了该结论尚未具备完整性。

作为切比雪夫的学生，马尔科夫是与李雅普诺夫同期的，后来，他无论是作为彼得堡大学教授自 1880 年起在那里教学，还是从 1886 年被选为科学院院士，他都杰出地继承了自己老师的传统。借助力矩的方法，马尔科夫对大数法则和中心极限定律进行了深入的研究，确认此两者都可以在比最初认定的限制条件更少的情况下，仍然有效。李雅普诺夫在更广泛的偶然独立值的级别上，证明了中心极限定律（1900—1901），在此采用了源自拉普拉斯，后来又由李雅普诺夫亲自完善的特征函数的方法。几年后，马尔科夫用自己补充的力矩法成功地证明了李雅普诺夫的定律。这两个极限定律，后来成为苏联和其他国家的许多探究的对象，同时大大扩展了它们的应用。切比雪夫—马尔科夫的力矩法今天仍在应用，虽然对偶然值的研究的主要方法，已由李雅普诺夫的特征函数法取代。

20 世纪前，概率论理论的基本对象是独立偶然值。对这门科学后来的发展具有决定意义的，是马尔科夫引入的"链联接实验"，或者如后来所称之为的马尔科夫链。马尔科夫于 1906 年开始研究非独立偶然值的理论。连续偶然值称之为马尔科夫普通链。如果被采用的（$n+1$）大小的值的约定概率（转换概率）是完全正确的，当已知直接在它之前的 n 大小的值时，那么，在已知 n 数值时，（$n+1$）的值不取决于第一个 $n-1$ 的大小。在复杂的 k 列马尔科夫链中，大小值的概率，决定于在它之前的数值 k。当对所有的数值码与在它之前的概率关系为同一个时，马尔科夫链称之为同次的，如果这个关系因数值码不同而变化，则马尔科夫链称之为非同次的。对马尔科夫链作出部分成果的还有普安卡雷。马尔科夫在该领域的第一部著作是论文《大数法则扩展到相互依存的值》，就是讲的普通同次链（1907）。同年，他将中心极限理论扩展到某些链。1910—1911 年，他构建了复杂的和非同次链的理论。

作为链理论的应用范例，马尔科夫研究了普希金小说《叶甫根尼·奥涅金》的元音和辅音字母顺序的规律。他得出结论：在给定的地点出现元音和辅音的概率，取决于前一个和前两个字母的性质。这个范例在当时，似乎没有什么价值。后来，各种语言中的字母和音节顺序的概率论研究，成为信息学理论的实际问题。而在信息学出现之前很早，马尔科夫链就在统计物理学、技术和生物学等方面获得了多样的应用。与离散链理论同时蓬勃发展的是连续的《马尔科夫过程》的理论。

20 世纪初，俄国对各种数学统计学问题作了研究。特别是彼得堡大学的丘普罗夫教授和基辅的斯卢茨基。最终，在 1917 年，伯恩斯坦提出了首个概率论定理的系统。而伯恩斯坦和斯卢茨基在概率论理论方面的主要研究，是在十月革命之后。

函数的均匀渐近的理论

借助幂级数和三角级数或者内插公式的函数渐近，是早就已知的。切比雪夫提出了对这个问题的新思路。在机器制造业中，重要的是选择那些将圆

周运动转变为近似直线运动的往返运动的铰链机械组之间的比率。例如，将曲柄的旋转转变成活塞的往返运动的瓦特平行四边形，就属于这类机械。切比雪夫提出了确定瓦特机械的组成要素的课题：与其相关的某些点偏离直线为最大时，在某些部位可能是较小的。这将他带入了课题：在不同级别的函数中，去确定那些在给定的间隔上，最少偏离给定函数。在关于此问题的第一部著作《以平行四边形著称的机械的理论》（1854）中，切比雪夫提出了在所有的不高于 n 阶的多项式 $P_n(x)$ 中找出，使得最大值 $\max\limits_{a \leqslant x \leqslant b} |F(x) - P_n(x)|$，即多项式对于在间隔（$a$，$b$）上的给定的连续函数 $F(x)$ 的最大"偏差"是最小的。该理论现称之为均匀渐近函数理论。

切比雪夫所开创的，乃是均匀渐近的整体理论。在他之前，拉普拉斯、傅里叶所解决的，仅是个别局部的此类问题。在上述的记录中，切比雪夫引出了最佳渐近多项式的某些特征属性。其中，他解决了借助（$n-1$）阶多项式的函数 x^n 的渐近的课题，或者也是寻找带系数的 n 阶多项式 $x^n + p_1 x^{n-1} + \cdots + p_n$，在当原阶次等于 1 时，在间隔（$-1$，$+1$）间对零的偏差最小。作为结果，他找到了多项式：

$$\frac{T_n(x)}{2^{n-1}} = \frac{\cos(n \arccos x)}{2^{n-1}} = \frac{1}{2^n} \left[\left(x + \sqrt{x^2 - 1} \right)^n + \left(x - \sqrt{x^2 - 1} \right)^n \right]$$

多项式 $T_n(x)$ 以切比雪夫命名（T- 他的姓的第一个字母的法语拼音）。

在《关于与函数的渐近表达相关的最小值问题》（1859）一文中，切比雪夫研究了更为共性的课题——选择在间隔（$-h$，h）中的函数 $F(x, p_1, p_2, \cdots, p_n)$ 的参数 p_1，p_2，$\cdots$，p_n，此时，函数对于零的最大偏离，即最大值 $\max\limits_{-h \leqslant x \leqslant h} [F(x, p_1, p_2, \cdots, p_n)]$ 是最小的。在这里，切比雪夫确定了参数系统给出题解的必要条件，并且考虑了当 $F(x)$ 为有理函数时的某些情况。切比雪夫解决了一些单独的课题。其中偏离零最少的未知函数要满足一些补充的要求，例如在给定值 x 时接受给定值。

切比雪夫关于渐近函数的研究，由佐罗塔列夫和马尔科夫继续进行。他们从门捷列夫提出的一个问题出发，研究了多项式和其导数的边界值之间的关系（1889）。1892 年，B. 马尔科夫将自己哥哥的研究扩展到任意级的导数。遗憾的是杰出的天才 B. 马尔科夫未来得及发挥，26 岁死于肺结核。1912 年，马尔科夫得出的对导数值上限的评估，由伯恩斯坦加以大大的完善。

与函数均匀渐近理论密切相关的有许多问题：函数内插法、正交多项式的理论（切比雪夫多项式也包括在其中）、渐近积分的公式等等。在所有这些领域，切比雪夫和他的继承者，尤其是马尔科夫、波塞、索霍茨基、索宁，作出了重要的发明，后辈的数学家们则继续加以增添。

20 世纪初，最佳渐近函数理论获得原创性的发展。这是由于维尔斯特拉斯、博雷尔（Э. Борель）、列别格、瓦列－普森和其他外国数学家们确定了该理论与函数理论之间的密切联系。在切比雪夫学派，则是从不同的方向，去研究寻找在给定截段（a，b）偏离连续函数 $f(x)$ 最小的 n 阶多项式 $P_n(x)$。我们标记在（a，b）区间上的最大绝对值 $[f(x)-P_n(x)]$ 为偏离 $E_n[f(x)]$。随着多项式 $P_n(x)$ 的 n 阶的增加，偏离 E_n 一般是减少的。切比雪夫与他的爱徒们对 n 增加时 E_n 的值的表现问题没兴趣。他们在尽力寻找对于在这种或那种具体条件下的给定阶的给定函数 $P_n(x)$ 的最佳渐近。1885 年，维尔斯特拉斯证明，任意在（a，b）段上的连续函数 $f(x)$，可以表达为阶多项式的均匀收敛级数的和。因此，对于任意连续函数 $f(x)$，相应于采用最佳渐近的多项式的函数近似值，当 $n \to \infty$ 时，偏离值 $E_n[f(x)]$ 趋于零。

20 世纪初，一批西欧的数学家，对采用阶次多项式的渐近函数问题，以及被他们标记为 $E_n[f(x)]$ 的数值特性的研究发生了兴趣。根据比利时科学院的瓦列－普森在 1908 年建议提出的具体课题，当时的哈尔科夫大学副教授伯恩斯坦着手研究了在 n 无限增大时，偏离 $E_n[f(x)]$ 的整体的属性。在荣获 1911 年比利时科学院奖并构成其博士答辩的主要内容的《关于通过给定阶多项式的连续函数的最佳渐近问题》（1912）一文中，伯恩斯坦表明，在函数 $f(x)$ 的分析和微分属性，与 $E_n[f(x)]$ 在 $n \to \infty$ 时缩减的渐近法则之间，有着深刻而密切的关联。该课题的部分结果，在当时也由美国学者杰克松获得。伯恩斯坦的该著作，开辟了函数最佳渐近理论的全新领域。1912 年，他就此问题在剑桥的第五届国际数学家大会上作了回顾报告。1938 年，伯恩斯坦提出了建设性的函数理论的相应方向的全部集成。同一时期，还有伯恩斯坦的所谓准（拟）函数理论的文章。

1917 年，伯恩斯坦成为哈尔科夫大学教授。1929 年，当选苏联科学院院士。

代数函数的积分

上文曾经提到，1847 年，切比雪夫在提交的被授予讲座权的答辩中，以无理代数函数积分理论作为自己的目标。在他之前，在俄国从事此研究的是奥斯特洛格拉德斯基。切比雪夫就此理论后来发表了 6 篇著作。其中第一篇（1853）包括了在答辩中阐述的发明的总结。切比雪夫的目标是确定一个条件，在该条件下，某些级的代数无理函数的积分，为基本函数，并确定积分的最终结果。由切比雪夫提出而著称的定律，使得他可以最终解决一个源自牛顿、哥德巴赫和欧拉的课题。这些科学家曾努力弄明白：二项式的微分 $x^m(a+bx^n)^p dx$ 在 m，n，p 为有理数时，如果数 p，$(m+1)/n$，$(m+1)/n+p$ 之中有正整数，将积分为最后的形式。切比雪夫证明：这些情况是局限的，在其他情况时，不表达为基本函数的积分。

随后，切比雪夫研究了椭圆积分的理论。特别是关于 $\frac{(x+A)\,dx}{\sqrt{p_4^{(x)}}}$ 在微分的最终形式的可积分性的课题。这里 $p_4(x)=x^4+ax^3+bx^3+cx+d$（1857，1861）。如果多项式 $p_4(x)$ 有相等的根，积分很容易得出。否则的话，或是不能在最终形式进行积分，或是在唯一一个常数 A 时被积分。切比雪夫提出了未经证明的方法，可以在有理系数 a，b，c，d 时找到相应的 A 值（若其确实存在），或者得知无论 A 为何值，积分都不能表达为基本函数。该方法的构成，是对某些 3 个未知数的 6 阶的两个方程的未定系统的整数解的研究。1872 年，佐罗塔列夫发表了借助雅可比的椭圆函数理论对切比雪夫的方法的充分论证。在 1874 年的博士答辩上，佐罗塔列夫将此问题的解扩大到了任意实数系数。与此相关，是佐罗塔列夫构建了自己的总体的代数数论的除法理论，以充实的依据，获得了比切比雪夫的方法总结更广阔的意义。

从事代数函数积分问题研究的还有彼得堡大学教授和院士，曾与切比雪夫同为布拉施曼的学生的索莫夫。还是在莫斯科自己的答辩中，索莫夫就涉及此类问题。在彼得堡他第一个开始宣讲椭圆函数理论的大学课程。在其主要从事的理论力学研究中，索莫夫采用了椭圆函数于固体围绕不动点运动的课题。对于此前由欧拉-普安索和拉格朗日-泊松提出的两种情况（1851，1856），作出了完善的解决。

将无理函数的积分归于椭圆的还有彼得堡的数学家别赛里（A. Бессель）（1865）。稍后在此广阔领域进行大量有成效的研究的，有彼得堡大学教授普塔什茨基。他的硕士答辩（1881）和博士答辩（1888）全都涉及此问题。此外还有彼得堡矿山学院的学生、后来成为该院教授的多尔伯尼亚（1890年及随后数年）。涉及可交换性积分的总体理论的，是波塞和马尔科夫的学生莫尔杜哈依-博尔托夫斯基的硕士答辩（1906）。后来他成为华沙大学、顿河—罗斯托夫大学的教授。

微分方程

这一时期，微分方程的理论研究在几个方向上进行。按照编年史，我们首先看看在偏微分方程方面的研究。1837年，泽尔诺夫在第一个数学的博士答辩中，对从欧拉到雅各比的经典方法作了叙述。

泽尔诺夫和布拉施曼在莫斯科大学的学生、里加人达维多夫，是莫斯科数学协会的奠基人之一和该协会的首任主席。他发表了几篇关于偏微分方程的著作。在《关于随意级别的偏微分方程》（1866）一文中，他将由蒙日发展的一级和二级方程的特征理论，归纳至带有两个未知变量的 n 级方程。

对前两级的带有偏导数的方程进行积分的经典方法，是由伊姆舍涅茨基系统化和完善的。他是喀山大学毕业，后在喀山和哈尔科夫任教授。被选为科学院院士后，工作在彼得堡。在他的硕士答辩（1863）和博士答辩（1868）中，他完善了雅各比的一级方程积分方法和拉普拉斯、蒙日、安培的二级方程积分方法。两个答辩在国外以法文、德文出版。在自己的博士答辩中，伊姆舍涅茨基首次采用了所谓的切线转换。很快，由挪威数学家C. 李发展了其通用理论。

我们要顺便提到伊姆舍涅茨基的关于找出线性微分方程的分数（散）有理积分，所有系数为自变量的整有理函数（1887—1891），伊姆舍涅茨基的方法基于采用专门的积分乘数，在数学家中引起了激烈的辩论。后来是辛佐夫（Д. Синцов）对其进行了完善（1898年及随后几年）。

对解偏微分方程的经典方法进行总结和进一步明确的，还有基辅数学家叶尔马克夫的答辩（1873，1877）。他以发明无穷级的收敛性的极强的标志而著名。此外，还有索宁的博士答辩（1874）和叶果罗夫的硕士答辩（1898）。

科瓦列夫斯卡娅的主要数学研究，也涉及带偏微分方程的整体理论。受俄国民主运动的先进思想影响，科瓦列夫斯卡娅还未成年时，就决心投身妇女解放，成为在科学之路上的女性的榜样。为了摆脱父亲的管制（她的父亲是退伍将军），她与后来的古生物学家科瓦列夫斯基结婚，并于1869年赴德国接受高等教育。对科瓦列夫斯卡娅的数学教育是魏尔施特拉斯以个人培训的方式进行的，因为当时不仅是俄国，在德国大学也不接受女生。1874年，魏尔施特拉斯给哥廷根大学寄去科瓦列夫斯卡娅的三篇文章，因此，她被授予哲学博士学位。其中一篇《关于偏导数微分方程的理论》（1875），讲述的是关于带偏微分方程的整体理论。第二篇（1884）是关于将某些级别的可交换积分用于椭圆。第三篇（1885）是关于萨图尔（Сатурен）环的形状问题。所以，三篇文章均采用了魏尔施特拉斯的方法和结论。

1874年，科瓦列夫斯卡娅回到俄国。1880年和1883年，她曾在俄国自然实验者大会上作报告。1881年，莫斯科数学协会选她为会员。但是，她在祖国找不到专业工作，甚至不允许她参加莫斯科大学的硕士考试。1883年，在她丈夫去世后，与小女儿生活拮据。科瓦列夫斯卡娅接受了瑞典数学家米塔格-列夫列尔的建议，成为开放不久的斯德哥尔摩大学的副教授，移居斯德哥尔摩。1884年，她成为该大学的教授——世界第一位女教授。1888—1889年她两次获得巴黎科学院的奖金。获奖项目是关于固体围绕不动点旋转的研究（她研究了该课题的第三个经典情况——"科瓦列夫斯卡娅情况"）。

1889年，在她获此殊荣之后，彼得堡科学院根据切比雪夫、伊姆舍涅茨基和布尼亚科夫斯基的建议，决定允许女性参选通讯院士，并授予科瓦列夫斯卡娅此称号。但是，她仍不能在俄国找到工作。科瓦列夫斯卡娅因肺炎英年早逝。

在前述科瓦列夫斯卡娅三篇著作的第一篇（1874）中，证明了著名的柯什—科瓦列夫斯卡娅定律：关于在某些初始条件下，标准的偏微分方程及其系统，存在着分析解且具有唯一性。科瓦列夫斯卡娅还说明，没有标准形式的方程，可以通过自变量的线性变换进行简化，引入了出人意料的形式上满足某些方程，总体上是发散的阶级数的精彩例子。科瓦列夫斯卡娅的研究包含了对柯什过去研究问题的继续深入的研究。定律的名称即由此而来。在她之后不久，法国数学家达尔布也在不知晓她的杰出研究的情况下，得出了几乎同样的结果。

伯恩斯坦在巴黎的答辩《关于二阶偏微分方程的解的分析属性》（1904）中，以及在哈尔科夫的硕士答辩《椭圆形的偏微分方程的研究和积分》（1908）中，包含有偏微分方程理论的重要成果。伯恩斯坦证明了狄利克雷的非线性偏导椭圆方程的广泛级别的题目的解的存在。这

科瓦列夫斯卡娅

个工作在很大程度上确定了吉尔伯特1900年在巴黎国际数学家大会上报告中提出的第19和第20个问题的研究的性质。

在普通微分方程理论方面获得更大成就的是李雅普诺夫。他与普安卡雷一起，是微分方程的通用定性理论（该术语由普安卡雷提出）的创立者。在该理论中，微分方程解的属性，仅仅在方程自身性质的基础上予以研究，没有预先的积分，这在多数普通力学和天体力学的问题上在封闭分析形式中都是未予完成的。

李雅普诺夫出生于一个极其天才的家庭，这个家庭产生了许多杰出的科学和艺术人物。他的一个弟弟是音乐家，另一个是斯拉夫学家。从彼得堡大学毕业后，李雅普诺夫在哈尔科夫工作。1901年当选院士后，在彼得堡工作。我们讲过他的概率论的研究。但是他的主要发明是在微分方程、数学物理和水动力学上。在硕士答辩《关于旋转液体平衡的椭圆形式的稳定性问题》（1884）中，他开始进行牛顿、麦克劳林、克莱罗、达朗贝尔、拉普拉斯、雅可比和刘维尔等研究过的经典课题（见第二十二章）。涉及微分方程的特

征理论的，有李雅普诺夫的博士答辩《关于运动稳定性的通常课题》（1892）和 1888—1902 年的其他著作。

在李雅普诺夫的答辩前言中，这样讲述课题的提出，

在这篇文章中讲述了一些方法，去解决运动的某些属性的问题。其中包括平衡，涉及的是稳定性和不稳定性研究。

通常，此类问题归为对微分方程

$$\frac{\mathrm{d}x_1}{\mathrm{d}t}=X_1, \quad \frac{\mathrm{d}x_2}{\mathrm{d}t}=X_2, \quad \cdots \frac{\mathrm{d}x_n}{\mathrm{d}t}=X_n$$

的研究。它们的第二部分，相关于时间和数值大小为 X_s 时的未知函数 X_1，X_2，$\cdots$，X_n，数量是相当小的。这部分分解为后者的整正阶的级数，并且消失在全部数值大小为零时。

在这里，形成的课题是要得知：函数 x_s 的初始值，不使之为零，可否选择数值如此小，使它一直跟随初始时刻，该函数处于数量小于某些事先给定的、不为零的、但却尽可能小的界限。

现在，将所述类型的微分方程系统称作动力的，因为归入它的，是物质的点或服从动力学定律的固体的有穷运动的课题。但具有这样系统特征的，还有许多其他物理过程，例如电系统。动力系统的解称作轨迹。李雅普诺夫将所研究的运动系统的解，凡是符合时间初始值 $t=t_0$ 的，称为未受扰运动。而其他与之相对的，为受扰运动。按照李雅普诺夫的说法，如果在所有无穷的时间段 $t \geq t_0$，受扰运动（轨迹）处于足够接近于非受扰运动，非受扰运动称作稳定的。

在李雅普诺夫之前，仅仅研究了问题的个别情况，得以确定的稳定性是比较局部的。研究的方法通常为：在函数 $X(t, x_1, x_2, \cdots, x_n)$ 展开为级数中，去掉所有高于首次测量的 X_s 相对值，取代最初的方程系统 $\frac{\mathrm{d}x_s}{\mathrm{d}t}=X_s (s=1,2,\cdots n)$ 为第一个渐近的系统，即线性方程 $\frac{\mathrm{d}x_s}{\mathrm{d}t}=p_{s1}x_1+p_{s2}x_2+\cdots+p_{sn}x_n$，这里的系数 psr 一般是取决于 t，之后取得的结果，被转为给定的一般为非线性的系统。李雅普诺夫强调：课题如此简化的定理，过去没有任何解证，通常也没有指出这样首次渐近的限制为合理的条件。有时，研究者运用二次或更高级的项去计算。但是，如同李雅普诺夫所写，"一般，此方法只会达到函数 X_s 在已知时间段的界限中的更加确切的图像。当然，并未给出对任何稳定性结论的新

的论据"（对所有 $t \geq t_0$）。

在李雅普诺夫之前几年，普安卡雷进行了稳定性问题之解的研究（1878—1885）。但是他局限于主要研究两个或三个间接函数的微分方程的解。李雅普诺夫高度评价普安卡雷的研究，他强调指出，虽然普安卡雷考虑的仅仅是部分情况，但是他的研究方法可以相当广泛地应用。

在自己的博士答辩中，李雅普诺夫提出并研究了更大范围的稳定性问题。当稳定性可以以首次渐近作出判断时，他研究了在完全通用的前提下，位于系统方程的左边的函数 X_s 的性质，以解决在普安卡雷的研究中有时缺乏的严格性。他研究了稳定性问题其解不能通过首次渐近获得的几个重要情况。在答辩中被特别详细研究的是力学中的重要系统。其函数 X_s 展开为幂级数的所有系数是恒定的（稳定的运动），或者实质上是带共同的周期的循环函数 t。这里是两个涉及带常数系数的系统的定律。如果低于首次渐近系统 $\frac{\mathrm{d}x_s}{\mathrm{d}t} = p_s x_1 + \cdots + p_{sn} x_n$，其系数矩阵的所有特征数的实数部分是负的，那么，方程 $\frac{\mathrm{d}x_s}{\mathrm{d}t} = X_s$ 的系统的运动是稳定的。同时，任何相当接近于未受扰运动的受扰运动，在 $t \to \infty$ 时，也是渐近的接近它。如果在矩阵特征数中，哪怕有一个带有正实数，则运动为不稳定的。

巨大的分析困难，产生于在特征数中存在着这种情况：其实数部分等于零，即它们或者为零，或者为纯虚数。首次渐近在这里就不够了。李雅普诺夫以超凡的智慧透彻地研究了某些此类情况，例如在力学应用上很重要的：当存在二个纯虚的共轭特征数，而其他实数部分是负的。不多赘述，李雅普诺夫还有两篇关于带循环系统的二级方程 $\frac{\mathrm{d}^2 x}{\mathrm{d}t^2} + p(t)x = 0$ 的稳定性的著作（1986，1902）。对此问题进行研究的还有茹科夫斯基（1882，1891）。茹科夫斯基在1876年独立于普安卡雷得出了一级微分方程特征点的分类，并研究了积分曲线的形状，即在这些点的邻域的方程的解的曲线图。这些研究结果含在茹科夫斯基的硕士答辩中，没引起数学家们的注意，而茹科夫斯基本人也再未返回到对微分方程特征点的研究。

李雅普诺夫的研究与普安卡雷的类似探索密不可分。两位学者虽然在单独的发明是相符合，但这不属于他们的主要的研究内容，他们是在这方面相互补充。实质性的区别，在于他们采用的研究方法。普安卡雷发展了几何拓扑的研究手段，他的著作的主要章节叫作"关于微分方程所确定的曲线"。李雅普诺夫采用了完全分析的工具。二者的方法都获得了成就。20世纪，微分方程的特征方法和稳定性的理论获得了新的发展。其中包括数学上的苏维埃学派。以及它在应用上远远超过了理论力学和天文学，并且在技术上获得高级的应用价值：飞机设计、精密仪器、发动机计算等等。

在俄国首先使用微分方程理论的拓扑方法的是拉脱维亚人波尔（П. Боль），他从德尔塔大学毕业，后来成为里加工学院和里加大学的教授。波尔的研究，与普安卡雷和1890—1900年在德尔塔大学工作的德国数学家科内泽的研究相衔接。在自己的博士答辩中（1900），波尔研究了微分方程系统：$\dfrac{\mathrm{d}x_s}{\mathrm{d}t} = \sum\limits_{r=1}^{n} p_{sr} x_r + \xi_s (t, x_1, \cdots, x_n)$，带恒定系数 p_{sr}，其中，函数 ξ 满足某些补充条件，而系数 p_{sr} 矩阵的特征数，具有非为零的实数部分。波尔确定：存在着系统之解。研究了依存于带有正数和负数的实数部分的特征数数量的解的集合的结构。查明了在 $t \to \infty$ 时，解的渐近性。波尔将其发展的数学工具，应用于分析在接近不稳定平衡状态的扰动力作用下的机械系统的运动。

在证明存在微分方程之解时，波尔采用了由他导出的拓扑定律——一个圆不可能连续映象至限制它的周边上，此处周边的每一个点都转化为其本身。随后，他未作证明，构建了此定律在 n 维球上的广义化。而对此命题和其他一些通用的拓扑命题的证明，写在1904年关于力学的一篇文章里。布劳威尔关于在球体连续转换为特征点时存在着不动点的著名定律，可以从波尔的命题中轻易导出。但是，波尔在拓扑学和在微分方程对力学的应用上的发明，当时未能引起注意。布劳威尔是完全沿另外的途径，得出自己的关于不动点的定律。从20世纪20年代开始，正是在普安卡雷（1912）和伯克霍夫（1913）的著作之后，不动点的方法成为微分方程特征定律的基本研究方法之一。需要指出的是，在波尔的硕士答辩（1893）中，首次研究了他称之为"广义周期"函数（我们将此函数称之为准周期函数）。属于它的，有带无公度的周期的正交函数的线性组合。波尔还将此函数用于研究微分方程。包括研究了某些带准周期系数的方程的准周期解（1906）。随后，从波尔的思想出发，丹麦数学家 Г 玻尔（物理学家 H. 玻尔的兄弟），开始创建接近于周期函数的理论（1925年及之后）。

函数分析

我们已经提到切比雪夫与其学生索霍茨基、波塞、马尔科夫和其他人关于正交多项式理论的研究。"正交多项式"的名称说明，多项式正交的条件 $\int_a^h P(x)Q(x)p(x)\mathrm{d}x=0$，在此，$p(x)$ 是所谓"重量"，这是正交条件 $\sum_{k=1}^n p_k x_k y_k=0$ 向量 $x=\{x_k\}$ 且 $y=\{y_k\}$ 在 n 维欧几里得空间带米制张量 $g_{kl}=\begin{cases} p_k & \text{当 } k=l \\ 0 & \text{当 } k\neq l \end{cases}$ 的概括。切比雪夫反对多维空间的思想，在他的学派中，称之为"伪几何"，不谈关于函数的无穷维空间，他引入了各类级别的正交多项式，非源自函数正交性的思想，而是出于他所提出的具体课题，并且采用连分数的方法。切比雪夫和他的继承者们的研究，在创立现代的函数分析上起了重要作用。它是基于将函数视为欧几里得的或更适用的厄密度量的无穷维空间的向量。其中，索宁在 1887 年，从另一个途径确定了正交多项式为整函数，即以所述积分条件同义确定的正交性，其相应于在给定段（a，b）上的给定重量 $p(x)$，如同现在所作的那样。

函数分析是现代数学的最重要分支之一。在物理学上具有最广泛的应用，例如量子力学。它是在几十年的时间内，通过对许多经典学科的有时是相距甚远的思想的合成和归纳而形成的。例如微分方程和积分方程的理论、变分学、多维空间几何、群理论、抽象代数、运算微积分学，等等。这一过程始于 19 世纪的后 10 年，在 20 世纪初完全成型。正交函数理论是纳入函数分析构成的部分。俄国数学家的几个创造方向均在某种程度上促进了函数分析的产生。在这里，我们尽可能按照研究的编年顺序。

与创建微分方程理论密切相关的是所谓符号或运算微积分学的成果。后来的基辅大学教授瓦申科-扎哈尔琴科在自己的硕士答辩（1862）中，第一个用俄文对此作出了系统的论述。在这个运算中，微分算子 $\mathrm{d}/\mathrm{d}t$ 标为经过 p，算子 $\mathrm{d}^n/\mathrm{d}t^n$ 经过 p^n，而积分 $\int_0^t f(t)\mathrm{d}t$ 视为对算子 $1/p$ 的函数 $f(t)$ 的作用。带初始条件 $\dfrac{\mathrm{d}^k}{\mathrm{d}t^k f(0)}=0$（$k=0$，$1$，$\cdots$，$n-1$）的线性微分方程 $\sum_{k=0}^n a_k \dfrac{\mathrm{d}^{n-k}}{\mathrm{d}t^{n-k}} f(t)=0$，记录为 $P(p)f(t)=0$，这里 $P(p)=\sum_{k=0}^n a_k p^{n-k}$，而它的解是 $1/P(p)f(t)$，借助分数 $1/P(p)$ 形式展开为无穷级数算出。运算微积分学通过英国物理学家希维赛义德的研究，后来获得广泛传播。而对其进行的严格论证，则是在

20 世纪完成的。

这里应当指出的是"边界间导数"理论，即分数序列导数。它是起源于莱布尼茨和欧拉，后来由莫斯科高等技术学校教授列特尼科夫加以发展。后者我们曾提到他翻译了罗巴切夫斯基的《几何研究》一书。涉及分数序列导数问题的，是列特尼科夫的硕士答辩（1868）和博士答辩（1874）。借助该导数，列特尼科夫发展了带变量系数的二阶线性微分方程的级的系列解的新方法。其中包括确定勒让德和切比雪夫的正交多项式的方程。与运算微积分学类似，广义的导数（当然，不是以列特尼科夫导入的形式）被纳入函数空间的线性运算的通用理论。

在函数分析这个方向上，特别重大的成就归于斯捷科洛夫。他是哈尔科夫大学毕业，李雅普诺夫的学生，从1891年起，在哈尔科夫大学教书15年。1906年马尔科夫退休后，他主持了彼得堡大学的数学教研室，开创了兴盛至今的数学物理学派。1910年，他当选为院士。作为具有先进社会观念的人物（可能这方面有家庭的传统，他是杜勃罗留波夫的外甥），斯捷科洛夫在十月革命后，与其他俄国知识分子的优秀代表一起，坚决站在苏维埃政权一边。从1919年至1926年去世，他作为苏联科学院副院长，完成了大量的科学组织工作。他组建了物理—数学研究所。后来分为三个研究所。其中之一，苏联科学院数学研究所是最大的中心，以它的奠基人命名。

斯捷科洛夫的硕士答辩是关于固体在液体中运动的问题（1893）。在19世纪90年代中期，他随李雅普诺夫之后，着手数学物理学的通用方法的研究。在俄国过去是奥斯特洛格拉德斯基作了有成效的研究。在19世纪后25年，水动力学、静电学、热传导性等课题的解的一系列方法被提出。其中部分是总结过去的如傅里叶的方法，部分是新的方法。在这方面从事研究的大学者有：诺伊曼、施瓦茨、普安卡雷等。

但是，李雅普诺夫指出，过去所进行的、解决所谓狄利克雷课题的研究，是建立在某些可疑和不确切的假定之上。在1897—1902年期间，李雅普诺夫以他特有的对现代研究的严格性的追求，给狄利克雷课题在整体上作出了无可挑剔的题解。

斯捷科洛夫也进行了这方面问题的研究，但是走的另一条路。在博士论文《数学物理基本课题之解的通用方法：关于电的分布的课题，关于水动力学的基本课题，关于确定的温度的课题，关于狄利克雷和高斯课题（诺伊曼方法）以及基本函数及应用》（1901）中，他作了自己研究的初步总结。

如同在自己对李雅普诺夫的答辩的意见中所强调的，其最重要的部分是关于函数的章节。普安卡雷在 1892 年称之为基本函数，其中包括各类函数，很久之前用于解决边的课题——三角函数、球形函数等。关于将任意给定的函数展开为其项为此类或其他基本函数系统的级数的问题，具有基础研究的意义。对这个问题斯捷科洛夫后来还进行了大量的研究。

在函数分析的语言中，基本函数——这是线性算子的特征函数，是由此类或它类方程确定的。在最重要的情况，这些函数组成正交函数系统。斯捷科洛夫找出了基本函数系统的"闭合条件"（按照现代的术语——该系统完整性的条件）在于系统函数的展开系数的平方之和，等于该函数平方的积分（带若干因子）。该条件是毕达哥拉斯定律的无穷维的广义，或者是其坐标的平方之和相等于向量模数的平方。虽然斯捷科洛夫忠实于切比雪夫学派的传统，不接受多维的思想以及无穷维几何，但他的发明在创立函数分析上起了重要的作用。

与函数分析的思想密切相关的，是积分方程 $\int_a^b K(x, s)f(s)\mathrm{d}s=g(x)$ 的理论。它是线性方程 $\sum_{l=1}^{n} a_{kl}x_l=b_k(k=1, 2, \cdots, n)$ 系统的无穷维模拟。如果后者的解，可以几何的解释为多维空间的平面的交叉。那么，积分方程的理论就可以作为在无穷维空间中的同类理论。其中向量 $\{x_k\}$ 和 $\{b_k\}$ 的作用，由未知和已知的单变量函数 $f(s)$ 和 $g(x)$ 承担，矩阵 (a_{kl}) 的作用由双变量函数 $K(x, s)$ 承担。此函数称为积分方程的核心，而总数则按照指数 l 与积分相符。在华沙人、彼得堡数学家索霍茨基的博士答辩《关于定积分和在展开为级数时应用的函数》（1873）之中，开创了奇异积分方程（带有旋转至无穷的核）。现在在数学课题中被广泛应用。索霍茨基的研究长期未被知晓，吉尔伯特、普安卡雷和其他西欧最大的数学家们随后创建了奇异方程的理论基础。从事对积分方程的单独级的解进行研究的还有索宁（1884）、李雅普诺夫（在自己对旋转液态物体的平衡姿态的研究），以及其他一些数学家。积分方程的通用理论创立于 19 世纪和 20 世纪之交，成为研究函数按照正交函数系统展开为级数问题的特别重要的工具。但是，斯捷科洛夫选择走自己的路。

我们已多次指出正交函数在创立函数分析中的意义。在这里起实质性作用的，还有其他专门函数，其中包括柱形函数——经常（无充分根据的）被称作贝塞尔函数。在发展柱形函数的理论上，是由伯努利和欧拉首先提出的。上面提到的索宁作出重大贡献，他出自莫斯科大学。从 1872 年起，他在华沙大学工作。1893 年当选为院士后，在彼得堡工作。在《关于柱形函数和关于将连续函数展开为级数的研究》（1880）一文中，索宁作出了新的和完全通用的全部柱形函数理论的构建。确定了它们作为某些基本的递归（循环）函数的解。在这里，他引入了所谓的半柱形函数。众多索宁的定律现在被引用于关于柱形函数理论的所有指南之中。

就这样，虽然彼得堡数学学派不接受按他们的观点看来是太抽象的多维函数空间的思想，但是他们与其他俄国学者一道，积极参加了创建函数分析的未来方法的萌芽。而我们去评价此项研究的意义，并不仅仅是在于完成了这一新学科的后来实现的合成的准备，还因为此研究具有特征标识的价值。例如，斯捷科洛夫的关于展开的定律的研究是该领域的基础，如同积分方程（斯捷科洛夫本人未曾使用过）达到其发展的高级阶段。

应当补充说明的是，在近年，多维函数空间的思想（吉尔伯特学派所传播的）、实变量函数的通用理论、积分方程理论的方法，吸引了年轻的彼得堡学派数学家的注意，被运用于他们的研究之中。属于这一代的有斯米尔诺夫教授，后来成为院士，他的五卷《高等数学教程》至今是苏联学者和工程师们的案头书；还有物理学家弗里德曼，以对相对论的深入研究而闻名；塔马尔金（后来赴美工作）和许多其他人。

我们在这里所回顾的，远不是俄国数学家们在正交函数理论、偏微分方程理论和上面提到的其他方向上的全部探索。我们没能讲述京特（Н. Гюнтер）关于偏微分方程特征理论的有意思的研究。他是果尔金和马尔科夫的学生。从 1894 年至去世，先在彼得堡大学，后来是列宁格勒大学工作（在苏维埃时期，京特原创性的继承了斯捷科洛夫的研究，在解决数学物理课题时，采用了斯捷科洛夫提出的"平滑法"）。我们也未讲到最大的船舶建造理论家、1916 年起荣膺院士的克雷洛夫的重要研究。他在数学方面所为甚多（采用数学物理的经典方法解决振动理论的各种课题，改善傅里叶级数的同一性，完善近似计算的方法，设计用于普通微分方程的近似积分的机器）。不能不提的还有克雷洛夫对科学史的研究。特别是他以不寻常的智慧，在过去的从牛顿算起的数学家的著作中，去寻找被遗忘的方法，成功地服务于解决今天现实的力学和技术问题。1915 年，克雷洛夫发表了俄译本的牛顿著作《现实哲学的数学基础》，作了深入的注释。对这部著名的著作，过去从来未有过如此透彻的解说。

在这一节结尾，我们还要说的是彼得堡工学院的毕业生、后来的教授和院士加列尔金。在 1915 年，他大大完善和归纳了里茨在 1908 年提出的用于变分学和微分方程问题的近似解的方法。

1912 年，彼得堡工学院的教授和船舶工程师古博诺夫在解决弹性理论的单独课题时，运用了与加列尔金相同的方法。里茨–加列尔金的方法很快获得了广泛的传播。它被彼得堡矿山学院的学生、1912—1917 年成为该院教授，后来为院士的 H. 克雷洛夫和一批苏联学者所继续发展。

解析函数理论

一般说来，在 19 世纪时，复变函数通用理论远非是彼得堡数学学派的兴趣所在。在该领域，当时获得的主要成果，大都是在法国和德国，特别是柯什、黎曼和维尔斯特拉斯。在切比雪夫的较早学生中，唯一成功进行了解析函数理论研究的是索霍茨基。1869 年他在彼得堡大学首先开了此门课程。

在自己的硕士答辩（1868）中，索霍茨基讲述了积分计算理论的通用原理，演示了它在切比雪夫所研究过的一系列问题上的应用。从复变函数角度看，索霍茨基的最重要的发明是定律：单值的解析函数，可以形成随意小的自己的本性奇异点的周边，而无论其怎么接近任意给定的复数。与索霍茨基同时，意大利数学家卡左拉提也发明了该定律。这时维尔斯特拉斯来了，于1876 年将定律以维尔斯特拉斯的名义公布并刊印在所有的解析函数理论教科书上。在维尔斯特拉斯之后，从皮卡尔（1879）开始，许多数学家进行了对接近本性奇异点的单值函数性状的研究。

索霍茨基的另外一个重要研究，是接近领域边界的解析函数的属性问题。领域内的函数，为单值的和解析的，即如柯什型积分的边界属性。相应的索霍茨基的发明和公式，被写在他的博士答辩（1873）之中。后来进行这方面问题研究的，有许多外国和苏联的学者。而索霍茨基对解析函数的通用理论则未再顾及。他在这方面的发明，直至 20 世纪中叶仍无人知晓。

与索霍茨基同时从事解析函数研究的，有基辅大学的瓦申科-扎哈尔琴科，他的博士答辩（1867）讲述了黎曼的理论。尽管这个答辩没有包含新的思想，但是在相当一段时间，它被作为指南。后来，瓦申科-扎哈尔琴科的学生布克列耶夫（从 1885 年在基辅大学教书），发表了一系列涉及维尔斯特拉斯的解析函数理论的原创著作。

维尔斯特拉斯的理论的方法，广泛应用于他自己和其他俄国数学家，如他的学生科瓦列夫斯卡娅和李雅普诺夫的研究之中。对于他的椭圆形函数理论进行研究的，还有索霍茨基、彼得堡大学毕业生季哈曼德利茨基、布加耶夫的学生波克罗夫斯基和纳基莫夫，后者运用椭圆函数去解某些数论问题。这里不能列举进行此类解析函数问题和派生问题的研究的全部学者。再提一下敖德萨数学家吉姆琴科，他的博士答辩于 1899 年单独出书，其对 1825 年以前的历史的回顾材料之丰富，至今未有超越者。

向量和非欧几何

切比雪夫学派对几何问题的研究相对较少。索莫夫院士（也从事力学研究）对于向量计算的研究具有相当大的意义。其基础，奠定于 19 世纪 40 年代。分别由哈密顿在爱尔兰、格拉斯曼在德国和圣-韦南在法国独立完成。三人中，第一位的出发点是代数，第二位是几何，第三位是力学。哈密顿和圣-韦南还创建了向量分析。

索莫夫依据圣-韦南的研究，发展了标量变量的向量函数的微分工具，并运用其去研究空间曲线，然后确定了两个标量自变量的向量函数的微分（1865）。

圣-韦南——索莫夫的关于向量的学说和哈密顿的学说，由索莫夫的儿子 O.索莫夫加以合成，后者在华沙和彼得堡任力学教授。在彼得堡大学开设了关于向量分析的讲座。

喀山大学副教授舍布耶夫将哈密顿的理论应用于力学。舍布耶夫的学生卡捷利尼科夫（喀山大学教授 П.卡捷利尼科夫的儿子），曾是喀山、基辅和莫斯科的教授，他建立了在欧几里得空间（1895）以及在罗巴切夫斯基空间和椭圆空间（1895）的螺旋计算。卡捷利尼科夫的螺旋是向量，其坐标在罗巴切夫斯基空间中为普通函数。在椭圆空间中为双数 $a+be$，$e^2=1$。而在欧几里得空间中为对偶数 $a+b\varepsilon, \varepsilon^2=0$ 该数为克利福德引入（1873）。如卡捷利尼科夫所指出的，螺旋非常适用于记录力学的静力和动力螺旋。螺旋计算的几何应用是基于：欧几里得空间、罗巴切夫斯基空间和椭圆空间的定向直线，以单位模数的螺旋来表达，即在三维对偶、复合的或二维的欧几里得空间中的球上的点，以及空间的运动，以该球的旋转来表达。

德国数学家施图季独立于卡捷利尼科夫发展了欧几里得空间和非欧几里得空间的螺旋理论。敖德萨大学的毕业生泽利格尔（Д. Зейлигер），1917 年在喀山和彼得堡作教授，将螺旋计算的几何应用大大地推进了。

几何基础和数理逻辑

罗巴切夫斯基几何，也成为敖德萨几何学家卡甘关注的中心课题。卡甘在十月革命后，在莫斯科大学建立了张量几何学派。1893—1898 年，他单独出书，发表了一系列关于罗巴切夫斯基几何的文章。罗巴切夫斯基几何将卡甘引至几何基础的问题。过去它曾是吉尔伯特和其他一流数学家们关注的中心课题。1902 年，卡甘提出了原创的欧几里得几何公理体系。如果说吉尔伯特给出空间的度量，是借助图像的全同，而舒尔是借助运动的概念，那么在卡甘的公理中，点之间的距离则是显然纳入的，使得他的公理体系完全是紧凑的（其中总共 10 个公理）。对公理体系的充分分析，以及由大量欧几里得几何定律所得出的结论，在卡甘的答辩论文《几何基础》（1903）的第一卷中给出。第二卷则是关于几何基础学说发展的客观的历史批判性的回顾。

我们还要指出，对于坚（Ден）关于条件的定律（1902）——在该条件下，两个大小相等的多棱体的组成相等（即可以分开成为相应的全同部分），卡甘给出了原创的和非常简明的结论（1903）。

另一位敖德萨的数学家沙图诺夫斯基，1902—1904 年，他创建了向量值的公理体系。引导他作这个项目关于面积和体积的研究，与吉尔伯特对此问题的研究部分相符。沙图诺夫斯基还发展了测量多棱体体积的基础理论（1902），原创性地克服了由于多棱体大小相等时可能其组成不相等所产生的困难。

喀山和敖德萨的数学家们在研究与几何基础相关问题的同时，还研究了数理逻辑。喀山大学教授波列茨基（最初是位天文学家）发表了大量关于数理逻辑的文章（1884—1908），批判地发展了布尔和施勒德的"逻辑代数"学说。波列茨基在命题逻辑和族逻辑（具有某些特征属性的对象的集合）方面作出了重大贡献。其中包括建立了算法，来解决从给定的前提所产生的结果集合的问题，并可以确定以给定的逻辑相等为结果的前提。法国学者库图尔的《逻辑代数》（1905）中，相当部分是讲述波列茨基的方法。

敖德萨数学家斯列申斯基，1911年转到克拉科夫，也研究了数理逻辑。在自己翻译的库图尔的《逻辑代数》（1909）中，他增添了几个基本公式的证明，这些公式在库图尔那里不够明确。斯列申斯基的行动也影响了卡甘和沙图诺夫斯基关于几何基础的研究。最后我们要指出的是，在1901年的一个口头说明中，后来又在自己的著作《代数作为对函数模数进行比较的学说》（1917）之中，沙图诺夫斯基指出了在适用排除第三者法则于无穷集合的元素时，必须要严格遵守非常仔细的原则。在这里，沙图诺夫斯基未对该法则的适用表示怀疑。而荷兰数学家布劳威尔在1908年左右，提出在无穷集合和过程中，排除第三者法则不具有全面的适用性，开创了数学基础的归纳方向。后来对此问题的研究在数理逻辑的发展上起了很大的作用。

微分几何

19世纪后半叶，在莫斯科产生了新的几何学学派。其奠基者，是从1865年起在莫斯科作数学教师的彼得松。在他的副博士答辩《关于表面的弯曲》（1853年，发表于1901年）中所解决的问题，是以第一个和第二个精确度达到在空间中运动的二次方形，来确定表面的课题，以及关于这两个方形的相互比例。这一关系后来被梅纳第和科达齐在1857年和1868—1869年找到。而以方形确定表面的定理，由博内在1860年作出证明。通过在莫斯科的《数学专集》第一卷的文章（1866），彼得松引发了莫斯科数学家们关于表面弯曲的最重要情况——在主基础上的弯曲的理论的大量研究。表面弯曲的理论，包括在主基础上的弯曲，被包含在莫斯科教授青格尔

（В. Цингер）的学生穆拉德泽耶夫斯基的硕士答辩之中。而穆拉德泽耶夫斯基的博士答辩（1889）的题目，是多维的多形体的几何，包括这些多形体的微分不变量（式）的理论。在青格尔的另一个学生叶果罗夫的博士答辩（1901）之中，研究了由具有动能的液体的运动所决定的表面的三重正交体系。还有青格尔的两个学生，哈尔科夫大学和莫斯科大学的教授安德烈耶夫、莫斯科的教授弗拉索夫，创建了代数曲线的合成投影理论和外形的定律。弗拉索夫进行了轴测法（三面正投法）问题的研究。主基础上弯曲的理论，被包含在穆拉德泽耶夫斯基和叶果罗夫的学生，后来的莫斯科大学教授菲尼可夫和布施根斯的硕士答辩（1917）之中。

在微分几何方面，还有喀山几何学家苏沃洛夫、瓦西里耶夫、辛佐夫和前面提到的泽利格尔的研究。瓦西里耶夫是彼得堡大学毕业，在喀山大学工作多年，是喀山物理数学协会的组织者。在 1893 年，举办了罗巴切夫斯基的周年庆祝，出版了他的著作。在苏沃洛夫的硕士答辩（1871）中研究了变换曲率空间的三维的黎曼（域）。在此研究中，苏沃洛夫独立于同时研究此问题的克里斯托菲尔，确定了三维空间的二次方形的等值性的基本条件。苏沃洛夫的博士答辩（1884）涉及与许多非欧几何问题密切相关的，在投影平面上的虚元素的理论。

瓦西里耶夫在 1878 年发表了关于衔接理论的第一篇著作。后来辛佐夫成功地进行了该理论的研究（1894）。再后来，辛佐夫从喀山转到乌克兰。在哈尔科夫创立了自己的几何学派。

代数

经典的代数课题——解代数方程——在 19 世纪后半叶被俄国数学家们分为三个方向：实根的分解、高次方的根的数目解、超越函数的代数方程的解。对第一个问题，彼得堡学派进行了一系列研究——切比雪夫（1859，1872）、马尔科夫（1886，1903）、斯捷科洛夫（1893），以及瓦西里耶夫的博士答辩（1894）。多次提到的数学家布加耶夫（著名作家安德别雷（Белый）的父亲），提出了原创的方程数目解的叠代过程（1896—1897）。基辅大学教授格拉维在 1893 年运用高斯的变形方法（1849）去解三项的方程。而在《高等代数组成》（1914）中他提出了另外的计算实根的叠代方法，它是连分数法的概括。代表第三个方向的是布加耶夫的学生，莫斯科大学教授涅克拉索夫和拉赫金。涅克拉索夫在硕士答辩（1884）中，研究方程$u^m-pu^{m-1}-q=0$时，采用了解析函数理论的方法。他借助级数来表达方程的根，研究了这些级数的属性和同一性，指出了这些级数在分析中的应用。涅克拉索夫的博士答辩（1886）是关于拉格朗日级数，也与这个非常相关。稍后（1888），涅克拉索夫表达了借助对数函数的积分的三项式方程的根。拉赫金在1892—1897年研究了在特征函数中的高次幂的代数方程的解。该函数是依据微分方程的积分，被称为"微分分解式"。

代数学新的方向的产生是与群理论的创建相关联的。在俄国，最初的信息出现在从哈尔科夫大学毕业，后来成为该校教授的杰拉柳（Д. Деларю）的硕士答辩（1864）之中。在该论文中，讲述了代数方程在根中之解问题的历史，以及加鲁阿理论的最重要的应用。群理论的思想，在瓦西里耶夫的硕士答辩（1880）中被采用，并且在他开的课程《代数分析，与替代理论相关联的字母方程理论》即代换（1886）中加以宣传。有限群理论和加鲁阿理论包含在彼得堡的教授塞里瓦诺夫的硕士答辩和博士答辩（1885，1899）之中。连续群的理论，在卡甘的《几何基础》（1907）第二卷中讲述。群理论问题包含在基辅的教授的著作中：瓦申科-扎哈尔琴科的书《行列式的理论和形的理论》（1877）和《高等代数，表达式的理论和应用其来解决代数问题》（1890）。在叶尔马克夫的文章（1901，1904）和普费费尔（Г. Пфейфер）的硕士答辩（1903）之中，涉及多棱体旋转的通用群理论。普费费尔的博士答辩（1910），涉及代数函数和表面的理论，后来他又进行了偏微分方程的研究。

19世纪90年代，在塔尔图莫林展开了对代数理论（超复数系统）的研究。在自己的博士答辩（1892）中，莫林给出结合代数最重要级别的分类，其中指出：在复数数组上的任意普通的结合代数，与在该数组上的某些序列的所有矩阵代数是同构的。1897年，莫林找到了有限群的线性表达式的数。该群为同构或同态于给定有限群的矩阵群。与莫林同时，德国代数学家弗洛别尼乌斯也从事了代数和有限群线性表达式理论的研究。莫林的许多关于代数理论的成果，被杰出的法国数学家卡坦后来独立地发现和发展（1898年及其后年代）。群的线性表达式理论，将群的表达式不仅仅看作是矩阵的群，而且是函数空间的线性算子的群，在量子力学中起了重要作用。

在基辅大学，存在着创立代数学学派的非常有利的条件。上面提到瓦申科-扎哈尔琴科、叶尔马克夫和普费费尔的研究为它准备好了土壤。首位俄国代数学学派的组织者是格拉维。作为彼得堡大学果尔金的学生，格拉维完成的硕士答辩是关于偏微分方程的理论（1889）；而博士答辩，是关于欧拉和切比雪夫提出的地图结构理论（1896）。1902 年，他在基辅成为教授。他组织了代数培训班，积极参加的有施密特、德洛内、切博塔列夫和其他学生和年轻学者。格拉维的《有限群理论》（1908）是俄国第一本关于群的通用理论的书。他的《数论基础教程》（1913）第二版，包含了关于矩阵理论、通用代数数论理论和其他代数问题。讲述了像根泽尔的 p-адический 数论这样的最新发现。该书引入三个定律，是格拉维的三个学生德洛内、日林斯基和施密特不久前证明的。

格拉维的许多学生就这样迅速地投入了自己的研究。1912—1913 年，施密特的第一批文章问世，马上就以其对一系列重要问题的原创性的论述而引起关注。接下来，在基辅的《大学消息》（1914—1915）刊登了他的"抽象群理论"，1916 年出了单行本。这里的许多定律和证明都是属于著者。依照这部著作，在俄国对于群理论的研究超过了 20 年（1933 年该书又再版）。1916 年，施密特成为基辅大学副教授。从 1923—1949 年，他领导了莫斯科大学的代数教研室。在那里奠定了庞大的科学学派的基础。他在数学界享有广泛的影响。施密特还作为极地探险的领导者，而获得很大的知名度。1935 年，他被选为苏联科学院院士。

杰出的贡献同时属于格拉维的其他学生，尤其是德洛内成为数论的大专家，还有代数学家切博塔列夫。他们的科学活动不限于基辅，在十月革命后传播开。格拉维本人的后半生一直与基辅大学连在一起。他的功绩，以当选乌克兰科学院院士（1920）和苏联科学院院士（1929）最为著名。

函数理论的莫斯科学派的产生

19 世纪末 20 世纪初，实变量函数的通用理论，开始在数学的整体发展上起着越来越大的作用。在莫斯科，实变函数理论的第一次授课，是穆拉德泽耶夫斯基于 1900 年在授课中讲述了康托尔的集合理论。

1900 年代的开始，以函数理论的辉煌成就为标识。当时为首的是法国数学家伯雷尔、列别格和拜尔。度量理论和通用积分理论在其中占有重要位置。直线上的点集合的度量，是线段长度概念的广义：如果在线段（a，b）上给出点集合，则以它的外度量去定义覆盖这个集合的线段长度的下沿；以内度量去定义线段（a，b）长度与补充集合的外度量之间的差额。在两个度量相符时，集合称为被测量的。而两个度量的共同值称为集合的度量。如果对于所有点的集合的函数 f(x)，f(x)>a，对于一切实数 a 是被测量的，则函数称之为被测量的。

被测量函数的级别，比连续函数的级别，以及按照黎曼被积分的函数的级别更广泛。列别格在 1902 年对于积分的概念作了实质性的总结，这对函数理论的发展以及它的各种应用，都产生重大的影响。列别格的积分，对于被测量函数，借助集合度量概念而算出，可以在任意有限被测量函数上实现。而在柯什或黎曼的积分为函数所确定的情况时，它与列别格的积分相符。

集合理论见于日加尔金的硕士答辩（1907）。后来他成为莫斯科大学教授，数理逻辑方面的大专家。前文提到的叶果罗夫，正确评价了函数理论打开的广阔前景。他组织了专门的培训班，培养了许多该领域的优秀学者。叶果罗夫本人在 1911 年，证明了函数理论的基本定律之一——如果被测量函数的顺序在线段上几乎到处为收敛（除非是零度量集合），那么从这个线段可以去掉任意小度量的点集合，而在剩下的集合上顺序为均匀收敛。

但在莫斯科大学，函数理论研究的主要思想鼓动者是叶果罗夫最亲近的学生卢津。他于 1906 年毕业，后留在学校做教学和科研准备。1911 年卢津被授予副教授。1916 年，他的研究通过硕士答辩，但是获得了通过博士答辩的评价。1917 年当选教授。在自己的一个早期著作（1912）之中，卢津证明：任何被测量函数和在线段（a，b）上几乎到处是有限的函数，连续在完成的点集合上，该集合是从线段中去掉任意小度量的集合而获得。卢津称这是被测量函数的 C 属性（源自法文词 continuite——连续性）。卢津的此项和其他许多发明，被纳入他的答辩《积分和三角级数》（1905）之中。由于该书丰富的思想内容、鲜明精彩和异常通俗的讲述，在很长时间它都是所有在俄国从事函数理论研究者的案头书。

作为一名函数理论思想的伟大讲演者和宣传者，卢津很快成为对此热心分子的集体的领导和鼓励者。加入其中的，有卢津的年轻同事果鲁别夫（В. Голубев）、普利瓦洛夫、斯捷潘诺夫和当时还是学生的亚历山德洛夫（Александров）、缅绍夫（Д. Меньшов）、希钦、苏斯林。

所列举的数学家们，都是在十月革命前和苏维埃政权的最初年代发表了自己的函数理论研究的著作：属于年轻学者们的，是关于集合理论、度量理论、积分理论、三角级数理论的单篇文章；属于年长者的，果鲁别夫和普利瓦洛夫，是实变量函数理论的方法应用于解析函数理论的各种问题的书籍。卢津本人也在这方面作了探索。于是，1917 年前，在莫斯科大学形成了虽规模不很大，但极具天才的函数理论学派，可以预期随着学派增添新的拥护者，其日益发展壮大。

这里除了早逝的苏斯林（1919 年去世），所有上述数学家后来都有很长的学术生涯。卢津本人常年在莫斯科大学作教授，1929 年当选院士。他的后继者，都是莫斯科大学教授、苏联科学院院士。对于莫斯科函数理论学派在苏联国内和国外的数学发展中所起的作用，很难作出评价。这个学派的意义，绝不仅限于在函数理论本身，或与之直接相关的数学的发明。20 世纪 20 年代，函数理论的思想和方法在数学的许多领域获得成果丰富的应用。由此，产生了新的方向、新的学派，靠近了原来本是很遥远、很陌生的数学思想的方向。

实际上，在开始时，不看好函数理论的抽象结构，认为对于解决数学和数学科学的重要具体课题没什么用处的彼得堡学派的数学家，与远离位于切比雪夫后继者的兴趣中心的传统经典问题的莫斯科数学家之间，是存在某些对立的。但是，后来的发展很快证明，此种对立只是主观上的。两大方向的主流趋势实际上是互补的。函数理论的抽象思想和方法，如同多维几何、拓扑学、最新代数，在解决以过去的方法不能解决的具体难题时，是非常有效和有价值的。另一方面，数学物理、变分学、概率论和其他经典学科的具体难题，也是应用抽象理论的大好天地，需要继续发展这类理论。正是向着这种表面看起来对立，实际上却是互相补充的趋势的合成，走来了 1917 年十月革命之前最后年代的俄国数学。

第二十二章　力学

　　19 世纪后半叶在俄国，力学的发展和科学的其他领域一样，出现了迅速的高涨。大学里，力学的教学水平提高了，研究工作增强了。新一代中涌现出许多杰出的学者，他们的创新成为世界科学史上亮丽的现象。许多新学派诞生了。

　　在彼得堡大学执教力学的是 O. 索莫夫。他将力学课程作了许多改变。这在他的教学指南《合理的力学》（1872—1874）中可以看到。1878 年，该书被译为德文。他在俄国第一个将力学分为运动学、静力学和动力学（过去力学被分为两部分：静力学和动力学）。这个新的课程结构，后来被大学教育普遍采纳，成为通用。分出运动学对于发展机械理论有重要意义。1862 年，索莫夫被选为彼得堡科学院院士。在彼得堡大学工作过的还有 П. 切比雪夫、A. 利亚普诺夫、И. 缅谢尔斯基和 Г. 苏斯洛夫等杰出的力学家也曾在这里深造成熟。

　　在莫斯科大学，Ф. 斯卢茨基从 1866 年起教授力学 22 年。在自己的著作《理论力学教程》（1881）中，他对讲述的分析方法作出了高度的评价。他引入了纯几何的概念。茹科夫斯基是他的后继者，后来以自己的杰出研究而闻名。而茹科夫斯基的学生恰普雷金，同样也成为著名的学者。

力学变分原理的发展

　　当时重要的研究方向之一，是众多人对于力学变分原理的探索。此前，奥斯特洛格拉德斯基曾对此研究作出了重大贡献。

　　拉格朗日在阐述最小作用原理时，留下一个公开的问题：在对作用进行变分时，是否要对时间进行变分？以此为据，勃拉施曼（Брашман）在《理论力学》（1859）中认为：最小作用原理是不正确的。基辅大学的拉赫玛尼诺夫教授也持这个意见。斯卢茨基、索科洛夫（И. Соколов）、О. 索莫夫、塔雷京（М. Талызин）的研究对这个问题作出圆满的解决。通过对奥斯特洛格拉德斯基和雅可比提出的反对欧拉—拉格朗日原理的意见的分析表明：这个原理与哈密顿—奥斯特洛格拉德斯基原理互相并不排斥，而是在表达力学作用的不同属性。

如众所知，雅可比要求在对作用积分时，排除时间，保存能量条件。斯卢茨基和塔雷京查明，这种排除并不是必要的。在《关于最小作用的基础》（1867）中塔雷京确定：欧拉—拉格朗日原理中，时间在变分，但坐标之一没有变分。他指明了如何使拉格朗日的结论排除不确性。可惜，塔雷京当时的研究未能在俄国和外国的著作中留存。

塔雷京没有停留在奥斯特洛格拉德斯基对于拉格朗日的关于从最小作用原理得出的运动等式结论的反对意见上。运用不定积数的方法，奥斯特洛格拉德斯基得出结论，认为拉格朗日作出的运动等式，仅仅是在某种情况之下，即不定积数为零的条件下。但是，还在 1815 年时，罗德里格即以此方法获得了最小作用原理的运动等式。斯卢茨基在《关于最小作用的基础》和《关于最小作用基础的记事》（1867）等著作中，对此问题进行了详尽的剖析。他得出的最小作用原理的运动等式的结论，是将这一原理推广到点坐标非独立，而是满足关系等式的情况。斯卢茨基在罗德里格的方法中，增加了确切性，区分出了等时的和完全的坐标变分。斯卢茨基认为，在推导出运动等式时，必须采用不定积数的方法。

与最小作用原理相关的第二个问题，是搞清在什么条件下，表达最小作用原理的积分具有对实际运动的最小值。首先提出此问题的是雅可比。他指出，如果作用的第一个变分等于零，那么第二个变分可能会导致适于进行研究的状态。正是从这里产生了一系列课题。虽然，对于解决力学课题，将第一个变分归零就足矣，关系不大。但是，对于实际的运动，这个作用是否为最小值（因为事情的实质在于获得运动等式的可能性）。实现作用的最小值问题，直接与运动的稳定性相关联。因此引起了相当大的兴趣。这个问题的研究，导出了运动学的焦点问题的理论。在研究运动稳定性时，该理论分别由汤姆逊和劳思在英国，茹科夫斯基在俄国加以应用。在法国学者塞雷的几篇论文中，探讨了这个问题，总体上得以证明：对作用积分的第二次变分是正值。对这个作用积分的最小值，确实存在，条件是在最小作用原理的公式表达积分的边界，作出某种限制的情况下。

该问题的进一步研究，由鲍贝列夫（Д. Бобылев）和茹科夫斯基完成。鲍贝列夫不仅确定了第二次变分的标志，还找出对于欧拉和拉格朗日最小作用原理和哈密顿－奥斯特洛格拉德斯基原理均适用的实际最小值的存在条件。茹科夫斯基在1879—1888年的研究中，对在真实的系统运动时作用的最小性，作出了巧妙的纯几何的证明。

机械理论

在俄国，与研究理论力学的总体基础的同时，开创了应用力学的最重要的分支之一的理论——机械理论。

随着这一时期工业的增长，产生了许多在机械的结构和其改进方面的新问题。从19世纪50年代起，这些问题成为一系列机械理论基础研究的源头。其中，首先是切比雪夫的研究。切比雪夫不懈地了解各类生产过程，与优秀的工程师交流。他选择编成了实用力学的教程材料，在彼得堡大学和皇村高等法政学校宣讲了数年。最令他感兴趣的理论问题是齿轮传递、机器动力、机械部件的撞击等等。

通过分析瓦特的所谓平行四边形研究的不足，即在活塞（近似）直线运动状态，曲柄的旋转运动的传导问题，切比雪夫选择了机械理论的难题之一——铰合机械的合成问题，即完成该运动的机械结构，作为研究的课题（该问题的研究至今不能认为已经完成）。

在《以平行四边形著称的机械理论》（1853）中，切比雪夫给出了确定直线方向机械尺寸的合理基础（此前，从瓦特起的75年期间，工程师们都是凭经验选择这个尺寸）。如前所言，这篇文章是切比雪夫一系列关于功能最优近似理论的首篇著作。

切比雪夫研究并制造了一系列机械。其中最有意思的是：将曲柄的旋转运动，转换为摇杆的摇摆的机械，曲柄的一个往返行程摇杆摆两次；蒸汽机的连杆机械；测量曲率的机械；脚踏车座椅和自行车；船的推进器，等等。另一个离奇的机械是由铰链联接的六个环组成。如切比雪夫所示，环的大小作如此选配：当主环按照时针指针旋转时，被引导的属环将转两周；如果主环逆时针转，则属环将转四周。

通过研究连杆在不同点（其受环境的影响很小）的记录轨迹，再联接补充的环，切比雪夫制造了带有停顿的机械：它的个别环在某段时间可以暂停，尽管主环此时仍在旋转。1870 年，在《关于平行四边形》中，切比雪夫首次给出了此机械的所谓结构公式。切比雪夫制造了原创的不停运行的计数器。当然，这些远不是他的关于机械理论和合成的全部成果。

若是要对切比雪夫的思想作出比较充分的评价，需要对它在世界各个科学中心，尤其是在俄国的继续发展作进一步的了解。

沿着这个方向，有意思的研究也在敖德萨大学继续进行。力学教授利金（В. Лигин）发表了一系列附有技术课题的系统的运动学书籍和文章。他的学生，副教授果赫曼（Х. Гохман）在《机器运动学》（1880）中提出了按照自由度对运动偶的分类，以及依据可能运动的数目，将机械分为六级。莫斯科大学毕业生 Н. 德洛内在敖德萨大学通过了硕士答辩《旋转的传导和铰链摇臂机械曲线的机械绘图》，他从 1906 年主持了基辅工学院的力学教研室。

对机械理论作出特殊贡献的是奥斯特洛格拉德斯基的学生维什涅格拉茨基（Вышнеградский），他在炮兵学院和彼得堡技术学院教授力学、应用力学和其他课程。1862 年，被任命为力学教授。1888 年，被选为科学院荣誉院士，还曾担任过一段时间的财政部长。

维什涅格拉茨基是杰出的工程设计师和理论家。他一生的主要事业是创建自动调节理论，在两部著作《关于直接作用的调节器》（1877）和《关于非直接作用的调节器》（1878）中均有基本的阐述。当时，他将自己的发现在法国和德国的杂志上发表。他所导入的概念和方法，在现代的调节理论中获得广泛应用。该理论在现代各生产领域产生越来越大的价值。例如，关于调节系统稳定性的标准，就带有他的名字。

1909 年，发表了茹科夫斯基的《关于运动链对于杠杆问题的动力课题集》。其中包含了具有深刻的原理意义的定律。它的实质在于：将机械的平衡问题，即物体的系统，归于更加简单的一个围绕该中心旋转的固体的平衡问题。茹科夫斯基的方法，使得解决机械动力学的共同问题（对于一级自由度的机械）成为可能。该问题要确定机械在受力作用下的运动，也就可以进行机械的考虑其重心力的运动静力计算。

1914—1917 年，彼得堡工学院教授阿苏尔（Л. Accyp）的研究成果问世。他给出了新的通用平面运动链的分类系统，从而奠定了平面机械的研究方法。其中，每一级均对应于自己的分析方法。阿苏尔的分类和一系列由他引入的概念（"阿苏尔点"等），在现代机械和机器理论上起着重要的作用。

关于固体围绕定点旋转问题的研究

固体旋转问题，作为数学力学的典型问题，成为 19 世纪下半叶理论力学的中心问题。

前面已经简单讲述了该课题的历史。1758 年，欧拉研究了固体围绕定点（极点）运动的情况。当重心与极点相符时，所有的力归于经过此定点的合力。1788 年，普安素给出此情况的几何说明。1788 年，拉格朗日（泊松也在 1815 年独立完成）研究了当物体具有通过定点的对称轴，只是在重力作用下运动时，它在对称轴上的加力点与极点不相重合（对称重力陀螺仪——回转仪）。两个问题同归于求积分。其解的表达为椭圆函数。

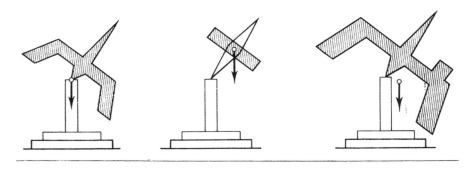

三种固体运动情况的陀螺模型

在欧拉、拉格朗日和泊松的研究之后，物体围绕定点运动的问题长期未有进展。鉴于该问题的重要性，法国科学院为完成此研究的实质性新成果设立了专项奖。前两轮竞奖均无结果。1888 年第三次竞奖。在 15 位参选代表中，科瓦列夫斯卡娅的研究《固体围绕定点旋转课题》（1888）获奖。

在这一著名的研究中，科瓦列夫斯卡娅深入研究了固体围绕定轴旋转的新情况，为它得出了共同的积分。在类似的课题研究中，首次引入了当时由她的老师维尔斯特拉斯研制的复合变量函数理论工具。她的研究工作提出了一些新的通用数学的问题。

科瓦列夫斯卡娅关于固体运动的研究，成为许多研究工作的起点（Г. 阿培罗特、穆洛泽夫斯基（Б. Млодзеевский）、茹科夫斯基、利亚普诺夫、德洛内）。茹科夫斯基在 1896 年，对于欧拉研究的物体、拉格朗日的对称陀螺仪和科瓦列夫斯卡娅的非对称陀螺仪，给了非常直观的绘图。属于利亚普诺夫的，是对于带有自由度级别尾数的机械系统的运动的稳定性理论的研究。

变化质量物体力学和反作用运动理论

19 世纪末 20 世纪初，开拓了许多力学领域。起因源自理论科学，同时也对 20 世纪中叶的技术进步，具有极其重大的意义。这就是 И. 缅谢尔斯基的变化质量物体动力学和齐奥尔科夫斯基的反作用运动理论。

缅谢尔斯基毕业于彼得堡大学，是一位重要的学者和杰出教育家。自 1890 年，他在大学授课 25 年。自 1902 年，他主持了此前不久组成的彼得堡工学院（后来为列宁格勒工学院）的教研室 33 年。他的理论力学课程广为知晓。尤其是出版了 20 多次的力学习题集，成为后来苏联和许多外国高等学校的辅导教材。

缅谢尔斯基研究的基本问题是变化质量物体的运动。关于此研究的初步成果，他于 1893 年初，在彼得堡数学协会作了报告。在硕士答辩论文《变化质量点的动力学》（1897）中，他确认：如果点上的质量在运动时发生变化，那么，牛顿的基础运动微分方程将被下列公式（缅谢尔斯基等式）取代：

$$m \frac{\mathrm{d}\bar{v}}{\mathrm{d}t} = \bar{F} + \bar{R}$$

这里，$\bar{F}$ 和 $\bar{R} = \frac{\mathrm{d}m}{\mathrm{d}t} \bar{u}r$ ——作用力和反作用力，$\bar{v}$ ——分散（或集合）质点重心的相对速度。

在答辩中，他发挥了对于分散（或集合）质点情况下的变化质量点的运动的总体理论。1904 年，刊印了他的第二部分著作《在总体情况下变化质量点的运动等式》。他的理论在这里，有了最终的高级的优美的表达。他的研究确定了关于同时进行物质质点的集合和分散过程，其质量变化的点的总体运动等式。

缅谢尔斯基在研究了大量关于变化质量的点运动的分支问题，例如火箭的上升运动和高空气球的垂直运动。他对于在向心力作用下的变化质量的点的运动，进行了专门的研究，从而奠定了变化质量物体的天体力学的基础。他还研究了一些彗星的问题。缅谢尔斯基还首先构思了所谓的反向研究，即从施加的外力和轨道，来确定质量变化的规律。

除了关于变化质量的力学研究，缅谢尔斯基还进行了一系列通用力学的研究。

缅谢尔斯基在科学上的功勋非常巨大。但是，他的变化质量力学的研究，作为现代火箭动力学理论基础的重大实践意义，只是在后来才充分显示出来。他的思想是在苏联学者的研究中获得继续发展的。在科学和技术史上，缅谢尔斯基与宇航学科学基础创建者齐奥尔科夫斯基的名字不可分割地联系在一起。

齐奥尔科夫斯基是火箭动力学、反作用发动机和星际航行学说的先驱。他是俄国的实验空气动力学奠基人之一、第一个金属飞艇的理论和结构设计和制造者、许多有价值的飞行技术的发明者。

1879 年，齐奥尔科夫斯基通过了中学教师资格的校外考生考试，开始在卡卢加州的博罗夫斯克县教授数学。业余时间他从事科研活动。1883 年，他完成了自己的第一个研究报告《自由空间》。在该文中，他研究了人在宇宙空间可观察到的物理现象，制出了第一个喷气星际飞船的理论设计图。

他的下一个大型研究是《飞艇的理论和实验》（1886），内容是关于他提出的全金属外壳可操纵飞艇的结构。听到这项研究，茹科夫斯基和斯托列托夫邀请他到莫斯科，在莫斯科科学爱好者协会物理分部的会议上作报告。1887 年夏，所作的报告获得很高的评价。1894 年，齐奥尔科夫斯基发表了《飞艇还是像鸟（航空）的飞行器》，提出了飞机的形式和设置。在 30 多年后，人类才将此加以实现。

在后来的三年，齐奥尔科夫斯基继续研究空气动力学，做了一系列前瞻性的实验。为了提高实验的精确性，他发明了"空气通道"，开放型的空气动力风洞。这是俄国的第一个空气动力风洞。

1903 年 1 月，齐奥尔科夫斯基给《科学评论》杂志发去长篇文章《采用喷气装置进行对世界范围之空间的研究》。杂志的第五期，发表了文章的前面部分。但是不久，由于该杂志与列宁、普列汉诺夫和许多先进的俄国学者合作，被宪兵关闭，所有编辑材料被查封。直到 1911 年，齐奥尔科夫斯基的朋友和后继人才将这部奠定喷气飞行器理论基础的杰出著作刊印出版。该书论证了使用喷气设备进行星际航行的可能性。齐奥尔科夫斯基建议用火箭进行大气高层的研究，发射人造地球卫星和进行星际旅行。

齐奥尔科夫斯基在自己的著作中将冷静的科学计算与精彩的飞行想象相结合。但是，在俄国革命前，他的发明得不到官方的承认和支持。他的研究在困难的物质条件下进行。他在沙皇和苏维埃政权胜利后时期的命运的戏剧性变化，反映了祖国科技发展的历史转折。

非欧几里得力学

当罗巴切夫斯基的思想获得数学家们的认可之时，产生了非欧几里得范畴的力学。发展非欧几里得力学的基本动因，在于搞清力学原理是否与非欧几何相矛盾。非欧力学的最初研究，于 1869—1870 年出现在意大利（A. 詹诺基）、德国（Э. 谢林）和比利时（德基伊）。

俄国对非欧力学的研究，开始于 19 世纪 90 年代。1898 年，发表了 П. 尤什凯维奇的文章《在双曲线空间的力的叠加》，该文章完成于 1892 年。文中确定了，在指向相交直线以及平行或分开的直线时，力的叠加。

科捷尔尼科夫广泛进行了非欧力学的研究。他的博士论文《矢量的投影理论》（1899）在非欧力学发展上具有重大意义。他给出了矢量的定义和矢量相加的方法，适用于所有非欧空间，确定了矢量系统的等值性，指出：任何矢量系统，均等值于由两个沿着相互完全相反直线的矢量组成的典型系统；得出了两个矢量系统等值的必要和充分条件。后一个条件，在于确定矢量的特别值——"螺旋"（"双矢旋量"、"矢量螺旋"），其与各类复数密切相关。科捷尔尼科夫研究了螺旋代数，近似矢量代数，及其在几何学（特别是线性几何）的应用和力学（螺旋积分理论）。后来在苏维埃时期，他在

《矢量理论和复数》（1950）一文中，详尽阐述了自己的思想。

在俄国，研究非欧力学的还有茹科夫斯基（1902）和科捷尔尼科夫思想的直接后继者泽利格尔（Д. Зейлигер）和施罗科夫（П. Широков）。后者对科捷尔尼科夫关于非欧空间中的矢量相加的规则作了简单的解释。

弹道学

在俄国，还在欧拉和伯努利时期就已研究了弹道学问题。19世纪40年代，是奥斯特洛格拉德斯基在研究此课题。克里米亚战争给军事专家提出的任务是：以长形弹取代圆形弹，即从使用滑膛炮转为使用线膛炮。这个任务吸引了许多专家，其中就有切比雪夫。他从1855年起，在军事学委员会炮兵部工作了10年。该部后来改为炮兵委员会。其中，切比雪夫研制了用于计算射击表的弹道学的数学方法。这与他对内插理论的一些研究相关联。

在炮兵委员会，切比雪夫与杰出的弹道学家马伊耶夫斯基（Н. Маиевский）密切接触。后者是莫斯科大学物理数学部的毕业生，1858年，成为米哈伊洛夫斯基炮兵学院（现在的捷尔任斯基军事学院）的弹道学教授。1878年，马伊耶夫斯基成为科学院通讯院士，获得炮兵将军军衔。

1858年，马伊耶夫斯基进行了确定空气对于圆形弹的阻力的定律的实验研究，并得出了经验公式。按此公式的计算结果与实际近似。这些实验过程和结果，他在1858—1859年予以发表。

同时，马伊耶夫斯基研究了当时对炮兵十分重要的线膛炮的投影问题。1865年，他在《炮兵杂志》上发表了《关于旋转运动对于长形弹在空气中飞行的影响》一文，首先解决了长形弹的旋转运动问题。这是首次对于线膛炮的弹道性能的重大研究。此项研究的进一步进展，是在他的基础性的《外弹道学教程》（1870）之中。该著作的突出特点，是将理论的研究与其成果的实际应用有机地结合起来。该书获得世界范围的声誉，两年后出版了法文版。

马伊耶夫斯基的关于长形炮弹旋转运动的理论研究，由他的学生和许多俄国内外的学者们继续进行。

扎布茨基是米哈伊洛夫斯基炮兵学院的毕业生，后来成为该院的教师和教授。他拥有许多著作《关于长形弹旋转的角速度》（1891）、《地球旋转对炮弹飞行的影响》（1894）、《长形弹的运行研究》（1908），等等。他还出版了详细的《外弹道学》教程（1895）。

舰船理论

另一个在其发展中由俄国学者起了极大作用的重要的应用力学领域，是舰船理论。从 19 世纪末至 20 世纪初，舰船理论的研究工作主要是在海军科学院进行。对于舰船的设计和建造的科学基础作出了重要贡献的是克雷洛夫。现在的海军科学院，就是以他的名字命名的。

1884 年，克雷洛夫毕业于彼得堡海军学校，在杰出的罗盘专家科隆加手下工作了一段时间。因此，克雷洛夫最初的理论研究和发明是关于罗盘的。此时，他已对造船开始产生兴趣。1888 年，他进入海军学院造船部。1890 年，于该部毕业。此后，开始在学院教授舰船理论课。不久，他创建了独创的船只纵摆理论，并将其纳入了自己的教程。

克雷洛夫积极参加创建彼得堡工学院及其造船部。他在学院开设了由他创立的“船舶震颤”课程。最初，该课程曾于 1901 年在海军学院宣讲。

1900 年末，克雷洛夫着手进行船舶不沉性问题的研究，编制了铁甲舰“彼得巴甫洛夫斯克”号的不沉性列表。后来，他将自己的研究扩展到光学瞄准镜的研制（1904 年起）、线性舰船的装甲问题（1905 年起）、舰船摇摆时火炮射击的精确性研究（1906 年起）。他讲述了陀螺仪的一般理论和其在实际中的应用。研究了 2 和 3 自由度的陀螺仪、陀螺摆、陀螺罗盘、船舶陀螺稳定器，并构思了一些陀螺仪器。同时，关于陀螺罗盘，研究了它的航向和轨道的罗差。

1916 年，克雷洛夫当选为科学院执行院士，被任命为总物理观测站站长。1917 年 10 月被任命为科学院物理实验室主任（后来的物理研究所）。他不倦的科学活动和组织活动继续进行了 30 年，直至他 1945 年 10 月 26 日去世。

弹性和材料阻力理论

19 世纪下半叶至 20 世纪初，俄国力学发展将实际应用和理论总结相结合，明显地体现在弹性和材料阻力理论的研究工作上。

弹性理论在俄国的发展，首先是与奥斯特洛格拉德斯基的名字联系在一起的。他发表了两篇关于在一定初始扰动的不受限制的各向同性的弹性环境下的小振荡的论文《对于弹性环境小振荡的部分微分的等式的积分》（1831）和《对于弹性体小振荡的偏微分的等式的积分的记述》（1833）。

在弹性和材料阻力理论的后续发展中作出重大贡献的，是奥斯特洛格拉德斯基的学生——Д. 茹拉夫斯基、帕乌克尔（Г. Паукер）以及加多林（А. Гадолин）、戈洛温（Х. Головин）、基尔皮切夫（в. Кирпичев）、亚辛斯基（Ф. Ясинский）等。

茹拉夫斯基，交通工程学院的毕业生，是桥梁建造的俄国学派的奠基人。在自己的著作《关于 Гау 斜撑系统桥》（1855—1856）中，他第一个完成计算桥的构架的理论，得出计算桥在下冲压力时梁的弯曲的公式。外国的著名力学家们，包括圣维南都指出茹拉夫斯基的弯曲理论研究的意义。在一系列的教程之中，由他提出的公式被称为茹拉夫斯基定律。

在此之后，俄国的建桥专家之中，突出的是别列柳布斯基（Н. Белелюбский）教授和普罗斯库里亚科夫（Л. Проскуряков）。别列柳布斯基建立了俄国第一个材料实验室。在确定洋灰水泥和混凝土的机械性能方面，作了大量的研究。普罗斯库里亚科夫在俄国第一个采用带三角栅的桁构。

工程院教授和彼得堡科学院荣誉院士帕乌克尔，是许多一流的军事和港口设施，以及大量的民用楼房的建造者。他进行了一系列计算拱和桥基埋藏深度的研究。1849 年，他发表了《关于检查圆柱形拱的稳定性》。多年后，他的教程《建筑力学》（1891）出版了（在俄国属第一）。

炮兵技术的许多改进是与炮兵学院教授加多林院士的名字相关联的。在《射击时炮膛相对于火药气体压力的强度》（1861）一文中，他指出，在设计炮身时必须遵循弹性理论原理，其中，要采用拉梅的某些成果。拉梅的公式在确定空心圆柱膛遭受内部压力的强度时，给出了实际压力的最大值。为了确定压力值的下限，加多林导出了专门的公式。在他的另一项研究《环箍加固火炮理论》（1861）中，提出了以钢环加固的炮筒的弹性强度的计算方法。

军事工程师戈洛温进行了弹性理论的应用问题的研究。在《弹性体的静力学题目之一》（1880）一文中，他第一个以弹性理论方法给出了弹性拱的计算。在这里，戈洛温解决了构架梁弯曲的平面题目，其外半径按照一定规律承力，在内半径无外力。

基尔皮切夫在米哈伊洛夫斯基炮兵学院学习并于 1868 年起在那里执教。他在材料阻力和力学的发展上作出了重大贡献。1885 年，他领导了重建的哈尔科夫工学院。1898 年，领导了基辅工学院。他积极参加两个学院的组织工作。1903 年，他在彼得堡工学院从教。他创立了应用力学实验室，领导了那里进行的科研工作，包括研究使用光学手段的变形。他写了一系列教科书，包括《材料阻力》（1884）、《图解力学基础》（1902）和广为知晓的《力学谈话》（1907）。

亚辛斯基对弹性理论、材料阻力、设备静力学的发展作出了重要贡献。其大部分研究工作是与其进行的工程项目相关。1893 年，他发表了《纵向弯曲理论发展的实验》。他还研究了弹性轴稳定性理论问题。

斯捷科洛夫（B. Стеклов）在自己的科研活动之初（1893—1899），进行了弹性理论研究。

弹性系统的稳定性问题，在 20 世纪对各领域的技术发展具有重大意义。所以，许多俄国学者进行了与解决此问题相关的研究。其中，取得了重要成果的是季莫申科（C. Тимошенко）。他 1919 年前在彼得堡和基辅工学院任教。他写了许多关于轴、板、壳的稳定性的文章。因研究《弹性系统的稳定性》（1910），被授予茹科夫斯基奖。季莫申科发展了与瑞利-里茨近似的研究方法。除了完成大量的研究，他还发表了优秀的关于材料阻力（1911）和弹性理论（1914）的指南，至今仍在被高等院校采用。

彼得堡工学院和海军学院教授布勃诺夫（И. Бубнов）研制了原创的弹性理论微分等式积分的近似方法。最初，布勃诺夫在 1911 年写下这个方法（见第二十一章），是回应季莫申科获得茹科夫斯基奖的那篇文章。后来，他用这个方法来解决在舰体蒙皮计算时的关于板的稳定性的重要课题。这个题目之解在他的教程《舰船建造力学》（1912）之中。如同克雷洛夫，他也对造船理论和实践作出了重大贡献。他还是俄国潜艇建造的先驱。第一艘潜艇于 1903 年下水。他的方法在加列尔京（Б. Галеркин）的著作《轴和薄板》（1915）中得到进一步的发展。布勃诺夫-加列尔京（Бубнов-Галеркин）方法是瑞利-里茨方法的广泛总结。

出于造船的需要，克雷洛夫也进行了弹性理论的研究。其中，属于他的成果，是借助泊松的用于自由振动情况下的方法，对于固定截面的轴的强制振动的详细研究。

一系列弹性理论的课题——关于轴和板的稳定性、轴和盘以及其他部件的震颤，由叶卡捷琳娜斯拉夫（现今的第聂伯彼得罗夫斯克）矿山冶金学院教授金尼克（А. Динник）在 1911—1913 年期间，给予解决。

1914 年，列伊边宗（Л. Лейбензон）开始进行了弹性理论的研究。首先，是关于长形压缩轴，围绕轴体的轴直线，作初始旋转的弹性平衡的稳定性问题。然后，是球形和柱形壳体的稳定性问题。前一个题目的实际意义在于：现在众所周知的舒霍夫（В. Шухов）网状塔体系，就是由旋转的直线体所构成。

恰普雷金在 20 世纪初进行了弹性理论方面的研究。1900 年，完成了他的手稿《两种测量的变形》和《硬模具对于弹性基底的压力》（直至 1950 年才出版）。在这些文章中，他基于综合转换函数理论的应用，解决了弹性理论平衡问题的方法。提出同样方法的，还有科洛索夫（Г. Колосов），他在 1909 年发表了重要著作《对于弹性的数学理论的平面课题的一个综合转换函数理论的附议》，提出了公式——表达压力的张量分量和位移的矢量通过两个综合转换的函数，解析于弹性环境领域。

1916 年，穆斯赫利什维利（Н. Мусхелишвили）采用科洛索夫（Колосов）法，着手对在弹性理论的平面课题中的热的压力的研究。他和这里提到的其他学者在十月革命后开展了更广阔的研究。

旋转液体的平衡姿态

在旋转液体的平衡姿态问题的研究上，利亚普诺夫作出了主要的贡献。在他之前，牛顿、克莱罗、拉普拉斯、拉格朗日、雅可比等人曾研究过这个问题。牛顿证实，在离心力和相互拉力的作用下，同质的液体在较小的角速度时，采取旋转的受压椭圆体的形式。关于这个形式，即均衡的围绕不动轴旋转的液体，其各部分组成之间按照牛顿定律互相吸引。这对于宇宙起源学说的研究具有重大意义。

18—19 世纪，曾经设想天体发展的某个阶段是液体形态。克莱罗提出，如果液体在旋转速度很小时，那么它的表面在相当精确的程度上，可以认为是旋转椭圆体的表面。但是，这个结果还只能初步的近似。克莱罗的理论无法获得更高度的近似。后来，是勒让德和拉普拉斯提出了可以获得更近似的方法。1829 年，泊松提出，勒让德和拉普拉斯的结果还有待完善，因为还未研究清楚，采用他们的方法导出的级数是否是收敛的。随后的研究也未能解决这个问题。

这种情况，激发了利亚普诺夫去进行这个领域的继续研究。与勒让德、拉普拉斯、泊松不同，他未使用展开级数，而是使用了关于确定旋转液体密度的一般预定条件下的等式（首先是克莱罗等式）。

利亚普诺夫首先研究了旋转液体平衡的椭圆形式的稳定性问题。他的硕士论文（1884）曾涉及该问题。在此文中，他首先引入了旋转液体稳定性概念的定义，并且证明，具有自由程度有穷的系统的稳定性的特征（拉格朗日—狄利克雷定义），不能无条件的移到具有无穷自由度的液体运动上来。接下来，他找到了平衡姿态稳定性的足够的标准，并且表明，旋转的椭圆体的偏心率若不超过利亚普诺夫设定的某个值，可以是平衡的稳定姿态。其中，他充分解析了一些过去著名的平衡姿态，例如所谓麦克劳林和雅可比椭圆体的稳定性问题。

1901 年，利亚普诺夫克服了巨大的数学上的困难，研制了一系列分析方法。对于在围绕几个轴均匀旋转，并且液体各部分按照牛顿定律相互拉引时，实验液体平衡的新姿态问题，进行了严格的研究。此研究的基本结论是：在一定液体密度的条件下，对于不超过某些界限的旋转角速度的所有的值，均可实现处于自有引力之下的非同质液体的旋转平衡姿态。

利亚普诺夫的此项研究，引起了他与英国学者达尔维之间关于平衡姿态的长期辩论。由泊松所命名的梨形姿态，达尔维坚持认为这种姿态具有稳定性，并据此提出了双星演变的假说。利亚普诺夫批驳了达尔维的意见，发表了一系列著作，对自己的观点作了完美无瑕的数学证明，以此，最终在辩论中获胜。1917 年，琼斯发现了达尔维的计算错误。该错误导致他得出关于梨形姿态稳定性的错误结论。

至今，利亚普诺夫关于旋转液体平衡姿态的著作仍是不可超越的。在他去世后，国内外所有学者关于这一问题的著作，都在不同程度上是基于他的思想和方法。

水动力学和水力学

19 世纪末 20 世纪初在俄国，数学力学思想发展的最重要成就，是产生了茹科夫斯基的水动力学和空气动力学的经典著作。

茹科夫斯基 1868 年毕业于莫斯科大学的数学物理系。1872 年他在莫斯科高等技术学校任教。开始教数学，后来从 1874—1879 年教力学。1886 年，他主持了莫斯科大学的力学教研室。他多年领导了莫斯科数学协会，1903 年已任副主席，1905 年起任主席。在两所最大学校任教的工作，某种程度上反映了他科学活动的主要方向。他努力使科学和技术相结合。在一般理论构建的基础上，去解决实践所提出的问题。

茹科夫斯基非常热衷于以几何方法直观的描述力学问题。以这种方法，加上分析，在他的硕士论文《液体的动力学》（1876）中，非常直接地表达了水流中水粒子运动的定律。这一著作开创了他在水动力学领域的一系列研究。

在自己的科学研究之初，茹科夫斯基就涉足普通力学、固体力学、水动力学、天文学等范围广泛的问题。他研究了固体撞击的问题（1878—1885）、显微镜和摆的问题（1881—1895），作出了固体围绕定点运动的一般情况的几何解释（1896）。在他的普通力学研究中，他的博士论文《关于运动的强度》（1882）占有特殊的地位，文中他首次引入了运动稳定性的概念，规定了评价运动稳定性的方法。

1885 年，他发表了重要著作《关于在空腔内充满单质滴液的固体的运动》。这一著作不仅对水动力学有重大意义，其中由他所研制的方法，还可以去解决天文学（星球旋转定律）、弹道学（带液体装填的炮弹的运动理论）以及其他领域的问题。

19 世纪 80—90 年代，茹科夫斯基关于物体在液体中运动的论著问世了。在他之前，有泊松、斯托克斯、克莱布什、汤姆逊、泰特、基希霍夫等人研究过这个问题。在《关于杜布阿的悖论》（1891）一文中，茹科夫斯基对于这一悖论作出了物理学解释。从普通力学定律的角度看，物体在静水中运动和静物在流动的水中之间，没什么区别。但是，杜布阿在 1779 年经实验证明，在两种情况下，物体的受力是不一样的。静止的板块在流动的水中所受阻力，大于以同样速度在静水中行进是板块所受的阻力。对这种情况，茹科夫斯基解释为：在前一种情况，水在流动时，在物体的壁边和表面，总会产生涡流。为了证实这一解释，他设计了专门的仪器。借助它来证明：若是液体不产生涡流，那么，在两种情况下，受力是一样的。

在当时和后来，研究固体在液体中运动问题的，还有斯捷克洛夫（著有硕士论文《关于固体在液体中的运动》（1894）、论文《论固体在无穷液体中的运动》（1902）等）和恰普雷金。

茹科夫斯基完成了与地下水流相关的水利学重大研究。这与设计和运行莫斯科自来水的任务直接相关。在此项研究中，他特别进行了《自来水管道中的水力撞击》（1898）的研究，解释了经常发生的自来水管道事故。他确定了事故的原因在于水力撞击，即在快速关闭管道的阀门时，管道里压力的急剧增大。在多次实验的基础上，他揭示了水力撞击现象的物理本质，导出了确定安全关闭自来水管道的必要时间的公式，提出了避免自来水管道受水力撞击损坏的方法。他提出的理论和公式，至今仍是解决水力撞击问题的基础。

茹科夫斯基的几项研究，涉及河流水力学：关于河流航道形成的过程（1914）；关于在河流上如何选择地点吸水放水，用于冷却大型动力站的机器设备（1915）。

在水动力学的一个分支——源自于工业生产新需要的润滑的水动力学理论研究上，由 H. 彼得罗夫从事的研究工作获得了很大的成就。彼得罗夫主要从事的是铁路运输工作，曾任职交通部副部长。此外，他还任工程科学院和彼得堡工学院的教授，在那里他曾经师从维什涅格拉茨基和奥斯特洛格拉德斯基。

彼得罗夫对许多技术进行了深入的科学研究。例如，他的研究涉及铁轨的强度、车轮对轨道的压力、铁路的稳定性、刹车系统等。他对润滑的水动力学理论研究，引起了工业领域从使用有机润滑剂向矿物润滑剂的转化，从而产生了俄国当时的石油工业。矿物质大大便宜于有机物质。但是，由于最初使用不当，效果不好。

第一部彼得罗夫的关于润滑的水动力学理论的著作《机器的摩擦及润滑液对其的影响》（1883），被授予科学院罗蒙诺索夫奖。随后出版的著作，是《关于充分润滑的固体的摩擦和某些润滑液的内部摩擦的主要实验结果》（1884）。为了检验彼得罗夫提出的理论，进行了各种不同的实验。

18世纪末，由Ш.库伦确定了干摩擦的基本定理。但是，润滑剂的作用还不明确。尽管为解决此问题，进行了许多的实验。问题是在不同的润滑状况，摩擦会有很大的变化。润滑状况下的摩擦力的值，取决于润滑黏液（如机油）的运行原理。由于在19世纪80年代，黏液的水动力学研究还很弱，摩擦产生的原因和限定它大小的物理力学因素尚不明确。正是由彼得罗夫所构建的原理，为解决摩擦的基本力的大小的计算打下基础。

几乎同时，独立于彼得罗夫，英国的学者雷诺兹（1884—1886）也创建了润滑的水动力学理论基础。1900年，彼得罗夫在《机器中的摩擦》中，将这方面的研究大大地推向前进。

茹科夫斯基也进行了润滑理论的研究，并有所著述。在由他与恰普雷金共同写的《关于轴和轴承之间润滑层的摩擦》（1906）中，对润滑层的运行的题目，给出了确切的解决。该著作具有很大的实践意义，引起了一系列理论和实践的研究。

理论和应用空气动力学

在茹科夫斯基的研究中，创建航空理论基础占有特别重要的位置。尚在80年代末，茹科夫斯基就对重于空气的器具的飞行产生兴趣。在当时，解决重于空气的器具飞行的基本问题是升力问题。研究者们或凭感觉，或通过实验，努力在解决机翼的升力问题，曾经获得了大量的应用数据。但是，只能对部分情况作出升力大小的数据评价。试图在理论基础上作出升力大小的数值评价，包括基于当时主流的管道流理论，所得结果与实验大相径庭。

茹科夫斯基认为，必须首先确定升力现象的物理图。在《飞行理论》（1890）一书中，他提出，升力可能是流体黏稠性所引起的某种旋涡运动的结果。1890—1891年，他做了有意思的实验，让薄板片在空气流中旋转。实验充分证明了他的关于组合的旋涡的思想，奠定了由他提出的构建升力理论的基础。

在这些年里，茹科夫斯基研究了整个的与解决重于空气的器具飞行相关的综合性问题。但是，他注意到，必须研究飞机的稳定性问题。在《鸟的飞翔》（1891）一文中，他首先提出了重于空气的器具飞行的动力问题，并且确定了飞行运动的基本形态。茹科夫斯基从理论上解决了飞机在空气中进行复杂飞行的可能性，包括"翻筋斗——死亡回环"（首次"翻筋斗"是在 1913 年由俄国军事飞行员涅斯捷罗夫实现完成的）。在该文中，茹科夫斯基还研究了气动力的压力中心，证明了该中心位置随攻角的变化而改变。

茹科夫斯基

1890—1891 年，茹科夫斯基提出了研究最简单剖面的翼型——平板翼的压力中心位置的变化规律的实验。当时，他就认识到通过平面和蛇形实验进行稳定性研究的重要性。他还研究了螺旋桨的拉力问题，考虑了建造带挥动翼的重于空气的飞行器的可能性，采用多桨的直升飞机的适用性，螺旋桨的强度等问题。他确定了飞行器完成最经济飞行的条件。1897 年，他提出了计算攻角的方法。

茹科夫斯基赋予风洞实验重大意义。1902 年，后来是 1905—1906 年，在他的大学实验室建造了风洞。1904 年，在莫斯科市郊的库奇诺（Кучино）成立了空气动力研究所，装备了当时最先进的仪器。

在《关于组合涡流》（1906，发表于 1937 年）和《关于围绕纵轴旋转的长方体在空气中坠落》（1906）等文章中，茹科夫斯基确认，升力的发生，是不动的组合涡流流线作用的结果，亦或是用来取代处于流体流中的物体的涡流的结果。基于此，他证明了自己的著名定律，可以计算升力的数值。按照茹科夫斯基的公式，升力的数值，等于空气密度、围绕流线体的气体的循环速度和物体运动速度的乘积。1905—1906 年，在空气动力研究所实验室，按照茹科夫斯基的思想进行的长方形落体在空气气流中旋转的实验，证明了该定律的正确性。茹科夫斯基关于升力的研究，构成了现代空气动力学的基础。他的关于升力的定律，对机翼理论具有基础性的意义。

关于高速的空气动力学，茹科夫斯基写了一系列文章：《狭窄管道中的重流体运行和气体在管道中高速运行的类同》（1912）、《水在水渠和气体在管道中的运行》（1917）、《超声速波的运行》（1919）等。在最后一篇文章中，茹科夫斯基讲述了高速波的平面和球形扩散的理论，并且证明了利用它来确定炮弹阻力的可能性。

在茹科夫斯基的视野范围，既有迅速发展的航空业所提出的所有基本问题，也有具前瞻性的问题。他从事研究的重要的空气动力和航空问题之一，就是对螺旋桨理论的研制。他创立了螺旋的旋流理论。在此基础上制造了"茹科夫斯基螺旋桨"（"НЕЖ 旋桨"）。他还研究了飞机强度的问题。1918年，他的大著作《空气飞行器的机构中的稳定性研究》问世。

茹科夫斯基培养了一代力学各领域的学者和工程师。他教授过恰普雷金、涅克拉索夫、列伊边宗（Л. Лейбензон）、图波列夫和其他人等。1909—1910 年在莫斯科高等技术学校，1910—1911 年在莫斯科大学，茹科夫斯基讲授《空气飞行理论基础》课程。

讲到茹科夫斯基在 90 年代后期和在 1900 年后的创造活动，与之密不可分的是恰普雷金。恰普雷金在莫斯科大学上学时，就在茹科夫斯基的水动力学的影响下，写了《重物在未被压缩液体中的运动》一文。1890 年，恰普雷金大学毕业。1894 年，在大学任教。1896—1906 年，他在莫斯科高等技术学校教力学。从 1901 年起，到莫斯科的高级班。1905—1908 年，在那里工作。他的科研工作首先是水动力学。1893 年，他写了重要著作《固体在液体中运动的几个状况》。1897 年，他以同样的题目完成了硕士论文。这些著作中，显示了受茹科夫斯基解决力学题目的几何方向的影响，有别于例如斯捷克洛夫研究的分析的方法。

对液体和气体的力学研究，在恰普雷金的创造活动中占据中心位置。还是在 90 年代，他就对射流的研究产生很大的兴趣。1899 年，恰普雷金继承了茹科夫斯基的研究，但是采用了一些新的方法。解决了未压缩流体流对薄板的射流的流线化（《关于未压缩流体的射流问题》）。特别令恰普雷金感兴趣的是物体对气体的流线化问题，如他所述，迄今"尚未被触及"。

1902 年，恰普雷金发表了经典著作《关于气体射流》，研制出可以在许多情况下，解决过去提出的压缩气体的间断气流问题的方法。该文是恰普雷金的博士论文。当时未获得广泛的认可，其原因之一，就是当时航空器所能达到的速度，没必要去计算空气压缩的影响。炮兵的研究兴趣，更在于速度——近于声音的高速。他的论文对于航空事业的全部意义，是在 20 世纪 30 年代初才得以显现的。那时，飞机的速度加快了，空气压缩影响的计算具有极其重要的意义。

1910 年，开始了恰普雷金关于机翼理论的研究阶段。他将自己的关于作用于机翼的空气动力的研究成果，记述在《关于平面并行的气体对阻碍物的压力　飞行器的理论》（1910），以及 1910 年 11 月在莫斯科航空飞行协会的会议上的报告并在 1919 年发表的《飞行器运行的理论研究结果》。运用射流理论可以评价作用于最简单的机翼——平板翼上的力的值。在这里，恰普雷金借助瑞利、茹科夫斯基的研究和自己在《气体射流》中给出的公式，确定了速度的分配，指出了计算在间歇射流时，平板流线型的压力值的途径。但是，按照射流理论公式确定的，作用于平板上的力的值，远远小于实践所获得的值，不足以以此去解释飞行现象。他研究了升力问题。根据循环和升力的出现关联到速度潜力的多值性，从而算出围绕无穷远点的速度的循环。

恰普雷金还首先研究了作用于机翼的纵向力矩的值的问题。认为它是机翼理论的实质性的组成部分。利用升力力矩的通用公式，他确定了纵向力矩对攻角的简单曲线。几年之后，它才由实验加以证明，并成为机翼的基本气动性能之一。他指出，在大攻角时，纵向力矩的系数是正值，随攻角变小而减少。当攻角对应于零升力时，它（系数）的值为负。在负攻角时，纵向力矩仍然为负值，但其绝对值随机翼攻角绝对值的增加而增大。

在指明作用于飞机的相当大的翻转力矩的存在时，恰普雷金警告指明迅速改变攻角的危险性。在自己的研究中，他找出了受弯曲的翼板的有意思的属性，证明了，当攻角为零时，翼板的升力只取决于挠度，而不取决于翼板的弦长。

解决了无穷展长机翼的问题之后，恰普雷金指出解决有穷展长机翼问题的必要性和重要性。他认为，这种机翼可以以 Π 型涡流被涡流图所模拟。基于自己著作《关于气体射流》的思想，他指出，无穷展长机翼的研究，在以未压缩气流对物体环流的条件下完成，可以用于确定飞机机翼的气动性能。同时他指出，在某些飞行速度和攻角状况下，发生局部的声速，那时可能出现新情况——连续性间断的气流，此时，则不适用该结果。

恰普雷金的思想在许多苏联和外国学者的研究中得到进一步的发展。

在苏联时期，茹科夫斯基和恰普雷金的研究继续进行。十月革命后的初期，茹科夫斯基在苏联政府的支持下，组织进行了航空领域广泛的理论和实践研究，完成了大量的工作。由他领导恰普雷金参加，于 1918 年成立了中央空气动力研究院（ЦАГИ）。1921 年，茹科夫斯基去世后，恰普雷金成为中央空气动力研究院的科研领导。1913 年，在茹科夫斯基的飞行员理论培训班的基础上，成立了航空技术学校。1922 年，改为茹科夫斯基空军工程学院。

1920 年，庆祝茹科夫斯基从事科研 50 周年。在列宁签发的命令中，高度评价了茹科夫斯基的巨大功勋，称之为"俄罗斯航空之父"。

第二十三章　天文学

19 世纪后半叶，俄国在原有的大学天文台——威林斯克、德尔塔、哈尔科夫、喀山、莫斯科和基辅的天文台基础上，又建立了一些新的天文台：敖德萨（1871）、塔什干（1873，开始是归军用）和彼得堡（1881）。但是，所有这些天文台都是人员极其有限，经费不足，设备简陋。由斯特鲁维创立的布尔科夫天文台仍然居于主导地位，并且在他任台长期间（1839—1862），如同著名的美国天文学家古尔访问布尔科沃时所言，成为独有的"世界天文学之都"。正是在这里，不仅是俄国的，还有许多外国的杰出的天文学家（斯基阿帕列尔、阿拜等），经过了经典科学研究的学习。

布尔科夫天文台从建台开始，就按照深思熟虑的计划方案，进行多年系统性的和持续精细的天文观察。这使得它能够直至今日仍在以周期性填充的精确星辰目录，赢得全世界的声誉。美国海上天文学年报的领导人、彼得堡科学院荣誉院士纽科姆博认为：在布尔科夫的垂直圈上做的 1 次观察，等值于 20、30 甚至 40 次在一般子午圈上的惯常观察。在编制星辰位置和自运行的基础目录时，需要将许多天文台的观察结果总结归纳为一个系统。高度精确的布尔科夫数据必定被以最大的比重采纳。

布尔科夫天文台的领导人斯特鲁维（见第十四章），组织了精确测量从北冰洋至黑海的巨大子午线弧的浩大工程（1816—1855）。该天文台在后来的年代中，为培养大地测量学家和地形测绘员发挥了重要作用。由这些人完成的对俄国广阔而少有研究的疆域的考察，刺激了精确确定经度和纬度（或者是校准时间）新方法的研制，采用了统一的所谓万能工具的岑盖尔方法（1874），用于按照各个星辰的相应高度来确定时间校准的，以及与此类似的确定纬度的巴甫洛夫方法（1884），并且作出某些其他改进。

19 世纪的中叶，在布尔科夫天文台进行着还是由欧拉提出理论预言的关于纬度振动的专门研究（彼特斯）。后来，除了布尔科夫天文台，继续进行此项研究的还有：塔什干（盖德奥罗夫）、喀山（格拉切夫）和莫斯科（施特恩别尔格）。这些研究最后导致国际纬度组织的建立，其目的是跟踪地球极点的位置和运动。斯特鲁维的儿子 O. 斯特鲁维于 1862 年替代父亲成为布尔科夫天文台台长，长达近 30 年（至 1889 年）。在他领导期间，大大扩展了双星的目录，并完成了一系列其他的研究。1885 年，布尔科夫天文台装备了新的当时最大的折射望远镜。该设备的 30 英寸（76 厘米）的物镜，是从美国企业克拉尔科夫订制的，玻璃是巴黎的费伊尔工厂加工的，而望远镜的整体安装是德国的潘索尔多夫工厂完成的。

O. 斯特鲁维了解新的天文物理学发展方向的必要性。关于这一点，有1866 年他在科学院的专门报告（《在天文学岗位上的照片》和《关于天文物理学在天文学中的位置》）可以证明。但是他也存在失误，就是在对新事物的追求和为实现发明而作出的特殊努力时，不应当让天文学离开科学严格性和数学准确性的"生死攸关的原则"。

与对经典天文学的研究同时，布尔科夫天文台从成立开始就在进行部分天文物理学的研究。例如斯特鲁维在确定了恒定光行差之后，明确了所有星辰相对地球光速的恒定性，并且精确算出这一速度的大小值（1840—1843）。O. 斯特鲁维通过对 1851 年日全食的观察得出结论：日珥和日冕实际上不是像过去以为的那样，不是因月亮而产生的光学现象，而是太阳本身所具有的构成。1868—1869 年，在布尔科夫天文台实习的瑞典天文—大地测量学家罗泽借助采尔涅尔的光度计，确定了星辰的亮度。此后，从 1870 年从事此项研究长达 25 年，是天文台的学术秘书林德曼。他将恒定闪烁的星辰之外的变幻星辰也纳入自己的观察研究之中。1872—1889 年，布尔科夫天文台聘请了斯德哥尔摩的瑞典天文物理学家加塞尔别尔格。他开始在观察中采用照相的方法（由于当时没有干胶片，他不得不在实验前自己制作湿的胶体胶片）。加塞尔别尔格在布尔科夫天文台奠基并建立了天文物理学实验室（1876）。他在自己的研究中，将光谱观察与实验室实验相结合。他发现了在彗星上存在有碳的化合物。从 1882 年直至返回瑞典，他在布尔科夫天文台担任了专门设置的天文物理学家一职。

1890 年，博列基辛领导了布尔科夫天文台。他曾经在他任教授（1865）的莫斯科大学创建了俄国第一个天文物理学学派。博列基辛发表了大量科研和科普出版物，研究确定了自己的关于彗星形态的理论。他在施威采尔之后领导了大学的天文台（1873—1890），在那里组织了系统的对行星和流星的观察和对太阳的拍照。

他在任期间，以及后来由搞天体力学的巴克隆德任台长期间（1895—1916），布尔科夫天文台的活动范围，随着天文学发展的总体趋势，相应的也更加具有广泛性。

同时，保持一流世界水平的是布尔科夫天文台传统的子午线天体测量学。1909 年，当著名的荷兰天文学家卡普泰因在巴黎的国际会议上提出构建基础目录的想法时，才知道这样的想法正在布尔科夫天文台实现着。而巴克隆德提出的写入 1900 年和 1905 年的布尔科夫天文台目录的星辰名单，被当作是基本星辰的国际名单。再加入补充的南方天空的星辰（霍夫在好望角编制的名单），这一名单确定了地球上所有主要天文台在随后 15—20 年期间的主要工作内容。

如果说，斯特鲁维确定了星辰向银河系中心的平面聚集（所谓银河系集中现象），提出了关于星辰之间的光吸收的正确假说，实际上奠定了现代星辰天文学的基础；那么，该学科的后续发展，则是在喀山大学教授（1852年起）、担任大学天文台台长达 25 年（1855 年起）的科瓦尔斯基的超前研究之中取得的。他发现了星辰靠近银河系平面时，自身运行的减少。这显然证明了在该平面中的大间距，也表明了银河系的扁平形状，得出星辰是在进入某个确定的星辰体系而该体系是旋转的构想。

遗憾的是，科瓦尔斯基的重要研究成果写在 1859—1860 年以法文发表《关于布雷德利目录的星辰自运行定律》一文之中，但是没有引起当时人们的注意。科瓦尔斯基独立于格林威治天文台台长艾里，研究确定和使用了确定太阳相对于星辰运行的最好方法之一，而这个方法后来被称之为"艾里方法"。科瓦尔斯基提出的在星辰运行中寻找优势方向的办法，成为以银河系的旋转解释的"卡普坦星流"被发现的基础。科瓦尔斯基所指出我们星系的旋转，大大早于居尔登。他提出了并且以小行星为例说明验证通过研究天体的自运行来确定天体系统的旋转的方法。实质上，这就是在 1927 年奥尔特所借助的，利用那时已有的充分的观察星辰相对运行数据，来证明银河系旋转的那个方法（1887 年，斯特鲁维父子曾经进行过类似的确定银河系旋转的尝试。但是他们获得的结果，未能超出当时既有观察不确切性的界限）。

此外，科瓦尔斯基在天体力学领域也成果颇丰。他创建了海王星受木星、土星、天王星摄动运行的理论（1852）。随后，利用积累的在各个天文台对海王星的观察数据，编制了这个发现已久的行星的运行表。他提出了在双星系统中子星轨道的合理计算方法（1872），并且对著名的与确定牛顿万有引力定律适用于倍数星体系相关的贝特朗问题，做了专门的研究（1880）。

其他许多研究也促进了天体力学的进展。本人工作在莫斯科、因对数学和天体力学的研究而当选为彼得堡科学院院士的别列沃希科夫，发表了有关行星的摄动理论和岁差与章动理论的内容广泛的文章。在彼得堡从事天体力学研究的是彼得堡大学教授（1839—1880）、科瓦尔斯基的老师、创立了完整的天体力学学派的萨维奇。在基辅从事天体力学研究的是基辅大学教授、大学天文台台长（1870—1901）、三卷集《天文学体系》和一系列关于行星和彗星运行理论著作的作者汉德里克夫。在基辅从事此项研究的还有法波利齐乌斯和符盖尔，他们于 19 世纪 80—90 年代完善了奥博思的彗星轨道确定理论。在该领域取得成功进展的，还有俄国的几个其他大学城，以及布尔科夫天文台。在布尔科夫，巴克隆德组织了在 1871—1916 年的观察中，对恩克彗星（Энке）运行研究的常年采集和计算工作，发现每当经过近日点时，该彗星总会出现的加速。直至 20 世纪中期该现象才得到理论解释（靠近太阳时，由于彗星喷出气体产生反作用力的结果）。

博列基辛创立了关于彗星研究的天文物理学方向，建立了关于彗星形状的力学理论。该理论解释了由于太阳的吸引和推斥所产生各种比例的所有不同类型彗星尾（缘于从彗星核流出物质的物理成分）。他的第一部刊印著作（《关于彗星尾的几句话》，1861）、自己的硕士和博士答辩论文（《关于彗星尾》，1862；《非由于行星的吸引而产生的彗星摄动》，1864），以及许多带给他广泛声誉和普遍认可的后续研究，都涉及天文学的这个领域。

当列别捷夫提出的光压效应，首先是从理论上（1891），随后通过实验对固体（1900）和对液体（1910）分别加以验证之后，产生于太阳的强大相应推斥力被发现了。现代的彗星理论认为除此之外，还有在星际间的磁场中，稀薄等离子的特殊作用。

博列基辛为俄国天文物理学的发展、本国天文学学者的聚集、布尔科夫天文台和大学天文台之间紧密联系的建立做了许多工作。天文物理学各基础学科的有效建立，以及在莫斯科天文台和布尔科夫天文台采用天文物理学的方法对各种不同天体目标进行研究，都是与博列基辛和他的莫斯科大学学生采拉斯基、别罗波尔斯基和科斯金斯基相关联的。

采拉斯基的研究生涯从 1870 年（在大学毕业前，他因自己的文章《以三次观察确定火星轨道》和天文计算家的提名，而荣获金质奖章），至 1916 年（后因健康条件无法继续进行研究）都是与莫斯科大学天文台相关联的。在博列基辛当选为科学院院士于 1890 年转至布尔科夫天文台之后，采拉斯基领导了莫斯科大学天文台超过了 25 年。

采拉斯基特别关注天文光度测量的精细研究，仔细查明和消除各种客观（设备原因）和主观（人为原因）的不准确因素。他大大改善了采利奈尔光度计，建造了自己独特的巨大天文光度计，可以确定望远镜可见的任何星辰。同时，作为校准的参照，采用了人造星辰，它是借助专门的煤油灯达到的。为此，应采拉斯基的要求，在马尔科夫尼科夫的化学实验室，找到了可以最充分燃烧的煤油特殊组成，并研制了获取这种煤油的工艺。总之，采拉斯基设计了一系列实际使用非常方便的原创仪器和附件：可以详尽研究太阳表面的带楔形暗玻璃和圆形光阑的目镜、天文双筒望远镜、可以确定流星角速度的仪器、被许多天文爱好者使用的天文望远镜的视差支架，等等。如果当时没有这些发明设计的帮助，想要进行天文物理学的研究简直是不可思议的。

采拉斯基成功通过简单而巧妙的实验，首次给出了比较接近实际的太阳温度较低的可靠评估。在莫斯科工学博物馆的米凹（"点火"）镜的聚焦点收集太阳光，去熔化置于该焦点的难熔物、金属和矿物质（1895）。这样，通过比较"点像"太阳光与白天的金星，再比较晚上的金星与所选出的星辰（1906），他获得了非常精确的太阳星等值。

在天文学研究中，采拉斯基赋予照相术极其重要的意义。属于他的贡献，是他经典而简洁地确定胶片对于宇宙研究最有价值的属性——即时性、整体性、详尽性和记录性。他充分利用这些属性，拍摄太阳和星辰，建立了莫斯科天文台最丰富的星空系统视域"玻璃图书馆"。对一些天空区域不同时间的拍摄，成功地应用于变化星辰的探寻。他的妻子采拉斯卡娅，用此方法发现了约 200 个变化星辰。在这个至今被用于探寻研究变化星辰的独有的硕果累累的照片集上，凝聚着采拉斯基的学生勃拉日科多年的工作。后者在苏维埃时期成为莫斯科天文台台长。后来，随自己的老师也当选为苏联科学院通讯院士。

采拉斯基创立了首批基础光度学系统之一 ——非常精确测定的近极地星辰星等目录。

在从事大量研究工作的同时，他在莫斯科天文台的基础改造和设备方面也作出很大的成就。他成功地获得了史无前例的约 10 万卢布专项拨款。沙皇俄国的大学天文台，没有一个能得到该数目十分之一的拨款（只有布尔科夫天文台凭特殊待遇，能得到 30 万卢布购买 30 英寸的折射镜）。天文台购买了新的设备（包括 15 英寸天文照相仪）和实验仪器，更新了场地和经线观察的设施，成立了附属工厂，在天文台建成可以直接开设天文学课程的讲堂，建成了新的观察塔，等等。别罗波尔斯基在大学毕业前（1877），就被博列基辛吸引至莫斯科大学天文台，接替采拉斯基的工作。采拉斯基当时是天文台副手，他正在对太阳进行系统的拍摄。但是，他被迫中断工作去南方恢复身体健康。1887 年，别罗波尔斯基通过了硕士答辩《太阳上的斑点和它们的运动》，发现了太阳旋转的地带性（在赤道部分周期最小），从而得出结论，这是由太阳内层的更快的旋转所决定的。他在实验室设置了专门的实验，以证实任何液体的类似旋转，均与茹科夫斯基的理论预测相一致的规律。

总之，别罗波尔斯基一向致力于通过实验来检验一切。在转至布尔科夫天文台之后（1888），他的科研活动得到特别广泛的发展。在那里，他很快就担任了天文物理学家的职务（1890）。直至生命最后（1934），他都是天文物理学研究的领导者。

通过实验，他证实了多普勒原理从声学移至光学的合理性。通过拍摄在迅速移动（旋转）和相对不动的镜子上多次反射的太阳光光谱，而对按照所见光谱线的位移来确定天体光速的有效方法，作出可靠的论证。

别罗波尔斯基以此方法测量了许多星辰的光速，发现了一系列双光谱星系。他第一个完成对变化星 δ 仙王星座（造父变星的原型）光速研究的基础工作，确定了它们同它们的辉度在一起改变（博士答辩论文，1896）。乌莫夫在关于该博士答辩论文的讨论中，说出了正确的猜测：对所观察星辰辉度变化的解释，不是在于它的双重性，而是在于其内部物理因素作用下的周期性脉动。

别罗波尔斯基对星辰谱测量的基础性研究，得益于他作为一个设计发明家的超群才艺。布尔科夫的30英寸折射镜，即使在克拉尔克为两个美国天文台（利克1888；约克1896）制造了具有直径36英寸和40英寸的更大的透镜物镜之后，仍是世界上最大的设备之一。然而，它只能用于目视观察。需要改造将它用于全新的任务，他给这个望远镜设计了专门的摄谱仪。后来，为了提高所拍摄星辰光谱的质量，他制作了带有可以保持仪器所有部件常温的恒温器的摄谱仪。他还研究制定了超大太阳摄谱仪的结构。将其在布尔科夫天文台成功安装，已经是在苏维埃时期了。

通过光谱来确定光速，无论对于星辰还是行星的研究都具有重要意义。1895年前后，各国的天文学家（别罗波尔斯基在俄国、坎贝尔（Кэмпбелл）和基列尔在美国、德朗德尔在法国）几乎同时独立地发现：土星环的旋转速度随着与行星本身距离的增加而减少。即确认了这个独有的行星组成的陨石属性，符合由巴黎天文台台长卡辛提出，由罗什、麦克斯韦尔、科瓦列夫斯卡娅予以理论论证的预言。以此方法，别罗波尔斯基确定了木星在赤道区域更快的地带性旋转。由此证明了，直接观察时所见到的，并不是木星的固体表面，而仅是它强大气层的外表层。

在布尔科夫天文台工作多年的还有科斯金斯基（1890—1936）。他大学刚毕业就被博列基辛聘来，开始是编外天文学家，从1894年成为在编副教授。他从1902年至去世，一直担任天文台的主任天文学家。与他的名字联系在一起的，是得到极广泛应用的天文照相的系统发展：星辰视差和自身运行的确定、远距星团和星云的研究、远行星和它们几乎完全未知的卫星的研究。在这方面，为达到最大的精确性，对各类特别的误差进行了研究，例如，由于延迟曝光而产生的相邻星辰影像的任意相互排斥（"科斯金斯基效应"），或者是发生于对相邻星辰影像的中心作出实质性错误的个人判断的误差

19世纪末20世纪初，甘斯基完成了对太阳的详细照相研究。完成大学

学业之后（1894），他留在敖德萨大学做从事科研工作的准备，随后在布尔科夫天文台从事研究（1896 年实际开始工作，1905 年转正）。他在法国工作许多年（1897—1905）。他发现了日冕形状与太阳斑数量的依赖关系，确定了太阳粒子的物理属性（大小、运行速度、存在时间）。为了努力去利用更加适宜的天文条件进行观察，他不仅仅限于在布尔科夫天文台从事研究。他曾九次登上勃朗峰。在西欧高山山峰上法国天文学家让宪建立的天文台从事研究。正是在那里，他得到了日冕的照片。他给勃朗峰天文台此前未曾使用的 30 厘米折射镜，装上由他研制的配件。在设备的焦点，以金属环屏蔽太阳本身的影像。在胶片前面设置红色滤光器，来弱化旁边的背景。他还在那里进行了其他的天文学研究：确定太阳常数，即从太阳向地球投放的辐射流强度的不变值；观察金星，以确切它的旋转周期，等等。

总之，甘斯基是一位天才、热忱和勇敢的研究者。他多次赴勃朗峰考察，即使在专业登山家中，这也是少见的。他在环境复杂的高山天文台条件下，进行了长达一个半月的成果丰硕的研究。那里的地面大气层优于海平面，对天文观察的干扰甚小。他在彼得堡和巴黎，曾经三次登上热气球，对狮子座（11 月）流星群进行观察。

他是在西麦伊兹（Симеиз）组建布尔科夫天文台天文物理学南方分部的倡导者（1908）。就是在那里，在克里米亚，他悲剧地中断了自己短暂而热情的生命，在海中游泳时溺水身亡，年仅 38 岁。

随着天文学研究的总体发展，越来越明显的需要在保障布尔科夫天文台高水平研究的同时，发展巩固和扩大已经存在的大学天文台，建立新的天文台，尤其是在俄国的南方以及在高山环境条件下。但是在 1917 年的十月革命之前，这些均未能实现。

按照规则，当时大学天文台的编制，由台长（同时为天文学教研室主任）和天文学家——观察家组成。大部分天文台所发经费都少得可怜。有时为了组织某项研究，不得不依赖私人捐助。比如对恩克——巴克隆德彗星运行的研究，和 1910 年哈雷彗星返回的预计算研究，这些研究中的数据采集和计算工作。再比如，设立于郊外的喀山大学天文台，其基础是由恩格尔加尔德于 1877—1879 年在德累斯顿建立的大型私人天文台，它拥有欧洲最好之一的继布尔科夫天文台之后的第三台折射望远镜，以及其他优良设备。这位知识渊博的俄国收藏家和天文学家、天文学和哲学博士、彼得堡科学院通讯院士（1889），生前就立下遗嘱，向喀山大学赠送了自己的全部资产。西麦伊兹天文学基地的历史，始于富有的天文学爱好者马尔采夫的一个小型私人天文台。1908年，他将该天文台赠送给布尔科夫天文台。1912年，在那里安装了双12厘米带物镜棱镜的蔡司天体照相仪。直至1926年，才得到第一次世界大战前从英国订购的格列伯（Гре66）米级折射镜。

当时，俄国自己没有建造较大天文望远镜的光学机器生产基地。大部分天文设备均是从国外——美国、英国和法国订购。当然，也曾经进行了个别的尝试，组织生产国产天文设备。在20世纪初，制造过国产的折射镜（包括提供给"阿芙乐尔"巡洋舰、彼得堡卡曼岛上的天文台和学校的15厘米的望远镜）。创立了"俄国女神乌兰尼亚"工厂，生产了100多台望远镜和50个"俄式"旋转穹顶。工厂所生产的最大设备，为10英寸的天体照相仪，其物镜是从国外订购的。因为缺乏相应的生产基础条件，该工厂只维持到1917年。

还是在19世纪末，彼得堡大学教授格拉泽纳普在多年的考察中，曾在克里米亚和高加索的高山上，利用有利的南方清晰星夜的条件进行天文观察。但是，要在那里建立常设的天文台，当时还只能是幻想。直至1932年，在格鲁吉亚的卡诺比尔山上，才建成了格鲁吉亚苏联加盟共和国科学院高山常设阿巴斯图曼天文台。格拉泽纳普曾经在这个山上以22厘米折射镜观察到双星，并确认得到非常高质量的星辰影像。

在革命之前，即使是具有相当好设备的布尔科夫天文台，想要去建立和装备所需的南方新天文台，也是非常困难的。在组建西麦伊兹分台之前，它仅有敖德萨一个分部（1898—1910）。在将所有设备移至尼古拉耶夫天文台之后，该分部也停止了。此前，尼古拉耶夫天文台属于海军部，后来由于黑海舰队主要基地从尼古拉耶夫转至塞瓦斯托波尔（1909），天文台转归于布尔科夫天文台。至于说到新的天文学科技人才，之所以能够完成对他们的相当成功的教育培养，乃是得益于大学的教授们——莫斯科的博列基辛、采拉斯基和施泰因别尔格；彼得堡的萨维奇和格拉泽纳普；喀山的西蒙诺夫和科瓦尔斯基；基辅的汉德里克夫；敖德萨的科诺诺维奇，以及其他许多人。

他们的学生之中，有许多下一代的著名天文学家。其中包括在苏联时期获得特别重大成果的：苏联科学院通讯院士别利亚夫斯基，他发现了250多个变星、37个小行星和1个彗星；院士米哈依洛夫——天文学、日蚀理论和重力测量学方面的最重要专家之一；涅乌依明，他使得西麦伊兹天文台成为全世界发现小行星和彗星数量居首位的天文台之一；苏联科学院通讯院士努迈洛夫，他完善了天体力学微分方程的积分方法；苏联科学院通讯院士、乌克兰加盟共和国科学院执行院士 A. 奥尔洛夫，他是波尔塔瓦重力测量天文台的奠基人，该天文台成为全苏联关于纬度摆动和地球极点运动的研究中心；苏联科学院通讯院士 C. 奥尔洛夫，他继承了博列基辛关于彗星物理属性思想的研究；苏联科学院通讯院士苏伯金，首位出版三卷集的基础性《天体力学教程》的作者；苏联科学院通讯院士、哈萨克斯坦加盟共和国科学院执行院士季霍夫，他关注地面植物对各种不同物理条件的独特适应性，开始进行天文植物学的研究；费森柯夫院士，苏联科学院《天文学》杂志的创建人、资深编辑，该杂志是苏联天文物理学主导杂志之一，在现代天文物理学和星源学的许多分科上作出重大贡献。他还是哈萨克斯坦加盟共和国科学院天文物理所的组织者；沙英院士，苏联科学院在克里米亚天文物理学天文台的奠基人和第一任台长，也是星谱测量和气雾物理学领域的杰出专家；以及其他许多人。

科学院的主要俄国天文学家 B. 斯特鲁维、萨维奇、别列沃希科夫、O. 斯特鲁维、巴克隆德、博列基辛、别罗波尔斯基，科学院通讯院士西蒙诺夫、科瓦尔斯基、汉德里克夫、科斯金斯基、采拉斯基（当选已经是在革命后）和苏联科学院荣誉院士格拉泽纳普，都享有应得的声誉和认可。他们之中的一些人同时为外国的科学院和科学学会的荣誉成员。

另一方面，在彼得堡科学院的外籍院士之中，也有当时著名的天文学家，例如美国海洋天文学年报的领导人纽科姆博；位于肯辛顿的太阳天文台台长洛克埃尔；英国天文学家，在太阳上发现了氦的巴黎天文台台长蒂斯朗；四卷集著作《天体力学》的作者，剑桥大学教授达尔文。

来到俄国的外国专家，因未能掌握俄语，不能在大学从事教学，故留在了布尔科夫天文台。这些专家们竭诚地以自己的知识进行科学研究。在这方面的范例，是瑞典天文物理学家加塞尔别尔格在布尔科夫天文台的成果丰硕的研究，以及再早些时候的瑞士人施威采尔在布尔科夫天文台和莫斯科天文台的成果不菲的研究工作。但是，整体上对应聘外国专家的选择并不成功。在挑选更为专业化的天文学家时，总是瞄向和邀请外国人，当然是不明智，也是不必要的。

博列基辛转入布尔科夫天文台后，吸引了一大批年轻的俄国天文学家到那里工作。为此，他转遍了所有的俄国大学天文台。同时，他还关注和加强布尔科夫天文台与欧洲其他最大天文台之间的科研交流。为此，他组织了出国访问。首次访问了柏林、波茨坦、维也纳、巴黎和伦敦。

许多需要广泛集体合作的重大天文学研究项目，没有国内和国际天文学家们的联合就不可能实现。

1863 年，在法兰克福——美因河的天文学家大会上成立的德国天文学学会，在很长时间内不仅联合了德国的天文学家们，还联合了许多其他国家的天文学家们。

该学会委员会选举了数量近于相等的德国学者和外国学者。学会的代表大会轮流在德国和外国举行。加入该学会的有俄国天文学家。1914 年 8 月，当布尔科夫天文台成立 75 周年之际，本应当在彼得堡召开本届学会代表大会，以促进并确定在国际范围要进行的合作，但是被第一次世界大战的爆发所阻碍。

另一方面，在俄国的天文学专业工作者和业余爱好者当中，也出现了相应的组织联合的倾向。

1879 年，科瓦尔斯基向彼得堡的第六次全俄国自然实验者和医生代表大会数学学部，发电号召"建立俄国天文学学会"。为了组织学会并且通过官方正式的章程，学部选举了以萨维奇为主席的专门委员会。但是，因为在尝试对合作研究做调整时产生了摩擦，委员会解体了。直至 1890 年，由于格拉泽纳普的努力，克服了官僚们对于组织具有广泛科学教育宗旨的学会的敌意态度，在彼得堡成立了俄国天文学学会，博列基辛当选为第一任主席。接替他的是格拉泽纳普，他的任职从 1893—1905 年。能够在学会的会议厅一起聆听原创性的和回顾性的报告，大大促进了在彼得堡的相关机构——各个大学、布尔科夫天文台、海军部和军事部之间建立更密切的接触。学会定期出版刊物《消息》，许多天文爱好者和初学者得以首次在刊物上发表自己的著作。学会还组织进行计算研究，安排观察日蚀的考察。

在下新城，1887 年的日全食之后，很快组成了物理学和天文学爱好者小组。开始每年出版"天文日历"，获得了广泛的传播。1908 年，莫斯科的天文学爱好者小组出现了，后来改名为学会。年轻人可以在学会中学习天文学和进行最简单的观察。

后来，1932 年，在俄国天文学学会和莫斯科天文爱好者学会的基础上，成立了全苏联的天文学—大地测量学学会。现在，学会归属于苏联科学院，并且下设有几十个共和国级、州级和市级的分部。

1905 年，在国际太阳研究联盟成立之后，别罗波尔斯基组织了该联盟的俄国分部，将从事太阳研究的天文学家们和物理学家们联合在一起。

1916 年夏季，一批布尔科夫天文台的天文学家给俄国其他天文台的科研人员，发出召开天文学代表大会和建立俄国天文学家协会的建议。在 1917 年 4 月。尽管遇到各种困难，代表大会得以在彼得格勒召开。由几乎是全俄国所有天文台的 64 位代表参加。在这个代表大会上，成立了联合全俄国在天文学各个领域从事研究的专家们的联盟。

但是，只有在 1937 年组成的苏联科学院天文学委员会，才真正能够承担协调全国范围的天文学研究工作。只有在苏联时代，建成了本国的光学—机械工业，扩大了教育体系，并且迅速发展了各个共和国的科学工作之后，才有了一系列新的、装备精良的天文学机构。

第二十四章 物理学

　　19世纪后半叶，在西欧和美国，物理学的研究成果对技术进步的影响大大增强了。

　　这个时期，物理学的成就直接促进了热技术、电技术、光学仪器和电器的制造、电通讯的发展。反过来，这一发展又刺激了物理学研究和伴随而来的检测、科研和教学的物理实验室的扩展。

　　而在俄国，物理学处在不太一样的环境下。虽然1861年取消了农奴制，加速了俄国的工业发展。但是，它仍然处于一个农业国家的状态。物理学在俄国的发展，当时主要是在一些大学。从政府获得的物质支持远远满足不了需求。没有完善的实验设备。这种不佳的状况，影响着需要大量资助和快速更新物质基础条件的物理学研究。当时，俄国的物理学家人数很少。他们与世界上的前沿科学家保持着紧密的联系，积极参加国际科学会议，置身于世界科学界的关注和问题研究之中。他们勇于解决具有时代意义的难题。尽管自己的人数很少，但仍然在很多方面作出了突出的贡献。

　　19世纪下半叶和20世纪初，在俄国产生和发展的科学学派，随后，成为苏联物理学加速进步和获得杰出成就的精华中心。

分子物理学

　　19世纪的物理学，首先确认了关于团聚状态的概念。同时，也相信在适当的条件下，一切所谓常态的气体都可以变为液体。

　　坎亚尔-拉图尔（Ш. Каньяр-Латур）在1822年成功地通过冷却和压力组合的方法，将碳酸气变为液态。之后，法拉第进行了系统的液化气体的尝试，并获得一系列的成功。1847年，雷诺证明，所有气体均有偏离波义耳—马略特定理的倾向，会随着温度的降低而提高可压缩性。同时，他得出结论：对于任何气体，都存在这样一个温度值——当温度高于它时，基本上不能发生液化。

1860—1861年，在研究液体的黏稠性、热扩张和表面张力时，门捷列夫首次提出存在绝对沸点的概念。在超过沸点温度时，液体会在任何压力之下，均转化成气体。他强调，表面张力系数会随着温度的增加而减低。当达到沸点时，归于零。后来在1869年，埃德柳斯在碳酸气研究的基础上，也得出这一结论。他将这个温度称为临界温度。

我们看到，1874年，门捷列夫改写了克拉佩隆等式（1834）$pv=AT$（系数A取决于气体的属性），视其属于1克分子物质。首次得出了著名的等式：

$$pv=RT$$

取决于通用的气体常态R的关系式（现在通常被称为克拉佩隆等式。尽管它的正确名称应该是克拉佩隆—门捷列夫等式）。

门捷列夫最初研究之中的相当部分内容，或是属于纯物理学研究，或是在于确定物理和化学性质之间的联系。他也不认为必须将分子现象区分为物理的和化学的。他说，可以区分的，只是分子的机械混合，而没有理由将其区分为化学的和物理的。在这一方面，门捷列夫继承了波义耳—罗蒙诺索夫—拉瓦锡的传统，将物理视为化学的基础。"我的化学——是物理的"罗蒙诺索夫在对化学作总体认识时，这样写道。这一传统在俄国得到特别深入和牢固的确立。后来，导致了在物理化学上的重大发展。

在物理学方面，使门捷列夫感兴趣的，看来主要是分子间的相互作用，即分子的发生物理学。对于该领域科学成果的预见，贯穿于当时物理学的前沿。莫斯科大学教授斯托列托夫1866年在关于当时物理学基本方向的讲座中说："基本的思想，愈来愈成为强烈的需求，是要深入到那些隐蔽的、细微的和变化的原子的力。这些力存在于物质颗粒不被觉察的距离之间。这些力越来越引起仔细的研究。而它们的未知部分，在明显地促使科学加紧自己的步伐。"

正是为了掌握分子之间的力的属性，使得许多俄国物理学家在19世纪末，着手研究临界状态。最广泛的研究是由基辅大学教授阿维纳里乌斯（M.

Авенариус）和他的学派于 1873 年展开的。在埃德柳斯的著作问世后，阿维纳里乌斯仔细审查了雷诺关于某些液体蒸发的研究结果，得出结论是：在接近临界温度时，液体的蒸发潜热会急剧减少。虽然雷诺在自己的实验中，未曾达到临界温度，但是，阿维纳里乌斯将他的数据外推证明：在临界温度时，蒸发潜热应当归为零。这使得阿维纳里乌斯和他的学生们测量了许多物质的临界温度和临界参数。阿维纳里乌斯的早逝的天才学生纳杰日金（A. Надеждин）研制了确定临界温度的原创的方法。将液体注入抽真空的焊接长管中，悬挂成天平的称杆状。在温度低于临界状态时，管子充满液体的一端重于另一端。当达到临界温度后，管子变为水平状态。纳杰日金所作的精细研究，首次成功地确定了水的临界温度。但是，在他去世后一年，1887年该结果才得以发表。

阿维纳里乌斯的另一个学生斯特劳斯（O. Страус）在 1880—1882 年研究了液体二元混合体的临界温度。他的另一个学生巴甫洛夫斯基（E. Павловский）研究了同源的有机化合物的临界温度的规律（1882—1888）。非常精细的对有机物的研究，由扎依欧契科夫斯基（B. Зайончковский）在阿维纳里乌斯的实验室进行。

由阿维纳里乌斯和他的学派在 1873—1894 年对临界状态研究所获得的数据资料，约占此项研究实验材料总量的四分之一。公布在 1894 年德国出版的著名的兰多尔特–伯恩施坦的《物理化学一览》的第二版。

临界温度的测量方法，归功于果立岑（Б. Голицын）在 1890—1893 年期间的研究。随后，他因对于地震学的基础研究而世界驰名。通过分析基于观察液体弯月面消失时刻的光学测量方法，果立岑试图通过实验查明：测量临界温度时，在液体和蒸气中发生的分子过程（离异），究竟在多大程度上能影响其精确性。这个问题曾广泛地在国外 Л. 凯莱特、Ж. 雅满等人的著作中被讨论。

对临界状态的研究和就此展开的讨论的详尽分析，收入斯托列托夫在 1890—1894 年发表的四部关于物体临界状态的基本著作之中。需要指出，埃德柳斯的基本思想，是每种液体都有确定的临界温度。（加热中）从这一点开始，液体与自己的饱和气体等量齐观（视为同一）。凯莱特和其他人的反对意见，一是基于经常是数值分散的实验数据；再是基于旧的（雅满的）

理论观点。仔细研究了这些反对意见后，斯托列托夫指出了它们是根本站不住脚的。其产生误差的根源，在于仅仅是在对个别的实验数据作出曲解。

在研究作为粒子之间的力的一个非常明显的表现——临界状态的同时，俄国物理学家们还研究了该问题的其他方面。显然，19世纪的物理学，尚达不到对粒子之间的力作出真正的解释。因为，当时的分析和原子结构的概念，还是相当含混的。

电磁学

电磁理论从一开始，就存在两个对立的方向。其中之一，是产生于对局限的静电释放，或是磁性棒，或是一段在一定距离上的相互作用的带电导体的概念解说。在此基础上的理论，运用了当时牛顿在研究重力的相互作用时所采用的方法，即19世纪前半叶由安培、韦伯、诺伊曼所发挥形成的电动力学理论。随着新的事实现象的发生，该电动力学理论，无论是在物理假设还是数学表达形式方面，都越来越复杂麻烦了。

另一个方向，是产生于近距作用的解说，即针对经过中介环境的相互作用。18世纪，在电静力学这一方向的代表人物，是欧拉和罗蒙诺索夫。在19世纪前半叶，法拉第在电动力学领域又发展了这个方向。但是，法拉第的思想具有更为单纯的质的性质。

于是，在19世纪中叶，电动力学变得不能满足需要了。

俄国物理学家们在这一时期，努力构建着基于近距作用的物理概念的电学理论。1870年，什维多夫作了此类尝试，未能成功。1872—1874年，乌莫夫在研究弹性能量的分布时，发展了近似的理论。在自己的博士论文《体内能量运动方程式》中，乌莫夫于1874年首次得出弹性环境中能量流的密度的公式。1885年，英国的物理学家坡印廷对电磁能量流的密度导出同样的公式。这一基础性公式，被冠名乌莫夫—坡印廷向量。

在19世纪后半叶，由于电报技术的发展所产生的电信号在导线上分布的问题，在电动力学上起了日益增长的作用。1853年，由跨大西洋电报电缆铺设为起因，汤姆逊导出了所谓的电报公式。1857年，基尔霍夫确认，电脉冲沿导线的传播速度，数值上等于电荷的电磁单位与静电单位之比。如实验表明，为 3.1×10^{10} 厘米 / 秒。基尔霍夫第一个注意到这一数值与光速相等。

俄国物理学家们是如何清楚地掌握世界科学的脉搏的，可以从 1866 年斯托列托夫在莫斯科大学的讲座记录中看到。在讲述了诺伊曼和韦伯的基于电流质的远效应概念之上的理论之后，他说到"新的科学，在减少热素和磁物质无重量的例证的数目之后，正试图动摇我们赖以为根基的原理。电作用的中心的起源，被试图从那个无重量的环境（曾在光以太的理论物理中得以确认）的某些动力过程中导出。在与两个方面的现象相关的事实中，一方为光和热，一方为电，这个事实没有什么缺陷不足。值得提出的，是法拉第的一个著名实验：磁力改变了光线或热的极化（偏振）。值得注意的，还有另一个有意思的事实：封闭电路，在形成恒定电流之前的电波的速度，即依据韦伯定律和它的数据资料计算出的速度，更近似于菲佐找到的光速的平均值。这不是此项实验研究的个别结果。而今，我们还没有一个从这种新观点出发构建的理论。一个基本概念简单明确、脱离假说和牵强、优于流行观点的理论"。

几年后，1873 年，这样的理论确实出现在麦克斯韦尔的《关于电学和磁学的论文》之中。俄国物理学家们立即认识到它的重大意义，着手对它进行实验验证。而西欧的物理学家之中，着手研究麦克斯韦尔理论的只有玻耳兹曼和亥姆霍兹。大多数西欧物理学家都是在赫兹发现了电磁波之后，才着手研究这一理论。

1872—1874 年，玻耳兹曼完成了一些气体的电容率的实验研究。1874 年，在亥姆霍兹处工作的基辅物理学家希列尔（Н. Шиллер），首次采用电振荡的方法研究了一些固体的电容率。1875 年，济洛夫（П. Зилов）在莫斯科采用静电方法首次测量了一系列液体的电容率。在此次研究中，济洛夫采用了亥姆霍兹的某些建议。亥姆霍兹热衷于全面地检验麦克斯韦尔的理论。

在气体（玻耳兹曼）、液体（济洛夫）和固体（玻耳兹曼、希列尔）上，对麦克斯韦尔关系式 $n^2 = \varepsilon$（n——折射指标，ε——电容率）所做的实验证明，对于麦克斯韦尔理论的被认可，起了重要作用。

麦克斯韦尔理论的基础之一，是关于当电路中，电极非恒定，导线发生传导性电流中断的部位，存在着"交混电流"的假说。这个由麦克斯韦尔完全从形式上引入的假说，在当时遭到强烈的反对。就连在整体上接受麦克斯韦尔理论的亥姆霍兹也反对这个假说。按照亥姆霍兹的建议希列尔试图以实验证明：断开的电路的端部——"电流的终点"是按照安培定律呈电动力状态的。此研究始于亥姆霍兹的实验室，后又在莫斯科斯托列托夫的实验室以几种其他方法继续。希列尔支持亥姆霍兹的思想，但是，实验未能证实这个思想。他得出了相反的结论：不存在安培定律认定的电动力。结果是在电动力方面不存在"电流的终点"，电介质的作用与导体的作用相似。

从济洛夫的硕士答辩中可以看到，希列尔的研究，可以算作是俄国物理学家首先——尽管是间接地——确认了麦克斯韦尔关于交混电流的假说。诚然，对它的更令人信服的证明，是赫兹发现了电磁波，但这已是 10 年之后，1886 年的事了。

对光的电磁理论说有利的重要论据，是由基尔霍夫发现的。光速的值，与放电的电磁单位与静电单位的比率相符。但是，并非在所有实验中，这一相符均是确切的。鉴于非常看重这个数值的相符，斯托列托夫还在 1871 年，在海德堡基尔霍夫处，即开始测量常数 c，相等于 CGSM 对 CGSE 的比率。采用的是麦克斯韦尔和詹金（Ф. Дженкин）在 1863 年提出的容积测量法。为此目标，斯托列托夫采用了"绝对电容器"——装配保险圈的平板电容，其原理已经由基尔霍夫提出。该方法的原理是：电容器由伏打电池充电，然后将释放的电流，与同一电池在给定电阻电路中的直流电流进行比较。

如斯托列托夫所示，他的实验结果与英国学者艾伊尔顿（В. Эйртон）和佩里的结果相近。给出的 c 值范围为 $2.98 — 3.00 \times 10^{10}$ 厘米 / 秒。该结果并不令人满意。但是，当时又没有适当的技术条件来增加测量的精确性。斯托列托夫在 1881 年巴黎电学家大会上，建议国际电学单位委员会对 c 值作精确测量。他认为确认两值的同一，对于最终验定将电学和光学理论相联系的麦克斯韦尔理论十分重要。

几年之后（1886），斯托列托夫的学生科里（Р. Колли）测量了 c 值。采用的是振荡放电的方法。该方法的原理是：如果回路包括电容 C_m 和自感 L_m（C_m 和 L_m 在 CGSM 系统中测出），那么按照汤姆逊公式，振荡期

$$T = 2\pi\sqrt{L_m C_m}$$

由于 $C_l/C_m = c^2$（C_l 为在 CGSE 单位所测的电容），那么：

$$c = \frac{2\pi}{T}\sqrt{L_m C_l}$$

为了测量 c，需要确定 L_m、C_l 和交流期 T。自感 L_m 和电容 C_l 可以或有严格计算得出，或经与标准件的比较精确测出。科里提出了确定振荡期 T 的独创方法。他发明了新仪器——第一台示波器。他称之为录波器。该仪器是由一个轻型小磁铁，牢固在小镜子上，镜子悬在两个线圈之间的拉紧的垂直线上，在两个线圈上通过被测的振荡放电的交流电。磁铁振荡的时间通过光学方法测量。

为了达到必要的观测精确性，要求将 T 尽可能加大，采用大自感和电容。科里获得了相当慢的振荡，并确定：

$$c = 3.015 \times 10^{10} \text{ 厘米} / \text{秒}$$

电容器振荡放电的方法，后来被英国物理学家韦伯斯特（1898）、洛基和格莱兹布鲁克（1899）采用，所获取的 c 值，与科里的几无差别。

在麦克斯韦尔的理论中，未解决那些在导体中移动产生电流的物质的属性问题。他想出了一系列电流惯性的实验，来回答这个问题。他在金属上进行了这些实验，但是对电解质未予关注，因而实验未能成功。科里第一个关注了电解质。还是 1875 年，在硕士答辩论文《伽伐尼元素活动的一个现象的研究》之中，他研究了充满电解质液的竖圆柱。注意到"沿电解质柱体的下沉和上升"的电流存在差别的必然性。因为某些能量要在提升重离子时被消耗。

依据电流在电解质移动借助带电的离子的概念（这一概念在当时尚未得到普遍承认），科里指出，我们所称的电，之所以能在物体中移动，是因为有物质的载体。所以，当电流停止时，载体会随着惯性将自己的运动转给导体，导致产生某种有质动力的力。当时，尚未有任何关于物体中电流载体的属性的资料。许多人仍认为其中流动的电，是无重量无惯性的"流质"。这样，提出在以有重量的离子为载体的电解液中，进行电的惯性实验，便具有重要的原理概念的性质。科里实际上观察到了他于 1881 年预见的效果，尽管还不能够测量它。其成功实现，是由荷兰物理学家库德尔在 1892—1895 年完成的。1910—1915 年，美国物理学家斯图尔特和托尔曼以完善的形式，首先在电介质，然后在金属上，重复了该实验。

这样，俄国物理学家们尚在赫兹的基础性研究之前，就以实验证明了麦克斯韦尔电磁场理论的下列原理：（1）围绕着相互作用的电化、磁化或通电物体的环境，一定存在作为相互作用的传感体的介入，相互作用的性质，实质上取决于符合理论结论的环境的属性。（2）不存在"电流的终点"，通过电介质电流进行位移，其结果是所有的电流都是闭路的。（3）存在着对于固体和液体电介质的平衡点 $\varepsilon = n^2$。（4）电荷的载体在电解液中具有惯性。

与电流载体密切相关的，是赫兹在 1890 年从麦克斯韦尔理论出发研究的运动电荷的磁场问题。还是在 1838 年，法拉第尝试寻找运动电荷的磁场，但未能成功。麦克斯韦尔在自己的《专题论文》（1873）中，提出了实验方案，借此可以找到这个场。当时，即使在所能达到的最大的电荷体位移速度（100 米/秒），所形成的磁场仍极其微弱，小于地球磁场的 1/4000。该方案于 1876 年由罗兰在亥姆霍兹的实验室实施。1876 年，由 B. 伦琴和其他一些物理学家完成了重复实验。同时，伦琴发现了另一个同样重要的现象——由于极化的电介质的运动而产生的磁场。

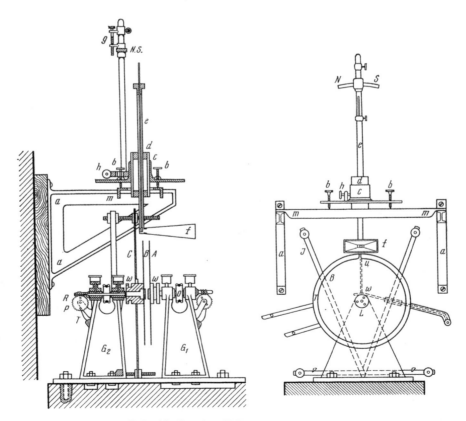

艾兴沃尔德研究旋转带电体磁场的装置图

对这些现象和类似现象的详尽实验研究，是由莫斯科物理学家艾兴沃尔德在 1901—1904 年期间完成的。凭借这些精心设计的实验，艾兴沃尔德不仅发现而且相当精确地测量了，由旋转的带电金属导体或电介体所产生的磁场。艾兴沃尔德的实验结果与理论家取得了一致。应当指出，无论外国学者还是艾兴沃尔德，都能从这些实验中确定数值 c。艾兴沃尔德的实验中被特别关注的，是对艾兴沃尔德实验的发展，发现极化的电介体，准确的说，是带电电容的旋转，所引起的磁场（1908）。

A. 约费，关于此人后面将还要提到，1911 年补充完成了这一研究，测量了空气中放电时，阴极射线的磁场。应当指出，还在 1883 年，赫兹就首先作了这类的尝试。但是由于其他因素导致得出负面的结果，使得赫兹甚至怀疑阴极射线的电属性。

上述实验的结果相同，得出了重要的结论：即我们所知晓的所有电流——传导性电流、位移电流和对流电流，其磁场均具有等同性。俄国学者对实验物理学的这一成果，作出了显著的贡献。

艾兴沃尔德和约费的上述研究，在狭义相对论的实验验证上发挥了作用。

电磁波及其应用

赫兹在 1886—1888 年实验确认了麦克斯韦尔作出理论预见的电磁波的存在。这对 19 世纪末物理学的发展产生了巨大的影响。这个课题也吸引了俄国的学者们。在这一领域进行了更多的实质性研究的是莫斯科大学教授 П. 列别捷夫。在自己的科学道路上，他首先在德国 A. 昆特那里实习实验物理，然后就职于斯托列托夫的实验室。在大学中，列别捷夫创立了自己的物理学学派，其中涌现了一批著名学者。1911 年，他与一批进步的教授和教师，因为反对教育部长卡索（Kacco）的反动政策而离开莫斯科大学，转入私立的莫斯科尚雅夫（Шанявский）城市人民大学。但是，列别捷夫在这个学校工作的时间不长，他于 1912 年去世。列别捷夫以发现光压而闻名世界，此事放在后面讲，这里先讲讲他早期的研究。

1895 年，列别捷夫尝试继续赫兹的实验。众所周知，赫兹首先发现了 60 厘米电磁波的反射、折射和极化，从而证明了它与光波基本相似。列别捷夫打算尽可能将电磁波领域研究向光波靠近。该项目在当时吸引了许多物理学家。斯托列托夫对此是这样表达的："我们设定，麦克斯韦尔和赫兹的电流光与光线是同一的，这是不能证明的吗？只要能减少振荡波动期赋予电波光的属性，使得它能够发出光的感觉，我们就能作出这样的证明。"

1894年，意大利物理学家A.里齐成功地获取了7.5厘米波。借助于它，观察到了全部的内部反射。他还观察到了这种波在木片上的双光折射。列别捷夫在1895年首次获得6毫米波。借此可以观察到棱形硫晶体上的双光折射，验证了麦克斯韦关于晶体环境的原理。他成功地从硫晶体制造了用于那些波的偏光镜，和"1/4波"的镜片，即可在毫米波上实现各种光学实验。

当列别捷夫、里齐和其他物理学家在对电磁波的属性进行纯科学的研究的同时，这些电波在通信技术上得到了应用。第一步是英国物理学家洛基在1894年迈出的。但是，还在1889年，即赫兹的研究发表后不久，电磁波就深深吸引了波波夫。几年后，他发明了无线通信。当他还是彼得堡大学数学物理系的学生时，就将物理系理论基础的深入研究与实践相结合。1882年，他完成了答辩《关于直流电的磁力电动机器的原理》。一年后，他发表了关于优化电机状态的著作。对研究工作和将物理学成果付与实际应用的强烈愿望，使他拒绝了令人羡慕的留在大学物理教研室的职位，而接受了拥有较好实验设备的喀琅施塔得水雷军官学校物理教师一职。后来，他成为彼得堡电技术学院的教授。1905年，当选为院长。

从1889年起，波波夫开始作题为《光与电现象的相互关系的最新研究》的公开讲座。为了在大讲堂重复赫兹的实验，波波夫需要比赫兹的振荡器更完善的电磁波指示仪。他开始寻找这样的仪器。作为更适用于此目的的指示仪，他选择了法国物理学家勃朗利的"无线传导器"，其中使用了金属屑。英国物理学家洛基同时在研究赫兹的实验。他将勃朗利的仪器改得更方便，装上了机械振荡器，称之为金属屑检波器。波波夫在自己的实验中使用了检波器。

在海军部门的工作经历，使得波波夫清楚地知道海军对于无线信号通讯的切实需要。1889—1893年的电磁波实验室研究，使他产生了利用其进行通讯的想法。这个想法，激发了波波夫后来的全部研究。无论是勃朗利还是洛基都不曾将此作为自己的任务目标。

波波夫手中的指示仪，还不适于通讯使用。他将其改造的更灵敏、更稳定。在此之后，他又着手于新的课题："实现这样的配方，使得铁屑因振荡引起的联系，能够立即断开。"为了在无线通讯中，信号能够一个接一个的连贯继续，这是必须要达到的。而对其中每一个信号的发生，指示仪都要作出反应。波波夫在他制作的"发现和记录电振荡的仪器"上实现了这种自动的指示仪。该仪器实际上是世界上第一台无线电接收机。其中，铁屑检波器被串联到灵敏的极化继电器和伽伐尼电池的电路中。继电器与电铃相连接，能够在有电磁时发出信号，同时铃槌敲击检波器，使他回归灵敏状态。作为电磁波源，波波夫采用了以鲁姆科尔弗感应线圈激荡的赫兹振荡器。为了增加振荡器的能量，也是为了达到远距离通讯的效果，振荡器在枢轴的末端加了 40 厘米见方的金属板。为了实现指定代码的信号，波波夫将电报电键作为感应线圈供应电路的闭合器。

波波夫的电磁波接收器，是可携移动的，并有 2.5 米的垂直天线。

这样，在 1895 年的春天，波波夫掌握了无线通讯的全部环节。首先，是在水雷军官学校物理教研室范围内；然后，将仪器移至学校花园，实现了 30 俄丈距离的通讯。无线电通讯就这样诞生了。

实验时，波波夫发现，自己的仪器不仅回应赫兹振荡器的信号，也回应大气中的雷电放电。波波夫决定，要研究大气中的电振荡，起于何因和如何影响无线电通讯。为此目的，他又研制了一个仪器，可以将大气中的放电，记录在卷筒自动记录仪上。后来，该仪器被称为雷电测试仪。1895—1896年，在彼得堡林业学院被使用在气象用途上。实验证明，雷电测试仪可在雷电发生前相当长的时间作出预报。同时搞清楚的是大气雷电不会严重干扰无线通讯。后来，雷电测试仪被安装在下新城展览中心的电站，以便在雷电之前及时关闭电网。

1895 年 5 月 7 日，波波夫在俄国物理化学协会物理部的会议上，讲述了自己的研究并演示了无线通讯仪器。《喀琅施塔得消息报》报道了这个报告，指出："所有这些实验，基于在无线距离上的信号通讯，类似光的传导，但是是借助于电。"

在 1896 年 1 月刊《俄国物理化学协会杂志》和其他一些科学杂志上，波波夫发表文章详细讲述了他的实验。波波夫明白：他的实验具有重要的实践意义。同时也清醒地认识到，这仅仅是第一步。因此，他在文章结尾说到："最后我希望，我的仪器通过继续完善，能够在一旦有了具有足够能量的电振荡的电源之后，应用于远距离的无线信号通讯。"

因为未从商业角度考虑，波波夫未获取自己发明的专利。1896 年 7 月，一家报刊发出意大利人马可尼采用电磁波通讯的短讯。1897 年夏，马可尼的专利《对电脉冲和信号传递以及相关仪器的完善》发表。将此专利与波波夫先前发表的设备描述相比较，可以发现：马可尼的接收器方案，实际上是重复波波夫发表的发明。马可尼在自己的专利中，还收入了勃朗利和洛基的在他之前的文章中的内容。拥有强大的财力物力，马可尼广泛开展了研制工作，并大力促进无线电技术工业和推广无线通讯。凭借着专利和企业的成功，马可尼企图获得无线电发明的优先权。1908 年，由俄国物理化学协会物理部专门组成的，以彼得堡大学教授赫沃尔松（O. Хвольсон）为主席的专门委员会，基于所掌握的材料，以及勃朗利和洛基发来的信件，无可辩驳地确定了波波夫的优先权。无疑，在当时无线通讯成为亟待解决的问题。然而，在这个最重要的现代技术领域，作出第一步实际工作的是波波夫。

1895—1896 年，波波夫对自己的仪器加以完善。1897 年春，通讯距离达到 600 米。夏天在舰艇上实验，已达到 5 公里。此时他发现，金属舰体对无线电波的扩散有影响，于是提出在转发器定向的方法。1899—1900 年，通讯距离已达 45 公里。1901 年，在舰船上可达 150 公里。1901 年，他应用该仪器于罗斯托夫–顿附近的顿河支流的水位变化的预警工作。

1899 年，波波夫建造了新型的"电报电话接收机"。其原理基于金属屑检波器的检波效应。该接收机在俄国和法国生产，生产该机的企业"Дюкрет"将自己的产品直接称之为波波夫系列仪器。

由于沙皇官员的外行和僵化，导致俄国发明的无线电，在国外获得了更大的发展。1904—1905 年的日俄战争中，俄舰队几乎没有无线电，而日方舰队却有相当好的无线电联系。

波波夫的发明的命运，在 19 和 20 世纪之交的沙俄是很典型的。类似的命运，还有 1876 年获得专利的亚勃洛契科夫（П. Яблочков）的电灯，曾以"俄国之光"为名，在巴黎、伦敦、柏林和马德里迅速流行，但是在发明者的祖国，却得不到推广。洛德金（A. Лодыгин）的带金属网的炽热灯，曾获

1874 年的罗蒙诺索夫奖，但是无法在自己的国家实施该发明，最终被迫于 1888 年将专利卖给了美国企业"沃斯金高兹"（Вости́нгауз）。

光与物体的相互作用

麦克斯韦尔在自己的《关于电和磁的专题论文》（1873）中，考虑到产生于任何电或磁的极化环境之下的有质动力。他指出"在波的传播的环境中，在其扩散方向出现了压力，在任何一点上，均与处于那里的归属于单位体积的能量的数值相等"。1883 年，巴尔托利（А. Барто́ли）"按照完全是另一条道路，在不知道麦克斯韦尔所提出的光的属性的情况下"得出了分析结论。这个"光压"首次被发现，是在 1901 年由列别捷夫完成的。原以为，光对于物体的任何作用，没有麦克斯韦尔未曾预见到的。但是，在 1887 年，赫兹发现：由火花发出的紫外光，会在另一个相邻的火花间隙中，减轻电荷的通过，若是此时阴极被照明的话。同一年，伽伐科斯在德国发明了外部光电效应。即在光的作用下，金属释放阴极电流。1888 年，同时由里齐在意大利和斯托列托夫在莫斯科对此现象作了研究。稍后，法国的毕沙和布朗德罗也加入了这一研究行列。

伽伐科斯是以被隔离导体进行实验，观察在光的作用下，该导体电荷的损失，以及与给导体的电位的依存关系。斯托列托夫与此不同，他于 1888 年制造出设备，即现在研究者们使用的外部光电效应仪器的设计原型。他放置了垂直的而且是互相平行的，或者是金属网和金属盘，或者是带大量洞孔的金属片和金属盘。带洞的金属片（或网）可以使电弧产生的紫外线照在盘上，片与盘通过电池联接着电流计。这样，它们之间产生了电场。斯托列托夫与伽伐科斯和里齐不同的是，从一开始，他就确定，只有当盘与电池负极相连时，才能观察到光电流。后来，斯托列托夫和里齐多次分别独立地进行了相似的实验，并得出相近的结果。但是，正如约费在当时所指出的，探明被他称之为"活性电"现象的重要特征的优先权，是属于斯托列托夫的。透过正极的网孔照射电容的负极板片，斯托列托夫在包括电容、组电池和电流计的电路中，观察到了不断的电流。电流的力度与施加的光的强度和被照射的面积成正比。表面层吸收的光越强，电流就越强。这取决于在被照射的板片和网之间的接触电位差。

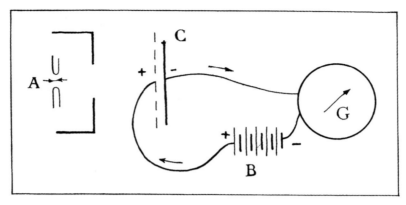

斯托列托夫研究光效应的实验图

光电流随电容的电位差的增加而变大，但是相互之间不成比例。斯托列托夫在自己的研究中，首次观察到饱和电流的现象，构建了确定气体的属性和弹性的作用的定理。

在确定光电流取决于电极之间的接触电位差之后，斯托列托夫设想，可否在没有由电池造成的外部附加电位差的电路中产生电流。他写道："锌、银和空气构成的系统，当用光化射线对银进行照射时，会暂时变成真正的一次电池。其中，气体起了液体的作用。考虑到，此时光是被银所吸引收（无论这一现象的机理如何），我们可以说，该气体电池的电能，是由照射光线的能量所产生的。"这样，在 1888—1889 年，斯托列托夫实际上制成了世界上第一个基于利用外部光电效应的气体光电池。1890 年，他又证明，光电效应在稀薄的气体中也能观察到。

斯托列托夫未将自己杰出的发明申报专利。他把光电效应只是当作对于自己的理论概念的直观的实物证明。在国外，则是另外一种情况。1890 年，物理学家 Ю. 埃尔斯特和 Г. 盖特尔在德国，对自行研制的光电池及其在一些测量仪器上的使用获取了专利。

1894 年，列别捷夫注意到光射与物体相互作用的第三种状况。他写道："在赫兹的研究中，在对光振荡作出类似电磁过程的解释中，掩盖了另一个至今未触及的问题。即关于发光源，关于分子振子向周围发出光能时所发生的过程。这个问题一方面引导我们进入光谱分析的领域，另一方面，则完全意外地引向了现代物理学中极其复杂的问题之一——关于分子力的学说。

后一种情况产生于下列考虑：按照光的电磁说理论的观点，我们要认定，在两个发光的分子之间，如同是两个振子，其中激起了电磁振荡，之间存在着有质动力。它是由分子中的交流电（按照安培定律），或者是分子中的交流放电（按照库仑定律）的电动力的相互作用所决定的。那么，我们就应该认定，在此情况下，分子间存在着分子力。其原因与发光过程密不可分。"

列别捷夫强调指出此问题的复杂性。在物理体中，许多分子同时在相互作用。由于相互靠近，这些分子的振荡并不是相互独立的。他指出，光谱数据的值，可以预算出发光形成的分子力的大小。同时，这些现象可能只是与分子间相互作用的某些部分相符合。

这样，在辐射领域突然冒出了一个分子力的问题。如前所述，在物理学的莫斯科学派看来，这是一个十分现实的问题。列别捷夫注意到，类似的力，不仅仅在电磁体系中发生，在水动力和声音系统也会发生。发挥这一思想，他在1893—1897年发表了《波对谐振器的有质动力作用的实验研究》。

首先，列别捷夫对于悬在细石英线上的小型电谐振器（重约1千克），受350厘米电磁波的有质动力作用，进行了研究。接着，他又研究了液体中由谐振球产生的波，对相应的谐振器的有质动力的水动作用。最后，是100毫米的声波对易移动的声谐振器的类似作用。此时发现，对于所有三种"电磁、水动和声波的不同的振荡运动"，从振子 γ 和共振子 γ_0 的不同差别的关系曲线，是完全同一的。在自己的结论中，列别捷夫指出，原则上，可以"将已知的定理扩展使用到物体的单个分子的发光和散热方面，预算出由此获取的分子之间的力及其大小"。试图借助经典理论来完成计算，显然不可能得出正确的结果。这个在现在被称作色散力，是由 φ. 伦敦在40年后在量子力学的基础上证明的。列别捷夫的思想，原则上是正确的。但是，当时他所提到的实际的发光，在现代量子理论中，则属于分子在相互作用下的虚拟辐射。

在关于波对于谐振器的有质动力作用的研究中，如同我们所见，列别捷夫研制了为观察这一效应所使用的精密仪器。在很大程度上，这个实验是为了完成已经吸引列别捷夫很久的、更为困难的对光压的研究而做准备。还是在1892年，他在《关于发光体的斥力》中，就对该问题进行了理论思考。他指出：由太阳光的光压所产生的斥力，对于某些物体，可能与这些物体对太阳的重力引力，大约是处于一个量级。凡是密度 $p > 1$，半径 $r > 10m$ 的天体，几乎没有不适用牛顿的引力法则的。"我们将物体半径值取得越小，就越能呈现太阳的斥力。"

列别捷夫在解决由开普勒提出的，太阳光对彗星尾的假设效应的课题中，应用了自己的算法。他得出结论：此前不久，由著名俄国天文学家博列基兴公布的，观察到彗星尾的偏曲，与太阳光压对其影响的概念并不矛盾。如我们现在所知，彗星尾所受的斥力，远远大于太阳射线的光压。这可以从"太阳风暴"——从太阳冕抛出的质子流的压力来解释。看来，对彗星尾的光压问题的研究，强烈吸引了列别捷夫。

同时，列别捷夫正确地将对光压的实验发现和量化测试作为当时物理学最现实的问题之一，即对电磁场理论和射线能量的热动力学的检验。将该问题与上面提到的电磁波对谐振器的有质动力作用的现象相联系，列别捷夫看到了，此研究可能会深入到分子力的属性。

麦克斯韦尔在自己的专题论文中写道："聚集的电光会产生更大的压力（超过太阳光——作者）。完全可能的是，该光线射在悬于空中的薄金属片上时，将产生对金属片的明显的机械作用。"但是，在 1877 年，德国物理学家策尔纳在作此项研究时，未能得到结果。他注意到，无线电辐射效应，比光压效应要大 10^5 倍。

这样，完全从实际效果的角度看，光研究的巨大难处在于：无论是无线辐射效应，还是稀薄空气中的对流，都能轻易地遮盖掉光压效应。众所周知，无线辐射效应，是由产生光压的金属片的照射面和未照射面的受热的温度差，对于周围气体的分子的影响所决定的。对流发生，则是直接附着在壁上和仪器的敏感部位的气体层受热的结果。列别捷夫采取了许多措施，将这些附加的因素的影响减到最小。首先，他研制了获得在当时属于最高度的真空——气压达到 10^{-4} 毫米汞柱的方法。达此目的，需借助在仪器中循环的水银蒸气。在泵不断抽气时，挤出残留的空气。该方法由列别捷夫首先采用。后来被使用于伦格缪尔的真空泵上。接着，列别捷夫亲自制造精细的金属悬挂系统，使其表面被照射的与未被照射的侧面的温度差极小。在光源（电弧）射线的途径上，放置了滤网，滤掉光谱上能被玻璃壁吸收并引起发热的部分。此外，玻璃罐选的足够大，使得容器壁对悬挂系统的影响可以忽略不计。附图为装置的总体图和各种他自己制造的敏感悬挂系统。

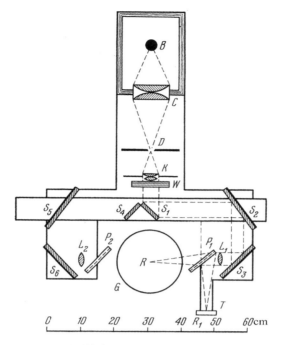

列别捷夫研究固体光压的设备

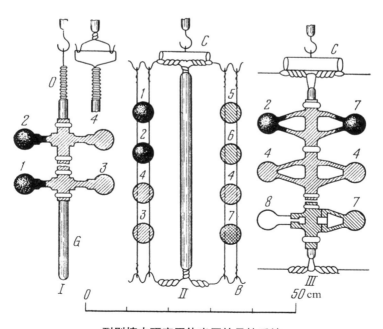

列别捷夫研究固体光压的悬挂系统

列别捷夫在此装置上完成了对固体的光压的测量，以误差8%的准确性，证实了麦克斯韦尔和巴尔托利的理论。1900年，在巴黎的国际物理学家大会上，列别捷夫就此研究所作的报告，引起了强烈赞同的反响。在列别捷夫公布研究结果后不久，美国物理学家尼科尔斯和哈尔以其他方法进行了对固体的光压的测量：他们凭经验选择了气压，在此气压下，当改变仪器刻度时，无线辐射效应接近于零；而当测量光压时，对侧面使用了短时间的光照。在对自己观测的光压数据进行计算之后，尼科尔斯和哈尔认为，他们的数据与麦克斯韦尔理论相符的精确度达到 ±1%。但是，列别捷夫指出，他们的结论基于一个假设，即在如此短时间的照射下，具有与在稳定照射下相同的无线辐射效应。依列别捷夫看来，他们的假设不成立。因此，他们的结果甚至不能用来作为光压存在的证明。

完成固体上光压的研究之后，列别捷夫着手更困难的课题——气体的光压问题。就绝对值而言，气体光压要比固体黑色表面的光压约小二个数量级。列别捷夫将这个问题与天文物理学直接联系在一起。经过了20多个不同装置的实验，直到1907年他才获得成功。"为了能够测量这么小的力，实验安排成这样：气体可以自由地向透进来射线的方向移动，并且对光射线所不能直接照射的非常敏感的活塞上产生压力。"该实验中主要的难点在于由不均匀加热而产生的对流。采用人工的方法，列别捷夫成功地在实际上排除了对流的外来影响。

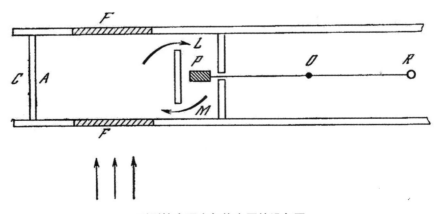

列别捷夫研究气体光压的设备图

而且，在对固体光压的实验之后，有跟随进行的、确认该结果的其他重复实验。但是，对气体光压的实验，至今尚未有任何人成功地重复该实验，列别捷夫的实验获得的结果，确认的范围为理论计算的 ±30%。

1898 年，在列别捷夫进行对光压的实验研究之前不久，尤里耶夫斯克大学的萨多夫斯基论证出另一个以他的名字命名的效应的存在——旋转有质动力作用（当产生旋转力矩时）。其产生情况，是环形的极化光线通过晶体片被转变成线性的极化光线。但是，萨多夫斯基未能通过实验的途径来发现该效应。他的研究当时未被认可。很久之后，许多人从理论上确认了该项研究。而对萨多夫斯基效应的实验发现，则是在 1936 年由美国物理学家贝特完成的。

天文学家别洛波尔斯基的实验研究，对物理光学作出重大贡献。他首次确切地证明了多普勒原理对光的适用性（1900）。该项研究结果，后来又被 Б. 果立岑和维利普（И. Вилип）以及一批外国学者的研究所确认。

1906—1912 年，在彼得堡的两位天才的年轻物理学家约费和 Д. 罗日杰斯特文斯基开始进行自己的研究，后来他们在苏联的物理学发展上，发挥了重要的作用。

约费在彼得堡工学院毕业后，在慕尼黑的伦琴处工作了几年。1906 年返回俄国。1907 年，他对爱因斯坦刚刚提出的光电效应理论产生兴趣。该理论提出了光的粒子说。按照爱因斯坦的意见，光电效应中，一个光原子将自己的能量传给一个金属的电子。因此，离开金属的电子的动能 W，相当于它所吞下的光量子的能量 hv，减去离开金属所耗的功 K：

$$W = hv - K$$

德国物理学家 Э. 拉登堡在当年发表了光电效应的实验研究结果。其结论是，研究所得数据与爱因斯坦的假设不相符。约费对拉登堡的研究进行了批判的分析，证明事实恰恰相反，实验数据与光原子理论之间并不存在歧义。

然后，约费自己进行了进一步的实验来检验爱因斯坦的光电效应理论。其中，对爱因斯坦方程，作出了严格的检验。实验结果完全证实了该方程。由于此时（1912）刊出了密立根和赖特的著名文章，再继续此研究已无必要。但是，在光与物体相互作用的微粒子理论中，留下一个原则性的重要问题。如果光是微粒的光子流，那么，按照经典的概念，在光强度很弱时，光电效应应当具有统计性。显然，按照现代的量子力学的观点，该现象的统计性，不能作为光的纯粒子或纯波动的属性的标准。但是在那个年代，经典的概念还是占上风。

约费首先对光电效应的统计性进行了实验研究。研究了基本的光电效应，即从悬浮在艾伦加弗特（эренгафтовый）电容的金属尘粒中飞出的单个的电子。在他的著作《基本的光电效应》（1913）中，描述了他为此使用的装置。精细的实验完全证实了对效应统计性的推测。1925 年，约费和多勃隆拉沃夫（Н. Добронравов）更深入地在经典实验中研究，观测到 X 射线的单个光子，找出了单个电子。

十月革命后，约费的科研活动有了极大的进展。1918 年，他在彼得堡成立了物理化学研究所。1920 年，他被选为苏联科学院院士。作为学者和教育家，约费是一个庞大的物理学派的奠基人。他的学生有：谢苗诺夫（Н. Семенов）、卡皮察（П. Капица）、库尔恰托夫（И. Курчатов）、斯科别尔岑（Д. Скобельцын）、哈里顿（Ю. Харитон）、康德拉契耶夫（В. Кондратьев）、基科英（И. Кикоин）、康斯坦丁诺夫（Б. Константинов）、亚历山大罗夫（А. Александров）、阿尔奇莫维奇（Л. Арцимович）以及其他的苏联时期的伟大物理学家。

Д. 罗日杰斯特文斯基在彼得堡大学毕业后，在莱比锡和巴黎完成了自己的学业。1912 年，他从国外回国开展研究工作。他首先注意的问题是光谱线强度的精确测量。为此，他设计了原创的非常灵敏的干涉方法，被称作罗日杰斯特文斯基钩法。1912 年发表的博士论文《钠气中的反常色散》中，他首次提出，由钠气发出的光谱双重线的强度的比例具有整数的性质，并且不依赖于钠气的温度和压力。这个事实，在其他元素的光谱中也得到确认。而对其作出合理的解释，则是在玻尔的原子模型出现之后。1918 年，罗日杰斯特文斯基组织创建了国家光学研究所，创立了一流的物理光学学派。1929 年，他当选为苏联科学院院士。

晶体物理

19 世纪前半叶，对晶体的研究，主要是针对它的光学属性。19 世纪后半叶，开始对晶体进行系统的物理化学的研究。同时，源自空间晶体栅的概念，以及为解释晶体的形状和外部棱角，也展开了这方面的几何学研究。在这方面，结晶学家 E. 费多罗夫作出了主要的贡献。在自己的经典著作《正确形体系统的对称》（1890）中，他解决了结构的结晶学的基本几何问题：严格遵循以数学方式来确定一切基本可能的离散空间的对称组。

几乎与费多罗夫同时，德国数学家舍恩夫利斯独立地确定了离散空间组（1891）。一开始，他二人未能发现某些组，而有些组则被计算两次。通过两人的及时交流，迅速纠正了错误。两位研究者最终确认：可能仅有 230 种空间对称组。该结果后来被多次确认。这样，费多罗夫和舍恩夫利斯创立了结晶学的基本法则。

费多罗夫不仅限于结晶学的理论研究。他在 1889 年，发明了测量晶体角度的双曲经纬测角仪。1891 年，他制造了专门用于偏光显微镜的仪器，被称为费多罗夫镜台。它可以旋转和倾放切片，以找到结晶学和结晶光学的构成的位置。

1901 年，费多罗夫被选为彼得堡科学院副教授。但是，由于自己打算成立矿学院的想法未获支持，他于 1905 年离开科学院。1919 年，他当选为科学院院士。但是，他已经无法开展工作，当年便去世了。

另一位当时杰出的结晶学家 Ю. 沃尔夫，开始在喀山大学和华沙大学工作。1906—1908 年，在日内瓦工作，后来成为莫斯科大学的副教授。1911 年，和列别捷夫一样，为抗议沙皇部长卡索（Kacco）的反动政策，他离开了莫斯科大学。转入尚雅夫（Шанявский）大学。1917 年二月革命后，他又回到莫斯科大学。

1897 年，沃尔夫提出了研究晶体测量结果的简单的图示法，并为此提出了专门的立体平面图（所谓沃尔夫网格），至今被广泛使用于晶体学研究中。他的著作《关于晶体棱的生长和溶化速度问题》（1895）具有重大意义。吉布斯首先指出：一定大小的晶体的形状，应与其表面能量的最小值相符。后来，П. 居里研究了晶体形状的问题（1885）。沃尔夫指出：要达到一定大小的多棱体的表面能量最小值，需要棱的排列为这样的相互位置：这些棱从某一个点，移至一个距离，该距离是与其毛细常量成比例的。由此，他导出了非常重要的结果：晶体棱的生长速度，与它们的表面能量，即与相对母液的表面张力的系数成比例。该原理常被称为吉布斯—居里—沃尔夫原理。

1913 年，在劳埃、弗里德里希和科尼宾格（П. Книппинг）发现 X 射线在晶体中的衍射现象之后，沃尔夫同时与 У. Г. 布拉格和 У. Л. 布拉格独立的导出了连接晶体散射的 X 射线波的波长 λ，与该射线从散射的初始方向和其在晶体栅中的平面距离 d 之间的倾角值 θ 的关系：

$$2\mathrm{d}\sin\frac{\theta}{2}=n\lambda$$

这里 n 为正整数。布拉格对此关系式作出另一种现代通用的表达：λ 不是通过 θ 与 d 相关，而是通过滑角ϑ——射线的下落（或反射）光束，与反射平面之间的角：

$$2\mathrm{d}\sin\vartheta=n\lambda$$

实际上，两种表达是相同的。因此，该公式理所当然的被称为沃尔夫—布拉格公式。沃尔夫是俄国 X 光结构分析的先驱。

晶体物理学方面，大量的研究是由约费完成的。1903 年，他在慕尼黑的伦琴实验室时就开始此项研究。伦琴建议他通过观测弹性副作用，来研究石英晶体的压电属性（1885 年由居里兄弟发现）。伦琴认为，弹性是固体的基本属性。他希望通过此研究探明，压电性的原因在于应变或应力。约费持另一种看法，他认为，弹性与晶体正常结构的基本概念不是共存的。他后来写道："我个人怀疑，在石英晶体中存在这种副作用。"通过精细的实验，他不可辩驳地证明，石英晶体的弹性副作用——是限定于出现压电电荷时的附属效应。通过迅速消除这种电荷，约费实际上去掉了弹性副作用。这样，约费在 1912 年的伦琴结构分析发明之前，就确定了晶体结构的模式。

约费与伦琴一起进行了大量的晶体电属性方面的研究。但在当时，伦琴病态地怀疑任何模式概念，只一心积累实验结果。他回避发表在他的实验室所作的研究。其中只有一部分，在很久之后由约费发表。其他的均未能面世。在伦琴于 1923 年去世后，按其遗嘱，随同所有他的个人档案资料，均被销毁了。

1914—1916 年，在彼得堡工学院期间，约费同基尔皮切夫（М. Кирпичева）一起提出了一系列关于电流通过电介质的机制的重要实验研究课题。当时，这个现象的物理图像十分模糊，因此被称作是"电介质的异常"。约费和基尔皮切夫（Кирпичев）的研究极大地廓清了这一问题。他们证明，多数离子晶体的导电性具有电解的性质，部分是取决于在栅上的混合物离子，部分取决于栅本身的热离解。在电流通过时，在电极附近发生的符号相反的活动离子的集聚，即为极化。计算这个产生相对电场的极化，使约费首次证明，欧姆定理对电介质同样适用（1916）。

俄国物理学家们在革命前对结晶学和晶体物理学的研究，实际上，为苏联时期在固体的机械的和电的属性的研究指明了道路，并且奠定了这个重要领域的广阔发展基础。

磁现象

磁现象物理学的真正发展是在出现了电子理论之后。19 世纪后半叶的磁研究，多数是唯象主义的。对于铁磁体的研究备受吸引，是由于日益增长的电磁技术的需要。发生的问题是样品形状对实验结果的影响，随之而来的是材料的磁性率相对于外部磁场强度的真实曲线的测量。关于铁磁样品形状的功用的问题，基尔霍夫做了详尽的数学的研究。他第一个注意到，当对周边全部绕线的环形圈样品进行测量时，所谓消磁作用的问题基本上不存在了。按照基尔霍夫的建议，这项实验研究，是由年轻的斯托列托夫完成的。所谓研制测量软铁磁性的圈的方法，即归功于斯托列托夫。

列别捷夫的学生阿尔卡季耶夫的磁研究具有重大意义。1907 年，他首先对铁磁在速变磁场的状况进行了实验的和理论的研究。在现代的电子无线电技术上，被广泛应用的铁磁金属的电磁场理论归功于他。麦克斯韦尔的经典理论，无法直接应用在铁磁金属上。阿尔卡季耶夫找到了可以在此应用麦克斯韦尔理论的方法。此外，他首先注意到，在铁磁体中可能存在共振和驰张现象，它可以导致在铁磁中的电磁波的弥散。1921 年，他成功地以实验查到存在此现象。1921 年，该研究结果得到甘斯和罗亚尔捷的确认。阿尔卡季耶夫和他的学生的实验，首先获得铁磁的"磁谱"，实际上涵盖了这个复杂的"铁磁共振"综合现象。

阿尔卡季耶夫于 20 世纪 20 年代在莫斯科大学组织了庞大的磁现象研究室，他的研究工作大幅度提高。1923 年，多尔弗曼（Я. Дорфман）对阿尔卡季耶夫所发现的铁磁共振现象的量子作出了解释。实际上也预告了扎沃依斯基（Е. Завойский）在 1942 年发现的电顺磁共振（光磁效应）。

物理学成果的哲学诠释及其普及

19 世纪末，传统物理学世界观的原理的局限性已显而易见。移动物体的电动力学研究、射线与物体相互作用的研究，都引起理论解释的困难。最终，这些研究导致诞生了让物理学家们根本改变自己世界观原理的理论的诞生。20 世纪初，产生了狭义相对论。改变了传统的空间和时间概念。20 世纪 20 年代，产生了量子力学，伴随它的是涉及物体内部结构、射线的属性、因果作用等物理学的新思想。

科学研究的实践，促使当时的物理学家们努力去思考自己的科学研究中的哲学问题。19 世纪末，出现了一批批判经典物理学所包含的机械论和形而上学的原理的著作。但是，新世界观的确立并不平坦顺利。对机械论的拒绝，却导致一些物理学家离开了唯物主义，而被"教授圈"流传的唯心的和实证主义的学说吸引。

唯心主义和实证主义概念的影响，包括马赫、皮尔逊、迪昂，还有奥斯特瓦尔德的唯能论，也打动了一些俄国物理学家（巴钦斯基、赫沃尔松（О. Хвольсон）、盖泽胡斯（Н. Гезехус）等）。但是，大多数俄国物理学家站在了唯物主义的立场，并努力以辩证法的思想解决自己的科学认识上的困难。

无论在西欧，还是在俄国，19 世纪末 20 世纪初的物理学的成就，引起广大知识界的兴趣，促进产生了大量的科学普及作品。许多外国书刊被译成俄文。从事如此广泛的科学普及工作的，有斯托列托夫、乌莫夫、列别捷夫、波波夫等。科普作品体裁的发展，也促进了对物理学的哲学问题的更广泛的讨论。

从西方科普文学向俄国读者渗透的马赫和其他实证主义思想，经常受到俄国物理学家的有力批判。1894 年，斯托列托夫就反对奥斯特瓦尔德的"唯能论"。他指出，虽然能量守恒定律作为能量的基本概念，在现代物理学中起着极其重要的作用，但是若是将一切诸多现象均归于能量转换的过程，就好像"在一根弦上演奏"，经不起任何的批评。他指明，物理化学家奥斯特瓦尔德作出了无根据的哲学结论。对于马赫妄图忽略分子物理学的成就，他也同样是持批评的态度。而对于马赫的反对者玻尔兹曼则是怀有极大的尊敬，认为在理论认识问题上，他是权威。

乌莫夫进行了更广泛的普及工作。在自己的多次发言和文章中，他都主张唯物主义。但是，他最初的思想还属于机械唯物主义。在新的科学发现的影响下，他以辩证法丰富了自己的思想。

1888 年，乌莫夫在《纪念麦克斯韦尔》一文中，借用门捷列夫发明的周期律作为元素演化的证明，批判了麦克斯韦尔的分子和原子不变和不能破坏的概念。1905 年，他发表了《原子的演化》，文中指出，对原子内部物理的研究，可能发现与旧物理学所认可的有重大区别的属性和规律。

乌莫夫没有像一些同时代的人那样，因为旧的经典科学的概念被推翻而陷入绝望。而是在新的发现中看到了继续认识自然的道路。

像这样的不声张但却坚定的唯物主义者，还有艾兴沃尔德、米赫尔松（Михельсон）和许多其他当时的俄国物理学家。

比较突出的有，1910 年出版的著名的普朗克发言的俄译本《关于物理学世界观的统一》，文中普朗克尖锐地批评了马赫。同时，在编者前言中，建议俄国读者们将普朗克的观点，作为物理研究的正确思想。

无论在西欧，还是在俄国，在这个科学观念骤然改变的时期，唯心主义的发展，并不仅限于在自然科学领域。哲学和政治上的反动派们，也立即抓住马赫关于最新物理发明的解释，作为唯物主义和随它产生的先进思想是站不住脚的"科学依据"。出现了大量的"驳斥推翻"唯物主义的作品。

列宁依据马克思和恩格斯的科学理论，立即清醒地看到了，其借着对物理新发现的唯心主义的伪科学的解释，作为特洛伊木马，来推翻唯物主义和马克思主义的各种企图。列宁著名的著作《唯物主义和经验批判主义》（1909）中相当的篇幅，尤其是第五章的全部内容，都是针对涉及 19 世纪末 20 世纪初物理学革命的相关哲学问题。依据对在德国、法国、英国和部分在俄国发表的物理学著作的详细研究，列宁写道，因侨居国外，他不能充分了解当时在俄国出版的物理学著作。通过分析科学发展的形势，列宁得出结论：当时流行的马赫主义，被思想家们常常称作是 20 世纪或现代的自然科学的哲学，只不过是唯心主义的变种。

在自己的著作中，列宁不仅限于对马赫主义和其他唯心主义思想的批判。他鲜活地展示了辩证唯物主义的方法论的效果。没有拘于具体的专业问题，列宁指出，当时物理学的最新成果，依照辩证唯物主义的观点，可以获得明确而自然的解释。同时，使这个哲学方向得到证实。

　　于是，当马赫主义和相似的唯心主义学说广泛流传，许多哲学家和物理学家被困惑，不能从最新的物理学成果作出正确的结论时，列宁对这些成果作出了深刻的哲学解释。他不仅捍卫、发展和加深了辩证唯物主义的哲学，也对物理学作出了重大贡献。不仅对当时物理学成果的整体，列宁作了正确的评价，而且对具体的问题也给了正确的哲学解释。诸如列宁关于原子可以分割的预断、关于个别物质属种的相互转换、关于时间和空间的新概念、关于原子和电子的不可穷尽等，都得到了明确的证实。

　　20世纪物理学的整个后续发展，证明了并在继续证明着，列宁在其《唯物主义和经验批判主义》中所提出的原理的无可辩驳的正确性。已经几十年，这部著作仍被物理学家们作为最有力的研究工具之一。

第二十五章 化学

普通化学和无机化学

如果在 19 世纪之初，化学作为一门独立的科学，还仅仅是小心地在表明自己的真实正确性和能力，那么到了 60 年代，它已成为拥有一支研究大军的强大学科。19 世纪中叶，出现了在理论和实际化学方面的许多重大的发明发现。布特列罗夫建立的化学结构理论和门捷列夫发现的元素周期律，反映出原子分子学说的光辉成就。这两位伟大的俄国化学家，在许多方面确定了 19 世纪后半叶和 20 世纪初的化学的发展。

门捷列夫

德·伊·门捷列夫于 1834 年 1 月 27 日（公历 1834 年 2 月 8 日）生于托博尔斯克。1850 年中学毕业后进入彼得堡的总教育学院。在那里教书的有奥斯特洛夫斯基、沃斯克列谢斯基、楞次。

还是在学院学习的时候，门捷列夫就对化学发生了兴趣。作为学生，他写出了文章《关于芬兰的褐帘石和辉石的分析》。毕业时提交的论文是《关于晶体的形状与其组成相关的同晶型现象》（1855）。1856 年，门捷列夫通过了化学硕士的答辩《比容》，1857 年，成为彼得堡大学的副教授，开始讲授理论化学，后来是有机化学。1859 年，他出国去海德堡两年，为今后独立的化学实验研究工作做准备。1860 年，门捷列夫与济宁、博罗金、舍什克夫、萨维奇、列辛斯基和纳坦松（Натансон）一起参加了在卡尔斯鲁厄的第一届国际化学大会的工作。

门捷列夫不无自豪地写道："在大会上，很高兴看到所有俄国年轻学者们早已遵循的新思想，对于仍统治着大批化学家的墨守成规的观念大大地占了上风。"

1861 年，门捷列夫返回彼得堡，在大学教授有机化学。1863 年，在彼得堡大学讲授技术化学。1865 年，提供了博士答辩《关于酒精与水的结合》。1867 年，成为普通化学的教授。1890 年，门捷列夫被迫离开大学，原因是与人民教育部部长捷利亚诺夫发生冲突，后者拒绝接受门捷列夫递交的学生的请愿书。

1861 年，门捷列夫出版了自己的著作《有机化学》。对此，布特列罗夫写道："这是唯一的和优秀的俄国原创的有机化学教科书……"1863 年 3 月 15 日，席夫在伯尔尼写信给门捷列夫："我……曾经不仅从科学角度称赞它们（指教科书）……您的书是第一部化学科学的教程。……我愿意认为，它不仅在化学领域占有一席之地，而且希望它在其他科学方面显示出俄国民族的日益成长的才干……"

1860—1871 年，门捷列夫创作了《化学基础》一书。他写道："《化学基础》是我心爱的孩子。在它身上有我的形象、我的教学经验和我思考的科学思想。"在化学教学中，门捷列夫确信"单单是对事实的搜集，即使是广泛的搜集，还无法去获得掌握科学的方法……更不要说可以称之为真正意义的科学真理了。"门捷列夫的这本教科书获得广泛的国际认可。在俄国和其他国家的化学著作中，它作为一部深刻反映和解释复杂的化学问题的著作，占有非常特殊的位置。

在俄国，这本教科书是许多代化学家们的基本指南，至今还保留着它的价值。门捷列夫在世时，《化学基础》再版 8 次，每次均作了实质性的加工和修改。《化学基础》被译成德文、法文和英文。1891 年出版了两卷集的《化学基础》俄文第五版的英译本。1897 年，又出版了新的英译本（俄文第六版）。门捷列夫指出："这个译本对于我的重要性在于，此次出版被全部售罄，听说是 5000 册。"1880 年，当门捷列夫的发明和著作已经公诸于世之后，彼得堡科学院的多数反对派否决了他的执行院士候选提名（门捷列夫于 1876 年当选彼得堡科学院的通讯院士）。为了抗议这个决定，五个俄国大学和一系列西欧国家的科学院、大学和科学学会，选举门捷列夫为自己的荣誉成员。

1888 年，门捷列夫受邀在伦敦皇家学院举行讲座，并且在伦敦化学学会作主旨讲演。在那里他被授予法拉第勋章。

1891 年，门捷列夫被聘参加制定统一关税税率的政府委员会。1891—1892 年，他发表了《详解税率》一文。在从事经济工作的同时，他受军事部门的委托研制无烟火药。1892 年 11 月，门捷列夫被任命为标准度量和重量库的保管者。1893 年，他将其改组为度量和重量署，在这里进行重要的度量衡学研究。他在这里工作到去世。门捷列夫逝于 1907 年 1 月 20 日（公历 1907 年 2 月 2 日）。

门捷列夫的诸多著作涉及技术、工业、国民教育各个领域，以及俄国生产力的发展。门捷列夫在科学和工业的发展中，看到了俄国经济独立、繁荣和强大的道路。为此目的，他以全部热忱贡献出自己的力量。

在地下将煤炭气化的思想属于门捷列夫（1888）。他反对不合理的石油开采和使用的方法。他的基本思想是：石油应当作为加工有价值的产品的原料。他坚决主张不燃用液化石油。

门捷列夫积极从事农业机械化和化学化问题的研究。他是俄国化学学会的组织者之一，也是现代农业化学的先驱。他主张对俄国，尤其是俄国北方和远东的自然财富进行广泛的国民经济开发。门捷列夫认为，所有这些对于发展俄国的科学和工业都是必要的。

但是门捷列夫的主要科学功绩是发现化学元素的周期律。

化学元素周期律

发现周期律的前期准备，是全部先前的化学的发展，主要是原子—分子论和化学元素学说。

19 世纪 60 年代末，已经出现了下列发现周期律的科学前提：确定了许多化学元素的与现代结果接近的原子重量，确定了同类元素的"自然组"，化学元素的原子性（原子价）学说获得了发展，发现了各种化学元素的晶体形式的同一（同晶型性），创建了基于一元的和分子的概念之上的化学化合物的学说。

"……不同类元素和其化合物的性质，相对于元素原子重量的周期性的关系能够予以确定，只有在该关系在同类元素上得到证明之后。"门捷列夫写道。

在 19 世纪中叶，已经发现了 50 多种化学元素。于是关于它们的体系和分类的问题就产生了。

曾经多次试图去寻找单个元素之间的相同之处，反映它们的性质和原子重量之间的关联性。随着新元素的发现和它们原子重量的确定，这种寻找在反复进行着。

当门捷列夫着手编写《化学基础》（1869）时，他应当是看到了某种元素的系统，使得他在进行系统化的时候，不是出于偶然的动机，而是依照着一定的科学基础。这个"基础"是与物质的性质密切相关的。门捷列夫在元素的重量上有所发现。在编制自己的元素周期系统时，门捷列夫利用了杜姆、格拉斯顿、佩藤科弗、克列麦尔斯和伦生的著作。而尚库尔图阿和纽兰兹的著作，门捷列夫并不知道。

门捷列夫从自己的科研工作起始，就持一种意见：在元素的质量和元素的性质之间，应当存在着关联性。需要找出元素的独具特性与其原子重量的关系。这一点已经明显地表达在他早期的关于研究各种物体的晶体形状和化学组成之间的关系的著作（关于同晶型和《单位容积》的著作）之中。正是这条探寻之路，特别是在《化学基础》的撰写过程中，引导他去发现物体的相同或相区别的数量标准，元素在原子重量增加时其性质的周期性、重复性，达到对元素的自然分类。1869 年 2 月，门捷列夫开始挑选（在单张的卡片上写出当时熟知的 63 种元素，它们的原子重量和性质）相似的元素和相近的原子重量。用他的话来说"很快就得出结论：元素的性质存在着相对于其原子重量的周期性的关系。尽管还有不明确之处，但我一刻也不怀疑所做结论的通用性，因为这不可能是偶然产生的结果"。

关于奠定了化学元素的周期系统的基本原理，门捷列夫首次于 1869 年 2 月 17 日（公历 1869 年 3 月 1 日）在发给俄国和外国化学家们的《基于原子重量和化学近似的元素系统的实验》一文之中提出。1869 年 3 月 6 日（公历 1869 年 6 月 18 日），在俄国化学学会会议上，门舒特金以门捷列夫的名义（当时门捷列夫不在彼得堡）作了报告《元素的性质与原子重量的相互关系》，其基本内容如下：

门捷列夫关于元素周期系统的早期方案手迹

1. 元素以其原子重量大小排列，表现出明显的性质上的周期性。

2. 化学性质相似的元素，或是具有相近的原子重量（Pt，Ir，Os），或者是为连续同样地增加（K，Rb，Cs）。

3. 元素或者同组元素的原子重量的对比，与所谓原子价（化合价）相符。

4. 分布于自然界的，其原子重量较小。而所有原子重量较小的元素，性质表达明显突出。所以它们为典型元素。

5. 原子的重量，决定了元素的性质。

6. 还有许多未知元素有待发现。例如与 Al 和 Si 相近，原子重量为 65—75 的元素。

7. 元素原子重量值在被发现存在与其相同者时，可能作出修正。

8. 有些元素的原子重量值被发现是相同的。

如门捷列夫所指出的，全部周期性法则表达在这些原理之中。其中基本的原理，就是元素的物理和化学性质，存在着与其原子重量之间的周期性的关联。

在《关于普通物体的原子体积》（1870）一文之中，门捷列夫发展了过去在《关于元素性质和它们的原子重量之间的周期性关联》（1869）一文中构建的某些原理。门捷列夫指出，在比较属于不同系列的元素的比重和体积度时，也发现有元素性质的周期性。他确定，根据化合物的体积，不能去判断它的组成部分的体积。他特别关注元素的递降的和递升的族系，以及普通物体的原子体积变化的连续性。

1870 年，门捷列夫对首个周期体系作了修改。确定了新的简短格式元素表。将全部元素分为 8 组。

1871 年，门捷列夫的文章《化学元素周期律》问世。他在文章中完成了对周期律的研究制订。门捷列夫写道："周期律可以构建为下列形式：**元素的性质**，接下来是它们所构成的简单或者复杂的物体的性质，**含有着与它们的原子重量的周期性的关联**（黑体字为门捷列夫所注）。"文章包含有预言未知元素（钪、镓、锗）的存在，并且准确描写了它们的性质，以及修正了一些未深入研究的元素的原子重量。

门捷列夫指出周期律的巨大理论与实践意义。1871 年，他写道："每一项新的法则，只有在它具有特别的科学价值，在它可能吸引实践的跟进，如果可以这样表达的话，即它的逻辑结论是这样：它能解释尚未明了之事，指出迄今不为所知的现象。尤其是它作出的预言能够被实验所证实。这样，法则的作用成为显而易见的，并且能够感受到它的正确性。那么，它就成为对发展新科学的一种促进。"

门捷列夫对他所发现的周期律的正确性是如此地确信。依据它，修正了9个元素（铟、铀、钍、铈等等）的原子量。在编制周期表时，门捷列夫被迫在一些情况下违背正确的原子量的递增，将较重的钴置于较轻的镍之前，将碲置于碘之前，而将氩置于钾之前。依据阿夫杰耶夫的研究，门捷列夫将铍的原子量当作 9.4，而将它放在第二族。他将铈放在与氧一族（1881 年周期表），而它的配随者镧和钕错相应被放置于第三族和第五族。在门捷列夫之前，铈的原子量被认为是 92，门捷列夫修改为 138，后来又改为 140，将其置于第四族。后来捷克化学家

Д. И. 门捷列夫

布劳耐尔的研究，证明了铈应当置于第四族。

1889 年，布劳耐尔写信给门捷列夫："我要感谢您的是……在我的化学之路上，遇到了这个宝石（周期律）……在无机化学的研究上，您的周期律给予了多么珍贵无价的帮助……我们为此自豪，能将自己的生命献给对您的原理的研究。"布劳耐尔得出铈的原子量为 140.25，并且确定了铍和碲在周期表中的位置。碲的原子量最初得出的值为 128，将它放在原子量为 120 和127 的锑和碘之间。门捷列夫在 128 旁边画了个问号。这个问题在布劳耐尔再次作了详细研究之后得以解决，确认碲的原子量为 125。后来布劳耐尔又得出碲的原子量为 127.5。导致元素周期系统出现这个"异常"的原因，是同位现象。当时对这一现象尚不知晓，直到 1913 年才弄清楚，自然界的碘

是一个同位体（J=127）[①]），而碲则是有几个同位体。

门捷列夫改变了铀的原子量，他将原来的 120 改成 240，后来经德国化学家齐缅尔曼研究确认。门捷列夫将铂金组和稀土元素的原子量作了一些修改。1901 年，布劳耐尔将全部稀土元素划为一个特殊的封闭的组，放在一个大格之中，位置在周期表的中部，靠近铈，形同一个特别的内循环（后来事实证明，应当如同当时门捷列夫所指出的，整个这一族应当放置在镧旁边）。

在预言未知元素的性质上，表现出周期律的重要作用。门捷列夫在周期表中将未知元素的位置空出。在未知元素所在表格的上面和下面表格的已知元素组的性质的基础上，门捷列夫预言出尚未发现元素的所有基本性质。

在将已知元素放入周期表时，门捷列夫发现在某些情况下，不能将两个元素排在一起，因为这样会发生一个原子量向另一个原子量的大跨度"飞跃"。这样的空白在周期表中不少。一个空白在第四列（第二个周期水平，B=11 和 J=88 之间[②]）两个空白在第五列（垂直方向一个在 Al=27 和 In=114 之间；另一个在 Si=28 和 Sn=118 之间）。应当是有未知元素在这些位置上。如前所述，门捷列夫将这些元素称之为钪、锗、镓。

接下来，在化学的发展中奏响了周期律的凯歌。1875 年，发现了第一个门捷列夫预言的元素。在巴黎科学院的会议上，乌尤尔茨建议打开一个在一个月前提交科学院的信封，在里面有张纸条，上面写道，1875 年 8 月 27 日，勒科在比利牛斯山的闪锌矿的光谱上，发现了不属于任何已知元素的明亮紫线。在将闪锌矿石提纯后，呈现出更强的紫线。勒科获得了新的元素，为纪念家乡，将其取名为镓。

门捷列夫得知巴黎科学院的会议纪要后去信告知，他认为镓不是别的，就是他的周期表上的未知元素镓。他还指出，镓的比重应当不是勒科所确定的 4.7 而是 5.9—6.0。勒科重复实验提纯了金属，得出的比重为 5.96。他写道："我认为，无须反对门捷列夫关于新元素密度的理论性结论所确认的巨大意义而坚持己见。"镓的发现是全面承认周期律的首个推动。在发现镓之后，随之发现的是钪。瑞典化学家尼尔森在 1879 年发现了新元素。他马上

---

① 原文如此。——译者注
② 原文如此。原子量 88 的应为 Sr。——译者注

意识到，这就是门捷列夫的钪。尼尔森对所发现的元素作出性质评价，他写道："该发现被俄国化学家以最显而易见的思想方式所确认。不仅可以预见所指物体的存在，而且预先指出它的重要性质。"

1885 年，德国化学家维克列尔发现了锗。与前两种元素一样，以其发现所在的国家命名。1886 年 2 月 26 日维克列尔给门捷列夫写信："我发现了新元素锗。这就是您的那个锗。我要告知您，这极其可能是您的天才研究的新胜利。"当时，门捷列夫曾比其他元素更详细的预言了锗及其化合物（门捷列夫所构想出的）的性质。所以，锗的发现也是周期律的更大成就。

1894 年，拉姆齐和瑞利发现了惰性气体的第一个代表——氩。在发现氩之后，接着发现了氦，然后是氖、氪、氙。在完成了对这些气体的困难的分离之后，拉姆齐和特利威尔斯详细研究和描述了它们的性质。如门捷列夫所说，惰性气体氦、氖、氩、氪、氙的发现，是对周期律在理论方面的一种考验，这个考验被顺利地通过了。拉姆齐写道，我们的大师门捷列夫的预言被证实，这是胜利的桂冠。新元素按原子量放置在卤素与碱金属之间，构成了门捷列夫体系中的特别零组（1900 年，比利时学者艾烈尔首次提出引入特别的零组，将所有的惰性气体放入其中）。1898 年，P. 居里和 M. 居里发现了钋和镭，接着发现了稀土组的新元素，以及首批放射性气体的元素。门捷列夫对其他元素的预见也得到证明：准锰——锝、三锰——铼、类铯——钫。

门捷列夫的周期律不仅对于化学影响巨大，同时也促进了物理、地球化学和其他自然科学的发展。

在门捷列夫确定了原子量与元素的化学和物理性质的紧密联系，和在布特列罗夫创立了有机化合物的化学结构理论之后，原子的假说成为真正科学的理论。

以门捷列夫自己的话说，他"不能接受关于优先权的辩论"。但是，当某些外国学者对优先权的觊觎走得太远时，门捷列夫在 1889 年声明："无论是提出元素随着原子量的变化而呈现周期性的观点的法国人称坎古杜瓦，还是发现化学元素性质的周期性的英国人纽兰兹，还是被称为周期律奠基人的迈耶，都没有如同我所做的那样，冒险去预测出那些元素的性质，改变已被接受的原子量，在整体上将周期律作为一种新的、严格设置的自然法则，其效力之强大足以涵盖迄今尚未归结出的事实。"

1864 年，德国化学家迈耶发表了《化学的最新理论及其对化学统计的意义》一书。书中尝试去对照整个系统中的近似化学元素组。但是，他未从这种对照中得出任何进一步的结论和总结。1870 年，迈耶发表了《化学元素的性质和它们的原子量的功能》一文（在门捷列夫的关于周期律的奠基之作已经问世之后）。文中的周期表，按照迈耶的说法，是与"门捷列夫给出的周期表实质相同"。但是，迈耶怀疑可以修改原子量和对未知元素的性质依照周期律作出预见说明。1870 年，迈耶写道："以如此不稳的出发点去改变已被接受的原子量，是过于匆忙了。"10 年之后，迈耶又写道："我要承认，我缺乏勇气像门捷列夫那样肯定地说出更深一步的假设。"

19 世纪 90 年代，周期律作为可以预见新的发现和对积累的资料进行系统化的法则，获得了普遍的承认。元素周期性功能的物理本质，尚未被门捷列夫及同时代人所知晓。但是这不妨碍门捷列夫号召化学家们去利用周期律，如同牛顿利用重力法则时，也并不知晓它的实质一样。门捷列夫号召学者们去探求与周期律的物理论证相关问题的解决，他说："如同一个不久之前还没有经过实验室检验的科学归纳，如同一个至今没有任何改变的思想工具，周期律在等待的，不仅是新的附加，而且是需要完善的、详尽的研究，增添新的能量。所有这些将会出现……"

"在对其原因缺乏了解的情况下，周期律拥有广泛的应用性。这是它具有非常新颖，而且深入到化学现象的实质性质的标志之一。"门捷列夫在 1898 年这样写道。

在发现周期律之后完成的对于物理化学性质的研究结果，证实了这个法则的正确性。"经典"的周期性得到证实，但是也发生有某些性质的缺失和非千篇一律的变化特征。这些尚未解决的问题，包括稀土元素和惰性气体等问题。困难之一在于如何将 Ni，Ar，K，Te，J[①] 置于元素周期表。在表中的八个系列之中出现了这样的"房荒"，表现为拥有 14 种元素的族，仅仅只有第三组的一个格。

经典的物理化学研究方法，不能确定周期律的各种缺失的原因。但是，

---

① 原文如此。疑似为 I。——译者注

它们在相当程度上为揭示周期表中元素位置的物理含义，做了基础准备。

对元素的各种化学、物理、力学和晶体学性质的研究，表明它们都依赖于更深入同时也更隐蔽的原子内部性质。

门捷列夫本人清醒地认识到"普通和复杂的物体的周期性变化，遵从某种更高的法则。其实质和其原因，目前尚无法掌握。极有可能，它就藏在原子和微粒的内部机理的基本构成之中"。

门捷列夫的化学溶液理论

1887年，门捷列夫发表了重要著作《水溶液比重研究》。书中总结了自己多年在这方面的研究。按门捷列夫的意见，对溶液包括水溶液的研究"引起特殊兴趣，是因为在土地和水中、在植物和动物体内、在化学实践和工厂生产之中，经常会产生溶液。它们在化学转化中起着重要的作用"。

1860年，在研究液体的黏性和毛细现象时，门捷列夫发现了"沸腾的绝对温度"，现在称为临界温度。1861年，门捷列夫对临界温度作出更充分的确定："沸腾的绝对温度应当是这样的温度，此时：（1）液体的黏结（内聚）=0；（2）蒸发的隐藏热量=0；（3）液体转变为蒸气不取决于压力和容积。"

门捷列夫后续对于化学元素和溶液性质相关的研究，归结为统一的思想——对物体的性质和其组成系统的相关性的研究。

门捷列夫的溶液理论之所以称为"化学的"，是因为该理论将溶液视为溶解物和被溶解物的化学相互作用的结果。与之相反，范托夫在自己的物理溶液理论中认定，被溶解物只是散布在溶解物占据的容积之内。门捷列夫坚持化学的理论，同时也不排斥对溶液性质的物理观点。在《化学基础》中，他写道："所指出的溶解的两个方面，和至今用于研究溶液的假说，虽然存在部分不同的出发点，但是毫无疑问，随着时间的推移，极有可能归于共同的溶液理论，一个共同的法则，既能对物理现象又能对化学现象进行管控。"

1865年，门捷列夫发表了自己的博士答辩《关于酒精与水的结合》。此著作与酒的生产要求相关。借助仅有的一台精密仪器——天平，门捷列夫决定要研究酒水溶液比重相对于其他组成的关系。他认为，水和酒精之间的相互化学作用是确定无疑的，但是溶液不是通常意义的化学化合物。但是，当时他就认识到，在形成溶液这样性质不确定的化合物时，也遵循倍比定律。

1887 年，在研究"硫酸—水"系统时，门捷列夫在"组成—性质"图表上，发现了相对于在溶液中存在一种化合物的"特殊点"。然后，确定了在被溶解物 p 的百分比含量增加的情况下的导数 ds/dp，d 是比重 s 的增加。他发现了表达系统性质与组成的相对关系曲线的折断性。

门捷列夫高度注意对溶液中的缔合和解离过程的研究，对相应于曲线的特殊点的溶液组成和溶液性质之间的关系。正是在特殊点上，性质的改变非常剧烈、直观和反映特性。这使门捷列夫得出结论：特殊点表达出性质的最大变化，与溶液中的确定化合物相应。他写道："我现在已经毫不怀疑地确认，溶液受到一般的化学作用的法则掌控，其中包含化学特征十分强的确定化合物。在这里，尽管外表上性质变化是连续的，但是存在着它的'飞跃'、它的分布的断裂。"

这样，门捷列夫发展了这一学说。按其原理，溶液的化学性，缔合和解离现象，确定化合物和其解离产物之间的平衡，是理解溶液本质的基础。由于分子动力运动的结果，分子在溶液中发生着新化合物的形成和破坏。门捷列夫认为在任何溶液中都存在着解离和交换溶解。

门捷列夫的溶液化学理论被认为很复杂，难以用精确的数学公式表述，因而未获得广泛的认可。

在俄国和英国（皮克林、阿姆斯特伦等），门捷列夫的理论获得赞同并有所发展。而在德国，对它的态度很轻蔑。这就导致从 1887 年起，溶液学说的发展，处于对溶液理论持化学立场和持物理立场之间的激烈辩论之中。

物理化学的分析

电技术设备和已经出现的汽车和航空工业，需要有专门用途的新型金属和合金。但是，在很长时间中，使用通常的配方、化学的方法对金属合金是完全行不通的。问题产生了：在哪里以及如何找到解决这个有趣而且重要的实验项目的钥匙。很长时间无人对此作出回答。杰出的俄国物理化学家库尔纳科夫指出，没有对金属合金的性质的深入研究，没有新的实验方法，要在不破坏研究对象的状态研究在进行热加工和机械加工时，其内部产生的变化，解决这一问题和其他许多问题将是不可能的。因此，需要摆脱长期统治冶金学的经验主义，创建关于金属合金作为复杂系统的学说的理论基础。库尔纳科夫是充分认识到在此领域进行系统研究的重要性和必要性的少数化学家中的先行者之一。

库尔纳科夫于 1860 年 11 月 24 日（公历 1860 年 12 月 6 日）生于当时的维亚特（Вятская）州的诺棱斯克（Нолинск）市。他在下城的军事学校接受中等教育，在彼得堡矿业学院接受高等教育，1882 年毕业。

在自己独立科研的最初年代，库尔纳科夫已经获得相当重要的成果。在 19 世纪 90 年代，他完成了复合化合物化学领域的重要研究。这项很有意思的研究记述在他的答辩《关于复杂金属的基础》之中。为此他于 1894 年获得化学教授职称。1913 年，他当选为院士。

从 1899 年，库尔纳科夫的著作《关于金属的相互化合》问世时开始，在矿业学院，随后在彼得堡理工学院，库尔纳科夫本人和他的许多同事（热姆丘日内（Жемчужный）、斯捷潘诺夫、叶夫列莫夫、乌拉佐夫和其他人等）进行了多年的对金属、盐和有机系统的系统研究。这项研究导致了物理化学分析的创立。包括对由两个或者更多成分构成的平衡系统的研究。通过测量基于组成变化而变化的性质，构建相应的"组成—性质"示意图。

对于实验研究极其有价值的方法——热分析方法加以完善，库尔纳科夫在 1903 年创造了新的用于确定金属系统的热变化记录高温的设备。他进行对导电性的测量，作为研究系统性质随着其组成变化的方法。他与热姆丘日内一同证明，在形成两种金属的固态溶剂时，发生导电性的降低，确定了产生连续固态溶剂的两种金属系统的"组成—导电性"示意图的基本形式。在同一年，他确定了高电阻合金的技术，在制造由固态溶剂构成的变阻器和电阻盒上广为应用。

1908—1912 年，库尔纳科夫扩大了对合金的研究工作，采用测量硬度和确定溢出的压力，作为新的物理化学分析的方法。

1912 年，库尔纳科夫在研究与组成相关的双重液体系统的黏性时，发现给定系统中的确定化合物的形成，与图示"组成—性质"上的特殊点（他称之为奇（异）点，或者道尔顿点）相对应。该结果使得他在 1914 年作出总的结论"属于一定化学化合物的化学个体，表达为相，该相在它的性质线上具有其（异）点或者道尔顿点"。

在此状态，当系统平衡因素变化时，相应于这个点的组成是稳定的。在采用物理化学分析方法研究 Tl-Bi，Cu-Sb，Al-Fe，Pb-Na 系统时，发现了按库尔纳科夫所说为贝陀立合金型的变化组成相。这些相，不相应于"组成—性质"显示图上的奇异点。它们是晶体相，其变化组成不能以普通的整倍数反映。

库尔纳科夫对于确定和不确定的化学化合物之间发生起源联系，赋予重大意义。他说："在平衡系统中，连续性和非连续性是相互结合、相互共存的。"

库尔纳科夫应用物理化学分析的方法研究由盐、金属和有机化合物构成的最多样化的系统。不破坏被研究的对象，成功确定了双倍盐的水合形式的热金属化合物的各种相的构成条件，找到了它们的稳定状态的边界。所有这些以当时通常采用的化学研究方法都是不可能做到的。

在系统 $2NaCl+MgSO_4 \rightleftarrows Na_2SO_4+MgCl_2$（在 25° 和 0° 两种状态）中对盐平衡的研究，使得库尔纳科夫在 1918 年弄清楚了喀拉博加兹格尔湾的芒硝沉积的机理。为天然盐富采地的工业开发奠定了基础。1917 年，他的著作《索利卡姆盐层的氯化钾产地》问世，为实现最富含钾的索利卡姆产地的工业化开发，发挥了积极的作用。

库尔纳科夫和他的学生们对克里米亚和沿伏尔加的盐湖、齐赫文的铝矾土和其他有价值的矿石产地，作了大量的研究。

复合化合物

布特列罗夫的有机化合物化学结构理论的成功发展，立体化学的创立（万特–果夫、列别尔），以及化合价理论的进一步发展，为复合化合物的化学研究建立了必要的前提。

1870 年，门捷列夫发展了关于复合化合物结构的概念。已经接近于现代的有关中心原子的看法，例如铂复合化合物 $Pt\ 2X \cdot \cdot 2NH_3$。他在 1889 年作出这样的表达：$^{NH_3}_{NH_3}Pt^X_X$。这是在复合化合物化学史上第一个不带化合价黑体的结构式。

这个概念，在化学上为一方面确认中心原子的思想，另一方面确认进入复合化合物分子的所有原子相互影响的思想扫清了道路。有意思的是门捷列夫关于复合构成力的设想，涉及预计的次化合价的存在。门捷列夫写道："那种在钴化合物微粒能维持如此大量的氨粒子的力，当然属于剩余尚未预计的亲和力的序列。它甚至存在于大量元素化合物的高级形态。这就是那种力，依靠它形成带有晶体水、双盐，以及可能还有同晶混合物的化合物。"

库尔纳科夫在 1893 年发明的双价铂化合物的同分异构体 цис（顺式）和 транс（反式），与硫脲 $CS(NH_2)_2$ 的反应，对于复合化合物同分异构现象的研究，具有重要意义。

цис 化合物与 4 个硫脲粒子的反应为：

$$Cl—\underset{\underset{Cl}{|}}{\overset{\overset{NH_3}{|}}{Pt}}—NH_3 + 4\,CS(NH_2)_2 \longrightarrow [Pt \cdot 4\,CS(NH_2)_2]Cl_2 + 2NH_3$$

транс 同分异构体与硫脲反应，生成内部带有两个硫脲粒子的复合化合物：

$$H_3N—\underset{\underset{Cl}{|}}{\overset{\overset{Cl}{|}}{Pt}}—NH_3 + 2\,CS(NH_2)_2 \longrightarrow \left[\underset{\underset{CS(NH_2)_2}{|}}{\overset{\overset{CS(NH_2)_2}{|}}{H_3N—Pt—NH_3}}\right]Cl_2$$

这样，库尔纳科夫确定了 цис（顺式）化合物将所有内取代基换为硫脲，而在反式化合物中，不触动氨组，只取代酸基。在现代，库尔纳科夫的反应被化学家们广泛使用于研究双价铂化合物的几何同分异构性，作为对顺式和反式同分异构体的必要控制反应。

1893 年，瑞士化学家维尔纳提出了新概念，奠定了现代广为知晓的坐标理论。在俄国，坐标理论的继承者是彼得堡大学无机化学教授丘加耶夫。他为发展该理论作出了许多贡献。丘加耶夫和他的学生们的研究工作有两个方向：（1）铜、镍、银、钴和铂金属的复合化合物的合成，弄清复合物相应于其结构的化学行为反应的一般规律。（2）铂族的每一个单独金属的化学研究，弄清其个体的性质和可以用于分离和提纯金属的专门反应。

丘加耶夫在复合化合物方面的首要研究目标，是 Cu，Ni，Ag 的带有机酰亚胺的化合物，以及 Ni，Cu，Fe，Co，Pt，Pd 的带有可以使这些金属构成牢固内部复合体的 α 二肟的化合物。

1906年，丘加耶夫确定了最稳定的复合化合物在其内部包含5—6个环。就此他得出结论，"复合化合物的环结构的形成，取决于成分的立体化学的形状"（1908）。他还确定了带有机硫化物和异腈的两价铂的同分异构化合物的结构。研究了带有硝基、联氨、氢氧化铵的铂复合化合物的同分异构性。1915年，他合成出维尔纳理论预言的铂（IV）胺化合物——$[Pt(NH_3)_5 \cdot Cl]Cl_3$（"丘加耶夫盐"）。

丘加耶夫开创了基于使用有机试剂的分析化学的新方向。1905年，他证明符合通用化学式：$R-\underset{\underset{NOH}{\|}}{C}-\underset{\underset{NOH}{\|}}{C}-R$ 的 α 二肟，具有能力与周期律第八组的金属：Fe，Ni 和 Co 相互作用，形成的化合物具有异常的稳定性和独特的颜色。这样，丁二肟——与镍相互作用，形成完全独特和稳定的复合化合物乙二肟 $CH_3-\underset{\underset{NOH}{\|}}{C}-\underset{\underset{NOH}{\|}}{C}-CH_3$，包含一个金属原子，二个二肟。丘加耶夫所发明的对镍的反应，以其灵敏度举世无双。

1916—1920 年，丘加耶夫发明了新的对铱（与孔雀石绿）、铂（与各种二肟）、锇（与脲）的敏感性反应。其中后者以高度的特异性而显著。

丘加耶夫的研究，证明了在有机试剂和金属离子的相互作用下，形成的内复合化合物的宝贵性质。其中许多化合物，具有从分析的观点看是重要的性质——色彩鲜明，水中溶解性甚小，在有机溶液中有很好的溶解性，等等。这些被广泛应用于现代分析化学之中。丘加耶夫与他的学生们的研究在复合化合物领域可以解决分离和提取纯净的铂金属的许多课题，对发展铂工业具有第一位的重要意义。

物理化学

19 世纪后半叶和 20 世纪初以物理化学的迅速发展而著称。尤其是 19 世纪 80 年代，特别是对于物体及其变化以及物理方法向化学领域的急剧渗透，对化学的思想给予深刻的影响。物理化学的发展要求化学家具有数学和物理学的知识。19 世纪后半叶，新物质的合成和对它的分析已经不能使化学家完全满意了。如本生所言，一个化学家如果不同时也是物理学家，那就什么也不是。门捷列夫在 1860 年声明，他从事的主要课题是物理化学。

1860 年，别克托夫开始在哈尔科夫大学教授"物理和化学现象之间的关系"。1865 年，别克托夫开始讲授物理化学的全部课程。根据他的倡议，1872 年在哈尔科夫大学组织了设有物理化学分部的实验科学学会，进行物理化学的研究和宣读科学报告。

在物理化学的发展上，对溶液的本质的研究起了十分重要的作用。

门捷列夫关于溶液学说的优秀继承者之一，彼得堡大学教授科诺瓦洛夫，1923 年之后成为苏联科学院执行院士。他的著作在对溶液的物理化学性质以及溶液蒸气压力方面的研究上，起了重要的作用。在科诺瓦洛夫的研究之前，对液体系统的蒸气压力，只有片断的认识（林欧、罗斯科）。科诺瓦洛夫确定了由混合蒸气弹性的曲线形式所决定的混合液体的蒸发条件。1884 年，他确定，与溶液相比，蒸气会有冗余的被添加到溶液中引起该溶液蒸气整体弹性提高的成分。作为溶液组成百分比的函数，当在相应于蒸气弹性曲线的最大值和最小值的位置时，蒸气所具有的组成，就是液体的组成。该原理作为"科诺瓦洛夫定律"载入化学著作。后来迪昂、马格莱斯、普朗克、范德华的研究均证实了这一原理。

科诺瓦洛夫的著作《关于溶液蒸气弹性》奠定了溶液蒸发理论的科学基础，从而可以正确合理地完成与溶液蒸发相关的生产过程。

1890 年，科诺瓦洛夫给出了渗透压的热动力学定义：渗透平衡的条件是"蒸气弹性在蒸发两个方面的相等"。这个定义奠定了在现代热动力学中计算渗透压力值的基础。1890—1898 年，他首次采用导电性的方法去研究双液体系统中成分的相互作用。他发明了电解质的特殊类，所谓溶剂电解质（例如苯胺和醋酸）。

科诺瓦洛夫培养出俄国的物理化学的大学派，其中有符列夫斯基、比伦等。

彼得堡大学教授符列夫斯基，后来是列宁格勒大学教授，为了研究溶液，采用了在 19 世纪 80—90 年代研制的研究平衡化学系统的热动力学方法。他提出了在温度变化时控制蒸气组成变化的整体定律，并确定了测量溶液蒸发、形成和稀释的实用而确切的方法。

与科诺瓦洛夫的研究一道，符列夫斯基的研究奠定了对许多工业领域具有重要意义的分馏蒸馏理论的基础。

彼得堡矿业学院的阿列克谢耶夫教授和施勒德教授，是关于溶液本质的物理力学和化学物理概念的拥护者。

1879 年，阿列克谢耶夫提出了确定溶解性的光学方法。该方法基于对液态双重系统中浑浊的出现和消失时的温度测量。现在被广泛使用。1885 年，他发明了所谓直线的直径的规则，通过用临界温度的图示，对相互的溶解性作精准确定。他还引入了溶解的临界温度的概念，此概念确定了在溶液转为蒸气和两种液体互相溶解过程之间的类似。

施勒德第一个给出了热动力学导出方程。确定了在温度的大小，与固体熔解的热量，以及在液体中的溶解性之间的关系曲线（1890）。

卡布鲁柯夫的博士答辩论文《与化学平衡学说相关的现代溶液理论（范托夫、阿伦纽斯）》（1891）是溶液学说在俄国发展史上的重要事件。

在阿伦纽斯、范托夫、奥斯瓦尔德的研究之后，呈现出对研究水（同时被大大稀释的）溶液的热潮。这不能不导致溶液学说的片面发展。在 19 世纪 80—90 年代，几乎成为共识的是：在非水的溶剂中的电解质不具有丝毫相当的导电性，因为在这些溶剂中，电解质不是解离的。阿伦纽斯、奥斯瓦尔德和其他物理化学家们曾多次谈到这一点。

为了溶液学说的进一步发展，重要的是要搞清在研究水溶液时得到的那些规律，可否延伸到非水溶液领域。对此问题首先要研究的是非水溶液对电解质解离的影响。

对溶剂在本质上如何影响酸的性质，卡布鲁柯夫研究了 HCI 在各种溶剂（苯、二甲苯、六烷、乙醚、异丁醇和戊醇）中的导电性。他发现 HCI 溶液在乙醚中的导电性是 HCI 溶液在二甲苯中导电性的 5 倍。而 HCI 溶液在苯中的导电性更小。确定了 HCI 溶液在乙醚中的分子导电性，卡布鲁柯夫认为该导电性很小，而且随着稀释变得更小。卡布鲁柯夫写道："这是个出人意料的现象，因为与大多数水溶液呈现的结果是相反的。这种分子导电性减少的现象也出现在 HCI 溶液处于异丁醇之中时。"

实验获得的数据，与科尔劳希、阿伦纽斯和奥斯瓦尔德所确定的关于分子导电性随溶液稀释而增加的原理正相反。卡布鲁柯夫就这样首次发现了在非水溶液中的反常的导电性的现象。

反常导电性的发现表明，纯粹物理学的说明对溶液是不够的。被溶解物和溶剂之间的相互化学作用，如同门捷列夫所强调的，给溶液的物理化学性质加上了鲜明的印记。按卡布鲁柯夫的意见，当电解质在水中溶解时，水粒子好像侵入到电解质粒子内部，动摇原子间的联系，分解被溶物体的分子，水与离子组成处于解离状态的不稳定化合物。

在卡布鲁柯夫、基斯嘉科夫斯基、彼萨尔日耶夫斯基的研究之后，瓦尔登进一步发展了关于离子的水合作用和溶合作用的思想。从 1900 年起，瓦尔登的一系列著作问世，对 $POCl_3$、$AsCl_3$、SO_2、SO_2Cl 等溶剂作出研究。他证明，这些溶剂会引起被溶解物的解离，接通电流。在研究了各种有机溶剂中的导电性之后，瓦尔登证明，成为电解质的不仅是盐、酸和基质，还可以是硫、卤素、磷、砷、吡啶等其他物质。

在研究非水溶液的基础上，普洛特尼科夫和萨哈诺夫发展了关于导电的组合物的学说。他们指出了非水溶液导电性与组合现象和溶合现象之间的重要联系。

对非水溶液的研究，使得关于在何种程度上溶剂的物理和化学性质影响到被溶解物的表现的概念，得到扩展。而在仅仅对水溶液研究时，这是不可能做到的。非水溶液的研究成果可以获得新的规律。在相当程度上修正和补充了阿伦纽斯的电解质离解理论。从而确定了可以用非水溶液包括熔融系统，去电解分离各种金属。确定获取有机化合物的电化学方法。

对非水溶液的研究，重新引起了对浓缩溶液、溶解过程的化学、溶液中的水合作用、溶合作用和缔合作用的兴趣，从而有可能在门捷列夫的溶液化学理论和阿伦纽斯的电解离解理论之间搭起桥梁。

化学动力学

19 世纪末至 20 世纪初，已经很明显，某些化学工艺过程的继续发展，以及对它们的完善，离不开对化学反应的理论计算、对平衡的研究和对化学反应的速度和机理的研究。19 世纪末，在许多国家出现了大型机器化的化学工业。与这一转变相关的是在工业中采用新的化合物、新的反应等等。当某种化学产品的生产达到相当大规模时，对化学反应的速度和方向、周围环境和其他因素对速度的影响等等诸如此类的问题的研究就变得尤其特别重要。

学会控制反应，获得中间产品，这是工业对化学动力学（关于化学反应的速度和机理的科学）提出的基本任务。为此，19世纪末和20世纪初的俄国和外国的化学家们，着手奋力研究化学反应的动力学。在动力学发展的初期，主要的研究对象是各种温度情况下发生在液体相的反应。

在化学的这个方向发展上，俄国学者门舒特金、巴赫、史洛夫等人的著作起了重要作用。

1877—1900年，彼得堡大学教授门舒特金发表了一系列关于化学动力学的著作。这些著作涉及对从醇和酸组成酯的反应的速度和边界的研究，使该著者在全世界闻名。门舒特金关于化学动力学的研究，追踪环境对化学反应速度的影响问题，确定了反应能力和有机化合物的结构和组成之间的关系曲线。当时对化学平衡的研究还是刚刚起步，提出这样的问题是十分大胆的。

门舒特金多年的研究始于对醇和有机酸形成酯的可逆过程的研究（1877）。他首先提出醇（单原子、双原子和多原子）的动力性能取决于它的碳链的结构。门舒特金研制的确定醇的同分异构性的动力学方法，被应用在确定醇重新合成的结构上。在自己的一篇文章中（1881）门舒特金引入下面一个具体的例子。瓦格纳合成了醇——乙基乙烯基甲醇，要求确定它的羟基组位置的同分异构性。化学式 $C_5H_{10}O$ 表明了该醇的不饱和组成。乙基乙烯基甲醇的酯化给出了初始速度和临界状况相结合的系数，清楚地表明了这是二次不饱和醇。

在对有机酸（单基和多基）以及脂酸的酯化进行研究时（1882），门捷列夫搞清楚了醇和酸的分子重量，以及温度对它们酯的形成的影响。

在范托夫导入反应速度常数的概念，并且作出应用其解决结构问题的范例之后，门捷列夫转入对带有相应反应速度常数的醇和酸的结构的比较。所得结果确认了他先前作出的结论。在从1887年开始的一系列研究之中，门捷列夫研究了溶剂对反应速度的影响。通过确定化合物三乙胺与碘乙烷在23种不同溶剂中的反应速度，

$$N(C_2H_5)_3 + C_2H_5J \rightarrow [N(C_2H_5)_4]J^{①}$$

---

① 原文如此。——译者注

他发现，该反应在苯甲基醇中比在己（六）烷中快 742 倍。这样，门捷列夫第一个证明了环境对反应速度的巨大影响。这一发现属于化学动力学领域的极其重大的成果。

在研究有机化合物的反应能力和它们的结构之间的数量关系曲线时，门捷列夫发现，链的任何分叉都导致速度常数值的降低。在正位的取代基引起速度的降低。而在间位和偏位，则是引起速度的增加。在 мета（间）和 пара（对）位的甲基的积累，对脂类酸和醇的酯化速度具有负面的影响。门捷列夫确定了链闭合的动力学效应：开放链闭合的结果是酯化速度接近翻倍。

鉴于在化学动力学方面的研究，彼得堡科学院于 1904 年给门捷列夫授予罗蒙诺索夫奖。

在 90 年代，巴赫创建了慢氧化的过氧理论。1893 年，他发布了自己第一个关于二氧化碳经叶绿植物的组成代谢的化学机理的通告。当时，拜尔的理论广为普及。按照该理论，绿色植物中二氧化碳复原的首位产出物是甲醛，然后转化为糖。但是，该理论对光合作用中分离出氧气的机理未能作出令人满意的解释。按照巴赫的看法，光合作用，这是复杂的共轭氧化还原过程。其中在光合作用中形成的过氧化物起着特殊的作用。

按照巴赫的想法，营养物（碳水化合物、蛋白质、脂肪等）在机体中轻易迅速的被氧化，在此过程中被氧气代谢转化为碳酸气和水。这一过程可归结为以下情形：分子氧进入机体，因与被氧化物相互作用，在氧分子中发生单链的分离，$O=O \rightarrow —O—O—$，活化氧接触被氧化物，形成过氧化物：

$$2R+O_2 \rightarrow R—O—O—R\text{，或者 } R''+O_2 = R\langle\begin{smallmatrix}O\\|\\O\end{smallmatrix}$$

这样，缓慢氧化的过程，由于分子氧与被氧化体的结合，同时产生过氧化物（按现代的实际数据，在生物氧化时氧的活化，是有细胞色素——电子的催化转移因子参与的）。对自己的过氧化理论，巴赫是用大量的实验证实的。在不同的氧化过程中几乎所有物体都形成氧化物。遵循过氧化理论，学者说明了氧化酶作用的本质和机理。巴赫的过氧化理论在现代的氧化链理论中得到进一步的发展。该理论将发展反应的重要作用划归过氧化物。巴赫的研究对于发展化学动力学的意义，还在于他的过氧化理论首次提出了关于将形成中间产品作为化学反应过程的一般原则的问题。这一原则现在已成为共识。它在链式反应学说中起了巨大作用。中间化合物即是自由原子和自由基。

在动力学研究中的化学方面，以及探明中间化合物的作用等问题，在莫斯科高等技术学院无机化学教研室教授（1911）、莫斯科商学院教授史洛夫的著作中得到了发展。在他的著作之前，所谓诱发反应，其速度开始很小，随后增加达到一定的值，然后降为零。1898—1914年，为了研究化学反应过程的机理，在观察氧化的"共轭"反应时，史洛夫注意到在反应过程中中间产品的形成。在《氧化的共轭反应》（1905）一书中，史洛夫详细研究了共轭反应的机理。他首次对氧化共轭反应的大量实验材料进行了系统化，作出了一系列理论总结，明确了反应过程和组分的术语（化学感应、感应因子、感应体、受体）。这些术语后来通用于化学著作之中[①]。

史洛夫特别注意对自感应，以及在感应和催化之间转换的现象的研究。这些研究表明了中间产品在氧化共轭反应动力学上的中心作用。

依照史洛夫的认识，在共轭过程中，一个反应可以影响另一个反应。这仅仅是由于中间化合物的形成，它具有比初始物体更高的化学活性。史洛夫写道"反应的共轭只能发生在一种情况，就是存在中间物，作为第一过程和第二过程的联系环节，并且限定它们的整体流程。这一结论决定了研究化学感应时的重要任务——确定中间物的本性。由于它的一个过程在自己的流程中依赖另一个过程，在感应过程中，可以期待中间产生比初始物更强的氧化剂和还原剂。"

在研究中间产品本质的基础上，史洛夫创建了共轭反应的分类（渐弱的、标准的、自加速的）。他研究了从感应向催化转化的现象，具有链性质的自感应机理。史洛夫清晰地界定了感应剂和催化剂，指出感应剂作为过程的加速剂，与催化剂相区别"是在过程本身中间形成的"。他研究了带有如"等温爆发"的增速的自感应现象。按史洛夫的意见，在这一反应过程中，"中间产品被引入反应。因其具有不稳定性或浓度小，在大多数情况它们不能被分离呈自由状态。迫使这些产品进入到与其他物体相互作用，我们能获得关于它们的组成和性质、它们的化学反应的真实过程的概念。因此，对共轭反应的研究可以作为研究物体在化学反应的隐秘时刻的本质和状态的方法"。

---

① 现代化学基本不用这些术语了，应该是指关于活化的理论。下同。——译者注

催化

19世纪末，许多物理化学家的研究涉及催化现象。他们研究了环境和催化剂表面的影响，研究了化学反应的中间产品；确定了大多数在自然界和实验室完成的化学反应，其发生不是即刻完成，而是有一定时间段的；查明了化学反应的速度取决于许多因素：取决于反应物的性质和浓度，也取决于其他物（质催化剂）和物理条件（温度、光线、压力等）。

为了说明催化现象，提出了各种理论。其中将主要的注意力放在中间产物的作用上，放在环境、表面张力等等的作用上。所谓振动的理论得到推广，其支持者是李比希、济宁、门捷列夫等人。

门捷列夫的学生科诺瓦洛夫开创了催化剂的物理化学理论的研究。1885年，他首次提出活性表面的概念，对发展异质催化的理论起了重要作用。在研究酯形成和分解为液体时，科诺瓦洛夫提出了自催化反应速度的公式：

$$dx/dt=K（1-x）（x-x_0）$$

这里 x 代表分解的醚的相对数量，x_0 代表醋酸的初始浓度。奥斯瓦尔德对醋酸甲醚皂化的反应提出了类似的公式。奥斯瓦尔德—科诺瓦洛夫公式，表达了自催化的基本法则，以充分的理由被载入化学动力学的著作之中。

按科诺瓦洛夫意见，异质催化是受被催化物与催化剂接触时分子和原子的运动性质的改变所制约的。由于反应物分子和催化剂表面相互作用的结果，化学键减弱，发生化学反应。在与不参加化学过程的物体接触时，接触的作用充溢着化学转变被激发的现象。催化剂，这是在化学转变过程中的热动力过程的加速器。科诺瓦洛夫的这一概念，表述在自己的博士答辩论文《在解离现象中接触的作用》（1885）之中。按科诺瓦洛夫的思想，固体的分解作用，既取决于它的性质，也取决于它的状态。某些物质既存在活动状态，也存在非活动状态。确定固体的催化能力的一个重要因素，应该就是物质的物理状态。首先是由自由能量盈余所决定的物体表面的过饱和。

科诺瓦洛夫这些关于催化剂活性表面的作用受制于其盈余能量的观点，得到门捷列夫的高度评价。后者在《关于在化学转变过程中接触的影响的笔记》（1886）之中，发展了关于物体的表面活性的思想。门捷列夫写道："如果在限定物体的自由表面，无论颗粒（即分子）的还是原子的运动，与在同类物体内部的运动是不同的，那么应当也不相同的，是物体在两种力量相遇之地，在它们的接触点上的内部运动。这里将发生真正的运动紊乱和偏离。同时是与在自由表面上不同类的。其运动的不同决定于同类带表面的粒子和原子的影响。而当两个物体相遇时，在它们表面的变化则既决定于自己的，也决定于别的原子和粒子。"

门捷列夫的思想在分子形变理论（博登斯坦、泽林斯基）中得到进一步发展，然后在巴兰金的中间化学吸附模型上得以体现。

*　　　　*　　　　*

在俄国化学史上，19世纪下半叶记载着化学的最大发明和新方向的创立。用季米利亚采夫的话"在不过10—15年时间内，俄国化学家们不仅赶上了自己的欧洲老伙伴，甚至还成为运动先驱"。

伦敦化学学会主席威尼在自己的一次讲话中说道，"如果我们认为评价音乐学派会联想到巴拉奇列夫、博罗金（也是化学家）、里姆斯基-科尔萨科夫、柴可夫斯基，而提到作家俄国则有屠格涅夫、陀思妥耶夫斯基、托尔斯泰，以及他们的同代人。如果没有他们，世界就会难以想象的贫乏。那么可以不夸张地确定，如果门捷列夫、布特列罗夫、瓦格纳及他们的继承者因某种原因从知识的整体宝库中被去掉，那么化学发展的滞后，将不在较小程度之内的"。

有机化学

19世纪后半叶至20世纪初，在普通化学和无机化学领域作出基础性的发明的同时，俄国化学家们以有机化学领域的一系列重大成就丰富了世界化学科学。首先是包罗万象的有机化学结构理论。其创立和发展的主要功劳归于布特列罗夫和他的学派。这一理论首次实现了将化合物的性质与之结构相联系。实现了方向性的合成。首先在实验室里进行，后来用于工业，俄国化学家们还在研制有机合成的方法上作出了重大贡献。

19世纪中叶的有机化学概况

19世纪50年代末，积累越来越多的事实资料迫切要求创立统一的有机化合物理论。当时在有机化学上占统治地位的是热拉尔编造的类型理论。热拉尔提出了几个无机物：H_2、HCl、H_2O 和 NH_3 作为范本，将所有有机物按反应能力与其相比较。许多化学家热衷于有机化合物的系统性基础研究，为说明其反应不使用矿物的，而是碳的类型（贝特洛、科利别）。另一些化学家采用混合系统。1859—1860 年，布特列罗夫在自己的有机化学课程中，坚持这样的混合系统，虽然那时明显的倾向在于碳的类型。凭借这样的类比，化学家们成功地将大量有机物系统化，并且会预言出新的存在。

但是，类型理论将分子的内部结构置于一边。多置换的有机化合物只能与几种同样或异样的类型作比较。随着类型的复杂化，其使用的随意性也增加了。理论丧失了最初的明确性。类型理论已经难以在说明链接反应和解释有机化合物的无数同分异构现象时发挥作用。

从另一方面，类型理论不能被抛弃。它有不容置疑的长项。对类型的比较，导致化学亲合力的数量评价——引出化合价，或者如当时所说的原子价、元素的概念。类型理论的另一个长项是，它的代表人物注意到进入有机化合物的族和复杂原子的"化学值"（反应能力）甚至注意到氢的不同化学值。在理论上积极从事这方面发展的研究的有贝克托夫、济宁、安戈尔加尔特、索科洛夫。他们的研究无疑是为化学结构理论在俄国的产生准备了土壤。而这个理论的许多术语都是从俄国 19 世纪 40—50 年代的化学著作中引入的。

对于有机化学理论的发展起了决定性作用的是凯库莱、库珀的研究（1858）。在试图对有机化合物与无机物相比较的巨大复杂性作出解释时，凯库莱提出了关于四原子的碳，和关于碳原子通过两个亲合力结成链状的能力的成功的想法。与他同时，库珀也独立得出这个思想。他试图证明在有机分子中的链的分布，只基于元素化合价的概念，而不考虑它们的化学性质。因此，库珀在随后提出了正确的公式之后，又得出一系列完全不正确的结论。

尽管理论化学在西方有可观的成就，但是存在一系列原因阻碍着它的继续发展。其中首先是某些杰出的化学家固执地不相信科学可以认识分子的内部结构（科利别、贝特洛），认为至少是以化学的方法不可能（热拉尔、凯库莱），或者是在理论结构问题上的投机性（库珀）。最后，是对旧观点的过分确信，阻碍着在有机化学领域作出新的广泛的总结。解决这个任务不仅需要学者本人具有杰出的天才，而且要摆脱所有固有观点。创造新理论，对有机化学的继续发展给予革命性的影响的荣誉，落在了布特列罗夫的肩上。

布特列罗夫和化学结构理论

A. M. 布特列罗夫于 1828 年 8 月 28 日生于喀山州奇斯托博列市一个退役军官的家庭。他的童年在农村度过。中等教育是在喀山中学，从那里升入喀山大学的物理数学部。最初，布特列罗夫的兴趣是在昆虫学。但是后来在克劳斯和济宁教授的影响下，他热切地被化学所吸引。1849 年，课程结束后，布特列罗夫留在学校，很快就开始讲授化学。最初是给克劳斯做助手（济宁于 1847 年就转到彼得堡医学外科学院了）。从 1852 年，由于克劳斯转到德尔塔，他成为化学教研室的唯一教师和领导者。

1851 年，布特列罗夫在喀山大学通过了硕士答辩《关于有机化合物的氧化》。1854 年，在莫斯科大学通过了博士答辩《关于醚酯》。两个答辩表明，年轻的教师尚未形成自己独立的科学观点。与自己的老师克劳斯类似，支持当时旧有理论。

但是到 50 年代中期，布特列罗夫研究了新的、当时先进的罗兰和热拉尔的观点。1857—1858 年在国外出差期间，他详尽了解了西欧化学家们的理论观点。从热拉尔的类型理论转为碳类型理论，并最终放弃了流行的意见：只有类型理论的发展是有机化学理论发展的主要途径。他还否定了这样的思想：分子的性质取决于其组成，主要取决于其"机械"结构——原子在空间的相对位置。从 1860 年起，他首先是在大学讲堂，后来是面对众专家们，发展了化学结构理论的思想。

1861 年 9 月，在施贝尔（Шпейер）的德国自然实验者大会上，布特列罗夫作了报告《关于物体的化学结构》。首次提出了化学结构理论的基本原理。后来，又在一系列实验和理论著作中，作出对自己的观点的确认和进一步发展。19 世纪 60 年代中叶，这些原理被公认。布特列罗夫的经典著作《有机化学充分研究的引言》（喀山，1864—1866）对确认化学结构理论的思想具有重大意义。书中，从化学结构理论的观点审视了所有类别的有机化合物。1867—1868 年，布特列罗夫的书加上作者的补充，被译成德文。

在从事科学研究的同时，布特列罗夫在喀山大学授课。1860—1863 年，除了一段短期空隙，他一直任该大学的校长。布特列罗夫培养了一批杰出的化学家。"布特列罗夫学派"是俄国和国外的最大学派之一。这个学派中的喀山大学毕业生有马尔科夫尼科夫、扎依采夫、波波夫。

1868年，布特列罗夫被选入彼得堡大学有机化学教研室，任职至1885年。在彼得堡大学产生了布特列罗夫学派的许多优秀学者，其中包括利沃夫（布特列罗夫在彼得堡大学的常任助教）、法沃尔斯基、季申科等。年轻化学家弗拉维茨基、瓦格纳、卡勃卢柯夫、科诺瓦洛夫等在布特列罗夫的实验室做过实习生。

1870年，布特列罗夫当选进入彼得堡科学院。他在科学院的活动，记录了勇敢不懈的斗争：为了俄国的科学繁荣，反对顽固和落后，反对竭力要将俄国的优秀学者拒之于科学院的大门之外的有影响的反动势力。1880年，当选举门捷列夫入科学院时，这一斗争达到顶峰。布特列罗夫争取门捷列夫入选科学院的斗争，得到了所有俄国进步社会的同情和热烈支持。布特列罗夫逝于1886年。

在70年代初，布特列罗夫在彼得堡大学和科学院的化学实验室的实验研究，主要集中在获取化学结构理论预言的化合物，后来是研究聚合作用的反应。

布特列罗夫首次引入了分子化学结构的概念，确定以此作为分子中的联系（连续、顺序）分布。关于"复杂粒子的化学性质取决于基本组成部分的性质、它们的数量和化学结构"的思想，是他的理论基础。

从这个核心原理，布特列罗夫得出了几个其他原理，表述在报告《关于物体的化学结构》（1861），和所提出的化学结构理论的最初形式的总汇之中。第一，化学结构可能借助某些反应来确定，物质是以这些反应来获得的，并且物质能够发生这些反应。布特列罗夫指出，这里适用于一切化学反应：合成、分解和二次分解（置换）反应，尤其是在那些使得参加反应的基保持不变的反应。第二，如果化学结构被确定，并且分子反应能力与化学结构的关系曲线是已知的，则该物质的所有其他化学性质基本上是可以预知的。由此得出，化学结构的公式可以表达所有的分子化学性质。

进一步思考，可以得出结论，如果物体的组成是一样的，而具有不同的性质，那么它们应当在化学结构上不相同。这样，也就解决了在几十年中成为大化学家的死路的同分异构性问题。布特列罗夫在自己的专著《关于解释同分异构某些现象的不同方法》（1863 年以德文发表，1864 年译成法文）中发展了自己对同分异构性的观点，该观点很快得到公认。化学结构公式成为预言新的同分异构现象的有力的武器。

布特列罗夫的观点的最充分确证，是理论上预言同分异构体的合成。1864 年，在获得三甲醇之后，布特列罗夫从化学结构理论的观点，解释了临界醇的同分异构，并且获得了一系列过去未知的理论上存在的同分异构体。1864 年，布特列罗夫预言可能存在三甲烷，或是异丁烷，1866 年成功合成。

1865 年，他预见存在异丁烯的可能。1867 年，他宣告已经获得了。这些便是布特列罗夫学派的研究工作的特征。特别重要的是马尔科夫尼科夫的研究，他第一个证明了该理论所预言的脂酸的同分异构（1865）。

至 19 世纪 60 年代中期，化学结构理论已经实验证明了自己最重要的结论。得以证明的是它提出了全方位的有机合成的无限可能性。在《对有机化学全面研究的引言》之中布特列罗夫还提出，化学家——有机化学家所掌握的整个宏大的实际物质材料，可以在结构理论的基础上整齐地系统化和加以表述。1865 年，布特列罗夫以充分的依据写道："化学结构的原理被以不同名义为大多数化学家——理论家所接受，首先需要去严格和全面地贯彻它。"

在化学结构理论获得多数化学家——有机化学家的认可之后，它的发展在后 20—30 年中主要是在三个方向：（1）将一般原理推广至所有类别的有机化合物，建立相对局部的适用于不饱和的、芳族的、环状的化合物的原理。（2）弄清有机物反应能力与其结构相关联的规律，从而进一步创立原子相互影响的理论。（3）对于与化学结构理论的结论相矛盾的现象进行专门的研究。或是将理论的个别原理作进一步发展，或是创立新的补充现有原理的理论。

不同类别的有机化合物的结构

大多数不饱和化合物的化学结构在 19 世纪 60 年代已经确定。布特列罗夫的研究对弄清碳水化合物和醇的结构具有决定性的意义。酸和含氧酸的结构是由马尔科夫尼科夫探明的。此后，确定不饱和化合物的其他类别和结构没再遇到重大的困难。尽管某些理论预言的同分异构体，化学家们未能获得。比如在创立化学结构理论之前，布特列罗夫就说过亚甲基乙二醇是不可能获得的。后来试图合成在同一碳原子时带二个烃基的化合物，也未成功。

在将化学结构理论的原理推广至不饱和化合物时，遇到了相当大的困难。19世纪60年代的化学家们在解释不饱和原因的几个假设之间徘徊。许多事实确证了倍数键的假说，这是由厄伦迈耶在1865年十分确定地提出的。但是，他在自己的著作中却没有一以贯之，转向二价碳的化学式。是马尔科夫尼科夫引入了一个有利于倍数键假设的重要论据（1869）。他证明，在从醇或卤素衍生物形成不饱和碳水化合物时，水元素（氢和烃基）和卤氢酸元素（氢和卤素）会从相邻的碳原子离析。

1870年，为了检验倍数键的假说，布特列罗夫提出从"溴化等丁邻烯基"中分离溴化氢的实验。实验的负面结果进一步证实了倍数键的假说。但是，俄国化学家们并没有将倍数（二倍和三倍）关系解释为二个或三个简单关系之和。马尔科夫尼科夫直接指出，在倍数键中，对其性质应当将一倍的和二倍三倍的关系相区别。马尔科夫尼科夫的这一概念，在现代的 σ 和 π 键学说中得以确认。

在倍数键的假说获得承认之后，在确定不饱和化合物的结构上，未再出现太大困难。在这里确定了一些重要的规则，来限制理论上允许的同分异构体的数目。例如艾尔杰科夫规则，是说带羟基不饱和醇在两倍键时，会重组为相应的醛和酮。

凯库莱的芳香族化合物结构理论（1865）只有在化学结构理论的基础上才能建立。俄国化学家们参加了在它的基础上的假设的实验论证。70年代初在彼得堡工学院的实验室，弗洛勃列夫斯基令人信服地证明了在苯里的6个氢原子的等价性。

俄国化学家在脂环族化合物结构的研究上作出了重大贡献。关于不可能存在非六元环的根深蒂固的意见，首次被马尔科夫尼科夫推翻。1879年他与自己的学生科列斯托夫尼科夫一起合成了环丁烷双碳酸。这是化学史上第一个四元环的代表。此后不久，奥地利化学家弗莱德获得了环丙烷。而英国化学家（小）别尔金获得一系列衍生环丁烷和环戊烷。1889年，马尔科夫尼科夫（与别尔金同时）宣布合成了七元环的化合物。为了解释脂环族化合物的结构，引入了新的立体化学的概念。

最后，无疑属于俄国化学家们的成就，是确定有机化合物单独族的结构。布特列罗夫在 1862 年提出了说清楚氮化合物结构的重要思想。他认为，构成氮族的 2 个氮原子是双键联接的。维施聂哥拉德斯基在 70 年代证明，生物碱在多数情况是衍生的吡啶和喹啉。卡诺尼科夫第一个提出了樟脑的带内副键的化学式（1883）。

弗拉维茨基在萜烯结构的研究上作出了重大贡献。乞乞巴兵在三芳香基甲基型的自由基的结构研究上作出重大贡献。

结构和化学性质之间的依赖关系——原子的相互影响

原子相互影响的学说，与布特列罗夫理论的基本原理紧密相连。该学说在他的关系最密切的后继人马尔科夫尼科夫的著作中得到重大的发展。

马尔科夫尼科夫（1837—1904）于 1856 年入喀山大学。在布特列罗夫的影响下，热衷于化学。学习课程毕业后（1860），经布特列罗夫的推荐，马尔科夫尼科夫留在喀山大学任化学实验室的实验员。1865 年，马尔科夫尼科夫通过了硕士答辩《关于有机化合物的同分异构》。然后他出国约两年半，在拜耳、厄伦迈耶和科尔别的实验室工作。1867 年，喀山大学校委会任命他为副教授。在布特列罗夫去彼得堡之后，他成为化学教研室教授。1869 年，马尔科夫尼科夫通过了精彩的博士答辩《化学化合物中原子相互影响的有关问题的材料》。

为抗议政府机构的肆意行为，1871 年，马尔科夫尼科夫拒绝了喀山大学的教授任职。先后在新罗西斯克大学（敖德萨），莫斯科大学任教，直至逝世。在这里，他完全改变了过去的化学教学，重新装备、重新建设并大大扩展了化学实验室，并且创立了化学的大学派。

马尔科夫尼科夫的基本研究方向，是对同分异构性和物体化学性质与其化学结构的依赖关系的研究。从 80 年代初，他将主要精力放在对高加索的石油的研究上，并在这方面取得很杰出的成就。从对高加索石油的研究中，主要是从石油中分离出脂环族的碳水化合物，根据他的建议，被称为石油脂，马尔科夫尼科夫转入对脂环族化合物的研究。在有机化学的这个方向上，他理当被视为奠基人之一。在自己研究的后期，他返回对原子的相互影响的研究，主要是对脂环族化合物。

布特列罗夫和马尔科夫尼科夫，将化学联系视为单位亲合力（饱和，"需求"）相互化合的结果。在普通键中每个原子有一个，在倍数键中有两个或三个。按照他们的观点，在反应时原子的化学表现（例如氢原子的运动性），首先取决于元素的单位亲合力的性质。该元素与该原子以自己的单位亲合力相连。这里表现出相互直接键的原子的相互影响。但是，虽然是居于次要程度，单位亲合力的性质也还依赖于形成该键的原子与什么样的元素相连，以及一般来说取决于整体上分子的组成和化学结构。在这里，表现了相互不直接联系的原子的相互影响。讲到原子的相互影响，马尔科夫尼科夫在自己的硕士答辩（1865）中讲出了这样的思想：取决于这种影响的，不仅是形成化学键的原子的亲合力，而且还有"自由的"亲合力，即元素表现出这样或那样的化合价的能力。

对于原子的相互影响问题，马尔科夫尼科夫专门在文章《关于丙酮酸》（1867）中提到。他认为，原子的相互影响会随着它们相互在化学作用链上的排除而减弱。在马尔科夫尼科夫的博士答辩中，对原子相互影响的问题进行了历史性的分析，并以相应的方式总结了有机化学的事实材料。在这里，马尔科夫尼科夫将原子相互影响视作互相亲合力之一的表达，就是在进入化学化合物的组成时，原子的相互作用。原子相互影响的外部表达，体现在单独原子和键的性质、所有化合物的化学性质、它们形成的方向和速度之上。

布特列罗夫学派的化学，研究了反应——主要是氧化反应（布特列罗夫、波波夫、瓦格纳）和两个键的加成反应（马尔科夫尼科夫）——的方向对分子结构的依赖性。找到了一系列规律，在化学著作中称之为规则。众所周知的，有马尔科夫尼科夫的规则：在卤氢酸与不饱和化合物卤素相互作用下加成为更小的氢化碳。另一条马尔科夫尼科夫的规则是：氢原子与第三个碳原子键联，极容易被取代，而与第一个碳原子的键联，极难被取代。

波波夫，是布特列罗夫在喀山大学的学生。自1869年成为华沙大学的化学教授。他提出了著名的以铬混合剂氧化酮的规则。后来，此规则被喀山化学学派的代表，从1886年起的华沙大学化学教授瓦格纳所确认。

波波夫关于酮的氧化的研究，成为确定在使用其他氧化剂（例如在瓦格纳的研究中使用的高锰酸钾）时，以及适用于其他类化合物时的规律的基础。波波夫本人（与德国化学家岑科合作研究）确定了在氧化苯的同源体时，位于相对芳环的 α 和 β 位置的侧链的原子之间发生裂解。依据波波夫的结论，布特列罗夫于 1871 年发现了氧化叔醇的规则。

原子的相互影响不仅表现在化学反应的方向，还表现在反应的速度上。在这一领域的基础研究和结论，属于彼得堡大学分析化学教授，后来又成为有机化学教授的门舒特金。尽管门舒特金最初是化学结构理论的反对者，但是他的研究客观上促进了该理论的发展。

门舒特金研究了"初速度"（在反应的第一小时内初始的等分子混合物的转变份额），和各种有机反应的转变边界：（1）从酸和醇中，和从酸和醇的酐之中形成酯；（2）从酸和胺形成酰胺；（3）胺与烃基卤和某些其他物的相互作用。他指出，反应的速度从带开放链的化合物向带同样数量碳原子的脂环族化合物转换时，应当是增加的。但在向芳香族化合物转换时，反应速度急剧下降。链的延长和分支，如同在以带有各种功能族的化合物为例所表明的，将导致酯化作用的速度减慢。对于芳香族化合物，他研究了在核中，相应于反应原子或组的替代物的所有位置，对于反应速度的影响。

门舒特金证明了"中性溶剂"对反应速度的影响，研究了反应速度相对于有机溶剂的组成和结构的关系曲线，得出了普遍的结论："要区分化学作用与它们发生的环境"。

有机合成

在产生结构化学的概念并获得成功之后，合成在有机化学中占据了主导地位。在 19 世纪中叶以前，研究物体的合成获取带有偶然的性质。有机化学的前结构时期的研究，通常是没有总的指导思想，凭猜测。但是，还是体现出有机合成的强势，为向合成化学发展的课题和道路的进步的唯物主义观点的转变，准备了土壤。在这方面，贝特洛和布特列罗夫的功劳特别伟大。

贝特洛从最普通的化合物，有时甚至从铀元素（简单物质）实现了一系列极成功的合成。但是在他的研究中不能不反映出他对化学结构理论所持的否定态度。此外，贝特洛为合成设定了非常苛刻的条件（高温），因而不能去认识化学反应的历程。

布特列罗夫在自己的研究中则正相反，他总是尽量弄清被研究的反应过程的一切最小细节，不忽略所谓的副产品。他认为，不应该只醉心于追求获得新化合物。与贝特洛不同，布特列罗夫"总是努力研究在那些对最终结果带来最小影响的条件下的反应"。在他的"亚甲基化合物"系列研究中（1858—1861），已出现了一些发明和重要结论。布特列罗夫表明了，亚甲基 CH_2 在通常条件下不能自由的存在。在试图对它分解时，产生它的双聚物——乙烯 C_2H_4。布特列罗夫获得了甲醛的聚合物（CH_2O）$_n$。其在与氨的相互作用下，形成环己烷——四胺，或者胺仿 $C_6H_{12}N_4$。对衍生亚甲基的研究，导致布特列罗夫发明了甲醛的聚合物，并且十分优秀地催化合成了"亚甲基烷"——己糖族的糖。布特列罗夫很了解自己发明的意义所在。1861 年，他写道"就这样，成为糖的第一个完全合成"。

从化学结构理论成立开始，实验研究的主要指向是获得理论预言的化合物和查明物体的分子内部结构。"结构师"们的理论探索对许多化学工业领域带来富有成果的影响。另一方面，染料和药品工业的需求，也大大促进了合成研究的课题。

从大量的代表俄国化学家们研究的合成方向的事例中，我们只选择涉及两个最重要的有机化合物的类别——碳氢化合物和含氧化合物。

碳氢化合物化学的发展

紧随着布特列罗夫合成异丁烷和异丁烯的研究之后，他的学派的化学家们发明和研制了饱和与非饱和的分叉结构的碳氢化合物，后来作为现代汽车燃料的高辛烷值的成分得以应用。碳氢化合物化学逐渐变成为俄国化学家们钟爱的领域。它与俄国的自然宝藏和对它们进行科学开发的经济需求（石油、石煤、林业化学、挥发油脂等）相关联。

在对不同种类的碳氢化合物的化学转变进行研究时，马尔科夫尼科夫的学生，莫斯科农业学院和基辅理工学院的教授科诺瓦洛夫，发明了重要的反应（1887），在焊封管中用稀释的硝酸对饱和碳氢化合物进行硝化。按照科诺瓦洛夫的形象说法，"化学的死人"复活了。

19 世纪 70 年代，布特列罗夫在研究乙烯碳氢化合物的聚合时，还研究了烯在酒精中的水合过程。炮兵学院的化学教授伊巴契耶夫发现了酒精催化脱水为烯的反应，并且指出了它的普遍性。从 1900—1914 年，他研究了在高压和高温下的催化反应。包括在存在金属氧化物条件下，各类有机化合物的氢化过程，以及烯的聚合（包括乙烯），在升高压力时的分解氢化等。

对乙炔碳氢化合物化学的研究引起了巨大的兴趣。

著名的乙炔烃化反应，由彼得堡林学院化学教授库切罗夫发明。在汞盐的聚合作用下发生（1881）。库切罗夫导出了与马尔科夫尼科夫规则类似的乙炔碳氢化合物烃化规则。

乙炔碳氢化合物化学的新阶段，开辟了确立乙炔与其他类化合物的联系，发展应用乙炔及其同源物的实际领域的广阔前景。这是与布特列罗夫的学生，彼得堡大学教授，后来成为院士的法沃尔斯基和他的学派的研究分不开的。他所发明的，在碱存在时醇以三价相连反应（1888）的意义，充分体现在德国的技术研制（雷培的乙烯化作用）和在苏联时期该反应被完善并应用到工业中去（肖斯塔科夫斯基与同事们）。

对带二价共轭系统的碳氢化合物的研究，以及与此研究紧紧纠缠在一起的合成橡胶的问题，乃是俄国化学家们创造性探索的传统领域。

从乙烯基乙炔中合成异戊二烯，于 1887 年，首先由布特列罗夫的学生，1895 年起尤里耶夫斯克大学教授孔达科夫完成。他还确定了所有带键的共轭系统的二烯，可以聚合形成橡胶的能力。1910 年，菲利波夫以二基醚蒸气在金属铝上的裂解来获取丁二烯。奥斯特罗梅斯连斯基，《橡胶与其同类》（1913）的作者，对双乙烯碳氢化合物的化学作出了重大的贡献。他提出了合成丁二烯的几个方法。但是，所有这些不过是列别捷夫在二烯碳氢化合物化学领域所完成的工作的引言。

法沃尔斯基的学生列别捷夫，从 1902 年起在彼得堡大学工作。他的硕士答辩论文《双乙烯碳氢化合物聚合方面的研究》（1913）是一部基础性著作，其中揭示了有机分子聚合现象的基本规律。根本上优于革命前的创新条件环境，和在苏联时期国家对合成橡胶问题的注重，使得列别捷夫和他的学生们后来能够将自己的研究直至进行到以工业化规模合成丁二烯橡胶（1931—1932）。

对脂环族碳氢化合物，包括高加索石油的碳氢化合物的研究，是俄国化学家们的骄傲。对后者的研究，是与彼得堡大学毕业生符列登（他研究了芳香族碳氢化合物的烃化（1876））、彼得堡工学院教授贝尔施泰因和他的助教库尔巴托夫的名字联系在一起的。通过对符列登的碳氢化合物的性质与巴库石油的碳氢化合物的性质的对比，贝尔施泰因和库尔巴托夫得出结论（1881）：在巴库石油的成分中含的主要是水芳香族碳氢化合物。

但是，在该领域影响更广泛的是马尔科夫尼科夫。从 1881—1904 年，他大力进行了石油化学和石油工艺的研究。在高加索石油的分馏成分中，马尔科夫尼科夫确定存在各种带 6—15 个碳原子的独立碳氢化合物。

马尔科夫尼科夫的同代年轻人，1893 年起任莫斯科大学教授的泽林斯基，在该领域也是成绩斐然。在 1895—1907 年，他同学生一起合成了所有环戊烷和环己烷的简单同源体（26 种碳氢化合物）。

对醚酯和其分解出的萜烯成分的研究，也是俄国化学家们感兴趣的传统领域。哈尔科夫大学毕业生，喀山大学教授弗拉维茨基的创造性思想——萜烯可以从结构为C——C=C——C的系祖化合物中形成，20 世纪才在芬兰化学
$$C$$
家阿斯坎、法沃尔斯基等人的著作中作出了实验验证。弗拉维茨基是以化学结构理论指导的关于萜烯和醚酯的第一部专著《关于萜烯的某些性质及其相互关系》（1880）的作者。

在萜烯化学上，瓦格纳的研究在是 19 世纪 80—90 年代作出了突出贡献。他借助自己研制的氧化方法，研究了萜烯内部的复杂结构，在结构理论的基础上提出了它们的科学分类和目录，确定了萜烯与环烷和芳香族碳氢化合物的发生起源联系。

萜烯结构的研究，受困于其容易发生同分异构现象。这个严重的阻碍，被两个独到和原创的合成碳氢化合物的方法的发明和研制解决。一是莫斯科高等技术学校教授，后为彼得堡大学教授丘加耶夫的"磺原酸法"（1903），一是马尔科夫尼科夫的学生，托木斯克工学院教授基日涅尔的"次烷肼法"（1911）。

有关卤化铝对一系列有机化学反应的催化作用的发明和研究，以催化性反应的新方法——古斯塔夫松和弗里德尔-克劳福特斯反应，丰富了有机化学（古斯塔夫松还观察了在卤化铝影响下的聚合过程）。这些反应是在 70 多年的时间中理论和工业研制的对象。

含氧化合物的研究

从 1863 年，开始了布特列罗夫范围广泛的系列研究。在利用碳酰氯和有机锌物质的基础上，合成大量不同的醇、酸和其他含氧化合物。

从丁醇中获取异丁烯。这样，流行的酒精发酵转变为三甲醇，成为了布特列罗夫新的重要工作分支——三甲基醋酸和五甲基乙醇的合成、搞清特己酮的结构和发明特己丑酮的重排作用。

19 世纪 70 年代，合成获取了许多由理论预见的醇和分叉结构的石碳酸。当时研制了合成酮的方法，详细研究了含锌有机化合物对酰基氯酸的作用，弄清了邻二叔醇等的结构。

有机化学发展的下一步，是研制合成单原子、多原子、饱和与不饱和醇的原创新方法，获取和研究氧化物、内酯、不饱和酸、醇酸，等等（布特列罗夫的学生，喀山大学教授扎依采夫和他的学生瓦格纳、列符尔马茨基的研究）。这些研究都与金属有机化学，初期主要是锌有机化合物的研究紧密相关。

在酒精合成和用碳酰基的反应能力的问题的顺利解决，产生了新的分支研究。己二烯甲醇的获取（扎依采夫，1876）成为长序列的二价三价不饱和醇合成的起点。很快扎依采夫看到了在锌有机合成中利用丙二酸醚（酯）CH_2 组的氢原子活性的可能性，研制了与“丙二酸钠”类似的“丙二酸锌合成”。

1887 年，由于发明和研制了获取广泛知晓的称为列符尔马茨基反应的新型反应，用于获取含氧物质的有机锌合成的可能性增大了。反应的实质是在 β 醇酸的合成中，锌对于酮混合物或带 α 卤酸酯的乙醛的作用。随着有机镁混合物的发明，和它们的高反应性能的确定（巴尔别、格林雅尔），促使含氧化合物的研究突飞猛进。俄国化学家完成了新方法后续研究的几十部著作。1904 年，切令采夫（1917 年任莫斯科大学教授，1917 年任萨拉托夫大学教授），通过在加入三价胺的苯中的反应，首次分离出单独的有机镁化合物。他证明，酯和三价胺作为复杂构成体，是反应的催化剂。

有机化合物的化学结构和物理性质之间的依赖关系

在产生化学结构理论之前，化学家首先试图找到有机化合物的组成和物理性质之间的依赖关系，研究了它们的力学的（比重、比容）、热学的（熔化和沸腾的温度、热容量、熔化和蒸发的潜热量、燃烧的热量）、光学的（偏振平面的旋转、折射的指标）性质。在俄国的化学著作中，对这些规律所进行的更充分的研究，属于门捷列夫。他在自己的《有机化学》（1861）之中，不仅总括了在当时所得出的结论，并且提出了对它们的一系列批评意见，并以自己的结论加以补充。

随着化学结构理论的产生，问题的提出本身有了变化。在首版《对有机化学充分研究的引言》（1864）中，布特列罗夫注意到在相互依赖关系中研究物体的化学和物理性质的必要性。在专门的章节《物体的物理和化学性质之间的关系》中，他作出了某些局部的总结。于是，他注意到在讨论反应的热效应时，应当考虑到，按照化学结构理论所相应的单键脱离的热后果，第一次引入了键能的概念。他将有机化合物的色度与其不饱和度等进行了对比。在他的学生马尔科夫尼科夫的硕士答辩中，提出了同分异构体沸腾温度变化过程的规律。

布特列罗夫和马尔科夫尼科夫都未从事专门的有机化合物的物理性质的研究。但是其他俄国化学家们完成了该领域的一系列实验研究。首批之一，是弗拉维茨基进行的分子化学结构和比容、沸点等性质之间依赖关系的研究（1871）。在分析实际材料不足以作出总结时，弗拉维茨基却认为，他的研究证明了"可能在将来……按照化合物的物理信息去审定它的结构"。1887年，他发表了详尽的著作《关于单原子醇的沸点与其化学结构的相互关系》。

为了查明燃料热能与化学结构构成的依赖关系，对有机化合物的热化学性质进行了广泛的研究，得出一系列关于有机化合物的结构的重要结论。其中，最著名的是俄国热化学家，莫斯科大学教授卢基尼在自己的《热化学简明教程》（1903）之中，基于热化学的资料，推翻了苯的环己烷三烯的化学式。通过分析已有热化学资料得出该结论的，还有马尔科夫尼科夫。与此相关联的还有哈尔科夫大学教授奥西波夫的研究。在其著作《有机化合物的燃烧热能及其与同系、同分异构、构造现象的关系》（1803）中得出结论。

关于有机化合物的光学性质的研究对搞清它们的化学结构具有重要意义。在俄国的研究工作中，首先应当指出丘加耶夫的研究。他指出了决定环组（大多数情况是环丙烷）存在的分子折射增量的存在。还有喀山大学教授卡诺尼科夫，他是研究了某些液体有机化合物（带两个二键的不饱和化合物，萜烯），以及固体有机化合物的溶液的首批化学家之一。

立体化学

如同前面所说，仅仅由原子的空间位置和组成来确定有机化合物的性质的意见，被布特列罗夫推翻了。但是，空间模型作为对化学结构理论思想的补充，还时时出现在 19 世纪 60 年代主流化学家的著作中。比如，碳的四面体模型就在布特列罗夫本人（1862）、科库列（1867）、帕捷尔诺（1869）、罗金什契尔（1862）等人的著作中出现过。这些模型，尚未与作为创立立体化学的主要起始点的对于光学同分异构现象的解释相关联。

马尔科夫尼科夫在自己的硕士答辩（1865）中，对光学同分异构现象的原因的理论范畴作了一些更详尽的研究。他构建了假说："在化学结构一致时，原子的物理团组可能是各种各样的。"该假说料想到了立体化学的基本思想。后来（1872），马尔科夫尼科夫断然地指出结构理论忽略化学性质与原子在分子中的位置之间的依赖关系的"非自然性"。可以看到，布特列罗夫学派在整体上对于 70 年代范托夫和拉贝发展的思想持平和态度，而对几何同分异构思想长期持反对立场。

在俄国，立体化学主要是由不属于布特列罗夫学派的化学家们发展的。

1887 年，在奥斯瓦尔德转去莱比锡之后，里加工学院的化学讲台，由几何同分异构理论的作者维斯里采努斯的学生和同事比绍夫占据。比绍夫、巴尔登和他们的学生同事们，在里加进行了该领域的数量众多和不同方面的研究。比绍夫的假说（1890），关于由于取代基的影响，围绕一般的碳—碳链键缺少自由旋转，在现代的关于回转同分异构的学说中得到发展。比绍夫还在许多方面预料到构象分析的思想。

瓦尔登，除了于 1895 年发明了"光学圆环过程"（"瓦尔登转化"），他还确定了影响光学转化数值大小的，是与碳的不平衡原子相连的基的化学结构。

一系列关于有机体的光学活性的重要原理，由丘加耶夫确定。

作为最大的历史理论研究，包括有关立体化学理论的现代状况和对其发展的总结，出现在新罗西斯克大学学生别兹列德基的专著《立体化学概念发展的历史经验》（1892）之中。该著作无疑在俄国的立体化学思想的传播上起了重要作用。

一些有机化学的基础性问题和通过电子理论加以解决的尝试

经典的结构理论不能满足对不饱和化合物和芳香族化合物的解释。实验数据，包括物理方法研究的数据，都不允许认定等价的成双倍或成三倍的普通键的倍数键。所提出的苯的形式，没有一个符合分子的真正性质。如同所查明的，被一个普通价分解为两个倍数键的化合物，在性质上不同于所有其他不饱和系统。该领域的广泛实际材料的积累表明：为了成功解决所述问题，必须继续加深或者大大改观化学结构理论的基本原理。

1900 年，发生了在经典结构理论框架内无法解决的新问题。这首先是关于染色有机化合物的结构问题。惊人的异常出现在格姆别尔格、乞乞巴宾和其他人研究的三芳香基甲基类的自由基上。在克服这个难点时，提出了不少有意思的思想。

在对现存理论进行详细分析并加以批判之后，伊兹玛伊尔斯基（后来成为莫斯科师范学院有机化学教授）提出了和发展了新的观点。在许多方面预见到后来的结构共振理论的合理内容。

在 19 世纪末和 20 世纪初提出的大多数假说和理论，对结构理论和有机化合物反应能力的发展，未产生实质性影响。之所以出现此情况，是这些假说和理论的作者，尚未能超越物理学的成就。或者在更迟些时候，对它们的忽略，不能揭示化合价的本质，以及化学键的本质。然而其中某些概念，如伊兹玛伊尔斯基的观点，在后来帮助了向电子观念的新的转变。

虽然 1897 年就已经发现了电子，但是在有机化学之中的电子理论的产生，则是相当晚的事。这完全可以理解，因为电子的发现，首先是导致对物质结构的基本概念的重新思考，然后是对化学中的化合价学说，此后才是对有机化学的理论概念。

1900 年，莫罗佐夫（当时被囚在施利谢尔堡）在研制"糖类"（碳水化合物和碳水化合基）理论时，使用了电子的概念。莫罗佐夫的研究于 1907 年——在他 1905 年革命后被解除囚禁之后，才首次发表。莫罗佐夫是 19 世纪 70 年代俄国革命运动的积极活动家。1882—1905 年，是彼得巴甫洛夫堡和施利谢尔堡的囚徒。从 1905 年，他开始从事科学教育和文献工作。1932年，被选为苏联科学院荣誉院士。

对电的负和正"原子"，莫罗佐夫相应称之为负极和正极。他将两种化学键相区别：一个是在饱和碳水化合物中碳与碳之间的键。另一种键，按照莫罗佐夫的术语，称之为电离的，是由不同极性的放电化合形成的。该类键为在苯和某些其他化合物中的矿物质化合物、碳水化合物的键和碳与碳之间的键。

莫罗佐夫的理论，首先以三个假说而著优：（1）关于两种键的假说，实际上与现代化学的共价键和电价键相符合；（2）关于化学键是通过"加倍"形成的，就是现代语言的两个相同电子的键合；（3）关于以两对或者三对电子组成倍数键。

虽然莫罗佐夫的专著被译成德文，并获得奥斯瓦尔德很高的评价，但是化学家们并未对他的思想予以应有的关注。而该思想则在后来出现在其他理论家的著作中（例如刘易斯的关于化合键的学说）。

1900—1910 年，出现了有机化学的电子理论。它们多少相近似的是：都是基于在有机化合物的碳链上的电价键和交替极性的概念。详细研究此概念的是马尔科夫尼科夫的学生，革命后成为莫斯科精细化工学院教授的别尔肯盖姆（Беркенгейм）。他是在俄国关于电子概念的第一批倡导者之一。1917 年，他发表了有关此概念的专著。

别尔肯盖姆成功地解释了相当广泛的有机反应（交换分解、氧化和还原、化合和分解、同分异构、聚合和在电流影响下的反应），包括对芳香族化合物的反应。别尔肯盖姆将反应机制归结为必要的因素是由于键的解离造成离子的形成。

别尔肯盖姆的理论，并非基于关于化合价键学说和电子的稳定八隅体的概念之上的有机化合物的结构和反应能力的最新电子理论之一，其包含有许多过去的电子理论的原理和思想。同样地是，当出现了基于化合价元素和化学键概念的更加接近于实际的理论观点时，别尔肯盖姆的理论就应当退位了。如前所述，提出这一更先进的观点的是马洛佐夫。

＊　　　　＊　　　　＊

现代有机化学的理论基础，是在俄国化学家与外国化学家的密切合作之下建立的。依据当时理论化学的成就，布特列罗夫提出了经典的化学结构理论的最重要的原理。对它进一步发展和论证的，除了布特列罗夫，还有其他俄国化学家。其中占首位的应当是马尔科夫尼科夫。他给有机化合物反应能力的学说加入了大量的原创思想。在由经典概念向电子概念转化的时期，俄国化学家多次提出了新的理论建树。第一个有机化合物的电子理论，包括化合价键的概念，就是由马洛佐夫创建的。

第二十六章　地质学

地质科学的蓬勃发展，使得它在 19 世纪中叶，与生物学一道成为发展自然科学中的历史观点的带头学科领域之一。莱耶尔在 19 世纪 30 年代创建的理论系统，在地质学上起了极其重要的作用。矿产资源工业的需求刺激了地质学的发展。探寻矿源的成功，在许多方面是依赖对地壳在整体和局部区域地质结构的整体和局部规律的认识。

地质学细化的过程加快了。至 19 世纪中叶，岩石学和大地构造学独立出来了。后来出现了沉积物形成的理论（果洛夫金斯基、瓦尔特等人）和矿床形成的理论（科特、波舍普内、德·隆等）。大地构造学的假说大量出现。创建了矿物质和岩石的自然体系。形成了关于地层的学说（格列斯利、别尔特兰等）和关于地槽和地台的学说（德纳、霍尔、居斯、奥格、卡尔宾斯基）。19 世纪末，创立了居斯的理论系统，起到了地质学知识第三次合成的作用（在赫顿和莱耶尔之后）。19 世纪末 20 世纪初，形成了地球物理学（奥尔洛夫、艾特维施、果立岑等），其后是地球化学（克拉尔克、维尔纳茨基、果尔德施密特等）和生物地球化学。

在俄国取消农奴制之后，地质学得以加速发展。蓬勃兴起的工业，要求对自然资源更大规模的研究。俄国地质科学取得的成就，还借助于在俄国领土上具有最多样性的地质条件。

解决普遍性地质问题的必要性，导致 1876 年国际地质大会的召开。国际地质大会第七次会议于 1897 年在彼得堡举行。此次会议的总秘书长车尔尼雪夫依据充分地强调，俄国地质学家以与西欧和美国相等的价值参加该会议。为此会议出版的旅行指导，是当时最完善的关于俄国地质学的汇总。

区域地质学研究

19 世纪后半叶，俄国的区域研究，主要是志愿者科学学会和矿业司进行的。在 60 年代，曾制定了统一的全国地质事物机构的方案，直至 1882 年才得以实现。在国家资产部矿业司系统之中，在彼得堡成立了地质委员会。它最初的和基本的任务，是地质测量和编制地质图（首先是俄国欧洲部分）。1865 年和 1873 年在俄国再版的穆尔契松地图（由盖尔梅尔森加以修正补充），已经不能适应地质学知识当时达到的水平。

地质测量，由地质委员会同时在一系列区域展开。参加者不仅有地质委员会的成员，还有专门邀请的大学教授和科学院院士。这次工作的成果是在 1892 年出版了比例尺为 1 英寸：60 俄里的俄国欧洲部分的地质图汇总。在 35 年中，地质委员会的测量工作以各种比例尺（大多数为小比例尺）覆盖了俄国疆土约 10% 的地域。

地质委员会还针对专门的项目进行了详尽的研究——设计和建设的铁路沿线地区、油田和矿区。从 1892 年，在车尔尼雪夫的领导下，进行了对顿河流域的比例尺为 1：42000 的详细测量。从 1897 年改由鲁杜金领导。鲁杜金编制的顿河流域地质图（1911）被视为经典。该图作者在都灵国际博览会上被授予"大金质奖章"。

在地质委员会的活动初期，就展开了对乌拉尔的地质测量。同时详细研究了其矿产。车尔尼雪夫研究了乌拉尔的泥盆纪和石煤沉积层。卡尔宾斯基在 1884 年编制了乌拉尔东斜坡的地质图。

在对西伯利亚和远东的研究上，起着十分突出作用的是俄国地理学会，特别是它的伊尔库茨克分部和鄂木斯克分部。受地理学会委托，在西伯利亚进行研究工作的有克罗包特金、切尔斯基、切卡诺夫斯基等人。通过这些研究，克罗包特金得出关于西伯利亚古冰川的结论。切尔斯基（后来是受科学院委托作研究）确定了在东贝加尔存在的太古代地块，提出了贝加尔湖是由于褶皱运动作用而塌陷的假说，研究了上科雷姆边区的地质和山志结构的概念。奥勃卢切夫从 1889 年在伊尔库茨克矿业局工作，开始了对储金地区的地质测量。

与西伯利亚铁路开始修建相关，地质委员会从 1892 年开始进行系统的研究。1913年，开始编制中亚、南西伯利亚和远东的地质地图。

由于谢苗诺夫-天山斯基、塞维尔佐夫、穆什克托夫、韦伯等人的研究，关于中亚的山志学和地质结构的概念完全改变了。洪堡提出的在这一区域存在火山和鲍洛尔边缘山脉的假说，未能得到证实。穆什克托夫从1874—1880年在天山进行研究。他将自己的研究总结在专著《土耳其斯坦》（1896年第一辑；1906年第二辑）之中。

通过高加索矿业局的地质学家们的地质测量和系统研究，编制了多卷集汇总文集《高加索地质学资料》（1868—1915）。从1901年起，地质委员会对高加索进行了系统的研究。从1908年起，地质石油学家古勃金在这一地区进行了研究。1901—1904年，包格达诺维奇研究了主要的高加索山脉。

由于第一次世界大战开战，区域地质学研究的主要目标变成寻找矿产资源地。从事此项工作的，是地质委员会和1915年由维尔纳茨基和其他著名学者提议成立的科学院自然生产力研究委员会。

地层学

在19世纪，生物地层学成为总的地质学概念，以及一系列地质学分科的基础。至世纪中叶，世界性的地层学学派从整体上已经形成。接着要完成的是它的细化、修正和深入论证，以及对它的上下部分的研究。

在1875年之前，典型的是多数为描述发掘的有机物的古生物图志。在19世纪50—60年代，艾赫瓦尔德、梅格里茨基、安基波夫、罗曼诺夫斯基等人在古生物研究的基础上，编制了古生物的地层图志汇总。随后类似研究继续进行，使得能够将俄国与西欧的地质沉积加以对比，判定地质系统的性质。但是，采用古生物图志的方法没有考虑到动物群的进化和该地区的地质史，有时会导致将不同年代的沉积归于同一个地层（或是相反）。

俄国欧洲部分侏罗纪的第一个古生物图志，是特拉乌特绍尔德编制的（1862）。1877年，他出版了石炭纪、二叠纪、侏罗纪、白垩纪和第三纪的类似图志。

喀山大学教授果洛夫金斯基在1868年构建了沉积形成的基本原理。他得出结论，因为与地表振荡运动引起的海岸线的移动相关，沉积层的年龄不仅在垂直方向上，而且在水平方向也会是变化的。由此得出的原则是，同样需要在水平方向上跟踪动物群的变化。后来，德国地质学家瓦尔特也构建了类似的概念，并且因此获名为瓦尔特法则。

通过果洛夫金斯基和伊诺斯特兰采夫在19世纪60年代末70年代初的研究，确定了沉积形成、地层形成和构造运动的相互关联，促进了关于地相和古生物图志学说的确立。伊诺斯特兰采夫在编制古生物图志时（1884），采用了地相分析的方法。

地层学在俄国发展的下一个阶段，是在研究挖掘的动物群的发展规律的基础上，构建地层学方案图，这大约是在19世纪80年代。这个研究方向与达尔文主义的胜利相关。进化古生物学的奠基人科瓦列夫斯基令人信服地证明了，地层学应当建立在古生物学的基础之上。他的地质学研究，涉及侏罗纪和二叠纪体系的生物地层学，包括存在争议的关于它们的界限的问题。科瓦列夫斯基编制了欧洲的侏罗纪和二叠纪的古生物图志方案图，分出了古生物图志的区域（1874）。

卡尔宾斯基在研究菊石亚纲的基础上，分离出了在乌拉尔沉积层中的介于石炭纪和二叠纪之间的阿丁斯克组（地层）。卡尔宾斯基关于俄国欧洲部分领土的古生物图志方案图，在许多方面至今保持着它的意义。

A.巴甫洛夫和尼基金研究了俄国欧洲部分和西欧的侏罗纪和白垩纪沉积层的生物地层学和古生物图志问题。19世纪80—90年代，他们曾经在报刊上辩论关于侏罗纪和白垩纪的边界，和中生代的地层学和古生物图志的其他问题。A.巴甫洛夫的基本方法，是搞清在截面上的形状的纵向分布，确定它们发展的继承性。在国际地质学大会第八次会议上（1900），A.巴甫洛夫讲述了他所完成的俄国与法国的侏罗纪和白垩纪沉积带的对比。能够对俄国和欧洲领土上的沉积带进行对比，对研究古生代地层和搞清这一时期的物理地理条件具有重大意义。尼基金在研究菊石类的基础上描述了俄国欧洲部分中部地区的侏罗纪沉积带（1881）。基于动物和植物进化的概念，他分出了菊石类的新种，确定了它们之间的遗传关系，追踪了它们从一个地层区向另一个地层区的变化。在研究中亚的侏罗纪沉积时，尼基金分出了独立的地层学分支——伏尔加地层。

曾获广泛传播的地层学方案图的作者车尔尼雪夫，总结了中古生代的历史地质的数据，编写了基础性的专著《乌拉尔和提曼的上石炭纪的腕足动物》（1902）。

地层学在俄国发展的下一个阶段，始于19世纪90年代安德鲁索夫的研究工作。在关注地层结构与动物群进化的同时，开始注意它们与外部环境的变化，与海洋流域的变化之间的联系。安德鲁索夫编制了克里米亚—高加索地区的新（第）三纪的地层学方案图。他的后继者和学生有阿尔汉格尔斯基、诺英斯基、涅恰耶夫等。

在生物地层学方面，还应指出鲍格丹诺维奇关于俄国南方的中新生代的研究。包利夏科关于俄国欧洲部分的侏罗纪软体动物的研究。诺英斯基关于伏尔加流域的古生代的研究。施图金伯格关于乌拉尔和伏尔加流域的石炭纪和二叠纪的研究。20世纪初，俄国的地质学，形成了两个基本的地层古生物学学派：彼得堡的地质学委员会的学派和莫斯科以A.巴甫洛夫为首的学派。在地层学发展上起了重要作用的还有一批地方大学的研究者——喀山大学、基辅大学和敖德萨（新罗西斯克）大学。

关于古大陆的平原冰冻期的思想，在历史地质学上占有特殊的地位。它是鲁利耶（1852）和修罗夫斯基（1856）提出，克罗包特金在讲述自己对俄国欧亚部分的北方和斯堪的纳维亚的观察结果的著作《关于冰川期的研究》（1876）之中，作了补充发展。1885年，尼基金发表了俄国欧洲部分的第四代冰川的分布图。他还分出了冰川沉积的发生起源类型，指出了它们的区域分布。

波波夫在研究俄国平原和西欧的冰川沉积中，确定了该疆域的三次冰冻。他还分出了大陆第四代沉积的新类型：坡积层和洪积层。波波夫关于第四代沉积的研究，后来由苏联的地质学家继续发展。

大地构造学（构造地质学）

在19世纪，占统治地位的是康德–拉普拉斯关于地球诞生的假说。其概念为炙热液状物的地球体，上面覆盖着薄地壳。这一方案，很好地解释了火山、地震、山体形成的原因。19世纪前半叶的关于上升的假说，便是建立在类似的概念之上，后来又被冷缩的假说所取代。顺便指出，当时关于地球内部的结构还有其他的概念。例如，博列基辛在1871年提出地球的内部全部为固体。门捷列夫在1816年提出地球的核是金属的。

然而，进一步的研究表明，山体的褶皱是线性延伸的，褶皱地区不可能只是由于垂直的突然向上的压力和喷发岩层的侵入的结果。必须设定还存在横向的、相切的压力。于是产生了冷缩的假说，是由法国学者鲍蒙在1829年提出，并于1852年更完整的构建的。它迅速获得了普遍的认可，成为19世纪后半叶地质学的主流假说。按此假说，覆盖火热的液体地球体的薄地壳，由于冷缩而逐渐加厚。随着冷缩壳体的温度减低，直至与外界温度相同。冷缩的停止也停止了收缩。但是地球的炙热核仍在收缩。由于核收缩的空塌，地壳弯曲并在横向压力作用下，形成褶皱——褶皱带和山脉链。按照冷缩派的观点，现在地球的地形就是这样形成的。

冷缩假说兴盛于19世纪末。奥地利地质学家居斯的著作促进了该假说的兴盛。在专著《地球山峰》中，他利用了各国研究者们积累的大量材料。在分析俄国疆域的地质结构时，他依据了卡尔宾斯基关于俄国地台的地质结构的研究著作。关于中亚，是依据穆斯克托夫的著作。关于西伯利亚，是依据切尔斯基和奥勃卢切夫的著作。

俄国地质学家们查明了大量事实，证明山脉是在横向压力参与下形成的。但是详细的调查表明，山体的形成是在水平方向，同时也是在垂直方向的力的作用下发生的。得出该结论的是1854—1855年在乌拉尔进行研究的梅格里茨基和安基波夫。随后，穆什克托夫得出结论，天山山脉体系是上升形成的，或称为"鼓起来"的。同时，与主山脉平行，存在由横向压力形成的褶皱。修罗夫斯基（1856）、梅格里茨基和安基波夫（1858）、果洛夫金斯基（1869）、伊诺斯特兰采夫（1899）、卡尔宾斯基等人发展了地壳振荡运动的概念。

卡尔宾斯基是古地理学的构造地质学方向的奠基人。在一系列著作，包括特写《俄国欧洲部分地壳振荡的一般性质》（1894）之中，他发展了关于存在两种类型地壳结构的学说：第一种是褶皱性类型，多为山区；第二种是有平坦沉积层的平原地区，被称为地台。地壳的振荡运动，按照卡尔宾斯基的意见，分为两种：一种范围较大，形成大洋盆地和大陆的升起；另一种范围较小，在大陆边缘形成地域性的凹陷和凸起。在俄国平原上的振荡运动发生在两个方向：平行于乌拉尔山脉的子午线方向；与平行于高加索走向的纬度线方向。1894年，在古地理学和地相分析数据的基础上，卡尔宾斯基编制了俄国欧洲部分的第一份构造地质图。他的关于地台结构和陆地与海洋的分布取决于地壳的振荡运动的概念，后来由苏联地质学家们继续发展。从1917—1936年，卡尔宾斯基为苏联科学院院长。

A.巴甫洛夫，冷缩假说的支持者。在研究俄国平台的构造时，引入了新的地台结构因素的概念——断层和台向斜。按照他的意见，断层，即地层沉积的破坏，是由于地壳收缩产生的。台向斜，即地台区域的大凹陷。他将其与地震运动相联系。A.巴甫洛夫认为，日古利断层是俄国平台上最大的断层（1887）。按照他的意见，这里有石油矿床，后来被证实了。克罗托夫（1894）和西比尔采夫（1896）对于俄国地台的构造进行了实质性的研究。

地质学最重要的科学总结之一，是关于地槽（大向斜层）和地台的学说。对于该学说的发展有重大影响的，是卡尔宾斯基关于存在地台褶皱结构和关于地台的振荡运动的结论，以及关于地壳结构的几何规律的结论。探寻相似规律的，还有蒂罗（1888）、沃耶伊科夫（1892）等人。

鲍格丹诺维奇发展了关于地槽的概念。他认为高加索山脉之处过去存在着地槽。后来由于褶皱形成和火成岩的溢出，该地区固结了。

在构造地质学上作出贡献的还有切尔斯基。他受俄国地理学会东西伯利亚分部委托，在贝加尔湖沿岸和周边地区进行了研究。他描述了由他发现的东西伯利亚的最古老的太古代岩体的结构——在其上面因相切的压力而挤压出更年轻的岩层上的褶皱。

在20世纪初，冷缩假说开始被重新审视。这一时期创立了许多地质结构的假说。通常都是侧重于地球发展的某一方面。亚切夫斯基在《地球表面与发生在它上面的地质过程相关的热状况》（1905）中提出，所有的地质过程都是由太阳能在地球表面的作用引起的。卢卡舍维奇1907年在自己的著作《地壳力学》中写道，地壳浮在岩浆上，遵循水动力学的规律。在专著《地壳的无机世界》（1908—1911）之中，卢卡舍维奇发展了冷缩假说。在该假说基础上，解释了在大陆和海洋下面的重力的异常。在A.巴甫洛夫的著作中，综合了关于地壳运动原因的冷缩和均衡假说。

随着构造地质学的发展和地球结构与总体发展信息的积累，在19世纪末开始形成了地震学。在俄国开始对地震现象的系统研究，是与奥尔洛夫的名字分不开的。经过多年研究，他编制了汇总的《俄国地震目录》（1893）。1888 年，由穆什克托夫加以补充后出版。根据穆什克托夫的倡议，俄国地理学会成立了地震委员会。1900 年，根据俄国科学院的建议，成立了常设的中央地震委员会。果里岑在地震现象的研究方面作出了巨大的贡献。

关于矿藏矿床的学说

地质学的很多领域，是在研究采矿区和矿床的基础上开始发展起来的。在 19 世纪后半叶，对矿床的起源给予很大的关注。在这一研究中，与费德洛夫、列文松-列辛格、阔克沙洛夫、叶列梅耶夫等人的名字相关联的岩石学和矿物学，起了很大的作用。

关于矿床的学说，成为地质学的一个独立的领域。在研究含矿地区时，将特别的注意力放在了矿藏分布规律的问题上，和对于这种或那种矿产和地质结构的地点预见的认定性问题上。在祖国如此广阔的领土上，必须选择需要首先研究和开发的州。对于区域的研究促进了这种预报。

对于乌拉尔矿床的研究，为岩浆矿床（列文松-列辛格、维索茨基）、矽卡岩（卡尔宾斯基、费德洛夫、尼基金等人）和其他类型矿物产生的结论提供了资料。在这些研究中，发展了关于沿地质结构延伸的矿带的概念。对在后贝加尔、阿尔泰、高加索和中亚重新发现的矿区矿床进行了研究。

1875—1900 年，德国学者比绍弗姆和赞德别尔格罗姆提出的矿床的侧向分泌生成的假说得到传播。按此假说，大气中的水分，渗到深处在岩层中浸析金属，然后沉积为金属矿。反对它的，是由鲍蒙提出，由德隆内、波舍普内发展的所谓水热假说（1893）。它确定在矿床和岩浆层之间的直接联系，将矿物形成的主要原因归于岩浆熔液。

俄国地质学家中，存在关于矿化与岩浆层的联系的观念。例如上面提到的对乌拉尔矿床的研究。在这里，被赋予决定性意义的，是对储存岩层矿物形成的影响。再之前，修罗夫斯基（1862）在关于高加索矿床的研究上，发展了与水热假说类似的思想。在 19 世纪末，有索科洛夫斯基、卡尔宾斯基，稍后有奥勃卢切夫、格拉西莫夫、穆什克托夫、包格达诺维奇研制了这一假设。后者于 1912—1913 年在彼得堡出版了矿床学的详细教程。

关于俄国的平原，对沉积形成的黏土、盐、磷灰石、煤、铁及其他矿藏的矿床进行了研究。在这些研究的过程中，泽缅特钦斯基在 1896 年提出了黏土的分类。金兹堡以对黏土形成的研究闻名。萨莫伊洛夫研究了磷灰石。他领导了农业学院的磷灰石研究委员会，组织了农业矿物博物馆，进行了关于这些矿物的授课。从 1919 年，他成为世界上第一个肥料研究所所长，该所由他组织在莫斯科成立（现以他的名字命名）。

关于在俄国国家疆域内的石油矿床早有所闻。在阿塞拜疆 16 世纪就开采石油了。17 世纪在西伯利亚，18 世纪在伏尔加河流域，都发现了蕴藏石油的标志。19 世纪中叶，开始了石油的钻井钻探。在 19 世纪末 20 世纪初，石油工业开始发展起来。第一批石油钻井是手工作业，由技术师谢苗诺夫于 1848 年在高加索，在阿普歇伦半岛完成。同样的作业也于 1855 年在伯绍拉河流域，在乌赫塔进行。1865 年，在北高加索完成了首个机器钻探钻井。在 19 世纪末，绘制了一系列巴库地区的地质图。1901 年起，地质委员会开始在高加索石油区进行详细的地质测绘。

除了高加索，19 世纪末至 20 世纪初，还在土库曼、费尔干纳、后里海地区（在厄姆巴河）进行了石油矿床的研究。在乌拉尔——伏尔加河流域，也查明有石油的存在。但是在这一藏油区——后来被称之为"第二巴库"的石油开采，是在苏联时期开始的。

1877 年，门捷列夫提出所谓的碳化物假说。基于地球中心是由金属的碳化物组成，它们可以沿着缝隙渗透至地壳达到表层的假设，而认为石油是由无机物产生的。在 20 世纪之初，尤里耶夫斯基（现塔尔图）大学教授地质学家米哈伊洛夫斯基发展了关于石油的产生是源自于腐泥界的渗散于黏土沉积的有机物的理论。安德鲁采夫也发展了这一假说。阿比赫在俄国第一个论证了关于石油和天然气的储藏与背斜褶皱层的联系的思想。1903—1905年，果鲁波亚特尼科夫在石油矿床形成的背斜理论的基础上，对巴库地区的储油情况作出了评价。卡里茨基在中亚发现了一系列矿床。1908 年，古勃金确定，石油的储藏可以被认定在古河道上。这种储藏形式——他称之为平型的发现，大大增加了找到石油的可能性。古勃金还编制了含油层的地下地形的结构图。可以在此基础上确定钻井的位置。在 1912—1913 年的著作中，古勃金发展了关于从古海岸区和浅水沉积区的海生有机物残留中形成石油的概念。古勃金作为研究者和组织者的天才，在苏维埃政权年代得以充分发挥。1929 年，他当选为院士。在发展苏联的地质学特别是石油地质学上起了重大的作用。

顿巴斯和莫斯科近郊地域的煤矿床，在 18 世纪就已知晓，但是未曾进行过系统的研究开发，因为古代的燃料储备完全能满足当时工业的需求。煤的开发是在 19 世纪下半叶成为实际的需求。第一批地质地图编制于 1864—1869 年。车尔尼雪夫进行了详尽的储煤区的沉积岩岩石学的研究。后来卢图金也进行了此研究，他还研究了煤炭化学。关于顿巴斯的研究结果，卢图金和斯捷潘诺夫（当时为地质委员会的工作人员）一起在汇总文章《俄国煤矿矿床要览》（1913）之中作了讲述。

在第一次世界大战期间，特别加紧了对于莫斯科近郊褐煤区域的地质结构的研究。19 世纪末 20 世纪初，编制了库兹涅茨克煤矿区域的地质地图。在国内，对煤矿的首次微观研究，是在 1883 年由矿山工程师任如利奥特完成的。古生物学家扎列斯基在微观研究的基础上，研究了煤的起源。

水地质学的提出是与高加索矿泉水和俄国东部的干旱区域的研究相关联的（穆什克托夫、斯拉夫扬诺夫、萨瓦林斯基等）。在工程地质学和土壤学方面进行研究的有俄国地质学家巴尔伯特–德–马尔尼、穆什克托夫、利沃夫、A.巴甫洛夫等人。

岩石学

利用偏振光显微镜对山岩薄切片（显微切片）的研究，促进了岩石学的建立（该方法由英国学者索尔比于 1858 年首次使用）。

从 19 世纪 60 年代俄国地质学家开始运用显微研究（勃留梅里于 1867 年，伊诺斯特兰采夫于 1868 年，卡尔宾斯基于 1869 年）。在区域性研究过程中，积累了各地区的描述岩石学的材料。首先是乌拉尔地区，描述和研究了那里的基础性和超基性成分的岩层带（卡尔宾斯基、费多罗夫、扎瓦里茨基等）。被研究的，还有南部俄国和波罗的海的晶状地块的古生代前寒武纪岩层（伊诺斯特兰采夫、列文松–列辛格等）、高加索的火山岩层（别良金等）以及西伯利亚（奥勃卢切夫、乌索夫等）。对西伯利亚暗色岩的首次描述，是 19 世纪 80—90 年代末由马克洛夫、赫鲁绍夫、波列诺夫等人完成的。

在研究实践中，费多罗夫引入了通用经纬仪，对描述地质学的发展起了重大作用。该仪器的使用，使得俄国的岩石学研究成为世界科学上的主导。在矿物质成分的显微研究基础上，卡尔宾斯基于 1891 年提出了矿层的分类。

在岩石学的发展上起了重大作用的显微方法的成功使用之后，需要对大量积累的资料进行理论研究和总结。列文松-列辛格的著作《奥洛涅茨克的绿辉岩层》（1888）和《与中央高加索火山岩层研究相关的理论岩石学研究》（1898）成为这方面的经典著作。列文松-列辛格研制了区别岩浆的理论，和他在 1890 年首次描述的火山岩按照化学成分分类的原理。列文松-列辛格在第七次国际地质学大会会议上（1897），报告了山岩按照化学成分和采用合理目录的岩浆区别的性质进行分类。

理论岩石学的最重要的问题之一，是岩浆的性质和起源问题。岩浆按自己的物理化学属性是什么，是熔融物还是液体，它是液体、固态还是玻璃态，如何解释观察到的火山岩的多样性？理论岩石学在 19 世纪末—20 世纪初对这些问题进行了讨论。

列文松-列辛格、卡尔宾斯基、拉果里奥认为，岩浆以它的物理化学属性可以认为是液体。费多罗夫支持岩浆的重力差分的概念，因为是从熔融体中按比重分离出晶体矿物质。列文松-列辛格提出了岩浆首先分解为液态，然后进行晶体化差分的过程。关于山岩层多样性的原因，列文松-列辛格提出两种岩浆的假说——基本成分的岩浆和在地壳形成的早期发生溢出的酸性成分的岩浆。从这两种初始岩浆出发，在其混合、晶体化和差分时，形成了各种可能产生的山岩。列文松-列辛格首次提出岩石层系的思想，即岩层是按照年龄和形成条件相近而组合的。理论岩石学的结论直接促进了关于矿床的学说的发展。

在卢卡舍维奇的著作《地球的无机生命》（1909）之中，发展了山岩变质作用的学说。书中讲述了岩石圈物质"永远的回转"的概念，即沉积岩沉入地壳深处时的变化和火山岩升至地表面时的变化。

对于发展理论岩石学具有意义的是实验研究。德尔塔大学教授莱姆别尔格提出了矿物质热液合成的实验（1872—1888）。在火山岩方面，安山岩和玄武岩的矿物质的实验合成，由科泽罗夫斯基在 1887 年实现。在彼得堡军医学院岩石学和矿物学教研室，赫鲁绍夫在 1887—1892 年期间世界上第一个在实验室中引入挥发性成分，合成了可以去说明闪石和云母起源的烃基矿物质。

在华沙大学进行实验研究的，是彼得堡科学院通讯院士教授拉果里奥和莫洛泽维奇。拉果里奥研究了溶解性对矿物质从溶解物中分离出来的影响。这使他可以提出从岩浆中分离出构成岩体矿物质的连续性的物理化学方案（1887）。莫洛泽维奇研究了硅酸溶解物的晶体化（1892—1897），并且合成了构成岩体的矿物质和山岩，包括首次合成过饱和的硅酸山岩流纹岩。

20 世纪初在彼得堡工学院，列文松-列辛格组织了实验岩石学实验室。在那里进行了研究硅酸系统中的物理化学平衡的实验。在这方面进行研究的还有他的学生别良金、金兹堡、列别捷夫和乌索夫。

在革命前的俄国，还奠定了关于沉积岩的独立学科——沉积岩石学的基础（泽姆亚特陈斯基、萨摩伊诺夫、金兹堡等人）。它的设立促进了土壤学（多库恰耶夫、格林卡）和维尔纳茨基及其学派对地球化学的研究。阿尔汉格尔斯基、阿尔马舍夫斯基、契尔文斯基、卢奇茨基等人对沉积岩作出了典范的描述。

矿物学

从 19 世纪后半叶至 20 世纪初，俄国矿物学瞄向两个方向：描述晶体学方向和发生起源方向。进行第一个方向研究的，是阔克沙洛夫、叶列梅耶夫、加多林、费多罗夫等人。

矿山学院教授阔克沙洛夫描述了 400 多种矿物质的晶体形态。他的研究成果，刊登在 11 卷的《俄国矿物学资料》（1853—1892）上，至今仍具学术价值。矿山学院教授叶列梅耶夫研究了矿物质的结构作用和它们置换（假晶）的过程。加多林以数学导出了在晶体中存在 32 种对称形式的定律。为此，他在 1868 年被授予科学院罗蒙诺索夫奖。

现代结构晶体学和矿物学的奠基人之一费多罗夫，理论上导出了存在

230 种晶体结构的对称空间组（所谓费多罗夫组）的定理（1890）。一年之后，重复该发明的德国数学家舍恩弗里斯承认了俄国学者的优先权。费多罗夫发明了用于研究矿物质的仪器——两圈的角度计（1889），和已提到的用于显微镜的万用平台，后来被称为费多罗夫平台。

描述晶体学方向的规律性继续发展，是对晶体化学的研究。这是与费多罗夫和他的学生们的名字相连的。涉及该问题的基础性著作，费多罗夫的《晶体王国》于 1920 年在这位杰出的学者去世之后出版。属于亚美尼亚学者阿尔茨鲁尼的，是总结性的著作《晶体的物理化学》（1893），该书的价值保存至今。在晶体化学专业领域的还有维尔纳茨基，他进行了包括同质多晶现象和同晶型现象的问题的研究。与维尔纳茨基的名字相连的，是在矿物学上的发生起源方向的发展。将矿物学视作为地壳的矿物质的历史，他认为，必须研究矿物质在自然界形成的过程，而不仅是该过程的最终结果，即矿物质本身。维尔纳茨基在发生起源矿物学领域的研究结果，发表于基础性的著作《描述矿物学的实验》（1908—1914）之中。

地球化学

在地球化学发展上起了奠基作用的维尔纳茨基，在明确地球化学的任务时，写道："地球化学科学地去研究化学元素，即地壳的原子。如若可能，乃至整个星球的原子。它研究它们的历史、它们的分布和在空间—时间中的运动，在我们的星球上，它们的发生比例。"

地球化学作为科学形成和开始发展，是在 20 世纪初。但是，奠定它的前提是在 18 世纪时，源于对地质过程的实质进行物理和化学解释的实验。罗蒙诺索夫认为，在研究地质现象时要求助于物理和化学。地球化学资料的积累，与矿物学、岩石学和关于矿床的学说相联系。其中包括前述的赛威尔金关于矿物学的研究、阿比赫关于山岩的化学亲合力的研究、科克沙罗夫关于俄国矿物学的研究、库托尔加关于矿物质的化学成分的研究，等等。在国外，是生拜因——他于 1838 年首次引入"地球化学"这一术语，以及波曼（1846）等人的研究。

1869 年，门捷列夫发明的周期律成为地球化学的基础。一些地球化学的问题是门捷列夫本人提出和加以研究的。例如，他的著作《与晶体的形状和成分的其他关系相关的同晶型现象》（1856）、《奥汉陨星样品的化学研究》（1888），等等，即是如此。土壤学家多库恰耶夫、格林卡、泽缅特钦斯基等人的研究，在发展地球化学概念时起了重要作用。

俄国地球化学学派的首领维尔纳茨基的研究，得到全世界的承认。实质上，维尔纳茨基构建了由地球科学、化学、物理学和生物学交汇的地球化学的课题。

化学元素在地球的自然过程中的表现（它们的发生起源、分散、浓缩、迁移、历史），成为地球化学的研究对象。维尔纳茨基在地球化学领域的思想起源，是与他的发生矿物学以及晶体学和化学的研究相联系的。还是在他研究的早期（1886），在研究化学物质和矿物质的同晶型现象和共生现象时，他实现了向原子水平研究的过渡，经验地确定了化学元素的同晶型序列。在其著作《地壳里化学元素的共生》（1910）之中，给每一个同晶型序列（总共约 20 个）加进元素。这些元素在一定的地球条件下，在形成矿物质时互相替代。维尔纳茨基说明，同晶型序列的组成，由于热动力条件而变化。这样，就搞清楚了可以预言化学元素在矿物质和山岩层中分布的指导原则。寻找矿藏矿床有了地质学的基础。

地球化学与宇宙化学的关系，在于确定地球和宇宙之间化学元素的相互交换。维尔纳茨基第一个在俄国将光谱分析用于地球化学的研究。由他研制的地球化学的化学元素分类，是从这些元素在地壳的过程中的作用出发的。维尔纳茨基强调了化学元素的分散（背景）状态，作为它们处于自然界中的状态的意义（1909）。元素的这些分散和浓缩的性质，是由于它们处于不同的地质壳和地质圈所决定的。关于地质圈的学说，成为维尔纳茨基科研活动的主要方向之一。赋予地壳过程中的放射性元素以非常重要的意义，维尔纳茨基努力确定它们的地球化学历史。从 1910 年起，他最先在俄国寻找镭和铀的矿床，还提出了可以以放射方法确定山岩层和矿物质的年龄的问题。他预言人类将在数十年内利用原子能。随后，他划分出了新的领域——放射地质学。

通过研究化学元素在地壳过程中的历史，维尔纳茨基注意到活性物质在元素于地表和特殊地质壳——地质圈中迁移、浓缩和分散的地球化学过程中的重要作用。维尔纳茨基的这一科学活动方向，导致苏联时期新的科学领域的出现——生物地球化学和关于生物圈的学说。当今成为在生态领域和自然与社会相互影响的研究的轴心。尽管维尔纳茨基上述思想是在革命前研究的，但是他在地球化学、生物地球化学、地质学、关于地球整体上的科学等领域，以及生物化学和生物地球化学自身，所作出的最大的总结性成果，在十月革命后的 20 世纪 20—40 年代才获得广泛的发展。

维尔纳茨基学派形成于 20 世纪初。他最亲密的学生费尔斯曼于 1912 年宣讲了世界上第一个地球化学的课程。费尔斯曼的主要科学活动已经是在苏维埃时期。维尔纳茨基的另一个学生萨莫伊洛夫在对沉积岩地球化学和生物学交叉的研究上，获得了重要的成果。地球化学的研究和所作出的预报，迅速获得了实际价值。

*　　　　　*　　　　　*

19 世纪后半叶和 20 世纪初，地质学在俄国（如同全世界的地质学）的主要内容包括历史思想的发展和承认地质学和地球化学过程的特殊性（果洛夫金斯基、卡尔宾斯基、车尔尼雪夫、伊诺斯特兰采夫、安德鲁索夫，维尔纳茨基等）；地质科学的进一步细化和其基础领域的高度发展，如地层学（科瓦列夫斯基、A. 巴甫洛夫、尼基金等）、大地构造学（卡尔宾斯基、穆什克托夫、卢卡舍维奇）、岩石学和矿物学（科克沙罗夫、费多罗夫、列文松-列辛格等）；地质物理学和地球化学开始形成（奥尔洛夫、果立岑、维尔纳茨基等）。同时，随着地质学理论的发展，一方面是对矿产需求的不断扩大，另一方面是地质学的应用领域的发生和发展，包括关于矿床的学说（舒洛夫斯基、博格达诺维奇、奥勃鲁切夫等）、石油地质学（安德鲁索夫、古勃金等）、煤炭地质学，等等。地质学与相邻学科——物理学、化学和生物学的相互影响更加深入。同时，开始认识到将地质科学的全部领域归于统一，和整合关于地球的全部的科学的必要性。在维尔纳茨基的总结性成果中，谈到了这种整合的第一批实验。

第二十七章　地理学

19 世纪末至 20 世纪初地理学思想在俄国的发展

19 世纪中叶对国家领土的考察研究以及俄国完成的环球航行，提供了丰富的实际材料，为俄国地理学思想的确立和发展，提供了优越的条件。

洪堡的总结性著作《宇宙：关于对世界进行物理描述的实验》在 1845 年发表后，立即译成了俄文。1837 年，在彼得堡出版了《洪堡男爵、爱伦堡和罗斯于 1829 年在西伯利亚和里海的旅行》一书。俄国的地理学家们十分了解洪堡的著作。诸如《等温线和地球上热量的分布》（巴黎，1817）、《中亚细亚》（巴黎，1843）和这位伟大学者的其他许多地理学著作。被充分了解的还有里特的著作：19 卷的《关于自然和人的历史地理学》（柏林，1859）和《总体比较地理学引言》（柏林，1852）。后者于 1856—1879 年在彼得堡出版（俄文译本名为《亚洲自然地理学》），并且由俄国学者作了补充。

俄国地理学家们特别感兴趣的，是洪堡关于自然体与其全部现象直接的联系；关于将各门自然科学结合在一起的地理学的综合性思想；以及他的研究地理对象的比较方法。洪堡在俄国科学上的传统，在艾维尔斯曼（Эверсман）的专题著作《奥伦堡区的自然史》（1840）中得到继承。该书以当时的知识水平，描述了气候特征、地形、地质结构、水、植物、土壤和动物界，以及它们之间的联系和制约。

产生于 19 世纪初的比较自然地理学的奠基人之一，是柏林大学的教授里特（Риттер）。他认为：地理学的对象是整体上的地球，尤其是地球表层。地理科学应当去描述地域性和揭示相邻地域的相互关系。与此同时，他是地理决定论学说的支持者和理论家。按此学说，历史、社会和文化发展上的决定因素是自然条件。里特的片面的、思想上直线的绝对的地理决定论，不能科学地解释社会历史过程。然而，它对各国地理学家产生了显著的影响。

地理决定论的突出代表人物，是俄国地理学家和社会学家麦奇尼科夫（Мечников）。在自己的作品《文明和伟大的历史之河》（1889）之中，他试图证明，社会发展的决定性力量，是集中了该国的一切自然地理特征的"历史之河"。

麦奇尼科夫的这个概念，受到普列汉诺夫的严肃认真的批判。

如前面所说的，地理学的新思想，被楞次广泛应用于自己的教科书《自然地理学》（1851）之中。该作品在当时，以描述的明确性和作者努力将自然法则置于首位而堪称优秀。其他属于19世纪中叶的优秀地理学作品，有库兹涅佐夫的附有4张总图和18张分图的《俄国帝国地理教学大纲》，该大纲的三分之二是对各州和城市的描述。剩下的三分之一，是对高加索地区和吉尔吉斯草原的综合评价，以及关于俄国在北美的领地的咨询资料。如果说楞次的《自然地理学》总结了俄国地理学思想的发展，那么，库兹涅佐夫的大纲，则是宏大的国家地理研究的总结，同时也是继续编制更完善的地理教科书的基础。

俄国地理科学的杰出组织者、俄国地理学会（从1873年）的实际领导人（副主席）、彼得堡科学院荣誉院士谢苗诺夫（从1906年改称谢苗诺夫-天山斯基），对地理学研究对象的确定，以及对地理学实质的解释予以极大的关注。在里特的《亚洲自然地理学》（1856）的第一部分俄文版的前言中，谢苗诺夫发展和补充了作者的思想，提出了"广义地理学"和"狭义地理学"。他认为，广义地理学是研究地球的结构"它的固态壳、液态壳和气态的壳；它与其他星球、和与栖生其上的有机物的关系的法则"。因此，广义地理学不是单一的科学，而是由一系列相互之间研究对象同一的自然科学组成的。谢苗诺夫在这个科学组中纳入了：（1）天文地理，研究地球与星球体系和作用于该体系的结构的关系；（2）自然地理，研究地理与一切在固态、液态和气态壳上的可看见的现象；（3）"政治地理"，研究人类社会对地球面貌变化的影响。

谢苗诺夫所作出的地理学研究对象和任务的定义，受他那个时代的水平所限。但是，他的某些原理至今仍未过时。例如，承认揭示地理规律是地理学的基本任务；将广义地理学视作互相关联的独立学科的组合；将研究自然现象和研究社会现象两个范畴的科学纳入地理学。

关于地理学的研究对象和实质的争论，在俄国和其他国家一直延续了整个 19 世纪的后半叶。争论的问题是：是否只有"地球表层"（即岩石圈、大气圈、水圈和生物圈）才是地理学的研究对象？能否将地理物理学和"天文地理学"归入地理学？

一些从事专门研究的权威的俄国地理学家们——别特利、克拉斯诺夫、阿努钦（Анучин）、谢苗诺夫-天山斯基，也就此理论问题发表了意见。

彼得堡大学教授别特利，在其著作《地理学的方法和原理》（1892）中写道，地理学应当研究整个地球，它的任务是去理解我们行星的生活。因此，他所纳入地理学范围的，不仅是关于地球的无机和有机现象，以及它们相互关系的学说，还要去研究我们星球天文的以及一般物理的（即生物物理）的属性。而对于涉及"专门的"（地方性的）地理学，他则认为只是研究"地球表层"。

莫斯科大学教授阿努钦，在俄国地理学思想发展上留下了深深的印记。1912 年，他阐述了对地理学的基本观点。他写道："地理学自然地分为两大类。整体的——自然地理学和区域的地理学。第一类研究对象是整个地球的全部表层。第二类是研究局部的表层、国家和州。这两类之间互相紧密联系。区域地理学的任务是全面、真实、清楚地描绘国家在地理方面的图像：它的陆地和水状况、表层地貌、气候、植物圈和动物圈、人类的聚落……"

哈尔科夫大学教授克拉斯诺夫于 1895 年，对于所发生的地理学成为物理数学科学链上的一个完全独立的学科，说出自己的意见：地理学（自然地理学）的研究对象是阿努钦所理解的地球表层。

有意思的是，还是在 1890 年，克拉斯诺夫就提出了对当时的地理学，尤其是区域地理学的一系列关键性的意见。他指出，在诸如列克柳的《地球与人》和《普通地理学》一类作品之中，主要是对于个别的、互不关联的事实的描述。他认为，此传统对于现代新地理学是不可接受的。他这样论述地理学的任务："取代对于分离的信息只做简单相加的做法，现代的新科学努力对地球上的无机和有机生命现象的不同类型进行组合与分类。如同像对于人类那样，去研究它们、评价它们，找出它们之间的发生起源联系和控制它们产生和相互作用的规律。"

按照这样的理论，克拉斯诺夫提倡的观点是：普通自然地理学的任务，是以历史的方法确定地理的规律。对于区域地理现象，他建议将其与相应的普通地理学现象相联系，并且在其背景下进行研究。

19世纪90年代，现代土壤科学的奠基者多库恰耶夫表述的新的原创性自然地理学思想彰显驰名。他在一系列基础性著作中，阐述了自己的自然地理学观点，包括《俄国黑土地》（1883）、《我们草原的过去和现在》（1892）等书籍。对土壤的研究，导致多库恰耶夫去创建自然区划的学说。多库恰耶夫写道："土壤是面镜子，它在鲜明和完全真实的反映着，一方面是水、空气、土地；另一方面是植物、动物有机体和国家的发展，以及两者之间的综合的、完全紧密的、世代相互作用的直接结果。正因为一切所说的自然环境、水、土、火（热和光）、空气，以及植物圈和动物圈，在自己的整个特征上，带有明显的、深刻的，以及无法抹去的世界的区域性法则的特点，不但是明确的，而且是确定无疑的。这些经世之久形成土壤的要素在地理分布上，无论是经度还是纬度，一定会呈现恒定的、实质上无论整体还是个体都会有的严格的规律性变化，特别是反映在从北至南的极带、温带、赤道热带国家的自然环境之中。即是如此，既然所有最重要的土壤缔造者处在地球表层，是呈现横带或者纬度多少平行的区域的状态，那么不可避免的，土壤——我们的黑土、灰土等，必定是区域性的处于地球表层，严格依从气候、植被和其他条件。"

关于气候现象、植被覆盖和动物圈的区域性，过去也有所闻。洪堡在19世纪初，就写过关于地貌的植物构成的区域性。多库恰耶夫首先指出了土壤的区域性，以及它与气候、植被和动物圈区域性相符。从而导致他对地理环境整体区域性的确认。

多库恰耶夫将温带分为六个区域：北方（冻土苔原）区、针叶林区、森林草原区、草原区、荒漠草原区和荒漠区。他指出（1900）：其中的每个区的自然面貌的变化，不仅仅是从北向南，同时也会随着温度和湿度及二者相互比例的变化，每个区由西向东分成自然区。接下来，他提出了区域内的区划的基本原则。多库恰耶夫发明的整体性法则和地理环境区域性法则，是在19世纪后半叶对自然地理学思想上的最大贡献。

区域性法则的建立，总体上终结了解释地球上不同地区土壤、植被和动物圈的地理差异的原因上的分歧。多库恰耶夫关于地理区域性的学说对于地理学的意义如同门捷列夫的周期表对于化学。

后来，多库恰耶夫的学生克拉斯诺夫、唐菲利耶夫等人对区域性学说作了成功的研究。

在《现代土壤学在科学和生活中的地位和作用》（1899）一文中，多库恰耶夫构建的自然地理学的任务，基本上与现在的构成相同。他写道："如所周知，在最近时期，现代科学领域最有意思的学科之一，正越来越被构建和独立出来。这就是关于那些多层次和多方面的相互关系和相互作用。即通过世代的变化去操控的、存在于所谓有生命和无生命的自然之中的，存在于：（1）山岩表层；（2）地球表层；（3）土壤；（4）地面和土壤中的水；（5）地区的气候；（6）植物；（7）动物（甚至包括低等动物）和人——造物之冠，上述之中的法则。"

在多库恰耶夫观点的基础上，在俄国广泛进行了对地理区域：从整体到局部，再到更小的单位——景观区的研究。

1913年，俄国林学家和地理学家，森林学说的奠基人莫罗佐夫（Морозов），更加充分地将景观区的划定，作为自然地理学的分类单元。他写道，地球上的任何地方都会分解成这些自然单元"像是焦点和结节，纠缠在上面的，其一是整体的和当地的气候；其二是地形、地理条件；其三是植被和动物圈"。

植物学地理家和林学家维索茨基，是地理学界在多库恰耶夫的方向上的显赫代表之一。他独立地与多库恰耶夫同时发展了区域性学说。他最先在地理学和气象学史上，找到了气象湿润度级别的客观指标——年度的降雨量与蒸发量之间的比例。维索茨基指出，在森林区降雨量超过蒸发量；在森林草原区该比例接近为1，在草原区该比例约为2/3；而在半荒漠区，该比例只有约1/3。

维索茨基提出了地域的概念。它完全符合现代将地理景观区视为自然区的概念。按照维索茨基的观点，地域是自然区划的初始单元，这同样符合现代的观点。

维索茨基建议，通过编制专门的植物拓扑地图或是生境区类型地图，来确切和充分地考虑生境区的条件。这对农业和林业实践具有重要意义。他建议将土壤和植物的分类，作为地图上图形的"指示器"。

别尔格发展多库恰耶夫的关于地理科学整体性的思想，详细制定出自己的学说基础，将地形地貌视作具有自然边界的地球表层上互相关联的对象和现象的规律性组合。

区域性的学说，也在别尔格以及其他地理学家的研究中获得进一步的发展。

在俄国地理学思想的发展中，自然地理学教学大纲和参考书起了重要的作用。1895—1899 年，出版了克拉斯诺夫的《自然地理学基础》。1908 年，他的《自然地理学大纲》出版。1910 年，出版了博罗乌诺夫的《自然地理学大纲》。在这一著作中，首次构建了自然地理学研究对象的新概念。博罗乌诺夫写道："自然地理学研究地球现在的面貌。换句话说，是研究现在的作为有机生命的生活场所的地壳外面的物理构造，以及在其中发生的现象……地球外壳的构成，是几个同心的球状的壳层，即为固体圈或岩石圈、液体圈或水圈、气体圈或大气圈，加上第四个——生物圈。所有这些外层，在相当程度上是互相渗透的，并且以自己的相互作用，确定着地球外表的面貌，也确定着地球上的一切现象。对这些相互作用的研究，是自然地理学的最主要任务之一。要将这一科目完全独立，与相近的学科——地质学、水文学和气象学区分开。"接着，博罗乌诺夫写道，自然地理学是研究"人周围的环境"。自然地理学"是一门自然科学的基本学科，它尤其是在对人和其他有机体的生命运行的环境进行解释"。

至 20 世纪初，俄国自然地理学拥有了自己发展深入研究的理论基础，以及无数考察和专门调查所收集的极丰富的资料。这样，就可以转入对于无论是单独的自然组成，还是大的自然地理区进行根本性总结的研究工作。

1900 年，出版了由物理天文台的主要工作人员绘制雷卡切夫编辑的《俄国气象地图》。

昆虫学家和东方学家戈尔日马依洛的三卷集著作《西蒙古和乌梁海地区》（1914），是长期进行的对土地的研究成果和对文献研究的综合。

阿奴奇的《日本和日本人》（1906），是很原创和有趣的。作者没有去过日本，但是，他具有罕见的筛选和分析文献资料的本事。

克鲁别尔的三卷集《普通自然地理学》（1917，1922）和唐菲利耶夫的四卷集《俄罗斯地理学》（1917，1922）是对地理学发展的重大贡献。

上述列举的科学著作的任务，是在总体上对所描述的领土作评价。与此同时，在 20 世纪初，开始了狭义地理学的研究。其中，除了总体上的领土评价，还具体作出区划，对区域、自然的州和区作了描述。例如涅斯特鲁耶夫、普拉索洛夫、别索诺夫的著作《萨马拉州的自然区》（1910），就是在具体的土地调查的基础上完成的。土壤学家季莫和植物学家柯列尔（Келлер）的《半荒漠区域》一书中，大部分涉及的是对中亚半荒漠地区的土壤和生物植物的评价。

如所周知，从 19 世纪后半叶起，在地理学内部，气象学、动物地理学和其他几个分支学科有了迅速发展。苏维埃学者格里高利叶夫院士写道："所列举的自然地理学分支，植物地理学和地形地貌学，在 19 世纪中叶，尚未形成为独立的地理学科。动物地理学接近形成独立学科。将土壤视为单独自然体的地理科学尚未存在，它产生于 19 世纪后半叶。在俄国，获得最大发展的地理学学科，是气象学和土壤地理学。因为国家经济基础行业——农业的需求，激起了对它们的兴趣高涨。"

19 世纪后半叶，气象学在俄国和外国的发展，最初是以对由于气象观测的数据缺少而有缺陷的多维（Дове）理论的批判作为标志。格里高利耶夫写道："正因为如此，在世界气象学的传统上，对有兴味的气象状况的描述受到限制，未能对在其基础之上的自然过程进行详细的研究。打破这个传统的是沃耶伊科夫……"

杰出的俄国气象学家沃耶伊科夫，将揭示所研究现象的实质，作为自己的任务。他的著作《地球的尤其是俄国的气候》（1884 年，第二版德文 1887年）享有广泛的知名度。沃耶伊科夫确信，构成地球气象的基础是：大气和它所有带地方特征的循环；辐射平衡的性质；地表外对流层的影响。他第一个指出将这些因素相结合的重要性。沃耶伊科夫的思想奠定了现代气象学的基础。

在这一时期，还广泛地研究了植物和动物的地理学问题。对动物地理学进行大量研究的，是米登多尔夫（1867，1869）、谢维尔佐夫（Северцов）（1873）、门兹比尔（Мензбир）（1881）、泽尔诺夫（1913）。在达尔文进化学说的基础上，开始形成许多俄国学者的生物群落学观点。克拉斯诺夫、唐菲利耶夫、莫罗佐夫也在自己关于植物地理学的著作中说出了该观点。生物群落学，后来成为生物地理群落学，其后续发展是苏维埃时期苏卡切夫和他的学生们的研究。

地理考察和调查

1845 年在彼得堡创建的俄国地理学会（РГО）（今俄罗斯地理学会）。从 19 世纪后半叶至 20 世纪初，在组织地理考察，研究俄国和毗邻国家的领土方面，发挥了重大的作用。它的分部（下称分支）在东西伯利亚、西西伯利亚、中亚、高加索和其他地方组建。在俄国地理学会的系列中，产生了一大批获得世界承认的杰出的研究者，包括李特科（Литке）、谢苗诺夫、普热瓦利斯基（Пржевальский）、波塔宁（Потанин）、克罗包特金、马克（Маак）、谢维尔佐夫等。与地理学会同时从事自然研究的，还有许多文化中心城市的自然科学工作者协会。一些政府机构，如地质和土壤委员会、农业部、西伯利亚铁路委员会，等等，在了解掌握国家的广大领土方面作出了很大贡献。

研究者们的主要研究方向，是西伯利亚、高加索、远东、中亚和中央亚洲。

中亚的研究

1851 年，谢苗诺夫受俄国地理学会委托，着手将里特的《亚洲的自然地理学》第一卷译成俄文。里特留下的大量问题和不确之处，使得专门的考察调查成为必要。谢苗诺夫自己挑起了这个重任。他本人与里特相识，在柏林期间（1852—1855）曾听过里特的课。谢苗诺夫与里特商讨了翻译《亚洲自然地理学》的细节后回到俄国。1855 年，做好了将第一卷付梓印刷的准备。

1856—1857 年，谢苗诺夫进行了富有成果的天山之行。1856 年，他到访伊塞克湖洼地。他是经过布姆（Боом）峡谷到达该湖的。这使他可以确定伊塞克湖的积水程度。在巴尔瑙尔过冬后，1857 年，谢苗诺夫穿过泰尔斯凯山脉，来到天山高原，塔里木河流向萨雷扎兹河的流域，看到了汗腾格里冰川。在返回的路上，谢苗诺夫调查了外伊犁山脉、准噶尔山脉、塔尔巴哈（山）和阿拉库里（Алакуль）湖。

谢苗诺夫认为自己考察的主要成果是：（1）确定了天山雪域的高度；（2）在天山发现了高山冰川；（3）推翻了洪堡关于天山的火山成因和存在边缘的博洛尔（Болор）山脉的假说。考察结果对修改和注释里特的《亚洲自然地理学》第二卷的译文，提供了丰富的资料。

1857—1879 年，谢维尔佐夫对中亚进行了研究。他完成了 7 次大的从沙漠到高山的考察。谢维尔佐夫的科学兴趣十分广泛。他从事地质学、地理学的研究，还研究了植物群，尤其是研究了动物群。

谢维尔佐夫进入天山中央，深入到在他之前从未有欧洲人到过的地方。他在自己的著作《土耳其斯坦的动物垂直和水平分布》中，对天山的高程区域性作出了综合评价。1874 年，谢维尔佐夫率领对阿姆达河进行考察的自然历史小队，穿越柯孜勒库木沙漠到达阿姆达河三角洲。1877 年，他成为到达帕米尔中段的欧洲第一人，获得了关于它的山志学、地质学和植物圈的确切信息，指出了帕米尔由于天山而具有的特征。谢维尔佐夫基于自然地理区域性，将大北极地区划分为动物地理区域的研究，和他的《横跨欧亚的俄国的鸟类学和鸟类地理学》（1867）一书，使他被认为是俄国的动物地理学的奠基人。

1868—1871 年，菲德琴科和他的妻子研究了中亚的高山地区。他们发现了宏大的外阿赖山山脉。对泽拉夫尚山谷和中亚的其他山区首次作了地理描述。在研究了泽拉夫尚谷地的动物群和植物群后，菲德琴科首次指出了土耳其斯坦与地中海国家的动物群和植物群的共同性。在历时三年的行程中，菲德琴科夫妇收集了大量的动植物标本，其中有许多新种，甚至是新属。依据考察资料，还绘制了费尔干纳盆地和周围山区的地图。1873 年，在从勃朗峰的一个冰川下来时，菲德琴科不幸身亡。

菲德琴科的朋友奥沙宁，于 1876 年完成了在阿莱河谷的考察。1878 年，完成了在苏尔霍布河谷和木克苏合谷（瓦克沙流域）的考察。奥沙宁发现了亚洲最大的冰川之一，为了纪念朋友，将其称为菲德琴科冰川，还发现达尔瓦扎山脉和彼得一世山脉。属于奥沙宁的，还有首次对阿莱山谷和巴达霍尚的全面的自然地理学评价。他还为于1906—1910年出版的古北极地区半翅目的分类学目录做了准备。

1886年，克拉斯诺夫受俄国地理学会委托，对汗腾格里山脉进行了调查。目的是，查明和论证中部天山山地的植物群与邻近的沿巴尔喀草原和图兰沙漠的植物群之间的生态——遗传联系，以及跟踪在比较年轻的沿巴尔喀什第四纪冲积平原的植物群，与相当古老的中部天山高山植物群（与第三纪相混合）之间的相互作用的过程。这实质上是研究进化的问题，其结论精彩地记述在克拉斯诺夫的硕士答辩《东天山南部植物群发展史的实验研究》（俄国地理学会关于19世纪普通地理的记载，1888）之中。

1899—1902年，1906年，由别尔格领导的对阿莱海的考察，是相当富有成果的。别尔格的专著《阿莱海，自然地理学专著》（1908）是经典的综合性的地区自然地理学评价的范例。基于对一系列中亚湖泊的比较研究，别尔格对当时关于中亚的湖泊正在干涸的说法持反对意见。

19世纪80年代，对中亚沙地的研究引起很大的关注。该问题的产生，是与在中亚建造铁路相关联的。1912年，在雷佩泰克铁路站，建立了第一个常设的研究沙漠的综合科研地理工作站。

1911年和1913年，移民管理局在中亚和西伯利亚进行了考察。涅乌斯特鲁叶夫的考察队获得了非常有意思的地理信息。他们从费尔干纳经帕米尔到喀什葛尔。在帕米尔发现了明显的古冰川活动的痕迹。从19世纪至20世纪初，对中亚考察的成果总结，详尽刊载在移民管理局的出版物《亚洲的俄国》上。

对中央亚细亚的调查

在俄国的考察之前，欧洲地理学家们对中央亚细亚的概念十分模糊。最初的考察是由普热瓦利斯基开创的。1870—1885年，他对中亚细亚的沙漠和高山做了四次考察。在第五次考察开始时，普热瓦利斯基患上肠伤寒，死于伊塞克湖。后来，由佩夫佐夫（Певцов）、罗博罗夫斯基（Роборовский）和考兹洛夫领导，继续完成了此次考察。

借助普热瓦利斯基的考察，才能够最早获得并标入地图中关于中亚细亚地形的可靠信息。考察中定期进行的气象观测，得出了该地区气象的宝贵资料。在普热瓦利斯基的著作中，富于对地貌、植物和动物圈的精彩描写，其中还包含关于亚洲民族和其日常生活的信息。普热瓦利斯基送回彼得堡的标本，有哺乳动物 702 份、鸟类 5010 份、爬行动物和两栖动物 1200 份、鱼类 643 份。展品中有从来未知的野马（为了纪念他，被称之为普热瓦利斯基马）和野骆驼。考察得到的植物标本达 1.5 万件，分属于 1700 个种类，其中包括 218 个新品种和 7 个新的属类。

从 1870—1885 年，普热瓦利斯基发表了下列自己编写的考察旅途记叙：《1867—1869 年旅行在乌苏里边疆》（1870）、《蒙古和唐古特人的国家，在亚洲东部高山的三年旅行》1—2 卷（1875—1876）、《从天山外的伊宁到罗布泊》（1877）、《从斋桑经哈密去西藏和去黄河上游》（1833）、《西藏北部边区的研究和经过罗布泊沿塔里木河流域的道路》（1888）。

普热瓦利斯基的著作被翻译成多种欧洲文字，并且立刻获得普遍的认可。它们与洪堡的光辉著作同列，至今被人们格外注重。1879 年，伦敦地理学会授予普热瓦利斯基奖章。在授奖决定中指出，普热瓦利斯基的西藏旅行的描述，胜过自马可波罗以来在这方面被人熟知的一切描述。罗赫特果芬（Рохтгофен）称普热瓦利斯基的成果是"惊人的地理发现"。授奖给普热瓦利斯基的还有俄罗斯、巴黎、伦敦、斯德哥尔摩和罗马等各个地理学会。他成为很多外国大学的荣誉博士，彼得堡科学院的荣誉院士，以及许多外国的和俄国的学术协会和机构的荣誉成员。普热瓦利斯基去世所在的卡拉科尔市，后来获名为普热瓦利斯基市。

在中央亚细亚的研究上，与普热瓦利斯基同时代的和后续者有：波塔宁（做过许多人种学研究）、别列措夫、奥勃卢切夫、格鲁姆-格尔日迈洛（Грум-Гржимайло），等等。

西伯利亚和远东的研究

俄国资本主义的发展，迫切要求对整个亚洲，尤其是西伯利亚进行研究，从而了解掌握其自然财富和居民。这只有通过大量的地质—地理考察才能够实现。西伯利亚的商人和企业家们，关心对边疆自然资源的调查，他们从物质上对这些考察予以资助。

俄国地理学会西伯利亚部，于 1851 年在伊尔库茨克成立。利用商贸工业公司的资金，装备了在阿穆尔河流域、萨哈林岛和西伯利亚的储金地区的考察。其参加者，大部分是热心于此的各阶层的知识分子：矿山工程师和地质学家、中学老师和大学教授、陆海军的军官、医生和政治流放犯。俄国地理学会对考察实施科学上的领导。

1849—1852 年，后贝加尔边区进行了由天文学家施瓦尔茨、矿山工程师梅格里茨基（Меглицкий）和柯万科参加的考察。当时梅格里茨基和柯万科就指出了在阿尔丹河流域存在黄金和石煤产地。引人入胜的是梅格里茨基关于贝加尔西南地区调查的文章，发表于《矿山杂志》（1855 年第二部第四册）。

俄国地理学会于 1853—1854 年组织的维吕河流域的考察，是真正的地理发现。伊尔库茨克中学的自然老师马克领导了考察。参加者有地形学家宗德加根（Зондгаген）和鸟类学家巴甫洛夫斯基。在极其困难的苔原条件下，完全没有道路。马克的考察包括维吕河和部分奥列涅克河流域的广大疆域。考察结果写入马克的三卷集著作《雅库茨克州的维吕地区》（1883—1887），其中详尽描述了雅库茨克州的广大而有趣的区域上的自然、居民和经济状况。

此次考察结束后，俄国地理学会组织了两批对西伯利亚的考察（1855—1858）。数学组的考察由施瓦尔茨率领，目标是确定天文点和为绘制东、西西伯利亚地图做基础工作。此项任务得以顺利完成。在物理组中，有植物学家马克西莫维奇、动物学家施伦克（Шренк）和拉杰（Радде）。拉德的报告内容，是研究贝加尔地区、达乌里亚草原和楚科特山岭的动物圈。该报告分两卷于 1862 年和 1863 年以德文发表。

马克率领的另一次综合考察——对阿穆尔河的考察，记录在两部著作《按俄国地理学会西伯利亚部 1855 年指令完成的阿穆尔之旅》（1859）和《乌苏里河谷之旅》1—2 卷（1861）之中。马克的著作中，包含许多这些远东河流流域的宝贵信息。

俄国杰出的旅行家和地理学家克罗包特金，在西伯利亚的地理研究上，写下了更为光辉的篇章。

克罗包特金和自然老师波利亚科夫在勒拿河——维提姆河产金地区进行了十分周密的考察。他们的主要任务，是寻找从赤塔山向维提姆河和奥列克马河迁徙牲畜的道路。旅程起始于勒拿河，终点是赤塔。考察覆盖了奥列克马——恰尔斯基（Олекмо-Чарский）高地：北楚依、南楚依、奥列拉依（边区）和一系列维提姆高地的山区，包括雅布洛诺夫山脉。这次考察的科学报告，刊登在 1873 年的《俄国地理学会记事》（卷 3）上，里面对西伯利亚的地理有了新的说法。他所编制的东西伯利亚山志学方案（山志草案）远远不同于洪堡的草图。施瓦尔茨的地图，成为他的地形学基础。克罗包特金是第一个认真关注西伯利亚古冰川作用痕迹的地理学家。著名的地质学家和地理学家奥勃卢切夫认为，克罗包特金是俄国地貌地理学的奠基人之一。克罗包特金的随从，动物学家波利亚科夫编写了所经沿途的生态——动物地理学描述。

彼得堡科学院院士施伦克，于 1854—1856 年领导了科学院对阿穆尔河和萨哈林的考察。施伦克所涉及的科学问题的范围相当广。他的研究成果，发表在四卷集著作《在阿穆尔边区的旅行和调查》（1859—1877）之中。

1867—1869 年，普热瓦利斯基研究了乌苏里地区。他第一个指出了在乌苏里泰加林中的很有意思的也是唯一的北方与南方相结合的植物群和动物群，揭示了边区的冬季严寒和夏季潮湿的自然特征。

最大的地理学家和植物学家（1936—1945 年任科学院院长）卡马洛夫，从 1895 年开始研究远东的自然状况。一直到去世，他都保持着对该地区的浓厚兴趣。在自己的三卷集《满洲里的植物群》（1901—1907）中，他对划分专门的"满洲"植物区作了论证。属于他的还有经典著作《堪察加半岛植物群》（1927—1930）和《关于中国和蒙古的植物群的引言》（1908）。

著名的旅行家阿尔森耶夫在自己的书中，画出了远东的自然和居民的生动画面。1902—1910 年，他研究了锡霍特（Сихотэ-Алинь）山脉的水文网。对沿海和乌苏里地区的地形作出了详尽的评价，精彩描述了那里的居民。阿尔森耶夫的书《沿着乌苏里的密林》、《德尔苏乌扎拉》和其他著作，至今读起来仍然令人兴味不减（六卷集的阿尔森耶夫著作于 1947—1949 年在符拉迪沃斯托克出版）。

切卡诺夫斯基、切尔斯基和德鲍夫斯基，在 1863 年波兰起义后，被流放到西伯利亚。他们对西伯利亚的研究作出了重大贡献。切卡诺夫斯基研究了伊尔库茨克州的地理。他的关于此研究的报告，获得了俄国地理学会的小金质奖章。但是，切卡诺夫斯基的主要功绩，在于对当时尚属未知的下通古斯河和勒拿河之间的领土的研究。他发现了那里的暗岩高原；描述了奥列涅克河；编制了雅库茨克州的西北部的地图。

归功于地质学家和地理学家切尔斯基的，是首次对贝加尔湖凹陷形成理论的观点汇总（他本人也提出了自己的关于其形成的假说）。切尔斯基得出结论：位于这个地方的是古生代之初，未被海水淹没的古西伯利亚。这个结论被久斯（Зюсс）用于关于"亚洲的古代黑暗"的假说。至今，该结论未失去它的意义。切尔斯基讲出了深刻的思想：关于地貌的侵蚀性形成；关于抹平地貌陡峭的形状而使之变平坦。

1891年，在已患不治之症的情况下，切尔斯基开始完成自己最大的旅程，去卡雷姆河流域。在从雅库茨克至上游卡雷姆的路上，他发现了由一系列山组成的巨大山脉，高度达一千多米（后来此山脉以他的名字命名）。1892年夏，切尔斯基病逝于途中，留下了已经完成的著作《关于卡雷姆河、因第吉尔卡河和雅娜河区域调查的预前报告》（1893年，《科学院记事》第23卷附录）。

德鲍夫斯基和自己的同志果德列夫斯基，研究和描述了贝加尔地区独特的动物群。他们还测量了这个绝无仅有的水域的深度。

奥勃卢切夫的关于他的地质研究的报告，以及他的关于西伯利亚自然状况的专题文章，都有许多涉及地理学的内容。在对奥列克马——维提姆地区的金矿矿床进行地质研究的同时，他还研究了一些地理问题，诸如永久冻土的产生、西伯利亚的冻结、东西伯利亚和阿尔泰的山志学。

西伯利亚地区因它平坦的地貌，很少吸引学者们的注意。大部分研究是由植物学和人文学的爱好者们在进行，其中有亚德林采夫、科列缅茨、斯洛夫佐夫。1898年，由别列格和伊格纳托夫进行的盐湖调查具有重大意义。它被记述在《鄂木斯克县的赛列提-登戈兹、铁克湖和吉兹尔卡克盐湖，自然地理学概述》（俄国地理学会西西伯利亚部记事，1901）之中。书中内容包括：对于森林草原、森林和草原相互关系的详细评价，对植物群和地貌的叙述，等等。这次研究标志着对西伯利亚的研究进入新阶段——从沿着考察路线的研究，转变为半站点式的、综合性的、涵盖自然地理特征的、范围广泛的研究。

在19世纪末至20世纪的前10年，对西伯利亚地理的研究，要服从于两个重大的国家课题：西伯利亚铁路的建设和对西伯利亚的农业开发。1892年成立的路局委员会，吸收大批的学者，对西伯利亚铁路沿线的广大地带进行调查。其中调查了地质和矿藏、地上水和地下水、气候、植被。唐菲利耶夫在巴拉巴（Бараба）和库伦津（Кулундин）草原的调查（1899—1901）具有突出重要的意义。在《巴拉巴和库伦津草原》（1902）一书中，对于过去的学者们的观点，唐菲利耶夫提出了令人信服的巴拉巴草原的长丘形地貌的产生原因，西伯利亚之低地的无数湖泊的特点，土壤包括黑土的性质等问题的解说。唐菲利耶夫解释了为什么在俄国的欧洲地区森林靠近河谷；而在巴拉巴却相反，森林避开河谷，生长在分水丘地。在唐菲利耶夫之前，米登多尔弗曾经对巴拉巴低地做过研究。他的著作《巴拉巴》发表于1871年的《科学院记事》的附录上，至今仍引起很大关注。

从1908—1914年，农业部移民局在俄国亚洲部分进行了土壤——植物考察。领导此项工作的是多库恰耶夫的学生，杰出的土壤学家格林卡。考察涵盖了几乎全部西伯利亚、远东和中亚。考察的科学报告刊登在四卷集的《亚洲的俄国》（1914）之中。在其中的第二卷和由集体创作的地图册之中，对在革命时期的俄国亚洲部分的地理研究作了总结。

俄国欧洲部分、乌拉尔和高加索的研究

当时，学者们和农业部的注意力被吸引到找出在人口稠密的俄国欧洲部分发生的土壤退化、河流干涸、捕鱼量减少和经常粮食减产的原因。为此目的，在国家的欧洲部分进行地理研究的，有各种不同专业的自然科学工作者：土壤学家、地质学家、植物学家、水利学家。他们研究各个专门的自然界构成。但是，每当研究者试图解释发生的现象时，都不可避免的体会到，要在广泛的地理学的基础之上，必须考虑到所有的自然因素进行审视和研究。

1874年，根据俄国地理学会的倡议，成立了测高委员会。其目的是通过使用地平线—等高线，绘制可以反映地点高低的地形图。由于该委员会工作的结果，1884年出版了蒂洛（Тилло）绘制的《高度图》。1883年，出版了他的俄国欧洲河流的长度和落差（比降）的地图。1889年，出版了《俄国欧洲部分示高地图》（缺北方部分），这是蒂洛15年工作的成果。该地图仿佛扭转了一切过去关于俄国欧洲部分地形的概念。图上绘出了高地：沿高

加索高地（斯塔夫罗波尔高地）、中部俄国高地、沿伏尔加河高地和沿乌拉尔高地，以及将它们隔开的低地：沿波罗的海低地、沿第聂伯河低地、奥克斯克-顿河低地和伏尔加河低地。

对土壤和植物的研究，在俄国地理学的建立和发展上占有特殊的位置。这些研究是由于必须去寻找连年歉收的原因所引起，被纳入到对疆土的综合性地理研究的体系之中。

通过对俄国黑土地的研究，卢普列赫特院士证明，黑土地的分布与植物的地理紧密关联，云杉分布的南部边界，与黑土地的北方边界相吻合。

1882—1888 年，多库恰耶夫领导的对下哥罗德的土壤考察，是土壤植物学研究的新阶段。考察结果汇编成为科学报告（《下哥罗德州土地的评价资料》1884—1886），和两张地图——土壤地图和地质地图。报告中对该州的气候、地貌、水文、土壤、植物和动物圈进行了研究。这是第一部对于大农业区的此类综合研究报告。它使多库恰耶夫形成了新的自然历史观，为农业的遗传方向学说打下基础。

唐菲利耶夫对由国家资产部组织的 25 年俄国沼泽调查作了总结。在自己的文章《关于彼得堡州的沼泽》（自由经济协会作品第 5 号）和《波列西耶的沼泽和泥炭》（1895）之中，他揭示了沼泽形成的机制，进行了详细的分类。由此奠定了科学的沼泽学基础。

在 19 世纪后半叶对乌拉尔的调查，将主要注意力集中在研究其地质结构和矿藏的分布。1914 年，绘成了全部乌拉尔的中部和南部的比例尺 1∶420000 的地质地图，为地理学家们进一步研究乌拉尔的自然地理组成打下坚实的基础。

1898—1900 年，俄国地理学会奥伦堡部，组织了乌拉尔山脉南部的气压水准测量。测量结果发表在 1900—1901 年间的《俄国地理学会奥伦堡部消息报》上。它推动开始进行专门的地貌研究。第一个在乌拉尔做此研究的是克拉托夫。他对中部乌拉尔的地貌学史作了批判研究：做出了该地区的地貌构造总图，描述了许多表层的性质特征，解释了其发生的地质条件。

对乌拉尔气候的基础研究，始于 19 世纪 80 年代。当时，在那里已建成 81 个气象站。至 1911 年，气象站的数字增至 318 个。通过对于得出的气象观测数据的研究，使得明晰气象因素分布图和确定乌拉尔地区气候的整体特征成为可能。

从 19 世纪中叶起，开始了对于乌拉尔的水专项研究。交通部内河运输和公路运输管理局，从 1902—1915 年，出版了 65 次《俄国河流资料》，其中包括乌拉尔的河流的广泛信息。

20 世纪初，对乌拉尔的植物群（除了北部和极地）已经做了很好的研究。1894 年，彼得堡植物园的总植物学家科尔托斯基，第一个注意到在乌拉尔的古植物痕迹。彼得堡植物园的研究人员克拉申尼科夫，第一个提出了关于南外乌拉尔的森林和草原的相互关系的概念，从而提出了最重要的植物地理学问题。

而对乌拉尔的土壤学研究则相当滞后。直至 1913 年，多库恰耶夫的同事涅乌特思路耶夫、克拉申尼科夫开始对乌拉尔的土壤进行综合性研究。他们的主要著作的发表已是到了苏维埃时期。

革命以前的全部关于乌拉尔的地理研究，汇总刊登在多卷集的插图作品《俄国，我们祖国的全部地理描述》（1904）的第五卷上。吸引读者的是作者试图按照基本构成，对乌拉尔的自然界作出评价，并表明它们之间的相互关系，尤其是，显著地表明了表层大环境形态与地质结构和矿脉破坏损耗过程的关系。

19 世纪后半叶，开始了系统的对高加索的三角测量和地形测量的工作。军事地形测量员们，在自己的报告和文章中讲述了许多有关总体的地理信息。利用地理测量和地质研究的数据，阿比哈、萨利茨基在 1886 年出版了《高加索地形和地质要览》，其中讲述了自己关于该地区地理的想法。

高加索的冰川引起了许多关注。波多泽尔斯基的著作（《高加索山脉的冰川》——地理学会高加索部记事，1911），对高加索山脉的冰川做了数量和质量上的评价，具有很高的学术价值。波多泽尔斯基编写的大高加索冰川目录，至今是冰川学者们的指南之一。

沃耶伊科夫在研究高加索的气候时，首先注意到高加索的气候和植物的相互关系。在 1871 年第一次尝试实现该地区自然区的自然区划。

多库恰耶夫在高加索的研究上贡献卓著。正是在对高加索自然界的研究之后，最后形成了他的纬度区域性和高度带状性的学说。

所有革命前的关于高加索地貌的信息，被唐菲利耶夫收入在他的《俄国地理》（1922）第二卷之中。

与这些知名学者同时研究高加索的还有数十位土壤学家、地质学家、植物学家、动物学家等等。大量有关高加索的材料，刊登在《俄国地理学会高加索部消息报》和专科的杂志上。但是，对高加索实现充分的综合性研究和区域划分，已经是到了苏联时期。

极地研究

19 世纪 70 年代，摆在西伯利亚的企业家们面前的一个特别尖锐的问题，就是关于如何利用北方的海路，运出大量的货物，诸如木材、皮革、石墨、矿物等。西伯利亚的社会活动家和企业家西多罗夫，悬赏大笔奖金，奖给能从喀拉海驾船沿叶尼塞河，取回在叶尼塞河支流库列伊卡开采的石墨的船长。

1874 年，英国船长维金斯驾"戴安娜"号轮船，一次航程从英国经喀拉海抵达奥伯海湾。1875 年，瑞典极地研究者诺尔登-舍尔德在"普列文"号轮船上，船长维金斯在"特姆扎"号轮船上一起驶入叶尼塞湾。维金斯沿叶尼塞河，上行至库列伊卡河并取走了石墨。诺尔登-舍尔德乘"奥友尔"号第二次抵达叶尼塞。1876 年，西多罗夫装备了纵帆船"朝霞"号。用 3 周时间从叶尼塞河口航行至巴尔德（挪威）。1878—1879 年，诺尔登-舍尔德乘"维佳"号，经过一冬，从喀拉海航行至白令海峡。

1882—1883 年，俄国学者尤尔根斯（Юргенс）和本格（Бунге）参加了首次国际极地年的研究活动。当时，俄国在新地岛（南岛、小卡尔马库雷）和勒拿河口的萨迦斯迪尔（Сагастыр）村建立了基地站。这些极地站的建立，开创了俄国的极地站考察研究。

1886 年，本格和年轻的地质学家托里研究了新西伯利亚岛。托里对岛的地质作出了评价，证明西伯利亚北方被严重冰冻。1900—1902 年，托里领导了科学院的极地考察，乘"霞光"号帆船，试图找到从 1811 年就传言存在的"萨尼科夫地"。在两个夏季时间，"霞光"号从喀拉海航行至新西伯利亚岛地区。在泰梅尔半岛度过了第一个冬季，进行了地理资料的搜集。在科捷尔（Котель）岛度过了第二个冬季之后，托里与三名随员乘着狗橇赴本涅塔（Беннета）岛方向，在返回途中全部遇难。后继的考察也未能证实

"萨尼科夫地"的存在。

1910—1915年，在破冰船"泰梅尔"号和"瓦加奇岛"号上，进行了从白令海峡至科雷姆河口的水文调查，目的是制成涵盖俄国北方的海路图志。1913年，"泰梅尔"号和"瓦加奇岛"号发现了现在称之为"北方地"的群岛。

1912年，海军中尉勃鲁西洛夫决定要经北方海路从彼得堡到符拉迪沃斯托克。他用个人的资金装备了纵桅帆船"圣安娜"号，在亚马尔半岛岸边被冰夹挤，被风和海流带向西北（佛朗茨-约瑟夫地以北），全体船员遇难，只剩下领航员阿里巴诺夫和水手孔拉德。他们被勃鲁西洛夫派往陆地去求援。由阿里巴诺夫保存下来的航行日志，留下丰富的资料。通过对这些资料的分析，著名极地旅行者和学者维泽（Визе），在1924年预言了未知岛屿的位置。1930年，该岛屿被发现，命名为维泽岛。

在极地研究方面颇有作为的是谢多夫。他研究了赴科雷姆河口和赴新地岛上的科列斯托海湾的通路。1911年，谢多夫乘"圣福克"号抵达弗朗茨-约瑟夫地，在太平港湾的布克尔岛过冬。1914年2月，谢多夫与两名水手从这里乘雪橇出发赴北极，但未能成功，他在半路上去世。谢洛夫的随从者维泽和A.巴甫洛夫所获得的资料极具价值。

由科尼波维奇和博雷特弗斯领导的摩尔曼斯克科学产业考察，获得了丰富的水生物资料。在考察期间（1898—1908），在"安德烈一世"号舰船上，进行了1500个点的水文观测和2000个点的生物学观测。考察结果编制了巴伦支海的深海图和海流图。1906年，出版了科尼波维奇的书《欧洲冰海洋水文学基础》。许多关于巴伦支海的新资料，是由建立于1881年的摩尔曼斯克生物站的学者们获得的。

*　　　　　*　　　　　*

1857年，俄国的舰船开始扬帆远航，首先是在环球航行中继续进行水文气象观测。

1883年，俄国参加了在布鲁塞尔举行的第一届国际海洋大会。会上作出了关于确定唯一的水文气象观测方法的决议。俄国海洋研究者们对此予以严格履行。

有关海峡的原创性研究，属于海军上将马卡罗夫。他完成了多种水文研究。马卡罗夫的经典著作《"勇士"号和太平洋》于1894年以俄文、法文同时出版。该著作的完成，是基于1886—1889年蒸汽轻巡航帆船"勇士"号的环球航行的结果。它的新颖性和原创性在于马卡罗夫将整个大洋和它所包括的海，被划分为长和宽均为1°的区域段。成千上万这样的区域段，被填上水的最大的、最小的和平均温度的指标。这些指标，连同有关水的比重的分布数据，得出关于大洋中的密度流场的概念。从水的温度分布值，可以发现和研究影响天气变化的深冷海水上升至表层的地点。

马卡罗夫发展了楞次的关于海洋水纵向循环的设想，构建了太平洋北部的反气旋圆圈状洋流总体图，首次证明了地球旋转对于海流洋流动力的偏转作用。

马卡罗夫对于海洋地理的研究获得了广泛认可。"勇士"号的名字，与其他9艘对世界海洋研究作出巨大贡献的舰船的名字一起，被镌刻在摩纳哥海洋地理博物馆的前面。

在19世纪末20世纪初，涌现了一系列关于海洋地理学和海洋水文学的杰出著作，其中包括施林克的《自然地理学、水文学在科学院海洋科学培训班的讲座》（1875）一书。在这部内容广泛的专著中，施林克采用了最新的科学成果，包括英国的"切林泽尔"号考察（1872—1876）的结果。

1903年，出版了什平德列尔（Шпиндлер）教授的《关于自然地理学的讲座》，书中的相当部分内容是关于海洋地理学的。如同楞次和施林克的教程，其中也包含了依据现代的科技成果，对于海洋地理学的基础原理的系统论述。例如，什平德列尔写道，海水颜色的变化，可以归结于射入海水的太阳光通过各种散射、反射和吸收，以及受海水中悬浮状微固体的溶解程度和数量的影响，变为构成其的单独一种光色。现代海洋光学的基础，是由苏联时期的学者舒列伊金和印度物理学家拉曼，分别独立地在20世纪20年代奠定的。

肖卡里斯基在他的具有世界意义的基础性著作《海洋地理学》（1917）中，归纳总结和发展了苏联时期的海洋地理学的成果。书中不但细致地对海洋研究的世界经验加以描述、分析和总结，而且包含着肖卡里斯基本人的原创思想。40年后，在第二版（肖去世后）的《海洋地理学》的前言中指出："尽管整体上的科学和局部上的海洋科学在突飞猛进地进步，肖卡里斯基的著作仍然继续保持着基础性地理著作的许多优秀之处。"

马卡罗夫、科尼波维奇和其他俄国学者们，积极参加了1902年成立的海洋研究国际委员会的工作。

19世纪末20世纪初的科学，很少研究劳动的分布疆域和国家经济的区域发展问题。19世纪末列宁发表著作《资本主义在俄国的发展》，成为一个具有历史重要性的事件。在该著作中，列宁研究和实际应用了区域研究方法的理论基础——新的马克思主义经济区划的理论基础。《资本主义在俄国的发展》一书，成为创立独立的科学——经济地理学的方法论基础。这门科学在苏联时期获得了广泛发展。对创建该学科作出特别重大贡献的是巴兰斯基教授，他组织了莫斯科大学的第一个经济地理学教研室。

在考察研究方面，19世纪下半叶至20世纪初，俄国地理科学的最重要成就是对中亚山区的研究。研究导致对于西欧学者们关于天山地形地貌的概念，作出全新的认识；并且将帕米尔划分为独立的山区（谢苗诺夫，谢维尔佐夫）。在中亚考察之后，是对中央亚洲的调查研究，真正为科学打开了这个地区（普热瓦利斯基、波塔宁等）。

由马卡罗夫率领的"勇士"号三桅舰在太平洋进行的调查具有突出的意义。考察时，曾四次获得超出以往全部考察所得的关于海水的比重和温度的数据资料。

俄国海员在极地，首次实现了沿北方海路从东向西的穿越航行，并且由此而发现了北地群岛——地球上最后一块未被发现的大陆陆地（维尔吉茨基）。

对于世界科学具有重要意义的，还有俄国学者多库恰耶夫和克拉斯诺夫的理论研究。他们研制了作为综合学科的自然地理学的理论基础。稍后，又对行星的结构，划分出了自然地理学的对象——岩石圈、大气圈、水圈和生物圈构成的综合地壳层。博罗乌诺夫在世界科学史上，第一个将这个地壳层确定为自然地理学的研究对象。

就在那些年，在多库恰耶夫的研究和著作中，完成了关于地理区域性和海拔地带性学说的创建。别戈尔和莫罗佐夫则在这一学说的基础上，进行了景观学的研究。

依据对自然研究的综合原则，多库恰耶夫、他的学生和后继者们得以在上世纪的最后四分之一时间中，创建了科学的土壤学。

第二十八章　生物学

概况

19 世纪后半叶初期，以生物学的唯物主义思想获得决定性的胜利而载入史册。达尔文的进化学说，取代了造化论以及拉马尔克、圣-伊列尔和其他早期进化论者的尚不彻底的和缺乏论证的进化观点。达尔文不仅得到了有机世界历史发展的确凿证据，并且唯物主义地解释了生物的适应性组织的产生，以及它们对生存条件的惊人的适应能力。不需要借助于造物主的英明，生物体自始便具有适应性，或者是它被赋予的能力，永远可对环境变化作出相应的反应。在达尔文的学说中，上述解释被归结为自然选择。马克思指出达尔文"不仅在科学领域第一个给予目的论致命的打击，还经验地解释了它的合理内容"。

达尔文主义在俄国遇到适宜的土壤。因为俄国社会对于作为经济进步基础的自然科学的广泛兴趣十分高涨。俄国科学在 19 世纪 60 年代的繁荣，根源就在于所遵循的唯物主义传统。这一传统是由罗蒙诺索夫开创，在 19 世纪中叶，由赫尔岑、别林斯基、杜勃罗留波夫、皮萨列夫（Писарев）和车尔尼雪夫斯基等革命民主派和唯物主义哲学家们所支持。

从达尔文学说在俄国的宣传上看，1864 年出版的《物种起源》和由皮萨列夫在《俄国之言》杂志、安东诺维奇在《现代人》杂志、季米利亚采夫在《祖国记事》杂志上发表的文章具有重要意义。皮萨列夫预见，达尔文的学说将引发科学与反动世界观的斗争。果然，在政治反动年代的 1885 年，出现了动物学家 H. 达尼列夫斯基的两卷本抨击性小册子《达尔文主义》，目的在于推翻达尔文的学说。达尼列夫斯基的抨击意见并非原创，其相当部分是重复德国的反达尔文者维刚德的言论。

季米利亚采夫坚决回击了达尼列夫斯基的主张，坚持达尔文学说，反对妄图"阻止一个现代思想的强大潮流"。他与达尼列夫斯基的支持者、文学家哲学家斯特拉霍夫（H. Страхов）进行了激烈的辩论。他不懈地宣传和发扬达尔文主义。他的著作《达尔文和他的学说》和《生物学的历史方法》在俄国广为人知。积极捍卫达尔文学说的还有 И. 梅契尼柯夫、缅兹比尔（M. Мензбир），等等。

俄国生物学家们的研究工作，促进了生物学各领域在达尔文主义的基础上加以重建。其意义不亚于面对敌人的攻击去捍卫达尔文的学说。达尔文理论进化的证据源自比较解剖学、胚胎学、有机物地理分布的学说和生物学其他领域。所有这些方面在 19 世纪后半叶和 20 世纪初，均有俄国学者的研究成果。

B. 科瓦列夫斯基有资格算作进化古生物学的奠基人之一。是他和 И. 梅契尼柯夫、后继的扎连斯基（B. Заленский）、博布列茨基（H. Бобрецкий）等，奠定了比较胚胎学的基础。A. 塞维尔措夫、施马尔高津（И. Шмальгаузен）、科尔采夫（H. Кольцев）、费拉托夫（Д. Филатов）和马特维耶夫（Б. Матвеев）等，在对进化的途径和方法进行比较解剖学研究时，采用了胚胎学的标准。И. 梅契尼柯夫在病理学包括对炎症的研究中，运用了进化的思想。И. 谢切诺夫讲述的概念，为后来进化生理学的研究打下基础。

在植物学领域，捍卫达尔文学说的是别克托夫（A. Бекетов）、H. 库兹涅佐夫、B. 科马罗夫等人。

在 19 世纪末和 20 世纪初，先进的俄国生物学家在斗争中所面对的，不仅有反进化论和对进化现象作唯心的理解，还有对生命现象的唯心主义观点，即活力论。在 19 和 20 世纪交替的时期，德国动物学家德利施企图证明：掌握生命现象的是某种非物质的、甚或是外空间的活性因素，他称之为"隐德来希"。新活力论者以此代替老活力论者的"生命力"概念。还有的新活力论者说成是"生命的阵发"（别尔格松）、"优性"（贝涅克），等等。在俄国，1905 年镇压之后的反动年代里，一些生物学家也倾向于活力论，包括植物学家博罗金（И. Бородин）、法明岑（A. Фаминцын）、科尔仁斯基（C. Коржинский）、动物学家梅塔尔尼科夫（C. Метальников）、休尔茨（E. Щульц）和其他人。而生理学家 И. 谢切诺夫和 И. 巴甫洛夫、动物学家 М. 缅兹比尔、植物生理学家 К. 季米利亚采夫则坚决反对活力论。

季米利亚采夫将反对活力论和对达尔文主义的捍卫联系在一起，因为19 世纪末 20 世纪初的活力论者也是反达尔文主义者。

在提出和解决总体生物学的问题的同时，这一时期的俄国生物学家在植物学、动物学、生理学和动植物有机体的生物化学，以及将生物学知识应用于实践方面，做了许多工作。

植物学

19 世纪后半叶，在俄国从事植物学各领域研究的，有科学院、大学和农业学校的教研室，以及在莫斯科、彼得堡（18 世纪初）和克里米亚（19世纪初）组建的农业植物园基地。

1842—1853 年在斯图加特以拉丁文出版的《俄国植物群》，第一次对俄国的植物群研究作了总结。其后有 А. 别克托夫（1884—1896）和唐费尔耶夫（Г. Танф WWW Ильев）（1918）出版的植物群汇总著作。始于 19 世纪前半叶的对俄国各个地区的植物群的有计划的研究，在 19 世纪下半叶和 20 世纪初得到广泛的开展。

俄国地域性的植物群研究，深化并确切了植物的分类，为获得关于植物生态和地理分布的结论，以及探讨个别地区植被的发展提供了资料。19 世纪后半叶通行的布劳恩和艾赫列尔的植物分类，由果罗让金（И. Горожанкин）和 Н. 库兹涅佐夫加以完善。与分类问题相关的是植物世界的物种形成，而与植物物种形成相关的是生存的地理（包括气候）条件。

鲍尔晓夫（И. Борщов）以自己的《阿拉洛—里海地区植物地理资料》（1865），开始了在俄国的植物地理学研究。别克托夫深化了这一研究，在植物的地理学中运用历史的方法，发表了第一个教学指南《植物的地理学》（1896）。克拉斯诺夫（А. Краснов）如同别克托夫，在研究天山、远东和高加索的植物群时，以其发展历史的观点来审视当今的植物特征。俄国植物学家不仅成功研究了本国的植物，还有相邻国家的，包括满洲和西半球国家的植物。后来，植物地理学的一部分分出独立的学科——植物群落学，其开创者之一是帕乔斯基（И. Пачоский）。莫罗佐夫（Г. Морозов）研究了森林的植物，并在《关于森林的学说》（1912）一书中阐述了自己对森林群落动态的观点。苏卡切夫（В. Сукачев）在《植物群落学引言》（1915）和《沼泽的形成、发展和属性》（1914）中对自己的植物群落学研究加以总结。19世纪后半叶和20世纪初，在俄国，与植物群、植物分类、植物地理学和植物群落学研究的同时，还广泛开展了对植物的形态、功能和个体发育的研究。

植物形态学，在后达尔文时期，很大程度上成为了进化形态学。A. 别克托夫的进化形态学的总结所依据的概念，是生物在外部环境因素的影响下发生变化，变化具有适应生存条件的性质。别克托夫的研究（1863—1868），证明了气候条件的影响，以及个别环境因素，包括光照对植物结构的影响；后来由于采用实验的方法获得了进展。沿着别克托夫指出的路，其学生巴塔林（А. Баталин）和博罗金（И. Бородин）研究了光照对高等植物以及对水草的结构的影响。列瓦科夫斯基（Н. Леваковский）（1868）运用实验的方法研究了根的结构对土壤结构成分的依赖性。

植物胚胎学方面，在俄国首先进行研究的是热列兹诺夫（Н. Железнов）（19世纪40—50年代）。在19世纪后半叶之初契斯佳科夫（И. Чистяков）（1869—1871）研究了孢子和花粉的发育。

更重要的研究成果——揭示裸子植物有性繁殖过程的基本规律，属于果罗让金（Н. Горожанкин）（1880）。他所完成的工作涉及团藻的有性繁殖过程（1875—1891）。他的学生别利亚耶夫（В. Беляев）的研究（1885—1897）涉及异孢子的石松目、水上和异孢子蕨类的精子囊，以及裸子植物花粉的发育。这项工作由果弗梅斯杰尔（В. Гофмейстер）完成并最终确定了孢子和花科植物的亲缘关系。

植物繁殖器官的比较形态学研究，对构建植物界的进化路径具有重大意义。

只有与低等植物作对比，才能理解植物界的系统发育的历史，包括高等植物的产生和分化进化。

低等植物的研究在俄国是由 Л. 岑科夫斯基开创的。他的答辩论文《关于低级水草和纤毛虫》（1856）实质上开创了广义的原生动物学。文中讲到最简单的动物和植物，作者指出它们之间的相近相似性。岑科夫斯基研究了含黏液菌类的发育史（1862）和凝胶状水草的发育史（1869）。果比（Х. Гоби）、瓦尔茨（Я. Вальц）、果罗让金、阿尔诺尔德（В. Арнольд）和库尔桑特（Л. Курсант）研究了水草。而研究低等菌类及相关植物病理学一般问题的是沃罗宁（М. Воронин）、雅切夫斯基（А. Ячевский）和库尔桑特（Л. Курсант）。

植物生理学作为独立的学科，其形成与化学、物理和土地耕作的实践密切相关。这也说明了为何在 19 世纪，加紧了对于下列问题的研究，如植物的土壤（矿物）和空气（光合作用）供养、植物的呼吸和物质转换吸收、植物对水分的需求、植物中水分及其溶解物质的运行、植物的运动和生长。

在 19 世纪中叶之前，对于植物的矿物质、氮和腐殖质养分作用的比较，对相应的各种肥料的比值，以及关于土壤的化学成分，尚未有正确的公认的认识概念。甚至连最大的农业化学家李比希（Либих）都认为，植物从空气中不仅吸收氧，还吸收氮，而从土壤中仅仅吸收矿物质。与其相对，布森果（Ж. Буссенго）坚持必须使用粪肥，作为从根部吸收养分氮的来源。在植物养分的实验研究上 К. 季米利亚采夫做了大量工作。后来普利亚尼施尼科夫继续此研究，获得了重大成果。他研究了植物体中氮转换的全过程，以及作为此过程初始和最终产物的氨基的作用。据他证明，从植物中蛋白质降解最终产生的氨基酸，以及从土壤中吸收的氨基酸，会合成天冬酰胺，也即是动物的氮交换的环节。

植物矿物质养分的研究，要求专门的方式手段，组成各种组合成分，改变从根部吸收的盐分剂量，这就是水栽培的方法。该方法是在 19 世纪 50 年代由 А. 丘古诺夫提出的，60 年代时由萨科斯（Ю. Сакс）特别是科珀（И. Кпон）实现的。А. 法明岑、Л. 普利亚尼施尼科夫、П. 科索维奇等人利用水栽培的方法，详细研究了许多无机盐，尤其是磷盐和各种氮化合物对植物生长发育的生理作用。

植物从空气中吸收养分的事实，在 18 世纪末就确定了。在讨论光合作用的能量问题时，Д. 德列别尔（1844）、Ю. 萨科斯（1864）和 В. 普菲费尔（1872）认为，最大值的二氧化碳吸收是在光谱的黄色区。季米利亚采夫采用更完善的研究方法，表明光谱红色区的光合作用更高效。光合作用的第二高效区——光谱蓝紫区的发现，未改变此结论。他还证明了在光合作用中，能量守恒定律的适用性，不久之后，由Ф.科拉申宁尼科夫对此加以确认（1901）。季米利亚采夫在《植物的宇宙作用》（1905）的讲座中，讲到植物参与宇宙中的物质和能量的循环转换。B.赫拉波维茨基（1887）和B.萨波日尼科夫（1894）发现，光合作用的生成物不仅有碳水化合物，还有蛋白质。在19世纪90年代，作为第一批提出的学者之一，巴赫（А. Бах）提出了光合作用所释放的氧气，不是由氧化碳气，而是从水中分解出来的概念。对于叶绿素的化学属性，除了季米利亚采夫，进行研究的还有И.博罗金、M.茨维特等人。其中茨维特的研究具有特殊意义。1903年，他提出了获得世界公认的分离植物色素的色层分离法，确定了在绿色植物中存在两种叶绿素和几种胡萝卜素。

1897年，实验医学院的能斯基（М. Ненцкий）提出，植物的绿色色素，与动物血液的血红素的组成部分——氯化血红素，具有化学同源性的思想。他与西贝尔-舒莫洛娃（Н. Зибер-Шумова）一起，从血红素中获取无铁血红素，在化学性质上，与叶绿素中分解出的叶卟啉相近。

俄国植物生理学家们研究了光合作用对外部条件的依赖性，证明光照的强度和空气中氧化碳气的浓度，影响光合作用的强度。

植物有机体的分解代谢过程——发酵和呼吸，曾是许多俄国生理学家研究的目标。对发酵中酶的作用的证明，属于马纳塞依娜雅（М. Манассеиная）。对呼吸的证明，则属于巴赫和B.帕拉京。其中，巴赫提出，参加植物呼吸过程的，除了氧化酶，还有过氧化物酶。而帕拉京则确定了参加呼吸的酶的代谢转换的多级性。科斯特切夫（С. Костычев）（1907）指出呼吸和发酵过程的同一性，展示了从霉菌和厌氧细菌的分解代谢，向高级植物的相应的生命现象的过渡。

博罗金确定了植物呼吸与生长的比例关系（所谓呼吸的大曲线）。而帕拉京和科斯特切夫研究了蛋白质参与呼吸的过程。对布先果（Буссенго）关于动植物的氮交换统一的思想进一步深入，研究蛋白质交换的有普利亚尼施尼科夫，还有Л.伊万诺夫（1905）、瓦西里耶夫（Н. Васильев）（1910）、普里耶维奇（К. Пуриевич）（1911）等人。

植物的新陈代谢和化学成分对外部环境和生态（地理）因素的依赖性，有法明岑（1859）、博罗金（1870—1890）和沙茨基（Е. Шацкий）（1890—1892）加以研究。与季米利亚采夫一道，沙茨基可以算作植物生理学的奠基人之一（其著作《植物的生理特征、它们的变异性和与进化理论的关系》，1913）。

巴拉涅茨基（О. Баранецкий）（1872）和克鲁吉茨基（П. Крутицкий）（1875）研究了植物中水分和溶解在其中的有机物无机物的运行的规律。涉及植物中水分运行的总结性著作是沃特恰尔（Е. Вотчал）的答辩论文（1897）。

植物实验生理学研究的成果，带来对农耕实际问题的解决，包括农作物的耐旱性和耐寒性问题。伊尔延科夫（П. Ильенков）（1865）研究了植物对不同湿度气候的适应性问题。К. 季米利亚采夫和马克西莫夫（Н. Максимов）（1916）确定，耐旱植物具有经受组织临时深度脱水的能力。秋冬时节的生化过程是博罗金（1867）和他的学生的研究课题。马克西莫夫（1908，1913）研究了耐寒性的生理条件限度。研究表明，植物在降温中死亡，是由于体内组织中积累的冰凌所引起的机械性伤害。创造耐寒性的果树和其他作物的品种，是米丘林的功劳。

与植物生理学问题密切相关的，是对生长、运动和刺激的研究。巴塔林（А. Баталин）（1869—1872）、法明岑（1872）和瓦尔茨（Вальц）（1876）确定了生长对外部条件包括光照的依赖性。巴拉涅茨基（Баранецкий）探明了昼夜周期性生长的规律。一批早期的关于化学生长剂的著作，属于俄国植物生理学家（纳博基赫（А. Набоких）、契里科夫（Ф. Чириков）等）。生长的方向取决于重力、光照和化学刺激（即趋向性），成为巴拉涅茨基、罗杰尔特（В. Ротерт）、涅留波夫（Д. Нелюбов）等的研究课题。

植物的有性和无性繁殖问题，密不可分地与它们的个体发育和继承现象的实验研究相关。在自己的工作中，米丘林主要是在果树上，采用适应水土、远亲移植、嫁接、有计划的通过环境因素的促进作用，以及（在植物不同年龄时的）重复选择，对上述问题进行了研究。通过多年的研究，米丘林成功培养了约 300 个优秀果类新品种，适于在中部地带气候条件下栽培。

19 世纪 80 年代，研究细菌和低级霉菌的结构和生命活动的微生物学，逐渐从植物学独立出来。巴斯德和科赫的研究，对于将微生物学建成独立学科起了决定性作用。免疫学研究的理论基础是由梅契尼柯夫奠定的。他在发言《关于有机体的保护力量》（1883）中，讲述了他后来研制的吞噬（细胞）理论的原理。由他倡议，1886 年俄国在敖德萨建立了首个细菌学工作站，随后成立了哈尔科夫医学会细菌研究所（1887）、彼得堡实验医学研究所（1890）和莫斯科细菌研究所（1896）。

专门在豆科植物的根部生长的根瘤菌的首批发现者之一是 M. 博罗金。后来探明，这种细菌具有固氮能力，使土壤富含氮化合物，可以被植物吸收。

至 19 世纪 80 年代末，C. 维诺格拉茨基的初期研究给他带来重要发现——自养的组成代谢（化学合成）的新形式的发现，即某些土壤的细菌，具有依靠氧化硫化氢或氧化盐酸铁的能量，组成二氧化碳气体的能力（或者氧化氨基酸，成为亚硝酸盐；氧化亚硝酸盐，成为硝酸盐）。他的另一个系列研究是关于厌氧菌。它可以固定大气中的自由氮。此现象关乎氮在自然界循环的问题。对一些细菌的固氮能力的研究者，还有科索维奇（1892）。而普里耶维奇（1895）和科拉申宁科夫（1916）则研究了霉菌在这方面的能力。对土壤霉菌的研究，导致霉菌和细菌对抗现象的发现，是马纳塞因（Манассеин）（1871）首先指出：盘尼西林霉菌可以阻止细菌的生长。这个观察结果，开创了新的研究领域，也为医学中采用抗生素对抗微生物病原体开创了广阔的前景。

俄国微生物学家们完成的工作，还有确定自然界碳循环过程中微生物的作用。一方面是碳的循环：绿色植物从二氧化碳气中组成碳——非绿色植物和动物分化含碳有机物和将二氧化碳气返回大气。另一方面还有一支循环：植物和动物在土壤中腐烂，其取决于土壤细菌的活动和空气中二氧化碳气体的浓度。维诺格拉茨基的学生奥梅良斯基（В. Омелянский）（1895—1902）获取了纯粹的厌氧菌的栽培物，使纤维素发酵并形成氢气和碳酸气。科斯特切夫（1889）研究了借助厌氧和非厌氧细菌以及霉菌的作用，形成肥沃的土壤层。

在名为技术微生物学的领域，俄国研究者也涉及理论和相关实际问题的研究。维诺格拉茨基和弗里别斯（В. Фрибес）（1895）完成了对胶合纤维作物中纤维果胶的溶解，即查明此类作物茎秆的技术加工过程的属性。

俄国微生物学家们的重要工作还涉及发酵。从 Я. 伊万诺夫（1909）开始，首先确定碳水化合物的磷酸酯的形成，为酒精发酵的初始阶段。随后的研究（包括列别捷夫，1915），详细了解了在酒精发酵过程中，磷化合物的产生。

Д. 伊万诺夫斯基研究了烟草的混杂病的引发者的属性。确认该引发者，可通过细菌不能通过的滤孔，在普通的培养环境中不能形成。伤口消毒可杀死混杂病的引发者，和此前知晓的微生物相同。此项研究很快被荷兰微生物学家贝耶林克确认。由此，发现了之前未知的生命形态——病毒，从而开创了新的科学领域——病毒学。病毒的发现，对于解决生物学的基本问题起了巨大的作用，包括在分子遗传领域，以及医学和兽医学的微生物学问题。后来确认，一系列疾病——天花、狂犬病、流感等，均具有病毒属性。进一步发明了借助所谓噬菌体，即感染的病毒来抵御致病细菌的方法。

动物学

19 世纪 60 年代，俄国动物学的特点是在研究方向上的清晰的差异，包括对动物结构及其胚胎发育的更广泛的比较研究。

在俄国动物学发展上起积极作用的，除了科学院和大学，还有大学的科学团体和俄国自然科学家和医生代表大会。

科学团体参与了组织动物群研究的考察。这些考察仔细研究了俄国的欧洲东南部分和亚洲中部的动物群，记载了动物新种，完成了重要的动物地理总结。H. 塞维尔措夫的著作《土耳其斯坦动物的纵向和横向分布》（1873）奠定了生态动物地理学的基础。在《本大陆外回归线部分的动物学区域（主要是鸟类）》（1876）中建议将古北极地区分成动物地理学的地区和省，这是他对该学科新的重大贡献。

因参加波兰起义被流放西伯利亚的德波夫斯基（Б. Дыбовский）和果德列夫斯基（В. Годлевский）开创了对贝加尔地方的动物群的研究。应该提到的，还有为科学目的去访问回归线国家的俄国动物学家米科鲁霍-马克莱（H. Миклухо-Маклай）（新几内亚）和斯泰勒尼科夫（И. Стрельников）（巴西）。

俄国国内以及滨海的动物群也获得积极充分的研究。1871 年，由新罗西斯克（敖德萨）自然科学家协会建立了俄国第一个塞瓦斯托波尔海洋生物站。从 1891 年起，该站由 A. 科瓦列夫斯基领导。黑海动物群的研究成果汇集在泽尔诺夫（C. Зернов）的专著《黑海生命问题研究》（1913）。

科学家们对北方海洋的动物群给予了许多关注，尤其是对白海和巴伦支海。1881 年，彼得堡大学教授瓦格涅尔（H. Вагнер）组成了索洛维（Соловецкий）生物工作站。在许多关于白海的动物的著作中，史姆科维奇（B. Шимкевич）的专著《对白海动物群的观察》（1889）值得一提。1903 年，在科尔（Кольский）湾沿岸，摩尔曼斯克生物站开始组建。1915 年出版了捷留金（К. Дерюгин）的基础性著作《科尔湾的动物群和它们存在的条件》。

П. 施密特发表了大部头的著作《俄帝国东部海域的鱼类》（1904）。许多地方成立了湖泊和河流的水文生物站：莫斯科——在格鲁伯克湖（Глубокое）（1890）、科西诺 Косино 地区和兹维尼城（Звенигород）（1910）、博洛戈耶附近（1896）；伏尔加河——在萨拉托夫（1900）和阿斯特拉罕（1904）；第聂伯（1909）。

涉及高加索哺乳动物的，有萨图宁（К. Сатунин）的专著《高加索地区的哺乳类》（第一卷 1915 年，第二卷 1920 年），津尼夫（H. Диннив）的《高加索野兽》（第一卷 1910 年，第二卷 1914 年）。关于南俄草原的鸟类和哺乳动物群，有 A. 布劳涅尔的相关研究。关于俄国鸟类，发表了 M. 缅兹比尔的著作《俄国鸟类》（1893）、《欧洲俄国的鸟类学地理》（1891）等。

关于低等脊椎动物，有尼科尔斯基（A. Никольский）的书《爬虫和鱼类》（1903）。关于鱼类，有萨巴涅耶夫（Л. Сабанеев）的《俄国鱼类》（1892）和别尔格（Л. Берг）的《俄国淡水鱼》（1916）。

昆虫学的专著，有亚科勃松（Г. Якобсон）和比安基（B. Бианки）的《俄帝国和毗邻国家的直翅目和蜻蜓目》（1905），亚科勃松的《俄国和西欧的甲虫》（1905—1915）和霍洛德科夫斯基（H. Холодковский）的《昆虫教程、理论和应用》（1912）。涉及昆虫学的应用的，还有科朋（Ф. Кеппен）的《有害昆虫》（1—3 卷，1881—1883），季霍米罗夫（A. Тихомиров）的《蚕丝业基础》（1891），库里金（H. Кулигин）的《有害昆虫及其防治》（1906）。

在寄生虫学方面，菲德钦科（A. Федченко）的早期蠕虫研究值得关注。他探明了一种中亚的圆形蠕虫"麦地那龙线虫"的发育周期。据此，苏维埃时期麦地那虫病在传播地区才能得以消灭。对蠕虫作系统研究的是 Э. 勃兰特，尤其是霍洛德科夫斯基，后来是他的学生巴甫洛夫斯基（Е. Павловский），还有斯科里亚宾（К. Скрябин）。研究最简单蠕虫包括寄生虫的组织和生命周期的，有彼得堡的舍甫亚科夫（В. Шевяков）和其继承人多格尔（В. Догель）。罗曼诺夫斯基（Д. Романовский）研究了疟原虫；尼基法罗夫（М. Никифоров）、马尔齐诺夫斯基（Е. Марциновский）、鲍罗夫斯基（П. Боровский）、亚基莫夫（В. Якимов）等人研究了鞭毛虫（包括利什曼病原虫）。

对野生动物的气候适应和保护问题，包格达诺夫（А. Богданов）作了大量研究。还应该提到的，是对养蜂、人工养鱼问题的研究。19 世纪 50—60 年代符拉斯基（В. Врасский）研究并提出了干法人工授精。俄国养殖渔业在这方面获得很大的成功。十月革命后，在伏尔加下游、顿河和库班建立了专门机构，进行珍贵鱼种的激素激化、受精和鱼苗培育。

达尔文之后，动物分类依据比较形态（进化）学——比较解剖学和胚胎学的资料，更加按照系统发育原则进行规范。从 А. 科瓦列夫斯基、И. 梅契尼科夫等人的比较解剖学和胚胎学研究的结果中，分离出了脊索门，其中包括脊椎亚门、头索亚门、尾索亚门和肠鳃类[1]。依据达尔文学说，А. 谢苗诺夫-天山斯基制定的分类原则，在《种的分类界线和其亚种》一书中，提出了"种"的概念标准，划定其为下属的概念。

比较解剖学

19 世纪 60 年代，比较解剖学在俄国顺利发展。

莫斯科大学的比较解剖学进化学派，由鲁利耶的学生 Я. 鲍尔津科夫开始奠基，梅兹比尔是鲍尔津科夫直接的学生，А. 塞维尔措夫是在梅兹比尔领导下开始自己的科研事业。塞维尔措夫学派的比较解剖学研究始于对脊椎动物的脑间质的研究。通过对两栖类、软骨硬鳞类、鲨鱼和肺鱼类，以及圆

---

① 应为半索动物门的肠鳃纲。——译者注

口纲类动物的脑部的衍生轴和内部中胚层以及神经系统脑部部分的细胞分裂的研究之后，塞维尔措夫弄清了脊椎动物头脑部进化的路径。在其同事施马尔高津（И. Шмальгаузен）和克雷扎诺夫斯基（С. Крыжановский）的后续研究中，确定了陆上脊椎动物的五趾肢源自鱼类的鳍，并且还研究了肢体进化的历程。

塞维尔措夫学派在脊椎动物比较解剖学研究上的繁荣是在苏维埃时代。那时，发表了塞维尔措夫本人的著作，包括鱼类的内脏器官、颅骨和鳍的形态学研究。他的学生的著作，主要是研究低等脊椎动物的比较解剖。这些研究，收于 1964 年在施马尔高津去世后出版的《大陆脊椎动物起源》之中。塞维尔措夫和他的学派的形态学研究奠定了脊椎动物进化过程概念的基础。他构建了假设的脊椎动物祖先和该亚门个别组群祖先的结构。

胚胎学

19 世纪下半叶，俄国动物学家们的兴趣，在从受精到早期胚胎阶段的个体发育问题上。季霍米罗夫（А. Тихомиров）发现，可以对桑蚕进行人工单性生殖。在无精子参加的情况下，未受精卵可以被强刺激激发进行发育。蚕卵在硫酸中短时间浸泡，以机械的或是电动的刺激可以导致卵子单性生殖发育。

后来，列勃（Ж. Леб）和巴泰永（Э. Батайон）在棘皮动物和两栖动物的卵的实验上，继续进行了人工单性生育的研究。

达尔文曾经指出，个体的发育科学作为进化理论基础之一的意义。在那个时代，潘杰尔和拜尔的关于胚胎胚层的同源性，被认为仅仅适用于脊椎动物。因此，在许多不同门的动物之间，缺少血缘关系的证据。科瓦列夫斯基、梅契尼柯夫和他们在俄国境内外的继承者，研究了大量属于不同门的无脊椎动物的胚胎，将胚胎胚层的理论，从仅对一个专题，变为遗传学的总结。他们确定了卵裂、胚胎胚层分开（原肠胚形成），以及奠定了最重要的器官系统，在不同门的动物代表的同源性。他们的研究取代居维叶—拜尔关于门的理论——认为动物王国各大分类是分开独立的，出现了新的学说：一切多细胞动物都具有亲缘关系，以及存在着它们从单细胞祖先产生的路径。

科瓦列夫斯基的研究对于论证进化胚胎学的原理有着特别重大的意义。

在研究无颅骨文昌鱼和海鞘纲的发育中，他十分明确地指出：在早期发育阶段，这些低级脊索动物与许多非脊索动物的发育完全相似。但是后来，呈现出确切无疑与脊椎动物同源的特征（出现胚层、中央神经系统的差分变化、脊索、轴体的中胚层的器官、第二腔体，等等）。接下来，科瓦列夫斯基揭示了许多非脊椎动物发育的规律，它们的分类状况在此前是不明确的——腕足动物门、箭虫和帚虫。他详细描述了栉水母、寡毛纲蠕虫、双神经纲和掘足纲软体动物和昆虫类的胚胎发育。

可以公平地与科瓦列夫斯基一起分享论证进化胚胎学荣誉的，是梅契尼柯夫。他的功绩在于详细查明海绵动物门、低级腔肠类（水母和管水母）、扁虫类、甲壳类、多足类、昆虫纲和棘皮门动物的腔肠发育的规律。在对昆虫发育的研究中，梅契尼柯夫明确指出，在它们的胚胎上存在胚层。对此，当时的权威动物学家（如贝斯曼（А. Вейсман））曾无道理地持异议。关于水母发育的研究，使梅契尼柯夫获得原肠胚形成形式的进化材料，并且能够提出与当时流行的盖可列夫斯基（Геккелевский）的原肠幼虫理论（设想的所有多细胞动物的双层祖先）相对立的更依据充分的无腔胚虫或吞噬体理论。

进化胚胎学的成就，在相当程度上是依赖俄国学者，尤其是科瓦列夫斯基和梅契尼柯夫的研究工作。这些成就导致重要理论总结的完成。其中之一是盖克尔（Э. Геккель）提出的生物发生法则。该法则，是由拜尔确定的属于同一门的不同纲的各种动物互相近似的逻辑推理的结果。同时也是基尔梅耶尔（К. Кильмейер）、Л. 奥肯和迈克尔（И. Меккель）的观察的结果。该观察结果发现，高级动物的胚胎在自己的不同发育阶段，与同一门和不同门的属于低级组织群的成熟动物相近似。

这些观察，首先是在达尔文的进化思想中作出了解释。他构建了法则，认为不同有机体胚胎上的近似性，是这些有机体起源同一的证明。对达尔文的思想作进一步的发展，缪勒（Ф. Мюллер）研究了个体发育中对祖先特征的体现。

继达尔文之后，盖克尔提出，高等动物胚胎发育的连续的阶段，类似于从远古的祖先向现代有机物的系统发生的种属成员。这表明，个体发生是系统发生的关键的重复。对在个体发生中祖先特征重复的例子，盖克尔称之为重演。而在个体发生中后代从属于祖先的特征的偏离，称之为新性发生，或者是胚胎适应性。

依据广泛的比较解剖学和胚胎学材料，塞维尔措夫得出结论：盖克尔的生物发生法则，仅仅是个体发生和系统发生相互关系的可能表现之一。他说明，成年动物的组织特征可以在个体发育的不同阶段呈现。盖克尔在他的生物发生法则中，主要看到的是系统发生的结构的起源。与盖克尔和其后继者相区别，塞维尔措夫在个体发生和系统发生的相互关系上，看到独自的有待详细研究的普通生物学问题。这方面的研究成果，归结为对在个体发生中能够导致成年动物器官变异的那些变化作出的分类。塞维尔措夫说明，这些变化可能在个体发生开始时产生，或者在其最后又添加新的阶段。通过早期胚胎变化的进化，未能进入盖克尔的构思，因为这种情况下还没有祖先特征的重演。同时，这种变化也与一定生存条件的适应性不相关，故而盖克尔认为不是属于新性发生。为了与新性发生相区别，塞维尔措夫称这些胚胎变化为系统胚胎发生。在个体发生最后又添加新阶段的情况下，它们可以在系统发生中重复。虽然不像盖克尔所认为的那样必然发生，因为在产生胚胎适应性（新性发生）时，重演可能被其掩饰。

同时，塞维尔措夫未接受盖克尔的观点：认为祖先的特征在个体发生中重复（重演性发生）与适应性的重新形成（新性发生）是绝对对立的。同样，他也摈弃了这样的概念：即特征在系统发生的发育中出现的连续性，一定要与其在个体发生中重演的连续性相符。

换句话说，塞维尔措夫不是对 19 世纪末 20 世纪初传播极广的盖克尔的概念加以确切和修正，而是以大量的、自己原创为主的事实材料为图解，建立了关于个体发生和系统发生相互关系的完善的学说。塞维尔措夫的理论述著在《进化理论的探讨：个体发育与进化》（1912）一书中。塞维尔措夫直到去世，都在收集比较解剖学、古生物学和胚胎学的材料，研究进化过程的形态学规律，极大地开拓了这一问题的研究范围。其成果发表在 1931 年的专题论著，1939 年译成俄文《进化的形态学规律》。此书在苏联和国外均获得最高评价（德–拜尔称之为"激活思想的创作"）。它总结了塞维尔措夫及其学生多年的工作。在专题论著中，谈到了以形态学材料所解决的一切基本的系统发生问题；阐明了系统发生研究的理论和方法；引进了涉及低等脊椎动物进化路径的事实材料；确定了系统发生的规律和方式。最终，是与此前著作相比较，更详尽、依据充分地阐明了个体发生和系统发生的关系问题，即系统胚胎发生的理论。塞维尔措夫建立了动物形态学的新方向，名为进化形态学。

组织学

捷克的布尔基涅和他的学生瓦连京、德国的米勒和他的学生列马克、克里克尔可以算作组织学的奠基人。这是一门关于器官和组织的显微结构的科学。组织的形态生理学的分类的创建至今具有意义。其功劳属于雷基戈（1857）和克里克尔（1889—1902）。

1864 年，巴布辛（A. Бабухин）首先在莫斯科大学组建了独立的组织学教研室。1869 年，彼得堡军事医学院成立了组织学教研室。不久，在俄国多数大学中均产生了这一教研室。

临床医生（包特金 C. Боткин）和生理学家（谢切诺夫、巴甫洛夫）对神经系统功能的兴趣，使得神经组织学成为 19 世纪后半叶俄国组织学研究的主要方向。多戈尔（A. Догель）和斯米尔诺夫（A. Смирнов）研制的对神经组织以亚甲（基）蓝染色的方法，特别有助于其获得成功。

在许多俄国神经组织学者的科学发现中，值得一提的是奥夫相尼科夫。1854 年，他的观察确定，神经纤维的轴管结构是由最细的纤维——神经元（微）纤维构成的。观察还表明，所有脊椎动物的大脑半球皮层由五层组成。

多戈尔完成了大量的在比较组织学方面的网状结构的研究。他发现了当时未知的网细胞元。由比尔绍夫斯基（Бильшовский）、K. 果尔基（Гольджи）和卡哈尔（C. Рамон-и-Кахаль）采用的以银盐和金盐浸润法来研究神经组织的新方法，可以将结构纤细的神经纤维、神经末梢，以及连接神经系统结构单元（神经元）的突触，作为一个整体加以研究。以米斯拉夫斯基（Н. Миславский）为首的喀山学派的组织学家，成功地进行了这项研究。特别是他的学生拉夫连契耶夫（Б. Лаврентьев），其事业的辉煌是在革命之后，由他创造了苏联的神经组织学学派。米斯拉夫斯基的其他学生扎布索夫（Г. Забусов）、科洛索夫（Н. Колосов）和 И. 伊万诺夫，以及拉夫连契耶夫

（Лаврентьев）和他的学生们的研究成果，彻底承认神经系统结构的神经元理论，包括自主的神经元。他们研究了内部器官和肌肉的神经分布（作用），确定了自主神经系统的神经节细胞上的周围组织的作用，解决了形态学本体所谓对抗（交感和非交感）神经系统的问题，等等。

由多戈尔开创的神经系统的比较组织学研究，在苏联时期，由他的学生扎瓦尔京（А. Заварзин）院士继承。

属于俄国组织学家的重大贡献，还有对于结缔组织和血液的研究。梅契尼科夫发现血液（白血球）和组织（结缔组织）细胞的吞噬功能，是他关于发炎和免疫学说的基础。

通过观察向原生动物注入胴、死的与活的细菌时，血液和结缔组织细胞的反应，梅契尼科夫奠定了关于保护功能，及其从低等无脊椎动物至哺乳动物再至人的系统发生中的进化研究的基础。科瓦列夫斯基运用该吞噬细胞理论，研究苍蝇变态时的器官发生。他指出，幼虫的器官组织解体，伴随着死亡细胞的细胞内消化。同时，在成虫的器官芽（即将来成熟昆虫的器官胚芽）内进行着细胞繁殖。注入胴和各种染体——酸性的和碱性的，在科瓦列夫斯基的工作中，是整个系列的无脊椎动物（蠕虫、节肢动物、软体动物等）分泌系统的组织学比较研究的工具。实验组织学研究最重要的方法之一，是器官之外的组织培养。

第一个实现在培养液中生成血液成分的，是彼得堡的果鲁别夫（А. Голубев）教授。他在外科医学院授课《概论组织学》（1871）时，公示了自己未公布的机体外培养组织的实验。1886 年哈尔科夫大学教授斯科沃尔措夫（И. Скворцов）在人工培养环境中培养了鸟的血细胞。美国生物学家加里松 1906 年成功完成体外的神经组织的维持和生成。

军事医学院的院士 А. 马克西莫夫详细研究了将各种血液成分和结缔组织，变成实验性的引起无菌炎症的温床，构建了独特的血液生成理论。按此理论，所有的血液构成成分——红血球、粒状白血球、淋巴细胞均产自一个初始的血细胞——成血球细胞。此独创的理论，还在总的体系中，纳入无差别的结缔组织的细胞，将血液和结缔组织，视为有机体内部的统一组织。对于血液和结缔组织的结构的概念做进一步的发展的，是多戈尔的学生——扎瓦尔京。

细胞学

19 世纪下半叶，细胞学尚未作为独立学科从组织学分出来。但是，为了了解由细胞和衍生物组成的组织结构，必须详细研究细胞本身的结构和生命活动。研究它的类器官组成，首先是细胞壁、细胞核、实现腺细胞专门功能时发现的细胞液结构，以及细胞在分裂过程中其内部发生的结构。

动物细胞的有丝分裂或间接分裂，在 1875 年，首先由德国动物学家施奈德以一种（纤）涡虫纲蠕虫的卵的倍增为例，加以描述。仅仅过了 5 年，实现了确定有丝分裂的周期的，就有德国的施雷赫和弗列明、华沙的麦泽尔和基辅的别列梅日科（П. Перемежко）。弗列明首先将这些分裂的周期加以排序（形成染色体和有丝分裂的无色体，染色体组成对，子染色体向母细胞两极趋分，形成子细胞的细胞核）。进行植物细胞（孢子）繁殖研究的，是德尔塔大学的鲁索夫（Э. Руссов）（1872）和莫斯科大学教授契斯特亚科夫（и. Чистяков）（1874）。有丝分裂在不久后，由斯特拉斯布格（Э. Страсбургер）在各种不同植物上进行了详细研究（1875）。

属于植物学家的功绩，还有减数分裂的发现和研究。是它导致在成熟的性细胞中，染色体的双倍体变成单倍。别利亚耶夫（В. Беляев）（1892）观察到，在许多高等植物配子发生时，成对染色体分离，在性细胞保存半数的染色体。纳瓦申（С. Навашин）在研究被子植物受精过程时（1898），发现所谓两次受精，原因是花粉管的一个繁殖细胞核与卵细胞结合，形成受精卵核——未来的胚胎；而另一个与胚胎袋的另一个核结合，开始成为未来内胚乳的核。纳瓦申的这个发现，很快被津亚尔（Ж. Гиньяр）证实，获得公认。

И. 格拉西莫夫第一个通过寒冷和麻醉（氯仿和醚）刺激，实验获得绿色水草水绵的多倍体细胞。

О. 巴拉涅茨基（1879）发现了紫鸭拓草细胞染色体的螺旋结构。纳瓦申描述了植物细胞染色体的特殊片段，称之为"卫星"。

详细描述染色体的结构、体细胞有丝分裂和成熟性细胞的减数分裂，以及细胞的受精图，标志着细胞学史上的重要阶段。这一研究，开辟了细胞学和遗传学结合之路，创造了生物学新的领域——细胞遗传学。其繁荣始于

20 世纪 20 年代。

赫梅列夫斯基（В. Хмелевский）（1891）、梅列日科夫斯基（К. Мережковский）（1903）、柳比缅科（В. Любименко）（1905）、列维茨基（г. Левитский）（1911）和萨别京（А. Сапегин）（1913）进行了植物细胞内质体的研究。博罗金（1882）积极从事叶绿体——叶绿素的研究，从酒精溶液中获得它的晶体状态。季米利亚采夫继续研究了叶绿素和它的生理作用。别图尼科夫（А. Петунников）（1866）、帕拉京（1883）和巴拉涅茨基（1886）研究了植物细胞壁的结构和变化。

直至 20 世纪初，细胞的形态和功能研究才成为独立的学科。该领域的首创者之一，是古尔维奇（А. Гурвич）。1904 年，他汇集文献和自己的数据，出版了德文专著《细胞的形态学和生物学》。书中坚持了获得丰富成果的思路：显微结构的研究，应当与其功能作用的研究相结合。

古尔维奇对原生质的性质特别注意。在确定结构遭离心破坏的卵细胞具有恢复能力后，他在 20 世纪 30—40 年代构建了原生质的生理理论，将其视为互相保持一定空间的重量不等的各种细胞情形的混合态。

古尔维奇和他的学生，对细胞分裂——有丝分裂在发育胚胎中的规律问题，进行了大量的研究。他提出了细胞分裂的反应性概念，即分裂依赖于细胞对于分裂的准备状态和是否存在启动力——短波紫外线（分生射线）。

动物和人的生理学

19 世纪 50 年代，生理学在俄国的大学成为独立学科。在彼得堡、莫斯科、喀山和哈尔科夫大学成立了专门的生理学实验室。谢切诺夫在发展俄国生理学上起了杰出的作用。他在论文答辩提纲《酒精醉酒的未来生理学材料》（1860）中选择了自己的研究方向。1862 年，他发现了中枢抑制现象（《青蛙大脑制止反射运动的中心的研究》，1863，医学年鉴 1—3）。

在谢切诺夫关于中枢抑制的实验中，同时发现了网状结构的功能，确定了存在着生理功能的分级结构（上层对下层的控制）。这个发现成为谢切诺夫关于头脑活动的唯物主义学说的基础。

在 1868 年，谢切诺夫发现了神经中心将单独的兴奋点总合为协调运动

（总合定理）的属性。而在 1882 年，确定了在延髓上存在有节奏的电流现象。

在《神经系统生理学》（1886）和《头脑的反射》（1863）中，依据 C. 包特金对不能协调症者的临床观察，谢切诺夫作出所谓"暗肌感觉"的描述。按他的意见，这是和触觉、视觉一起作为协调运动时最主要的意识上的指挥。

在《神经系统生理学》的最后章节，谢切诺夫进行了对面部表情运动的分析。他写道，多数情况下，可以很容易证明面部表情运动的反射产生。任何面部表情运动，应视作由神经因素加深的反射的结果。以达尔文发展的进化学说的精神，谢切诺夫在《人与动物的情感表达》（1872）中，介绍了表情运动问题。

在 80—90 年代末，谢切诺夫完成了一系列关于呼吸，以及血液中含有气体和通过盐溶液吸收气体的研究。

从 1863—1903 年出版的心理生理学著作中，谢切诺夫发展了对所有自然现象的唯物主义的解释，理解心理过程的唯物主义的反射理论。他在建立心理学的科学基础，以达尔文的进化理论进行神经系统功能的研究上作出了重要贡献。他的《心理学的探讨》（1873，法文版 1884）包括三篇文章：《头脑的反射》、《对"心理学任务"一书的意见》和《给谁和如何研究心理学》，吸引了列宁的注意。1894 年，列宁说到谢切诺夫："这位科学的心理学家，抛弃了关于灵魂的哲学理论，直接着手去研究精神现象的物质本身——心理过程……"

谢切诺夫的学生们，积极进行了生理学最重要问题的研究：勃兰特（Ф. Брандт）（1867）和塔尔哈诺夫（И. Тарханов）（1879，1896）在比较生理学和无线生物学领域；威登斯基（Н. Введенский）、别利果（Б. Вериго）和萨莫伊洛夫（Ф. Самойлов）在电子生理学领域；克拉夫科夫（Н. Кравков）和沙杰尔尼科夫（М. Шатерников）在药理和新陈代谢领域。

不仅是生理学，实际上俄国医学的所有理论和实践领域的发展，均受到谢切诺夫的影响。

谢切诺夫的反射理论，对于临床医学的发展影响特别强烈。其中，最具代表性的，是在喀山大学生理学教授科瓦列夫斯基的领导下，由 C. 包特金和扎哈利英（Г. Захарьин）、西蒙诺夫（Л. Симонов）在 1866 年完成的研究：受谢切诺夫关于抑制学说的影响，设想并证实哺乳动物的抑制中心的存在。

对于血液循环的神经反射调节方面的研究，在柳德维格（К. Людвиг）的实验室完成。1866 年，他和乔恩（И. Цион）发现了"心脏感觉"神经，对其中心末端的刺激引起反射性反应——血压的骤停。

该研究同时以德文发表，获得了生理学家们的最高评价。

在科瓦列夫斯基的实验室，从 1868 年起开始对血液循环和呼吸的反射调节的研究。1867 年，在该实验室完成了阿达缪可（Э. Адамюк）的研究《关于内眼血循环和压力的学说》，开创了眼科学。1866 年，И. 多戈尔证明，对兔子粘鼻子的感觉末端进行刺激，可以引起心脏活动反射性停止。他继续从事心脏活动的生理学和药理学研究，于 1894 年发表了比较心脏生理学研究报告，证明对心脏的反射性影响，存在于非脊椎动物，包括虾类。

在 И. 塔尔哈诺夫的实验室，别利亚尔米诺夫（Л. Беллярминов）研制了对瞳孔直径作照相记录（别利亚尔米诺夫照相记录法）的方法。该方法还被他们用于对内压波动的观察。

1874 年，巴甫洛夫在大学与维利基（В. Великий）一起证明，与抑制神经同时存在着兴奋神经，可以反射性地加速心脏的活动。

19 世纪 70 年代，进行了关于调整心脏和血管的中心位置的研究。1871 年，奥夫相尼科夫（Овсянников）在兔子延脑发现了血管舒缩调节中心；在大脑皮层的调节心脏和血管活动的中心，是由达尼列夫斯基和别赫捷列夫（В. Бехтерев）（1875）找到的。

与研究向心的神经的同时，开始了对离心的神经的研究（盖登加因、加斯科尔和巴甫洛夫）。1884 年，刊出巴甫洛夫的博士论文《心脏的向心神经》。文中证明：心脏的工作由四个向心神经操控——放慢、加速、减弱和加强。在加斯科尔和巴甫洛夫之前，神经对心脏的影响，被认为仅限于改变它的节律。巴甫洛夫的研究，完成于 1888 年的经典作《心脏的加强神经》。在该文中（与加斯科尔同时）巴甫洛夫指出：心脏的加强神经的影响，是营养性的影响。以此对于离心神经影响性质的认识，奠定了对一切离心神经三组划分的基础：血管运动的、营养性的和基础性的。

关于存在着专门的营养性介入的思想，在 19 世纪初已由马让基提出，并获得贝尔纳的赞同。但是在 19 世纪中期中断了。巴甫洛夫重新确认了营养性介入的存在，由此看出科学思想的自主发展。20 世纪 20 年代，在巴甫洛夫关于营养性介入的学说的基础上，奥尔别利（Л. Орбели）发展了关于交感神经系统的适应营养性的作用的理论。

柳德维格（1866）曾研制了对青蛙心脏进行生理隔离的方法。1888年，巴甫洛夫成功完成了哺乳动物的心脏隔离的标本实验。此后，由斯捷尔林（Э. Стерлинг）（1912）对此方法加以完善。1902年，库里亚博科（А. Кулябко）复活了人的心脏。

对血液循环的神经反射调节的研究，确定了血液循环的自调节的事实。

威登斯基的经典研究，涉及了神经系统的最重要的生理学问题。在他的硕士答辩论文《对肌肉和神经器官中产生电流的现象所进行的电话（телефонические）研究》（1884）之中，指出了在研究神经的过程、它们的律动性的实质的新途径，奠定了神经的耐疲劳性的原理。关于刺激的适应性和不适性的生理学学说，形成于1886年的著作《关于强直性痉挛时刺激和兴奋之间的比例关系》。他所确定的相对易变性的法则，成为法国生理学家拉比克的兴奋时值学说的研发起点。在他的文章《关于意识运动中枢的相互关系》（1897）中，阐述了交互神经学说的基础。该学说后来又由谢灵顿继续发展了。1901年，发表了他的专题论文《兴奋、抑制和麻醉》。文中他叙述了完全崭新的观点，认为抑制是变相的兴奋。按照威登斯基的观点，兴奋和抑制是同一个过程的两个方面。

威登斯基认为，要弄清楚活的系统的功能规律，只有在研究自然条件下的完整的生理系统基础上，才可能获得成功。他认为，神经肌肉器官就是这样的系统。按照他的观点，活的系统的变化，不仅发生在各种刺激的作用之下，而且也发生在系统活动的过程中。正因如此，威登斯基第一个在生理学引入了时间因素的概念，分析了它在生理反应中的意义。电话研究，帮助威登斯基将神经肌肉器官作为不同源的体系，其各部分之间的相互关系，是依照组织的相对功能易变性的法则。基于该法则，威登斯基构建了自己的神经传导暂停学说——活物质对源自外界的各种不同刺激的最共同的反应。

从1888—1901年，发表了维利果（Вериго）的研究报告《关于间断的和不间断的直流电对神经的作用问题（尝试解释电子生理现象）》和《阴极压差的说明和对电子生理学的意义》。维利果发现了新现象——阴极压差，从而归结出，在神经刺激的一定条件下，被刺激的区域在受继续刺激时变得不引起兴奋。1903 年，恰果维茨（В. Чаговец）的专题论文《以最新物理化学理论观点阐述生物组织的电现象》问世，它标志对兴奋过程实质的理解进入了新的时代。

凭借谢切诺夫和巴甫洛夫的学生萨莫伊洛夫的研究，电子生理学研究的最新技术获得高度发展。1904 年，萨莫伊洛夫的文章《几个电子生理学实验》发表。继艾特霍文之后，他是第一个在自己的研究中使用了弦线电流表（1907）。借此仪器的帮助，他进行了肌肉和神经的研究，以及对心脏的电子生理学研究。1910 年，他的关于心电图的第一个总结文章发表。他与缪威（О. Лёви）同时发表了激素迷走神经的刺激，对心脏活动电流的影响。

借助采用电子生理学的方法，萨莫伊洛夫确定，从运动神经向肌肉的兴奋传导，其基础是化学过程（1924）。研究兴奋和抑制的中心过程传导的性质，萨莫伊洛夫得出结论：经典生物学不能对它加以解释。他将化学媒介在神经过程传导中的作用的概念，扩展到神经元触点领域（1927）。

萨莫伊洛夫对于环状律动进行了仔细的电子生理学分析。1930 年，发表了文章《兴奋的环状律动》，对反射作出了新的理解，构成了现代的概念，如"封闭式反射"、"封闭反射弧"等。

食物消化的生理学，通过巴甫洛夫的经典著作，总结在《关于主要消化腺的工作的讲座》（1897）、《消化腺的外部工作和它的机制》（1906）中。在研究了血液循环的生理之后，巴甫洛夫投入到消化生理学方面的研究。他研究消化腺活动的方法，是在慢性的实验中，借助在消化道的不同位置进行外科手术。这一方法，与巴甫洛夫的强性实验——活体解剖相反。它可以在任何时候确切地观察在健康活体上的各种腺体的正常运行。由于采取了外科手术的方法，巴甫洛夫成功地在 10 年时间确定了一系列基本的因素，重新探明了消化的机制。巴甫洛夫和他的学生实现了下列手术：在唾液腺、胃和胰腺安装瘘管，食管切开手术，小脑室手术，截断两个迷走神经和安装伊克氏瘘管。

在此基础上，创建了关于消化过程的神经和体液调节，关于消化通道的各个部分的连续性的现代概念。巴甫洛夫表明：在液分泌的性质和吸收食品的属类之间，存在着密切的联系。查明了消化酶在食物消化中的作用。他与谢波瓦尔尼沃夫（Н. Щеповальнивов）一起，在 1894 年，发现了肠汁中的肠激酶，被他称之为"酶体的酶体"。因为要激活胰腺酶，必须要有肠激酶。1902 年，贝里斯（У. Бейлисс）和斯塔尔林（Э. Старлинг）依据巴甫洛夫学派的数据，从肠黏壁上分离出"（肠）胰液素"，并以此证明胰腺汁的荷尔蒙活化，是确定无疑的。对消化的生理学研究，使巴甫洛夫作出一系列理论结论。其中最重要的，即是关于消化通道内的特殊应激性的学说。1904 年，因为在消化生理学方面的成就，巴甫洛夫被授予诺贝尔奖。

在消化生理学方面的研究，成为建立高级神经活动生理学的基础。

在谢切诺夫试图解释大脑半球的活动为反射的 40 年之后，巴甫洛夫作了必须客观的研究精神活动的报告（1903）。他与托洛奇诺夫（Толочинов）一起，进行了"精神分泌"机制的实验研究。在托洛奇诺夫的博士答辩论文中，首次使用了术语"条件反射"（1903）。

在 10—15 年期间，巴甫洛夫收集了大量实际材料，证明可以客观地研究精神活动。他揭示了高级精神活动动力的基本机制：研究了实际条件反射的条件，在大脑皮层中兴奋和抑制过程，及它们的扩散和浓缩的动力的规律。巴甫洛夫关于高级精神活动学说的发展交汇，集中于他的反对唯心主义的讲演《自然科学和大脑》（1909）。它恰好与列宁的《唯物主义和经验批判主义》一书的出版同时。列宁在书中构建了感觉的辩证唯物主义和反映的理论。巴甫洛夫重新审视生理学关于反射的概念，以自己毕生的研究创建了条件反射学说。按照巴甫洛夫的学说，条件反射是有机体对新条件作出反应，和以一定活动应答过去惰性作用的能力表现。大脑半球，则是分

И. П. 巴甫洛夫

析刺激和形成新的方式的器官。

在高级神经活动的研究上，获得的最杰出的成绩，已经是在苏维埃时期了。研究沿着几个方向展开：（1）大脑半球综合活动的研究导致创建了关于系统性的学说（库帕洛夫（П. Купалов）、阿斯拉特杨（Э. Асратян））。（2）对梦和似梦状态，包括催眠的生理基础进行了研究：梦被解释为弥漫的内部抑制、保护性抑制，由此获得以梦进行治疗的理论基础。（3）依据兴奋和抑制过程的力量的概念、它们的相互平衡性的概念和神经过程活性的概念，创建了关于神经系统的类型的学说，提出了神经系统的类型和性质的概念。性质乃是神经系统与生俱有的属性，而类型则是在生命的过程中形成。（4）与高级神经活动生理学同时，创立了高级神经活动的病理生理学——关于实验性的神经官能症的学说（彼得罗夫（М. Петров））。

晚年巴甫洛夫致力于高级神经活动的遗传研究和第二信号系统学说的研究。

革命后，从巴甫洛夫基本学说中，分出了高级神经活动的比较生理学。他基本是在狗身上，部分在猴和啮齿目（鼠）身上进行实验。他的学生将此研究扩展至其他动物——鱼、鸟、海鞘纲、两栖类和爬虫纲，以搞清高级神经活动进化的道路。Л. 奥尔别里（Орбели）和他的学派，奠定了进化生理学的基础。

生物化学

为了解决整个生理学的中心问题，首先是新陈代谢、肌肉收缩和神经系统的兴奋的生理，以及生理功能的调节，19 世纪下半叶，开始采用了化学的研究方法。这导致生物化学成为一门独立的学科，并且成为教学的内容，这首先是在医学系进行的。19 世纪 60 年代初，在莫斯科、喀山、哈尔科夫和基辅的大学，组建了生物化学教研室。俄国的生物化学的奠基人之一，是达尼列夫斯基。

他的答辩论文《关于胰腺的天然和人造的汁液的特别有效体》（1863）开创了对酶的研究的新道路，尽管文中并没有提到这个术语。他将胰液汁作用于蛋白质（纤维蛋白）的活性因素，与作用于碳水化合物（淀粉）的因素区分开。在该项研究中，他证明了胰腺汁的活性因素的角质属性，构成了研究酶的化学性质的第一阶段。此外，他还确定了胃肠通道的酶，作用于蛋白质的逆转性。酶不仅降解蛋白质，还进行相反的转化，将降解的食物，转成类似蛋白质的东西。

与消化酶降解蛋白质相关的问题，是蛋白质的化学结构。采用偶氮染剂，他确定了蛋白质中存在酸，以及它们的基本属性。以酸、碱和酶的淡溶液，作用于蛋白质，他从不同的蛋白质，获得了同一个转化的食物，以此证明了它们的化学性质的共同性。

1888—1891 年，达尼列夫斯基构建了初始的蛋白质结构理论（被称之为基本排列理论）。按此理论，蛋白颗粒是大量单一结构体的组合物。尽管这个理论本身是错误的，但是它说出了蛋白分子结构组成的原理，进而提出了与自然蛋白质的近似和区别，以及从一种蛋白质向另一种转化的解释。他还提出自然界存在两类蛋白质的概念（真正的蛋白质和类蛋白质），这也符合现代的关于完全蛋白质和不完全蛋白质的概念。

蛋白质在胃液影响下，降解为氨基酸的重大发现，是 1871 年由柳巴温（Н. Любавин）完成的。

19 世纪 70—80 年代，在生物化学的各个方面有了一系列发现。1861—1895 年，施密特（在德尔塔）建立了血液凝固理论。后来，又以新的事实加以补充，其基本原理的意义保存至今。

通过研究各种组织的蛋白（肌肉蛋白、脑组织的蛋白成分），达尼列夫斯基开创了对饮食的物理化学研究基础。

后来，关于饮食的生理和化学研究的成就，是与食物的补充成分即维他命的发现相关联的。1880 年，鲁宁（Н. Лунин）在本格（Г. Бунге）（在德尔塔）指导下完成的博士论文《关于无机盐对动物饮食的意义》中，讲述了自己的实验结果。其中写道，在充分的食品中，除了蛋白质、脂肪、糖、盐和水，还应包括其他对动物生命必需的物质。在这个答辩论文中，讲述了奠定现代维他命学基础的事实。

1885 年，帕舒京（В. Пашутин）研究了坏血病病原学，批驳了认为其发病原因是传染因素所造成的；提出了坏血病发病，并非是因食物中含有什么毒性物质，而是由于其中缺乏某种生命必需的东西，实质上是维生素缺乏症。

彼得堡实验医学院的生物化学实验室，积极地研究了动物、植物和微生物的新陈代谢问题。由巴甫洛夫提议，邀请了波恩大学的能斯基担任了化学部主任。他们俩合作将重心放在动物机体尿素的产生和形成位置的问题，确认在尿素形成中，肝起了主要作用，提出并解决了血液染色物、胆色素和植物绿色素等若干化学问题。能斯基第一个对微生物的新陈代谢进行了研究。在蛋白质降解食品的研究上，他作出了许多实质性的创新。他在其中找到了新的物体：吲哚、甲基吲哚、甲硫醇、许多芳（族）系列的酸。

对于发展酶、蛋白质和原生质的化学属性的现在概念的重大意义，能斯基于 1900—1901 年在《胃液和酶（酵素）化学成分的材料研究》（与吉贝尔合著）和《生物化学的任务》中作了阐述。如果达尼列夫斯基在 1863 年还只能说明活体的胶体属性（消化液酶），认为原生质是蛋白质和一系列非蛋白体的复杂组成物（1891），那么，能斯基已经确切地认定：酶乃是带有不稳定分子的蛋白体。

在有机体新陈代谢现象中起着重要作用的是氧化过程。在创立现代关于生物氧化学说上，巴赫和帕拉京起到杰出作用。

巴赫创立了缓慢氧化过程的"过氧理论"。它是基于氧化活体的主导作用的概念。巴赫认为，植物细胞和组织中存在一种特殊有机物——氧化酶，它们容易连接空气中的分子氧，由于这种相互作用，形成新的不稳定化合物——过氧化物，在过氧化酶的影响下，难于氧化的组织，诸如蛋白质、糖等，也加速被过氧氧化。

帕拉京的研究促进了对生物过氧过程深刻、全面的认识。据他的研究结果，在生物组织中，同时进行着两个过程：通过氢的离析，作用物被氧化；某种受体（氧或某种其他物质）的恢复。第一个过程不是别的，就是呼吸过程。第二个过程是厌氧的氧化。这样就以实验证明了生物氧化的新理论，奠定了组织呼吸的现代概念的基础。现在已确定，在动物和植物机体中进行的大部分氧化是通过脱氢作用实现的。

帕拉京的研究揭示了动物和植物机体共同的化学过程。其首先是导致水和碳酸气的形成（呼吸），其次是酒精和碳酸气的形成（发酵）。

B. 古列维奇开创了肌肉的生物化学研究。不久前，此项研究以恩格尔加尔特的重要发现而宣告完成。古列维奇进行了肌肉组织中含氮物的研究。他在其中发现了一系列此前未知的含氮的浸出物。1904 年，他在肌肉浸出物发现了有机物的基础——肌肽；1905 年，发现了肉毒碱，按最新研究结果，实际上是维生素 Bt。还有过去在活的有机物上未发现过的毒性基础——甲脒。只有在古列维奇的研究之后，才可能去研究活有机物中含氮浸出物的作用。

古列维奇还研制了独创的合成氨基酸的方法。他的成果包括研究食物蛋白水解为氨基酸、研究胰蛋白酶与最简单的置换的酰胺和复杂的醚化合物的关系、研究精氨酸的合成，这些至今仍然堪称经典。他的工作奠定了比较生物化学的基础。发扬达尼列夫斯基和能斯基在比较生物化学研究上的思想，古列维奇显示出它们在解决整体生物学问题方面的重要作用。

*   *   *

观察俄国的这个历史时期，生物科学有了迅速的发展。这也促进了唯物主义在生物学的最后胜利。唯心主义世界观与唯物主义斗争的主要问题，是有机世界的进化和对精神或高级神经活动的科学认识。

捍卫对生命现象的唯物主义的，既有哲学家公众人物车尔尼雪夫斯基、杜勃罗留波夫和皮萨列夫，也有生物学家科瓦列夫斯基兄弟、梅契尼柯夫、季米利亚采夫、缅兹比尔、塞维尔措夫、卡马洛夫，等等。进化主义者生物学家们，捍卫和发展了达尔文主义——生物历史发展的唯物主义学说。谢切诺夫和巴甫洛夫以反射活动的实验研究揭示了中枢神经系统的功能，创立了高级神经活动的学说。

他们和他们的学生、后继人的研究，促进了生理学各方面的成果，以及生理学规律在临床医学上的应用。在 19 世纪下半叶，由于科瓦列夫斯基的研究，创立了进化的古生物学。科瓦列夫斯基和梅契尼柯夫的研究，导致比较进化胚胎学的创立。在此时期，B.多库恰耶夫和其后继者的研究创立了土壤学。在比较解剖学家、组织学家、细胞学家、植物生理学家、生物化学家和微生物学家的研究中，许多重要的涉及生物学整体的问题得以解决。这些专业的生物学家的许多成果，在医学和农业实践中找到了出路，促进了俄国和外国学者对植物界、动物界的广泛研究，其中还包括研究昆虫——害虫和动物及人类的寄生虫。

第二十九章　19世纪末20世纪初俄国自然科学的特点

俄国自然科学从19世纪末至1917年即帝国主义和无产阶级革命初期时代，在与世界自然科学状态相关联情况下得以发展。十月革命开创了新时代，同时翻开了科学史和文化史新的一页。

19世纪末20世纪初俄国的社会环境

19世纪90年代，经过世界性（同时也笼罩俄国）的经济危机之后，俄国立即进入工业迅猛发展的高潮。俄国的经济增长速度走在了其他发达国家的前面。1885—1913年，工业生产的年增长率，英国为2.1%，德国为4.5%，美国为5.2%，俄国为5.7%。在工业生产的集约化方面，俄国也走在世界前面。1910年，俄国企业工人总数超过500人的，占企业总数的54%，而在美国只占33%。俄国的工人动力装备仅次于英国和美国。

1890—1900年间，俄国国家铁路的总长度继续迅速增加。在这10年间增加了近一倍。这将边远地区——中亚、外高加索、西伯利亚、远东带入俄国现代经济生活的轨道。总长7000俄里的西伯利亚铁路的修建，发挥了极其重要的作用。铁路建设的巨大规模，促进了工业，首先是重工业规模的扩大。煤和石油的开采、金属的冶炼以俄国前所未有的速度在增长。10年内，全国（不算芬兰）的重工业总产量增加一倍，而轻工业总产量增加50%。在这一期间，重工业的工人数量增加50%，轻工业的工人数量增加接近50%。从1887—1901年，俄国的工业无产阶级增加到100多万（差不多是原来的

2 倍）。这其中，首先是超过 1000 人的大企业数量增加。20 世纪初在这些大企业中的工人数量，已经占全部工人数量的一半。19 世纪 90 年代，在俄国南方产生了新型的煤炭冶金联合企业——顿巴斯。1888 年门捷列夫在前往乌克兰寻找顿涅茨克石煤工业的加速发展途径时，就曾预言它的重要意义。

工业无产阶级，首先是大企业中联合起来的工人数量的增加，伴随着他们的觉悟和组织性的成长。无产阶级反对资产阶级和沙皇的经济斗争增加了，罢工运动的规模扩大了。经济斗争开始转变为政治斗争，同时伴随着思想斗争。坚持主张革命的马克思主义学说，不仅要发展应用于俄国的现实，而且要应用于更广泛的帝国主义和无产阶级革命的历史时代。

19 世纪末，俄国无产阶级已经作为完全独立自主的革命阶级登上历史舞台，在社会生活的所有领域坚持自己切身的阶级利益。90 年代，发生了 900 次罢工，25 万多工人参加。其中，发生在 90 年代后半期的罢工数量，是 90 年代前半期的近五倍。同时，政治性罢工的数量增加了。列宁评价这些罢工，是人民革命准备阶段的起始。

俄国无产阶级的觉悟和组织性成长，反映在建立自己的政治组织上：1895 年，在列宁领导下于彼得堡成立了"工人阶级解放斗争同盟"。

由于列宁积极的理论和革命实践活动，科学社会主义理论与俄国无产阶级运动相结合，形成建立俄国社会民主工党的基础，1898 年在明斯克举行了该党成立大会。

从 90 年代中期起，以马克思主义武装，由自己的政治组织领导的俄国无产阶级成为革命运动的基本力量。

在俄国，农奴制残余还很强势，这种情况加剧加深了本来就相当尖锐的帝国主义自身社会经济矛盾。

新历史时期的特点，不仅在于工业企业数量和产业工人数量的总体增长，还在于大企业生产非常迅速集中化的过程和劳动生产率的增长。1900—1913 年，俄国（不包括芬兰）的工人总数增长至 300 万，增长 150%，而每个工人的平均生产量也增加近 50%。

如果比较一下俄国欧洲部分、德国和美国大企业产业工人的集中化速度，会发现下面的情形：这类企业所占国家全部企业的份额，1895—1904 年，俄国从 30% 增加至 38.8%，同期在德国只从 13% 增加至 15%。而在

1907—1914 年，俄国从 39.2% 增加至 43.8%，同期美国只从 17.9% 增加至 20.5%。要是按照其他资料（波戈热夫援引斯特鲁米林的资料），在俄国这个指标还要再增加 50%，因为所用官方数据未考虑最大的企业和所有冶金企业。与工业的蓬勃发展相伴随的，是农村经济向小块土地的分散化以及原始的耕作技术，加上农奴制残余的野蛮性所导致的深刻矛盾。1908 年，列宁在阐述 1905—1907 年俄国第一次革命的原因时说道"……最落后的农业，最野蛮的农村——最先进的工业和金融资本主义"。

俄国所有旧社会制度的矛盾，因两次失败的战争——日俄战争和第一次世界大战而加剧，从而将俄国拖入沙皇同大资产阶级结盟的境地。这两场战争具有明显的帝国主义掠夺战争性质。所有参战"大国"的目的，是占领新的市场和在帝国主义国家之间重新瓜分世界。日俄战争沙皇战败后，随之发生 1905—1907 年第一次俄国革命。经过沙皇镇压之后的反动时期，又被 1912—1914 年的工人运动新高涨所取代。始于 1914 年 8 月的第一次世界大战，更加剧了俄国社会政治和经济的矛盾。沙皇因无能输掉了这场战争，并导致国家经济的全面衰败。

1917 年 2 月爆发了第二次俄国革命，推翻了沙皇，开辟了通向这一年 10 月实现无产阶级革命的道路。

罢工运动的动力的高涨和低落，是与 1917 年前国家总的形势相对应的。空前未有的急剧高涨的罢工运动发生在 1905 年，罢工 1.4 万次，其中包括近 1 万次政治罢工；参加罢工的工人总数达 300 万，其中三分之二参加了政治罢工。随后两年（1906—1907），发生了 1 万次罢工，其中 6000 次为政治罢工；参加罢工的工人约 200 万，其中三分之二参加了政治罢工。在反动年代，罢工运动低落和政治罢工数量急剧减少。在后来工人运动高涨的年代里，罢工数量，首先是政治罢工的数量又重新增加。1914 年在世界第一次世界大战前夜，罢工总数量达 3500 次，其中 2500 次是政治罢工。这一年参加罢工的总人数约为 130 万，其中五分之四参加了政治罢工。1917 年，工人阶级反对的是沙皇和大资产阶级；在 1917 年 2 月之后，反对的是大资产阶级和他们的临时政府，斗争白热化达到最高的紧张状态。

俄国社会民主工党在第二次代表大会上（1903）分裂为两个党——革命的马克思主义的布尔什维克和机会主义的孟什维克。以列宁为首的布尔什维克党成为俄国工人阶级真正思想和组织上的领导者。它帮助俄国无产阶级在革命的前夜 1905 年准备武装起义，帮助他们在反动年代保存自己的战斗实力和革命思想，引导他们走向 1917 年 10 月的胜利。

列宁作出了对俄国社会的主要力量和发展趋势的阶级分析。他说，"在俄国有三种基本的政治力量。由此存在着三种政治路线：黑帮分子（代表农奴地主阶级利益）和与他们一起或位居其上的'官僚们'，接下来是自由君主立宪派资产阶级的'中心'——左派和右派（十月党人），最后是民主资产阶级（劳动团分子、民粹派、无党左派）和无产阶级。正是这种划分也只有这种划分的正确性，为 20 世纪前 10 年的全部经验所证实。而这 10 年是不同寻常的，是充满了重要事件的 10 年"。

打在 19 世纪末 20 世纪初思想发展上的烙印，是没落阶级的腐朽文化和民主健康发展文化之间的尖锐博弈。

代表先进俄国文学的是托尔斯泰（这些年他完成了自己最后的作品）、契科夫、科罗连科以及其他人的作品。涌现出一批新的天才：诗人波洛克、勃留索夫；散文作家布宁、维列萨耶夫、库普林、马明-西比里雅克等。波洛克从象征主义派作者的艺术至上，走到对 1917 年十月革命的认可。沿此道路前行的，还有杰出的俄国诗人勃留索夫，他完全转变到革命的立场上，积极投身于新文化的建设，并加入了共产党。无产阶级推出了自己的伟大作家高尔基，在他的作品中，渗透着对工人阶级力量和未来胜利的深厚信念，对自由、光明、真理发出豪迈的呼吁，反映了资本主义社会没落的过程。十月革命之前就走上无产阶级道路的作家和诗人有塞拉菲莫维奇、别德内、当时还年轻的马雅可夫斯基和其他人等。进步文学也产生在当时俄国其他民族之中。

相反，在与之对立的思想反动派阵营，则充斥衰落和腐朽。在十月革命前的 10 年中，与俄国文学的基本进步方向截然分离，以各种形式和表现，散布颓废派文艺和宗教神秘情绪。

分成对立倾向的类似情况，也发生在其他艺术领域。这个时代，成就了列宾、谢洛夫、瓦斯涅佐夫和符卢别尔、列维坦和涅斯杰罗夫的油画，也存在着非现实主义的彩色画派，例如在文化领域主张未来主义的立体派。

在音乐创作方面有里姆斯基-科尔萨科夫、格拉祖莫夫、斯科利亚宾、拉赫玛尼诺夫和其他人。在表演方面突出的有歌唱家：来自民间的沙里亚宾、涅日达诺娃、索比诺夫，著名芭蕾舞家巴甫洛夫、戈策尔和整整一代话剧演员。在人民精神文化上起了重大作用的，是 1898 年在莫斯科由斯坦尼斯拉夫和聂米罗维奇-丹钦科创办的新型现代艺术剧院。与其相关联的是契科夫和高尔基的创作作品。一些表演艺术天才在这里得以展现，如卡恰诺夫、塔尔哈诺夫、莫斯克文和许多其他人。

19 世纪末 20 世纪初，自然科学在俄国，就是在这样的历史状况和不可分割的联系中发展着。确定俄国自然科学这一时期发展特点的，还有世界自然科学的状况和围绕最新自然科学发明的尖锐哲学斗争，特别是对物理学的发明，与之相关的是唯心主义将自然科学导致方法论的危机。

自然科学的革命

从 1895 年起，物理学领域开始实现的杰出发明，引起了"自然科学的最新革命"。在德国，伦琴发现以他名字命名的可以穿透深层的射线；在法国，贝克勒尔发现了放射线；在英国，汤姆逊发现了电子；居里夫妇一起发现了钋和镭。列宁将镭称之为"伟大的革命者"，一些物理学家也这样称呼它。这些发现证明了原子的可被破坏性、它们的复杂性和可分性、元素的可变性。由英国物理学家卢瑟福和索基创建提出，经包括拉姆齐实验观测到的放射过程中原子自衰理论，证实了这一点。进一步研究发现：原来，原子不是像过去认为的那样是最终不可分的物质粒子，而是由更小的粒子——带负电荷的电子组成。伦琴射线可以渗透到原子深处，探明它的复杂内部结构。于是，过去对自然和物质结构的认识基础倒塌了。

1900 年，在德国，普朗克开创了量子理论。1905 年，爱因斯坦发明了相对论部分原理。从中他导出了将质量守恒定律和能量守恒定律联系在一起的基础性物理法则。当时爱因斯坦引入了光子——光的"粒子"的概念。

但是，所有这些物理发明尚未与门捷列夫的周期律相联系。后者仍保持着自己初始的纯化学性质。1911 年，卢瑟福发现了原子核。至 1913 年，终于确定了一系列法则和规则，引入一系列新概念，将新的物理发现与周期律相关联：莫斯利定律，将元素的特征 X 光谱与该元素在周期表中的位置相关联，由此产生了元素序号（数目）的概念；在英国和波兰发现的位移规则，将放射性衰变与衰变元素沿周期表向右移一个位或向左移两个位的"挪位"联系在一起；同位素概念——在周期表中占同一位置元素的不同变种。

1913 年，在所有这些发现的基础上，丹麦物理学家玻尔建立了原子模型，开创了涵盖物理学（量子光学、电子电动力学、放射学说和所有核物理学）和化学（周期律和元素周期表）的理论合成。这一时期的最后，是爱因斯坦发表了自己广义相对论的第一部著作（1916）。

自然科学的理论合成，也在其他方向上进行着。19 世纪末 20 世纪初，生物化学获得了发展，其中特别借助的是德国化学家费舍尔的著作。而在 20 世纪初，由于维尔纳茨基和其他人的著作，产生了地质化学。

这些"过渡"学科将原本不相干的自然科学基本领域联系起来。在 19 世纪还产生了天文物理学和物理化学，这使得自然科学更加完整了。

这一时期，受工业生产需求驱使，化学向着对高分子化合物包括高聚合化合物的研究发展。

在生物学上，从物理学和化学上移植了遗传性物质载体的个体性思想。由此产生了孟德尔的新"发明"。他所确立的遗传法则有了新的含义。当时，荷兰植物学家弗里茨发现了突变现象——由于细胞结构的改变，突然呈现新的遗传特征。摩尔根研究制定了以基因为基本概念的叶绿素理论。于是，生物学开始自己的"最新革命"。但是，类似于物理学和化学在 1913 年之前的情况，涉及物体结构的最新发现，未能与归纳于周期律中的经典物质学说相联系，甚至似乎与之相反。生物学在最初也出现了最新的遗传概念与经典的达尔文进化学说不协调，甚至是背道而驰的情况。如果说，物理学和化学研究对象是相对简单的自然体，其最新发现和概念与经典达成协调相对较快（耗时 17 年，从 1895—1913 年）。那么，研究对象是相对复杂的自然体的生物学，达到这样的协调则拖延了数十年。

列宁有关自然科学与哲学和技术的关系和科学发明的社会影响的论述

列宁在自己的理论著作中，深刻阐明了自然科学的哲学问题。他指出，帝国主义实行在各条战线上的反动，其结果是官方统治下世界观的思想影响，与自然科学自身发展的革命倾向截然对立。这种矛盾造成 19 世纪末 20 世纪初开始的自然科学危机。当时俄国思想领域的进程与世界自然科学界发生事件纠结交错在一起。在 20 世纪初，一组俄国马赫主义分子，其中有布尔什维克，也有孟什维克，主张修正马克思主义的哲学。他们从混乱的贝克莱主义，即主观唯心主义的立场来做修正，接受西方流行的反动哲学思潮。俄国的马赫主义者，以马赫、阿维纳里乌斯等人为首，企图将马克思主义与马赫主义相结合。这种对马克思主义哲学的修正，在 1905—1907 年革命失败后的反动年代，变得尤其危险。因为它能使工人阶级及其先锋队——共产党在思想理论上解除武装。因此，必须对哲学的修正主义，以及活跃在帝国主义条件下的一切哲学反动派给予回击。

这一任务是列宁在自己的《马克思主义和经验批判主义》一书中完成的。该书写于 1908 年，1909 年问世。书中写道："想要'调和'马赫主义与马克思主义的俄国马赫主义者的不幸，在于他们相信反动哲学教授。在相信之后，就沿着斜坡滑下去了。企图发展和补充马克思的各种文章，手法也很简单：通读奥斯特瓦尔德，测验奥斯特瓦尔德，复述奥斯特瓦尔德，称之为马克思主义；通读马赫，测验马赫，复述马赫，称之为马克思主义；通读普安卡雷，测验普安卡雷，复述普安卡雷，称之为马克思主义！这些教授们，没一人能给出在化学、历史学、物理学专业领域最有价值的作品。说到哲学，则一句话都不可信。"不可信是因为现代的认识论是有党派性的。列宁揭露了"在下面"的反动派（在普通哲学、认识论观念的领域）和"在上面"的反动派（在社会哲学观念方面）之间的直接联系。因此，列宁写道，在这样的历史时期，如同 1908—1910 年即 1905 年革命之后的反动年代，"与'在下面'的马赫主义的斗争不是偶然的，而是不可避免的"。

但是，列宁并不仅限于对俄国马赫主义者的批判。在自己的书中，他从辩证唯物主义的立场总结了当时先进自然科学首先是物理学的最重要成果（1895—1908）。列宁对这些成果的分析和对它们的哲学总结，可以简单归纳为：列宁揭示了自然科学最新革命的真正内涵。这个革命在于物理学越过了分离宏观世界和微观世界的界限，进入了微观世界领域，开始去认识它的特殊性。与此同时，当"物理学"唯心主义者试图从最新物理学发现之中引出有利于唯心主义的认识论结论，产生了称之为"现代物理学危机"、"自然科学危机"的病态现象时，列宁揭露了它的实质、它的产生原因和它的倾向。列宁具体地指出，为了克服它，自然科学工作者应当自觉地掌握辩证唯物主义。《唯物主义和经验批判主义》一书，构成了马克思主义哲学发展的新时代。

在俄国的自然科学工作者之中，尤其是在杰出的学者当中，唯物主义几乎是独占统治的世界观。只有个别的自然科学工作者代表人物，并且都是不大的代表人物，陷入马赫主义的影响（其中有化学家果尔德施泰因、沙尔文），或者陷入奥斯特瓦尔德"唯能论"的影响（物理化学家比萨尔日夫斯基），或者是同时受两种倾向的影响（化学家米哈伊连科）。

1911—1914 年，在《我们的取消派》、《马克思主义的三个起源和三个组成部分》、《卡尔·马克思》等文章中，列宁回到现代物理学的哲学问题及其与辩证唯物主义的关系。特别重要的是列宁的《哲学笔记》。它写于 1914—1915 年，但是发表则是在 1917 年之后。列宁在其中显示，怎样以马克思主义辩证逻辑的立场来总结自然科学的历史。列宁强调"对黑格尔和马克思事业的继承，应当是对人类思想、科学和技术史进行辩证的加工"。他进一步提出了从自然科学史、哲学史和技术史之中提取精华，其揭示认识物质世界共同历程的任务。在那些年，列宁攻读了许多当时最新的自然科学及其他历史的书籍。

在关心自然科学和哲学的关系的同时，列宁也对自然科学和技术、自然科学和生产的关系表现出浓厚的兴趣。如同前一种情况，他不仅限于专门的问题，而是去揭示科学和技术发明的社会作用和社会影响。例如，当英国化学家拉姆塞伊提出煤的地下气化设想，列宁在《技术的伟大胜利》（1913）中写道，这个发明所能引起的工业变革是巨大的。"但是在现代资本主义制度下这一变革给整个社会生活带来的影响，远不如该发明在社会主义社会能达到的"。

在资本主义情况下，"解放"百万矿工必然产生大量失业，贫困大量增加，工人状况恶化。而这个重大发明的利润，则进入摩根、洛克菲勒、里亚布申斯基、莫罗佐夫以及他们的随员——资本主义走狗的腰包。列宁写道："在社会主义情况下应用拉姆塞伊的方法，"解放"百万矿工的劳动，可以马上缩减全体工人的八小时劳动为七小时甚至更少。所有工厂和铁路的电气化可以使劳动条件更加卫生，使百万工人免于烟雾灰尘和污染，将肮脏恶劣的工厂转变为干净明亮、使人感觉良好的实验室。每个家庭的电照明和电暖气，使得百万"家庭女奴"不必将四分之三的生命耗费在发臭的厨房。资本主义的技术，促成一天天将劳动者变成雇佣奴隶的社会条件转变"。

就这样，列宁将自然科学和技术的进步，与社会主义的根本奋斗任务联系在一起。

俄国自然科学家的社会活动

工业资本主义的发展，引起先进的、此前为民粹意识的俄国知识阶层包括学者们的演变，或是转向马克思主义，或是转向资产阶级方面。一些学者由于年轻被民粹主义和民意运动吸引，虽然仍然属于进步思想人群，但是脱离了直接的社会政治活动。

例如，创立了有机物易感系统反应共同规律学说基础的生理学家维坚斯基就属于后者。1874年，他因与民意党人热利亚包夫和别洛夫斯卡娅在农民中宣传革命思想而被捕。按政治"诉讼"被监禁三年多。19世纪80年代后期，他成为学者和教育家。维坚斯基是自然科学方面的唯物主义者。他发展了生物学方面的进化观点，坚持了谢切诺夫的生理学学说。早期年轻维坚斯基的革命意向，随着时间转化为先进的自然科学和哲学的观点。他的关于受激和抑制的学说和关于传导暂停的学说，是对世界生理学的重大贡献。

巴赫在1878年因参加学生政治运动被基辅大学开除。在三年流放之后，他参加了"人民意志"组织，1883年转入非法状态。他撰写了反政府的小册子《饥饿沙皇》。1885年，他移居国外，开始了自己在生物化学方面的科学活动。1897年，他完成创立了自己的缓慢氧化过氧理论。1917年，巴赫返回祖国，很快就组成庞大的生物化学学派，成为苏联科学的伟大组织家和社会活动家。1929年，他当选为科学院院士。1936年，当选为苏联最高苏维埃代表。植物学家季米利亚采夫在自己生命和科学生涯的晚期，非常靠近马克思主义，热烈欢迎十月社会主义革命。古伯金在年轻时参加"工人阶级解放斗争同盟"，1921年参加共产党，成为杰出的地质学—石油学学家、科学院副院长和苏联最高苏维埃代表。

在马克思主义革命者（布尔什维克）队伍之中，涌现出十月革命前从事自然科学理论和实践研究的有：热能专家科尔日扎诺夫斯基（1915 年，发表了他的第一部关于采用当地燃料的区域电站的著作，为他将来从事苏联电气化工作做了准备）。天文学家和地质物理学家施特恩别尔格，他是摄影天文学和重力测量学方面的专家，1905—1917 年间为布尔什维克党莫斯科委员会军事技术局的主要成员之一。化学家卡尔波夫，布尔什维克，在俄国第一次革命年代为布尔什维克党莫斯科党委书记，1911—1915 年，是俄国松节油——松脂生产和第一批液态氯和氯仿工厂的组织者，十月革命后他继续从事化学工业发展和研究制定科学生产方法的组织工作。费多罗夫斯基——矿物学家，布尔什维克，在十月革命前夕，开始从事俄国矿藏研究。

在第一次俄国革命失败后的反动年代，沙皇的教育部长卡索粗暴地破坏大学自治，对俄国高等学校尚存的民主秩序发动进攻。为了抗议卡索的反动政策，许多先进学者在 1911 年离开了大学。从莫斯科大学离开的，有化学家泽林斯基、植物学家季米利亚采夫、地质化学家维尔纳茨基和菲尔斯曼、力学家莱边宗、物理学家乌莫夫和其他教授教师总共 125 人。为了表示与莫斯科的同行们团结一致，比萨热夫斯基离开了基辅工学院。先进教授们抗议沙皇政权专制的范围广泛，并且具有政治色彩。

更早之前，数学家马尔科夫曾经坚决地抗议沙皇政府，后者拒绝承认高尔基当选为科学院的荣誉院士。

19 世纪末 20 世纪初，俄国自然科学家们继承了前辈将科学与生产、工艺和技术紧密联系的传统。在新的历史条件下，科学与生产实践的联系采取了各种不同的形式。在第一次世界大战期间，成立了各种组织，其目的是吸引科学参加实践活动。与此有关的如：原料委员会（附属于军事技术支援委员会）、科学院所属的俄国自然生产力研究委员会。积极参加此项工作的，有地质化学家菲尔斯曼和维尔纳茨基、物理化学家库尔纳科夫、生理学家巴甫洛夫、地质学家卡尔宾斯基，等等。当时，菲尔斯曼组织了一系列研究矿藏矿床的考察（在乌拉尔、阿尔泰和后贝加尔，等等）。他在 1917 年后仍在继续进行这项研究。化学家泽林斯基在 1915 年发明了通用的防毒面具，因而挽救了许多士兵的生命。当时，物理化学家史洛夫积极参加了俄国士兵防化保护的研究。1915—1917 年，物理化学家比萨热夫斯基组织了防毒面具和制剂的生产。

茹科夫斯基积极进行了空气动力学和航空学问题的研究。在自己的发言《关于航空术》（1898）之中，茹科夫斯基说：尽管人没有翅膀，自己体重与肌肉重量的比例关系要比鸟弱 72 倍。但是他还是要飞翔，飞翔，不是靠自己肌肉的力量，而是依靠自己智慧的力量。按照茹科夫斯基的建议，1900—1904 年，在莫斯科大学建造了世界上首批风洞之一。由他参与组织，在莫斯科郊区成立了空气动力研究院。茹科夫斯基培养了许多航空领域的干部（飞机设计师和飞行员）。"宇航之父"齐奥尔科夫斯基研究了星际航行的问题，完成了一系列火箭技术方面的重大发明。他研究制定了火箭的飞行理论，注意到火箭重量在位移过程中的变化，研究制定了对解决星际航行实际问题重要的，包括使用液态喷射发动机的方案。

物理学家波波夫，先于马尔科尼发明了无线电（1895）。在波波夫与舰队无线电联系实验时，发现从处于无线电波传播途中的军舰上反射无线电波的现象。这一现象导致后来发明了无线电定位。在石油技术、热技术和建筑领域，有舒霍夫的著作和发明。

在化学领域，进行了大量具有实践意义的方向性研究。在无机化学方面，库尔纳科夫和他的学派创立了物理化学分析，并且应用其研究金属合金和盐的（水）溶解物。1917 年，库尔纳科夫与同事们以此方法发现了索利卡姆斯克地区的钾盐矿床。借助莫斯科的泽林斯基学派和彼得格勒的法沃尔斯基学派的研究，实现了有机化学与工业的联系。法沃尔斯基的学生列别捷夫顽强专注地寻找合成橡胶的途径。1909—1910 年，他进行了异戊二烯和联异丙烯的聚合，然后从丁二烯中获取了第一个类橡胶物质。他在烯属烃聚合方面的研究，成为苏联时期工业制造合成橡胶的科学基础。

季米利亚采夫的学生普利亚尼什尼科夫，在农业化学、植物生理学和植物栽培方面的研究，带给农业巨大的帮助。他的所有科学活动，都是科学与实践相结合的典范。米丘林用个别杂交的方法，创造了许多果实植物的新品种。

巴甫洛夫，条件反射学说和动物与人类高级神经活动学说的创造者。他的生理学奠基性发明，赢得了在全世界范围的声誉。巴甫洛夫认为，自己的研究首先应当符合祖国和俄国科学的利益。他说"不管做什么,我一直在想,尽我力量所能,首先服务于我的祖国、我们俄国的科学。这就是最强的动力和最深的满足"。生理学家乌赫托姆斯基关于显性的学说,在医学、心理学和教育学方面获得了实际应用。维尔纳茨基奠定了地质化学的基础,而在苏联时期,又奠定了生物地质化学的基础。

地理学家、旅行家科兹洛夫,继承了天山斯基和普尔热瓦尔斯基关于中央亚细亚研究的重要事业。地质学家奥勃卢切夫研究了中央亚细亚和西伯利亚的地质。植物学家、植物地理学家科马洛夫研究了中央亚细亚和堪察加的植物群。勇敢的极地研究者谢洛夫组织了1912—1914年的北极考察,并因此牺牲了生命。此次考察成为为科学和祖国去无畏地建功立业的象征。

大多数自然科学家并非政治上的革命者。但是他们仍然十分尖锐地感受到人民的不平。沙皇无法保障人民的福祉,也不能保障科学文化的发展。他们认为沙皇俄国的科学状况完全不能容忍,不能这样继续下去。生物学家科里佐夫曾建议成立国家级的科研院所。这个想法在1917年革命之前仿佛是浮在空中。沙皇政府对它的实现设置了种种障碍和官僚主义门槛。先进的学者们越来越清楚,在沙皇的框架下,俄国的自然科学不可能再顺利发展。

无论在数量上还是质量上,这一时期成长起来的科研干部,已经足以创立在俄国亟需的科研院所网络。20世纪前20年在自然科学和数学各领域形成的许多一流学派,就证明了这一点。在这里我们不可能全部悉数,只能列举其中某几个。彼得堡数学学派,由切比雪夫创建,代表者首先是马尔科夫,他开辟了概率论新的重要方向;李雅普诺夫,在微分方程的重要理论和数学物理学方面取得一流的成就;斯捷科洛夫,也是数学物理学方面最大的专家。莫斯科函数理论数学学派是由叶果罗夫、卢金和他们的学生们所代表。在力学方面(首先是水动力学和空气动力学),形成了茹科夫斯基和其学生、继承者恰普雷金、列伊边宗及其他多人的强大而面对直接实践的学派。在物理学方面,产生了斯托列托夫和他的学生们——米海尔逊、蒂洛夫和其他同事的学派,其中最杰出的是测量出光压的列别捷夫。该时期末在彼得格勒工学院,产生了物理学家约费的学派。

在化学方面,形成了马尔科夫尼科夫学派(莫斯科大学),其中有德米亚诺夫、基日涅尔、科诺瓦洛夫等;法沃尔斯基学派(彼得格勒大学),属于它的有列别捷夫、波莱-科施茨、伊巴契耶夫等；布特列罗夫的学生和继承者扎依采夫的学派（喀山大学），属于它的有阿尔布佐夫等；库尔纳科夫的物理化学分析学派（彼得格勒矿业学院），属于它的有乌拉佐夫、斯捷帕诺夫等；丘加耶夫关于复合化合物的学派（彼得格勒大学），其中有丘加耶夫的学生切尔尼亚耶夫。

在地质学和岩石学研究方面，有卡尔宾斯基和列文松-列辛格学派；在地质化学和矿物学方面，有维尔纳茨基和他的学生菲尔斯曼等人的学派；在晶体学方面发展出费多罗夫学派，他的学生是博尔德列夫和扎瓦利茨基等人。

最后，在生物学方面，有进化的形态学和古生物学的谢维尔佐夫学派，属于它的有比较解剖学家、进化论者施马尔高津。在生理学方面，有巴甫洛夫学派，属于它的有奥尔别里和其他许多人；维京斯基学派，属于它的有乌赫托姆斯基。

＊　　　　　＊　　　　　＊

对革命前俄国自然科学发展的分析，令人信服地证明了俄国学者们对世界自然知识宝库作出的巨大贡献。在反对宗教和唯心主义、反对沙皇的反动政策和反动思想的艰难斗争中，先进的俄国学者们奠定了坚实的先进科学进步传统——无限忠于人民和科学真理，勇于将深邃的科学探索与满足社会实际需求相结合。由此可以理解，之所以革命后大多数俄国学者沿着这条路站到了新制度一边。

伟大的十月社会主义革命，解放了人民的创造力。第一次为苏联国家科学文化的繁荣创造了条件。苏联的科学事业吸取和发扬了人类思想在其全部历史中积累的所有优秀成分。

参考文献

马列主义经典

Маркс К. Капитал, т. 1.— К. Маркс и Ф. Энгельс. Соч. 23. 907 с.

Маркс К. Капитал, т. 2.— К. Маркс и Ф. Энгельс. Соч., т. 24. 648 с.

Маркс К. Капитал, т. 3.— К. Маркс и Ф. Энгельс. Соч., т. 25, ч. 1. 545 с., ч. 2. 551 с.

Маркс К. К критике политической экономии.— К. Маркс и Ф. Энгельс. Соч., т. 13, с. 1—167.

Маркс К. и *Энгельс Ф.* Избранные письма. М., Госполитиздат, 1953. 536 с.

Маркс К. и *Энгельс Ф.* Переписка К. Маркса и Ф. Энгельса с русскими политическими деятелями. Изд. 2-е. М., Госполитиздат, 1951. 376 с.

Энгельс Ф. Анти-Дюринг. Переворот в науке, произведенный господином Евгением Дюрингом.— К. Маркс и Ф. Энгельс. Соч., т. 20, с. 1—338.

Энгельс Ф. Диалектика природы.— К. Маркс и Ф. Энгельс. Соч., т. 20, с. 339—626.

Энгельс Ф. Людвиг Фейербах и конец классической немецкой философии.— К. Маркс и Ф. Энгельс. Соч., т. 21, с. 269—317.

Ленин В. И. Карл Маркс. (Краткий биографический очерк с изложением марксизма).— Полн. собр. соч., т. 26, с. 43—93.

Ленин В. И. Материализм и эмпириокритицизм. Критические заметки об одной реакционной философии.— Полн. собр. соч., т. 18. 525 с.

Ленин В. И. О значении воинствующего материализма.— Полн. собр. соч., т. 45, с. 23—33.

Ленин В. И. Памяти Герцена.— Полн. собр. соч., т. 21, с. 255—262.

Ленин В. И. Переписка Маркса с Энгельсом.— Полн. собр. соч., т. 24, с. 262—269.

Ленин В. И. Развитие капитализма в России. Процесс образования внутреннего рынка для крупной промышленности.— Полн. собр. соч., т. 3. 791 с.

Ленин В. И. Три источника и три составных части марксизма.— Полн. собр. соч., т. 23, с. 40—48.

Ленин В. И. Философские тетради.— Полн. собр. соч., т. 29. 782 с.

总体性的著作

Герцен А. И. Дилетантизм в науке.— Собр. соч., т. 3. М., Изд-во АН СССР, 1954, с. 5—88.

Герцен А. И. Дневник 1842—1845.— Собр. соч., т. 2. М., Изд-во АН СССР, 1954, с. 199—413.

Герцен А. И. Письма об изучении природы.— Собр. соч., т. 3. М., Изд-во АН СССР, 1954, с. 89—315.

История СССР. С древнейших времен до наших дней. В 2-х сериях, 12-ти т. Первая серия. Т. 1—6. М., «Наука», 1967—68.

История естествознания в России. Т. 1—3. Изд-во АН СССР, 1957—1962.

Варсанофьева В. А. Московское общество испытателей природы и его значение в развитии отечественной науки. М.,

Изд-во МГУ, 1955. 104 с.

Зубов В. П. Историография естественных наук в России. (XVIII в.— первая половина XIX в.). М., Изд-во АН СССР, 1956. 576 с.

Избранные произведения русских естествоиспытателей первой половины XIX века. Ред. и вступ. статья Г. С. Васецкого и С. Р. Микулинского. М., Соцэкгиз, 1959. 660 с.

Избранные произведения русских мыслителей второй половины XVIII в. Ч. 1—2. М., Госполитиздат, 1952.

Избранные социально-политические и философские произведения декабристов. Т. 1—3. Л., Госполитиздат, 1951.

История Московского университета. Т. 1. 1755—1917. М., Изд-во МГУ, 1955.

562 с.
Краткий очерк истории русской культуры с древнейших времен до 1917 года. Л., «Наука», 1967. 652 с.

Люди русской науки. Очерки о выдающихся деятелях естествознания и техники. Т. 1—4. М., 1948—1963.

Райнов Т. И. Наука в России XI—XVII веков. Очерки по истории донаучных и естественнонаучных воз-зрений на природу. Ч. 1—3. М.— Л., Изд-во АН СССР, 1940. 505 с.

Русские просветители. (От Радищева до декабристов). Собрание произведений. Т. 1—2. М., «Мысль», 1966.

История естествознания. Библиографический указатель. Литература, опубликованная в СССР. Т. 1—4. (1917—1961). М., «Наука», 1949—1974.

科学院的历史

Брежнев Л. И. Гордость отечественной науки. Речь на торжественном заседании в Кремлевском Дворце съездов, посвященном 250-летнему юбилею Академии наук СССР 7 октября 1975 г. М., Госполитиздат, 1975. 15 с.

В Центральном Комитете КПСС. ЦК КПСС принял постановление «О 250-летнем юбилее Академии наук СССР».— «Правда», 1973, 17 октября, с. 1.

В Центральном Комитете КПСС. ЦК КПСС принял постановление «О проведении юбилейной сессии Академии наук СССР, посвященной 250-летию ее основания».— «Правда», 1975, 21 марта, с. 1.

История Академии наук СССР. Т. 1—2. 1724—1917. М.— Л., Изд-во АН СССР, 1958—1964.

Андреев А. И. Основание Академии наук в Петербурге.— В кн.: Петр Великий. Сб. 1. М.— Л., Изд-во АН СССР, 1947, с. 284—333.

Вавилов С. И. Физический кабинет. Физическая лаборатория. Физический институт Академии наук СССР за 220 лет.— Собр. соч., т. 3. М., Изд-во АН СССР, 1956, с. 468—529.

Гнучева В. Ф. Географический департамент Академии наук XVIII века. М.— Л., Изд-во АН СССР, 1946. 446 с.

Князев Г. А., Кольцов А. В. Краткий очерк истории Академии наук СССР. Изд. 3-е. М.— Л., «Наука», 1964. 226 с.

Комков Г. Д., Левшин Б. В., Семенов Л. К. Академия наук СССР. Краткий исторический очерк. М., «Наука», 1974. 522 с.

Копелевич Ю. X. Возникновение научных академий. Середина XVII — середина XVIII в. Л., «Наука», 1974. 265 с.

Котельников В. А. Передовые позиции отечественной науки.— «Коммунист», 1975, № 13, с. 15—26.

Материалы для истории имп. Академии наук (1716—1750). Т. 1—10. СПб., 1885—1900.

Пекарский П. История имп. Академии наук в Петербурге. Т. 1—2. Жизнеописание президентов и членов Академии наук, вступивших в нее в 1725—1742 годах. СПб., 1870—1873.

Протоколы заседаний Конференции имп. Академии наук с 1725 по 1803 год. Т. 1—4. СПб., 1897—1911.

Станюкович Т. В. Кунсткамера Петербургской академии наук. М.— Л., Изд-во АН СССР, 1953. 240 с.

Ученая корреспонденция Академии наук XVIII века, 1766—1782. Научное описание. Сост. И. И. Любименко. М.— Л., Изд-во АН СССР, 1937. 606 с.

М. В. 罗蒙诺索夫

Ломоносов М. В. Полное собрание сочинений. Т. 1—10. М.— Л., Изд-во АН СССР, 1950—1967. Т. 1—2. 1950—1951. Труды по физике и химии. 1738—1752 гг.; Т. 3. 1952. Труды по физике. 1753—1765 гг.; Т. 4. 1955. Труды по физике, астрономии и приборостроению. 1744—1765 гг.; Т. 5. 1954. Труды по минералогии, металлургии и горному делу. 1741—1763 гг.; Т. 6. 1952. Труды по русской истории, общественно-экономическим вопросам и географии. 1747—1765 гг.; Т. 9. 1955. Служебные документы. 1742—1765 гг.; Т. 10. 1967. Служебные документы. Письма. 1734—1765.

Вавилов С. И. Ломоносов и русская наука.— Собр. соч., т. 3. М., Изд-во АН СССР, 1956, с. 559—577.

Кузнецов Б. Г. Творческий путь Ломоносова. Изд. 2-е. М., Изд-во АН СССР, 1961. 375 с.

Кулябко Е. С. Научные связи М. В. Ломоносова с зарубежными учеными.— В кн.: XVIII век. Сб. 4. М.— Л., 1959, с. 327—333.

Ломоносов. Сборник статей и материалов. Сб. 1—6. М.— Л., Изд-во АН СССР, 1940—1965.

Летопись жизни и творчества М. В. Ломоносова. Под ред. А. В. Топчиева и др. М.— Л., Изд-во АН СССР, 1961. 436 с.

Меншуткин Б. Н. Жизнеописание М. В. Ломоносова. Изд. 3-е. М.— Л., Изд-во АН СССР, 1947. 294 с.

Морозов А. А. Ломоносов. Изд. 5-е. М., «Молодая гвардия», 1965. 576 с.

自然科学分科史著作

数学

История математики с древнейших времен до начала XIX столетия. В 3-х т. Под ред. А. П. Юшкевича. Т. 1—3. М., «Наука», 1970—1972.

История отечественной математики. Отв. ред. И. З. Штокало. Т. 1—2. С древнейших времен до 1917 г. Киев, «Наукова думка», 1966—1967.

Делоне Б. Н. Петербургская школа теории чисел. М.—Л., Изд-во АН СССР. 1947. 422 с.

Каган В. Ф. Очерки по геометрии. М., Изд-во МГУ, 1963. 571 с.

Майстров Л. Е. Теория вероятностей. Исторический очерк. М., «Наука», 1967. 320 с.

Ожигова Е. П. Развитие теории чисел в России. Л., «Наука», 1972. 360 с.

Юшкевич А. П. История математики в России до 1917 г. М., «Наука», 1968. 591 с.

专著

18世纪

Бернулли Д. Гидродинамика или записки о силах и движениях жидкостей. Л., Изд-во АН СССР, 1959. 551 с.

Гурьев С. Е. Опыт о усовершении елементов геометрии, составляющий первую книгу математических трудов акад. Гурьева. СПб., 1798. 265 с.

Euler L. Opera omnia. Series prima: Opera mathematica. Vol. 1—29, 1911—1956.

Эйлер Л. Введение в анализ бесконечных. Т. 1—2. Изд. 2-е. М., Физматгиз, 1961.

Эйлер Л. Дифференциальное исчисление. М.—Л., Гостехиздат, 1956—1958.

Эйлер Л. Интегральное исчисление. Т. 1—3. М.—Л., Гостехиздат, 1949. 580 с.

Эйлер Л. Метод нахождения кривых линий, обладающих свойствами максимума, либо минимума или решение изопериметрической задачи, взятой в самом широком смысле. М.—Л., Гостехиздат, 1934, 600 с.

Рукописные материалы *Л. Эйлера* в Архиве Академии наук СССР. Т. I. Научное описание. Сост. Ю. Х. Копелевич и др. М.—Л., Изд-во АН СССР, 1962. 427 с.

Леонард Эйлер (1707—1783). Сб. статей и материалов к 150-летию со дня смерти. М.—Л., Изд-во АН СССР, 1935. 239 с.

Памяти *Л. Эйлера.* — «Ист.-матем. исслед.», 1954, вып. 7, с. 453—640; 1957, вып. 10, с. 7—424.

Леонард Эйлер. Сборник статей в честь 250-летия со дня рождения. Под ред. М. А. Лаврентьева, А. П. Юшкевича, А. Т. Григорьяна. М., Изд-во АН СССР, 1958. 610 с.

Лысенко В. И. Николай Иванович Фусс. 1755—1826. М., «Наука», 1975. 119 с.

19世纪前半叶

Лихолетов И. И., Майстров Л. Е. *Николай Дмитриевич Брашман* (1796—1866). М., Изд-во МГУ, 1971. 82 с.

Прудников В. Е. В. Я. Буняковский — ученый и педагог. М., Учпедгиз, 1954. 88 с.

Лобачевский Н. И. Полное собрание сочинений. Т. 1—5. Гл. ред. В. Ф. Каган. М.—Л., Гостехиздат, 1946—1951.

Лобачевский Н. И. Научно-педагогическое наследие. Руководство Казанским университетом. Фрагменты. Письма. М., «Наука», 1976. 663 с.

Каган В. Ф. *Лобачевский.* Изд. 2-е. М.—Л., Изд-во АН СССР, 1948. 506 с.

Фердинанд Миндинг. 1806—1885. Л., «Наука», 1970. 223 с. Перед загл. авт.: Р. И. Галченкова, Ю. Г. Лумисте, Е. П. Ожигова, И. Б. Погребысский.

Тимофей Федорович Осиповский (1765—1832). — «Ист.-матем. исслед.», 1952, вып. 5, с. 9—83.

Остроградский М. В. Полное собрание трудов. Т. 1—3. Киев, Изд-во АН УССР, 1959—1961.

Гнеденко Б. В., Погребысский И. Б. *Михаил Васильевич Остроградский.* 1801—1862. М., Изд-во АН СССР, 1963. 271 с.

19世纪前半叶—20世纪初

Боль П. Г. Собрание трудов. Рига, «Зинатне», 1974. 517 с.

Мышкис А. Д., Рабинович И. М. Математик *Пирс Боль* из Риги. Рига, «Зинатне», 1965. 99 с.

Материалы заседания Московского математического общества, посвященного памяти *Н. В. Бугаева.* 16 марта 1904 г. — Матем. сборник, 1904, т. 25, вып. 1. 249 с.; 1905, т. 25, вып. 2. 373 с.

Вороной Г. Ф. Собрание сочинений. Т. 1—3. Киев, Изд-во АН УССР, 1952—1953.

Сборник, посвященный памяти академика *Д. А. Граве.* Под ред. О. Ю. Шмидта и др. М.—Л., Гостехиздат, 1940. 328 с.

Добровольский В. А. *Дмитрий Александрович Граве.* 1863—1939. М., «Наука», 1968. 112 с.

Кузнецов П. И. *Дмитрий Федорович Егоров.* (К 100-летию со дня рождения). — «Успехи матем. наук», 1971, т. 26, № 5 (161), с. 169—206.

Грацианская Л. Н. *Василий Петрович Ермаков* (1845—1922). — «Науч. зап. Киевского ун-та», 1957, т. 6, вып. 2. Матем. сб. № 9, с. 11—34.

Золотарев Е. И. Полное собрание сочинений. Вып. 1—2. Л., Изд-во АН СССР.

1931.

Башмакова И. Г. Обоснование теории делимости в трудах *Е. И. Золотарева*.— «Ист.-матем. исслед.», 1949, вып. 2, с. 231—354.

Ожигова Е. П. *Егор Иванович Золотарев*. 1847—1878. М.— Л., «Наука», 1966. 143 с.

Андреев К. А. Жизнь и научная деятельность *Василия Григорьевича Имшенецкого*. М., 1896. 111 с.

Ковалевская С. В. Научные работы. М., Изд-во АН СССР, 1948. 368 с.

Памяти *С. В. Ковалевской*. Сб. статей. М., Изд-во АН СССР, 1951. 156 с.

Ожигова Е. П. *Александр Николаевич Коркин*. 1837—1908. Л., «Наука», 1968. 148 с.

Котельников А. П. Винтовое счисление и некоторые приложения его к геометрии и механике. Казань, 1895. 216 с.

Котельников А. П. Проективная теория векторов. Казань, 1899. 317 с.

Путята Т. В., Лаптев Б. Л., Розенфельд Б. А., Фрадлин Б. Н. *Александр Петрович Котельников*. 1865—1944. М., «Наука», 1968. 122 с.

Лузин Н. Н. Собрание сочинений. Т. 1—3. М., Изд-во АН СССР, 1953—1959.

Лузин Н. Н. Интеграл и тригонометрический ряд. М.— Л., Гостехтеориздат, 1951. 551 с.

Ляпунов А. М. Собрание сочинений. Т. 1—5. М., Изд-во АН СССР, 1954—1965.

Ляпунов А. М. Избранные труды. М., Изд-во АН СССР, 1948. 540 с.

Марков А. А. Избранные труды по теории непрерывных дробей и теории функций наименее уклоняющихся от нуля. Биогр. очерк Н. И. Ахиезера. М.— Л., Гостехиздат, 1948. 412 с.

Марков А. А. Избранные труды. Теория чисел. Теория вероятностей. М., Изд-во АН СССР, 1951. 720 с.

Марков А. А. Исчисление вероятностей. Изд. 4-е. М., Гос. изд-во, 1924. 588 с.

Российский С. Д. *Болеслав Корнелиевич*

32 Заказ № 1118

Млодзеевский. 1858—1923. Биогр. очерк. М., Изд-во МГУ, 1950. 52 с.

Депман И. Я. *Карл Михайлович Петерсон* и его диссертация.— «Ист.-матем. исслед.», 1952, вып. 5, с. 134—164.

Российский С. Д. *Карл Михайлович Петерсон*.— «Успехи матем. наук», 1949, т. 4, вып. 5 (33), с. 3—13.

Наумов И. А. *Д. М. Синцов*. Очерк жизни и научно-педагогической деятельности. Харьков, Изд-во Харьк. ун-та, 1955. 72 с.

Сонин Н. Я. Исследования о цилиндрических функциях и специальных полиномах. М., Гостехиздат, 1954. 244 с.

Кропотов А. И. *Николай Яковлевич Сонин*. 1849—1915. Л., «Наука», 1967. 135 с.

Сохоцкий Ю. В. Теория интегральных вычетов с некоторыми приложениями.

СПб., 1868. 136 с.

Маркушевич А. И. Вклад *Ю. В. Сохоцкого* в общую теорию аналитических функций.— «Ист.-матем. исслед.», 1950, вып. 3, с. 399—406.

Владимиров В. С., Маркуш И. И. Академик *В. А. Стеклов*. М., «Знание», 1973. 64 с.

Игнациус Г. И. *Владимир Андреевич Стеклов*. 1864—1926. М., «Наука», 1967. 212 с.

Памяти *В. А. Стеклова*. Сб. статей. Л., Изд-во АН СССР, 1928. 92 с.

Чебышев П. Л. Полное собрание сочинений. Т. 1—5. М.—Л., Изд-во АН СССР, 1944—1951.

Научное наследие *П. Л. Чебышева*. Вып. 1—2. М.— Л., Изд-во АН СССР, 1945.

Прудников В. Е. *Пафнутий Львович Чебышев*. Л., «Наука», 1976. 282 с.

Чеботарев Н. Г. *Самуил Осипович Шатуновский*.—«Успехи матем. наук», 1940, вып. 7, с. 316—321.

Отто Юльевич Шмидт. Жизнь и деятельность. М., Изд-во АН СССР, 1959. 470 с.

力学

История механики. С древнейших времен до конца XVIII в. Под ред. А. Т. Григорьяна и И. Б. Погребысского. М., «Наука», 1971. 298 с.

История механики. С конца XVIII века до середины XX века. Под ред. А. Т. Григорьяна и И. Б. Погребысского. М., «Наука», 1972. 414 с.

История механики гироскопических систем. Сб. статей. М., «Наука», 1975. 124 с.

Аржаников Н. С. Очерк истории аэродинамики.— В кн.: История авиации. Т. I. М., 1934, с. 135—157.

Боголюбов А. Н. Теория механизмов и машин в историческом развитии ее идей. М., «Наука», 1976. 466 с.

Вариационные принципы механики. Под ред. Л. С. Полака. М., Физматгиз, 1959. 932 с.

Герасимов А. В. Краткий очерк развития учения о непотопляемости корабля в России. Л., 1949. 30 с.

Голубев В. В. Механика в Московском университете перед Великой Октябрьской социалистической революцией и в советский период.— «Ист.-матем. исслед.», 1955, вып. 8, с. 77—126.

Григорьян А. Т. Механика от античности до наших дней. Изд. 2-е. М., «Наука», 1974. 479 с.

Григорьян А. Т. Очерки истории механики в России. М., Изд-во АН СССР, 1961. 291 с.

Космодемьянский А. А. Очерки по истории механики. Изд. 2-е. М., «Просвещение», 1964. 456 с.

Космодемьянский А. А. Очерки по истории теоретической механики в России.— «Учен. зап. Моск. гос. ун-та», 1948, вып. 122. Механика, т. 2, с. 193—296.

Мандрыка А. П. История баллистики (до середины XIX в.). М. —Л., «Наука», 1964. 374 с.

Мандрыка А. П. Эволюция механики в ее взаимной связи с техникой (до середины XVIII в.). М., «Наука», 1972. 251 с.

Моисеев Н. Д. Очерки развития механики. М., Изд-во МГУ, 1961. 478 с.

Моисеев Н. Д. Очерки развития теории устойчивости. М., Гостехиздат, 1949. 663 с.

Полак Л. С. Вариационные принципы механики, их развитие и применение в физике. М., Физматгиз, 1960. 599 с.

专著

18世纪

Euler L. Opera omnia. Series secunda. Opera mechanica et astronomica. Vol. 1—30, 1912—1964.

Эйлер Л. Основы динамики точки. М. —Л., Гостехиздат, 1938. 500 с.

19世纪前半叶—20世纪初

Геронимус Я. Л. Очерки о работах корифеев русской механики. М., Гостехиздат, 1952. 519 с.

Гидродинамическая теория смазки. М. —Л., 1934. 547 с. —*Н. П. Петров, О. Рейнольдс, А. Зоммерфельд, А. Мигель, Н. Е. Жуковский, С. А. Чаплыгин.*

Жуковский Н. Е. Полное собрание сочинений. Т. 1—9. М. —Л., ОНТИ, 1935—1937.

Крылов А. Н. Собрание трудов академика А. Н. Крылова. Т. 1—12. М. —Л., Изд-во АН СССР, 1936—1956.

(Памяти *А. Н. Крылова*).— Труды Ин-та истории естествознания и техники АН СССР. Т. 15. История физико-матем. наук. М., Изд-во АН СССР, 1956, с. 4—168.

Мещерский И. В. Работы по механике тел переменной массы. Изд. 2-е. М., Гостехиздат, 1952. 280 с.

Крамар Ф. Д., Молюков И. Д. *Иосиф Иванович Сомов* (1815—1876) — математик, механик, педагог. Алма-Ата, 1965. 123 с.

Циолковский К. Э. Собрание сочинений. Т. 1—4. М., Изд-во АН СССР, 1951—1964.

Космодемьянский А. А. *Константин Эдуардович Циолковский* (1857—1935). М., «Наука», 1976. 295 с.

Чаплыгин С. А. Избранные труды. М., «Наука», 1976. 495 с.

天文学

Астрономическому институту Академии наук Узбекской ССР 100 лет. Ташкент, «Фан», 1974. 144 с.

Вентцель М. К. Краткий очерк истории практической астрономии в России и в СССР (Развитие методов определения времени и широты).— «Ист.-астрон. исслед.», 1956, вып. 2, с. 7—98.

Воронцов-Вельяминов Б. А. Очерки истории астрономии в России. М., Гостехтеоретиздат, 1956.

Всехсвятский С. К. 100 лет Киевской астрономической обсерватории.— «Публикация Киевской астрон. обсерватории», 1946, № 1, с. 19—28.

Горшков П. М. Астрономы Петербургского (Ленинградского) университета за 125 лет его существования (1819—1944).— В кн.: Астрономический календарь. Ежегодник. Переменная часть. 1946. Горький, Обл. изд-во, 1946, с. 144—159.

Дадаев А. Н. Пулковская обсерватория. Очерк истории и научной деятельности. Л., «Наука», 1972. 148 с.

Ерпылев Н. П. Развитие звездной астрономии в России в XIX в.— «Ист.-астрон. исслед.», 1958, вып. 4, с. 13—240.

Желнин Г. А. Астрономическая обсерватория Тартуского (Дерптского, Юрьевского) университета (1805—1948). Исторический очерк.— «Публикации Тартуской астрофиз. обсерватории им. В. Струве». Тарту, 1969, т. 37, с. 8—63.

Корытников С. Н. Начало астрономии в Казани.— «Ист.-астрон. исслед.», 1955, вып. 1, с. 189—206.

Корытников С. Н. О начальном периоде истории астрономии в Московском университете.— «Ист.-астрон. исслед.», 1956, вып. 2, с. 171—188.

Лаврова Н. Б. Библиография русской астрономической литературы. 1800—1900 гг. М., Изд-во МГУ, 1968. 386 с.

Левицкий Г. В. Астрономы и астрономические обсерватории Харьковского университета от 1808 по 1842 г.— «Зап. Харьк. ун-та», 1893, кн. 3; от 1843 по 1879 г.— Там же, 1894, кн. 3.

Мартынов Д. Я. Астрономическая обсерватория им. В. П. Энгельгардта (1901—1951).— «Учен. зап. Казан. ун-та», 1951, т. 111, кн. 9, Изв. Астрон. обсерватории им. В. П. Энгельгардта, № 27, с. 5—26.

Невская Н. И. Первые работы по астрофизике в Петербургской Академии наук.— «Ист.-астрон. исслед.,» 1969, вып. 10, с. 121—157.

Новокшанова З. К. Механическая мастерская Главного штаба.— «Ист.-астрон. исслед.», 1962, вып. 8, с. 331—360.

Пясковский Д. В. Развитие астрономии в Киевском университете.— «Ист.-астрон. исслед.», 1955, вып. 1, с. 149—188.

Райков Б. Е. Очерки по истории гелиоцентрического мировоззрения в России. Из прошлого русского естествознания. Изд. 2-е. М. —Л., Изд-во АН СССР, 1947. 392 с.

Славенас П. В. Астрономия в высшей школе Литвы XVI—XIX вв.— «Ист.-астрон. исслед.», 1955, вып. 1, с. 49—84.

Ченакал В. Л. Малые обсерватории Петербургской Академии наук в XVIII в.— «Ист.-астрон. исслед.», 1957, вып. 3, с. 261—428.

Ченакал В. Л. Русские приборостроители первой половины XVIII века. Л., Лениздат, 1953. 256 с.

Ярнефельт Г. Астрономия в Финляндии.— «Ист.-астрон. исслед.», 1962, вып. 8, с. 241—267.

专著

18世纪

Ченакал В. Л. *Яков Вилимович Брюс*, русский астроном начала XVIII века.— «Астрон. журн.», 1951, т. 28, вып. 1, с. 3—14.

Невская Н. И. Первый русский астроном *А. Д. Красильников*.— «Ист.-астрон. исслед.», 1957, вып. 3, с. 453—484.

Денисов А. П. *Н. Г. Курганов* — выдающийся русский астроном XVIII в.— «Ист.-астрон. исслед.», 1960, вып. 6, с. 121—193.

Куликовский П. Г. *М. В. Ломоносов* — астроном и астрофизик. Изд. 2-е. М., Физматгиз, 1961, 103 с.

Невская Н. И., Копелевич Ю. Х. Конкурс Петербургской Академии наук 1755—1760 годов (К истории открытия *М. В. Ломоносовым* атмосферы Венеры).— «История и методология естественных наук», 1966, вып. 4. Астрономия, механика, физика, с. 37—47.

Шаронов В. В. *Ломоносов* как организатор наблюдений прохождения Венеры по диску Солнца в 1761 г. в России и открытие им атмосферы Венеры.— В кн.: Ломоносов. Сб. статей и материалов, т. 4, 1960, с. 7—40.

Эйлер Л. Новая теория движения Луны. Л., Изд-во АН СССР, 1934. 208 с.

Л. Эйлер и Ж. Н. Делиль в их переписке, 1735—1765 (публ. и прим. А. П. Юшкевича, Т. Н. Кладо, Ю. Х. Копелевич).— В кн.: Русско-французские научные связи. Л., «Наука», 1968, с. 119—279.

Субботин М. Ф. Астрономические работы *Леонарда Эйлера*.— В кн.: Леонард Эйлер. Сб. статей в честь 250-летия со дня рождения. М., Изд-во АН СССР, 1958, с. 368—375.

19世纪前半叶

Идельсон Н. И. *Лобачевский* — астроном.— В кн.: Идельсон Н. И. Этюды по истории небесной механики. М., «Наука», 1975, с. 412—432.

Логинова Г. П., Селиханович В. Г. *Алексей Николаевич Савич*. 1810—1883. М., «Наука», 1967. 151 с.

Василий Яковлевич Струве (1793—1864). Сб. статей и материалов к 100-летию со дня смерти. Под ред. А. А. Михайлова. М., «Наука», 1964. 254 с.

Новокшанова З. К. *Василий Яковлевич Струве*. М., «Наука», 1964. 295 с.

19世纪后半叶—20世纪初

Перель Ю. Г. Выдающиеся русские астрономы. М.—Л., Гостехиздат, 1951. 216 с.— *Ф. А. Бредихин, В. К. Цераский, А. А. Белопольский, М. А. Ковальский, С. П. Глазенап, П. К. Штернберг, С. К. Костинский, А. П. Ганский*.

Костинский С. К. *Оскар Андреевич Баклунд* (1846—1916).— «Природа», 1917, № 1, с. 51—62.

Белопольский А. А. Астрономические труды. Научн.-биогр. очерк и коммент. О. А. Мельникова. М., Гостехиздат, 1954. 320 с.

Бредихин Ф. А. О хвостах комет. Под ред. и с науч.-биогр. очерком К. Д. Покровского. М.—Л., Гостехтеоретиздат, 1934. 280 с.

Невская Н. И. *Федор Александрович Бредихин* (1831—1904). М.—Л., «Наука», 1964. 253 с.

Известия Русского астрономического общества, 1928, вып. 31, № 3. 46 с.— Посвящается *С. П. Глазенапу* в день его 80-летия.

Ковальский М. А. Избранные работы по астрономии. Биогр. очерк, ред. и коммент. Д. Я. Мартынова. М.—Л., Гостехиздат, 1951. 208 с.

Дейч А. Н. *С. К. Костинский.*— «Астрон. журн.», 1936, т. 13, вып. 6, с. 503—507.

Цераский В. К. Избранные работы по астрономии. М., Гостехиздат, 1953. 195 с.

物理学

Верхунов В. М. История физики в Казанском университете. Казань, Изд-во Казан. ун-та, 1963. 359 с.

Дорфман Я. Г. Всемирная история физики. С древнейших времен до конца XVIII в. М., «Наука», 1974. 351 с.

Избранные труды по электричеству. Под ред. Л. Д. Белькинда. М., Гостехиздат, 1956. 300 с.

Кононков А. Ф. История физики в Московском университете со дня его основания и до 60-х годов XIX в. М., Изд-во Моск. ун-та, 1955. 300 с.

Кравец Т. П. От Ньютона до Вавилова. Очерки и воспоминания. М., «Наука», 1967. 447 с.

Кудрявцев П. С. История физики. Изд. 2-е. Т. 1—3. М., Учпедгиз, 1956—1972.

Развитие физики в России. Под ред. А. С. Предводителева и Б. И. Спасского. Т. I. От начала XVIII в. до Великой Октябрьской социалистической революции. М., «Просвещение», 1970.

415 с.

Соболь С. Л. История микроскопа и микроскопических исследований в России в XVIII в. М. —Л., Изд-во АН СССР, 1949. 607 с.

专著

18世纪

Ломоносов М. В. Избранные труды по химии и физике (К 250-летию со дня рождения). М., Изд-во АН СССР, 1961. 560 с.

Билык В. Я. Исследования *Ломоносовым* и Брауном явлений при затвердевании ртути.— В кн.: Ломоносов. Сб. статей и материалов, т. 3. М. —Л., 1951, с. 55—65.

Дорфман Я. Г. Закон сохранения массы при химических реакциях и физические воззрения *Ломоносова*.— В кн.: Ломоносов. Сб. статей и материалов, т. 5, 1961, с. 182—193.

Дорфман Я. Г. Роль *М. В. Ломоносова* в истории развития молекулярно-кинетической теории теплоты.— В кн.: Ломоносов. Сб. статей и материалов, т. 3. М.— Л., 1951, с. 33—52.

Кононков А. Ф., Спасский Б. И. *М. В. Ломоносов* как физик. М., Изд-во Моск. ун-та, 1961. 157 с.

Литинецкий И. Б. *М. В. Ломоносов* — основоположник отечественного приборостроения. М.—Л., Гостехиздат, 1952. 158 с.

Рихман Г. В. Труды по физике. М., Изд-во АН СССР, 1956. 711 с.

Дорфман Я. Г. Выдающийся русский физик *Г. В. Рихман* и его роль в истории науки об электричестве. К 200-летию со дня смерти.— «Электричество», 1953, № 8, с. 61—67.

Елисеев А. А. *Г. В. Рихман*. М., «Просвещение», 1975. 111 с.

Зубов В. П. Калориметрическая формула *Рихмана* и ее предыстория.— «Труды Ин-та истории естествознания и техники АН СССР», 1955, т. 5, с. 69—93.

Дорфман Я. Г. Физические воззрения *Леонарда Эйлера*.— В кн.: Леонард Эйлер. Сб. статей в честь 250-летия со дня рождения. М., Изд-во АН СССР, 1958, с. 377—413.

Минченко Л. С. Физика *Эйлера*.— «Труды Ин-та истории естествознания и техники АН СССР», 1957, т. 19, с. 221—270.

Слюсарев Г. Г. «Диоптрика» *Эйлера*.— В кн.: Леопард Эйлер. Сб. статей в честь 250-летия со дня рождения. М., 1958, с. 414—422.

Эпинус Ф. У. Теория электричества и магнетизма. Ред. Я. Г. Дорфман. М., Изд-во АН СССР, 1951. 564 с.

19世纪前半叶

Ленц Э. Х. Избранные труды. Л., Изд-во АН СССР, 1950. 521 с.

Лежнева О. А., Ржонсницкий Б. Н. *Эмилий Христианович Ленц.* М.— Л., Госэнергоиздат, 1952. 190 с.

Материалы научной конференции, посвященной 200-летию со дня рождения *Г. Ф. Паррота.* (Тарту, 1—2 июля 1967 г.) Тарту, ТартГУ, 1967. 269 с. Текст на эстон. и русс. яз. Резюме на англ. и нем. яз.

Академик *В. В. Петров*, 1761—1834. К истории физики и химии в России в начале XIX в. Сб. статей и материалов. Под ред. С. И. Вавилова. М.— Л., Изд-во АН СССР, 1940, 252 с.

Елисеев А. А. *Василий Владимирович Петров*. М. —Л., Госэнергоиздат, 1940. 180 с.

Бочарова М. Д. Электротехнические работы *Б. С. Якоби*. М. —Л., Госэнергоиздат, 1959. 232 с.

Новлянская М. Г. *Борис Семенович Якоби.* Библиогр. указатель. М. —Л., Изд-во АН СССР, 1953. 318 с.

Радовский М. И. *Борис Семенович Якоби.* М.— Л., Госэнергоиздат, 1949. 136 с.

19世纪后半叶—20世纪初

Русаков В. П. Киевский физик *М. П. Авенариус.*— «Труды Ин-та истории естествознания и техники АН СССР», 1955, т. 5, с. 181—215.

Аркадьев В. К. Избранные труды. М., Изд-во АН СССР, 1961. 331 с.

Вульф Ю. В. Избранные работы по кристаллофизике и кристаллографии. М.— Л., Гостехтеоретиздат, 1952. 344 с.

Голицын Б. Б. Избранные труды. Т. I. Физика. М., Изд-во АН СССР, 1960. 242 с.

Крылов А. Н. Памяти *Б. Б. Голицына.*— «Природа», 1918, № 2—3, с. 171—180.

Тимирязев А. К. *Д. А. Гольдгаммер.*— В кн.: Очерки по истории физики в России. М., Учпедгиз, 1949, с. 185—195.

Иоффе А. Ф. Избранные труды. Т. 1—2. Л., «Наука», 1974—1975.

Иоффе А. Ф. Физика кристаллов. М.— Л., Гос. изд-во, 1929. 192 с.

Воспоминания об *А. Ф. Иоффе.* Л., «Наука», 1973. 252 с.

Курчатов И. В., Кобеко П. П. Академик *Абрам Федорович Иоффе.*— «Электричество», 1940, № 10, с. 34—36.

Лазарев П. П. Сочинения. Т. 1—3. М.— Л., Изд-во АН СССР, 1950—1957.

Вавилов С. И. Памяти акад. *П. П. Лазарева.*— «Вестн. АН СССР», 1942, № 7—8, с. 97—102.

Кравец Т. П. Творческий путь академика *П. П. Лазарева.*— «Усп. физ. наук», 1945, т. 27, вып. 1, с. 13—21.

Лебедев П. Н. Собрание сочинений. М., Изд-во АН СССР, 1963. 435 с.

Лебедев П. Н. Избранные сочинения. М.— Л., Гостехиздат, 1949. 244 с.

Дуков В. М. *П. Н. Лебедев.* Изд. 2-е. М., Учпедгиз, 1956. 120 с.

Менделеев Д. И. Сочинения. Т. 5—7,

22. М. —Л., Изд-во АН СССР, 1940—1950. Т. 5. Жидкости. 1947; т. 6. Газы. 1939; т. 7. Геофизика и гидродинамика. 1940; т. 22. Метрологические работы. 1950.

Михельсон В. А. Собрание сочинений. Т. 1. М., 1930. 399 с.

Надеждин А. И. Физические исследования. Киев, 1887. 172 с.

Изобретение радио. *А. С. Попов.* Документы и материалы. М., «Наука», 1966. 284 с.

Рождественский Д. С. Избранные труды. М. — Л., «Наука», 1964. 349 с.

Рождественский Д. С. Работы по аномальной дисперсии в парах металлов. М., Изд-во АН СССР, 1951. 395 с.

Столетов А. Г. Собрание сочинений. Т. 1—3. М.— Л., Гостехиздат, 1939—1947.

Тимирязев А. К. *Александр Григорьевич Столетов* (1839—1896). Биогр. очерк. М., Изд-во МГУ, 1948. 50 с.

Умов Н. А. Избранные сочинения. М.— Л., Гостехтеоретиздат, 1950. 555 с.

Гуло Д. Д. *Умов Николай Алексеевич*. 1846—1914. М., «Наука», 1971. 320 с.

Федоров Е. С. Симметрия и структура кристаллов. Основные работы. М., Изд-во АН СССР, 1949. 631 с.

Идеи *Е. С. Федорова* в современной кристаллографии и минералогии. Сб. статей. Л., «Наука», 1970. 244 с.

Шафрановский И. И. *Евграф Степанович Федоров*. М.— Л., Изд-во АН СССР, 1963. 284 с.

Косоногов И. *Николай Николаевич Шиллер*.— «Журн. Русск. физ.-хим. о-ва», часть физ., 1911, т. 43, № 9, с. 445—483.

Эйхенвальд А. А. Избранные работы. М., Гостехиздат, 1956. 267 с.

Белькинд Л. Д. *Павел Николаевич Яблочков* (1847—1894). М., Изд-во АН СССР, 1962. 269 с.

化学

Быков Г. В. История классической теории химического строения. М., Изд-во АН СССР, 1960. 311 с.

Быков Г. В. История стереохимии органических соединений. М., «Наука», 1966. 372 с.

Вальден П. И. Очерк истории химии в России.— В кн.: Ладенбург А. Лекции по истории развития химии от Лавуазье до нашего времени. Одесса, 1917, с. 415—654.

Зайцева Л. Л., Фигуровский Н. А. Исследования явлений радиоактивности в дореволюционной России. М., Изд-во АН СССР, 1961. 223 с.

Капустинский А. Ф. Очерки по истории неорганической и физической химии в России. От Ломоносова до Великой Октябрьской социалистической революции. М.— Л., Изд-во АН СССР, 1949. 166 с.

Кедров Б. М. День одного великого открытия. М., Соцэкгиз, 1958. 560 с.

Кедров Б. М., Трифонов Д. Н. Закон периодичности и химические элементы. Открытия и хронология. М., «Наука», 1969. 190 с.

Кедров Б. М. Микроанатомия великого открытия. К 100-летию закона Менделеева. М., «Наука», 1970. 247 с.

Кипнис А. Я. Развитие химической термодинамики в России. М.— Л., «Наука», 1964. 347 с.

Козлов В. В. Всесоюзное химическое общество имени Д. И. Менделеева. 1868—1968. М., «Наука», 1971. 563 с.

Кузнецов В. И. Развитие каталитического органического синтеза. М., «Наука», 1964. 434 с.

Кузнецов В. И. Развитие учения о катализе. М., «Наука», 1964. 423 с.

Кузнецов В. И. Развитие химии металлоорганических соединений в СССР. М., Изд-во АН СССР, 1957. 222 с.

Кузнецов В. И. Эволюция представлений об основных законах химии. М., «Наука», 1967. 310 с.

Куринной В. И. Очерк развития химической атомистики в XIX веке. М., Изд-во АН СССР, 1960. 158 с.

Лукьянов П. М. История химических промыслов и химической промышленности России до конца XIX в. Т. 1—6. М.— Л., Изд-во АН СССР, 1948—1965.

Мусабеков Ю. С. История органического синтеза в России. М., Изд-во АН СССР, 1958. 286 с.

Соловьев Ю. И. История учения о растворах. М., Изд-во АН СССР, 1959. 582 с.

Соловьев Ю. И. Очерки истории физико-химического анализа. М., Изд-во АН СССР, 1955. 223 с.

Соловьев Ю. И. Очерки по истории физической химии. М., «Наука», 1964. 342 с.

Сто лет периодического закона химических элементов. Сб. статей. 1869—1969. М., «Наука», 1969. 378 с.

Трифонов Д. Н. Границы и эволюция периодической системы. М., Госполитиздат, 1963. 167 с.

Фаерштейн М. Г. История учения о молекуле в химии (до 1860 г.). М., Изд-во АН СССР, 1961. 368 с.

Фигуровский Н. А. Открытие химических элементов и происхождение их названий. М., «Наука», 1970. 207 с.

Фигуровский Н. А. Очерк общей истории химии. От древнейших времен до начала XIX в. М., «Наука», 1969. 455 с.

专著

18世纪

Раскин Н. М. *Василий Иванович Клементьев* — ученик и лаборант М. В. Ломоносова. М.— Л., Изд-во АН СССР, 1952. 60 с.

Раскин Н. М., Шафрановский И. И. *Эрик Густавович Лаксман*, выдающийся путешественник и натуралист XVIII в. Л., «Наука», 1971. 274 с.

Ловиц Т. Е. Избранные труды по химии и химической технологии. М., Изд-во АН СССР, 1955. 619 с.

Меншуткин Б. Н. Труды *М. В. Ломоносова* по физике и химии. М.— Л., Изд-во АН СССР, 1936. 537 с.

Погодин С. А. Зарубежные ученые XX в. о работах *М. В. Ломоносова* по химии и физике.— «Вопр. истории естествознания и техники», 1965, вып. 19, с. 46—65.

Раскин Н. М. Химическая лаборатория *М. В. Ломоносова*. Химия в Петербургской Академии наук во 2-й половине XVIII в. М.— Л., Изд-во АН СССР, 1962. 340 с.

19世纪前半叶

Погодин С. А. Об исследованиях *И. В. Авдеева* в области химии бериллия.— «Труды Ин-та истории естествознания и техники АН СССР», 1955, т. 6, с. 125—151.

Соловьев Ю. И. *Герман Иванович Гесс*. М., Изд-во АН СССР, 1962. 104 с.

Страдынь Я. П. *Теодор Гротгус*. 1785—1822. М., «Наука», 1966. 184 с.

Фигуровский Н. А., Соловьев Ю. И. *Николай Николаевич Зинин*. Биогр. очерк. М., Изд-во АН СССР, 1957. 216 с.

Ушакова Н. Н. *Карл Карлович Клаус*. 1796—1864. М., «Наука», 1972. 151 с.

19世纪后半叶—20世纪初

Бах Л. А., Опарин А. И. *Алексей Николаевич Бах*. Биогр. очерк. 1857—1957. М., Изд-во АН СССР, 1957. 175 с.

Шмулевич Л. А., Мусабеков Ю. С. *Федор Федорович Бейльштейн*. 1838—1906. М., «Наука», 1971. 130 с.

Быков Г. В. *Александр Михайлович Бутлеров*. Очерк жизни и деятельности. М., Изд-во АН СССР, 1961. 218 с.

Лавров В. *Егор Егорович Вагнер*, его жизнь и деятельность. СПб., 1904. 151 с.

Зелинский Н. Д. Собрание трудов. Т. 1—4. М., Изд-во АН СССР, 1954—1960.

Соловьев Ю. И., Каблукова М. И., Колесников Е. В. *Иван Алексеевич Каблуков*. 100 лет со дня рождения. 1857—1957. М., Изд-во АН СССР, 1957. 211 с.

Фигуровский Н. А., Романьков Ю. И. *Владимир Александрович Кистяковский*, 1865—1952. М., «Наука», 1967. 136 с.

Соловьев Ю. И., Кипнис А. Я. *Дмитрий Петрович Коновалов*. 1856—1929. М., «Наука», 1964. 192 с.

Соловьев Ю. И., Звягинцев О. Е. *Николай Семенович Курнаков*. Жизнь и деятельность. М., Изд-во АН СССР, 1960. 207 с.

Есафов В. И. *Михаил Григорьевич Кучеров*. 1850—1911. М., «Наука», 1972. 104 с.

Сергей Васильевич Лебедев. Жизнь и труды. Л., Химтеоретиздат, 1938. 777 с.

Соловьев Ю. И., Старосельский П. И. *Владимир Федорович Лугинин.* 1834—

1911. М., Изд-во АН СССР, 1963. 144 с.

Платэ А. Ф., Быков Г. В., Эвентова М. С. *Владимир Васильевич Марковников*, 1837—1904. Очерк жизни и деятельности. М., Изд-во АН СССР, 1962. 152 с.

Менделеев Д. И. Сочинения. Т. 1—25. М., Изд-во АН СССР, 1934—1954.

Младенцев М. Н., Тищенко В. Е. *Д. И. Менделеев*, его жизнь и деятельность. Т. 1, ч. 1—2. М.— Л., Изд-во АН СССР, 1938. 268 с.

Фигуровский Н. А. *Дмитрий Иванович Менделеев*. 1834—1907. М., Изд-во АН СССР, 1961. 315 с.

Старосельский П. И., Соловьев Ю. И. *Николай Александрович Меншуткин*. 1842—1907. М., «Наука», 1969. 295 с.

Быков Г. В. Очерк жизни и деятельности *Александра Никифоровича Попова*.— «Труды Ин-та истории естествознания и техники АН СССР», 1956, т. 12, с. 200—245.

Семенцов П. П. *Сергей Николаевич Реформатский*.— «Журн. общ. химии», 1935, т. 5, с. 584—601.

Шостаковский М. Ф. Академик *Алексей Евграфович Фаворский*. М.— Л., Госхимиздат, 1953. 158 с.

Евтеева П. М. *А. Е. Чичибабин*.— «Труды Ин-та истории естествознания и техники АН СССР», 1958, т. 18, с. 296—356.

Звягинцев О. Е., Соловьев Ю. И., Старосельский П. И. *Лев Александрович Чугаев*. М., «Наука», 1965. 199 с.

Ушакова Н. Н. *Николай Александрович Шилов*. М., «Наука», 1966. 134 с.

地质学

Батюшкова И. В. Представления о причинах землетрясений в работах отечественных ученых. М., Изд-во АН СССР, 1959. 79 с.

Гордеев Д. И. История геологических наук. Ч. 1—2. М., Изд-во МГУ, 1967—1972.

Гордеев Д. И. Основные этапы истории отечественной гидрогеологии. М., Изд-во АН СССР, 1954. 382 с.

История геологии. М., «Наука», 1973. 388 с.

Новик Е. В., Пермяков В. В., Коваленко Е. Е. История геологических исследований Донецкого каменноугольного бассейна. (1700—1917). Киев, Изд-во АН УССР, 1960. 531 с.

Равикович А. И. Развитие основных теоретических направлений в геологии XIX века. М., «Наука», 1969. 247 с.

Соловьев С. П. Всесоюзное минералогическое общество и его роль в развитии геологических наук (1817—1967). Л., «Наука», 1967. 232 с.

Соловьев Ю. Я. Возникновение и развитие палеогеографии в России. М., «Наука», 1966. 234 с.

Страхов Н. М. Развитие литогенетических идей в России и СССР. Критический обзор. М., «Наука», 1971. 622 с.

Тихомиров В. В. Геология в России первой половины XIX века. Ч. 1—2. М., Изд-во АН СССР, 1960—1963.

Тихомиров В. В., Хаин В. Е. Краткий очерк истории геологии. М., Госгеолтехиздат, 1956. 260 с.

Хомизури Г. П. Развитие понятия «геосинклиналь». М., «Наука», 1976. 235 с.

Яблоков В. С. История изучения каменноугольных отложений и углей Подмосковного бассейна (1722—1966). М., «Наука», 1967. 260 с.

专著

18世纪

Крашенинников С. П. Описание земли Камчатки. М.— Л., Изд-во Главсевморпути, 1949. 842 с.

Гордеев Д. И. *М. В. Ломоносов* — основоположник геологической науки. Изд. 2-е. М., Изд-во МГУ, 1961. 204 с.

19世纪前半叶

Гумбольдт А. Центральная Азия. Исследования о цепях гор и по сравнительной климатологии. М., 1915. 350 с.

Куторга С. С. Естественная история земной коры. СПб., 1858.

Соколов Д. И. Курс геогнозии. Ч. 1—3. СПб., 1839.

Теряев А. М. История минералогии. СПб., 1819.

19世纪后半叶—20世纪初

Андрусов Н. И. Избранные труды. Т. 1—4. М., Изд-во АН СССР, 1961—1965.

Богданович К. И. Рудные месторождения. Т. 1—2. СПб., 1912—1913.

Вернадский В. И. Избранные сочинения. Т. 1—5. М., Изд-во АН СССР, 1954—1960.

Губкин И. М. Избранные сочинения. Т. 1—2. М.— Л., Изд-во АН СССР, 1950—1953.

Залесский М. Д. Очерки по вопросу образования угля. Пг., 1914. 114 с.

Иностранцев А. А. Геология. Т. 1—3. СПб., 1885—1887.

Карпинский А. П. Собрание сочинений. Т. 1—4. М.— Л., Изд-во АН СССР, 1939—1949.

Шафрановский И. И. *Николай Иванович Кокшаров* (1818—1892). М.— Л., «Наука», 1964. 216 с.

Левинсон-Лессинг Ф. Ю. О некоторых химических типах изверженных горных пород.— «Вестн. естествозн.», 1890, № 1, с. 16—25.

Левинсон-Лессинг Ф. Ю. Введение в историю петрографии. Л.— М., 1936. 138 с.

Мушкетов И. В. Физическая геология. Ч. 1—2. СПб., 1888—1891.

Никитин С. Н. Грунтовые и артезианские воды на Русской равнине. СПб., 1900.

Обручев В. А. История геологического исследования Сибири. Периоды первый — пятый. Л., Изд-во АН СССР, 1931—1959.

Павлов А. П. Полвека в истории науки об ископаемых организмах. М., 1897. 88 с.

Павлов А. П. Самарская Лука и Жигули.— «Труды Геол. ком.», 1887, т. 2, № 5.

Федоров Е. С. Царство кристаллов. Таблицы по кристаллохимическому анализу.— «Зап. Акад. наук по физ.-мат. отд.», 1920, VIII серия.

Ферсман А. Е. Геохимия. Т. 1—2. Л., 1934.

Чернышев Ф. Н. Верхнекаменноугольные брахиоподы Урала и Тимана.— «Труды Геол. ком.», 1902, т. 16, № 2.

Черский И. Д. Предварительный отчет об исследованиях в области рек Колымы, Индигирки и Яны.— «Зап. имп. Акад. наук», 1893, т. 73, кн. 1, прил. № 5.

地理学

Абрамов Л. С. Описание природы нашей страны. Развитие физико-географических характеристик. М., «Мысль», 1972. 277 с.

Авсюк Г. А., Карташов С. Н. 150 лет открытия Антарктиды русской экспедицией.— В кн.: Антарктика. Доклады комиссии. 1968. М., «Наука», 1971, с. 5—12.

Алексеев А. И. Русские географические исследования на Дальнем Востоке и в Северной Америке (XIX — нач. XX в.). М., «Наука», 1976. 92 с.

Берг Л. С. Очерки по истории русских географических открытий. Изд 2-е. М.— Л., Изд-во АН СССР, 1949. 467 с.

Географическое общество за 125 лет. Л., «Наука», 1970. 396 с.

Гнучева В. Ф. Географический департамент Академии наук XVIII века. М.—Л., Изд-во АН СССР, 1946. 446 с.

Греков В. И. Очерки из истории русских географических исследований в 1725—1765 гг. М., Изд-во АН СССР, 1960. 425 с.

Григорьев А. А. Развитие физико-географической мысли в России (XIX — начало XX в.). Краткий очерк. М., Изд-во АН СССР, 1961. 91 с.

Дивин В. А. Русские мореплаватели в Тихом океане в XVIII веке. М., «Мысль», 1971. 375 с.

Есаков В. А., Плахотник А. Ф., Алексеев А. И. Русские океанические и морские исследования в XIX — начале XX в. М., «Наука», 1964. 160 с.

Есаков В. А., Соловьев А. И. Русские географические исследования Европейской России и Урала в XIX — начале XX в. М., «Наука», 1964. 179 с.

Ефимов А. В. Из истории великих русских географических открытий. М., «Наука», 1971. 300 с.

Зубов Н. Н. Отечественные мореплаватели — исследователи морей и океанов. М., Географгиз, 1954. 475 с.

Лебедев Д. М., Есаков В. А. Русские географические открытия и исследования. С древних времен до 1917 года. М., «Мысль», 1971. 516 с.

Наумов Г. В. Русские географические исследования Сибири в XIX — начале XX в. М., «Наука», 1965. 148 с.

Невский В. В. Борьба за создание кафедр географии в русских университетах.— «Вестн. ЛГУ», 1971, № 6, геология, география, вып. 1, с. 147—151.

Новокшанова-Соколовская З. К. Картографические и геодезические работы в России в XIX — начале XX в. М., «Наука», 1967. 265 с.

Обзор русских путешествий и экспедиций в Среднюю Азию. Сост. О. В. Маслова. Ч. 1—4. 1715—1886. Ташкент, «Фан», 1955—1971.

Отечественные физико-географы и путешественники. М., Учпедгиз, 1959. 783 с.

Очерки истории географической науки СССР. Отв. ред. В. А. Есаков и Л. Г. Каманин. М., «Наука», 1976. 181 с.

Пасецкий В. М. Арктические путешествия россиян. М., «Мысль», 1974. 230 с.

Развитие физико-географических наук (XVII—XX вв.) М., «Наука», 1975. 435 с.

Русские географические исследования Кавказа и Средней Азии в XIX — начале XX в. М., «Наука», 1964. 158 с.

Федосеев И. А. История изучения основных проблем гидросферы. М., «Наука», 1975. 207 с.

Федосеев И. А. Развитие гидрогеологии суши в России. М., Изд-во АП СССР, 1960. 302 с.

Федчина В. Н. Как создавалась карта Средней Азии. М., «Наука», 1967. 132 с.

Шибанов Ф. А. Очерки по истории отечественной картографии. Л., 1971. 160 с.

Шокальский Ю. М. Океанография. Изд. 2-е. Л., Гидрометеоиздат, 1959. 537 с.

专著

18世纪

Крашенинников С. П. Описание земли Камчатки. Изд. 2-е. М.—Л., Изд-во Главсевморпути, 1949. 842 с.

Ломоносов М. В. Рассуждение о происхождении ледяных гор в северных морях.— В кн.: Ломоносов М. В. Полн. собр. соч., т. 3. М.—Л., 1952, с. 447—459.

Винтер Э. Научное исследование Сибири в петровское время. Семилетняя научная экспедиция *Д. Г. Мессершмидта* в Сибирь (1720—1727). М., «Наука», 1971. 13 с.

Паллас П. С. Путешествие по разным провинциям Российской империи. Ч. 1—3. СПб., 1773—1788.

Татищев В. Н. Избранные труды по географии России. М., Географгиз, 1950, 248 с.

19世纪前半叶

Беллинсгаузен Ф. Ф. Двукратные изыскания в Южном Ледовитом океане и плавание вокруг света в продолжение 1819, 20 и 21 гг., совершенные на шлюпах «Восток» и «Мирный» под начальством капитана Беллинсгаузена, командира шлюпа «Восток». Шлюпом «Мирный» начальствовал лейтенант Лазарев. Изд. 3-е. М., Географгиз, 1960. 488 с.

Бэр К. Переписка Карла Бэра по проблемам географии. Л., «Наука», 1970. 332 с.

Головнин В. М. Путешествие вокруг света, совершенное на военном шлюпе «Камчатка» в 1817, 1818 и 1819 годах флота капитаном Головниным. М., «Мысль», 1965. 384 с.

Есаков В. А. Гумбольдт в России. М., Изд-во АН СССР, 1960. 110 с.

Пасецкий В. М. Иван Федорович Крузенштерн (1770—1845). М., «Наука», 1974. 176 с.

Лисянский Ю. Ф. Путешествие вокруг света на корабле «Нева» в 1803—1806 годах. М., Гос. изд. геогр. лит-ры, 1947. 296 с.

Алексеев А. И. Федор Петрович Литке. М., «Наука», 1970. 276 с.

Леонов Н. И. Александр Федорович Миддендорф (1815—1894). М., «Наука», 1967. 147 с.

Невельской Г. И. Подвиги русских морских офицеров на крайнем востоке России. 1849—1855. Хабаровск, Кн. изд-во, 1969. 419 с.

Чихачев П. А. Путешествие в Восточный Алтай. Центральная Азия в источниках и материалах XIX — начала XX века. М., «Наука», 1974. 358 с.

19世纪后半叶—20世纪初

Азатьян А. А. Выдающиеся исследователи природы Средней Азии (2-я половина XIX в.). Ч. 1—2. Ташкент, 1960—1966.— *П. П. Семенов-Тян-Шанский, А. П. Федченко, В. Ф. Ошанин, Н. А. Северцов, А. Н. Краснов.*

Есаков В. А. Д. Н. Анучин и создание русской университетской географической школы. М., Изд-во АН СССР, 1955. 183 с.

Арсеньев В. К. Сочинения. Т. 1—6. Владивосток, Примиздат, 1947—1949.

Берг Л. С. Избранные труды в 5-ти тт. Т. 1—3. М., Изд-во АН СССР, 1956—1960.

Докучаев В. В. К учению о зонах природы.— В кн.: Соч., т. 6. М.—Л., Изд-во АН СССР, 1951, с. 398—414.

Докучаев В. В. Место и роль современного почвоведения в науке и жизни.— В кн.: Соч., т. 6. М.—Л., Изд-во АН СССР, 1951, с. 415—424.

Краснов А. Н. География как новая университетская наука.— В кн.: Профессор Андрей Николаевич Краснов. Под ред. В. И. Талиева. Харьков, 1916, с. 147—148.

Кропоткин П. А. Общий очерк орографии Восточной Сибири.— «Зап. Русск. геогр. о-ва», 1875, т. 5.

Пирумова Н. М. *Петр Алексеевич Кропоткин*. М., «Наука», 1972. 223 с.

Кротов П. И. Задачи научной географии и постановка ее преподавания в имп. Казанском университете.— «Ежегодн. Русск. геогр. о-ва», 1892, т. 2, с. 341—368.

Макаров С. О. «Витязь» и Тихий океан. Гидрологические наблюдения, произведенные офицерами корвета «Витязь» во время кругосветного плавания 1886—1889 годов, и свод наблюдений над температурою и удельным весом воды Северного Тихого океана. Т. 1—2. СПб., 1894.

Мензбир М. А. Орнитологическая география Европейской России.— «Учен. зап. Моск. ун-та». Отд. естеств.-истор., 1882, вып. 2, 3. 524 с.

Мечников Л. И. Цивилизация и великие исторические реки. М., 1924. 255 с.

Егорьева А. В. Русский географ и путешественник *Миклухо-Маклай* (К 125-летию со дня рождения). Л., 1971. 32 с.

Козлов П. К. В азиатских просторах. Книга о жизни и путешествиях *Н. М. Пржевальского*. Хабаровск, Кн. изд-во, 1971. 237 с.

Риттер К. Идеи о сравнительном землеведении.— «Магазин землеведения и путешествий», т. 2. М., 1853.

生物学

Баранов П. А. История эмбриологии растений в связи с развитием представлений о зарождении организмов. М.—Л., Изд-во АН СССР, 1955. 440 с.

Бляхер Л. Я. История эмбриологии в России (с середины XVIII до середины XIX в.). М., Изд-во АН СССР, 1955. 376 с.

Бляхер Л. Я. История эмбриологии в России (с середины XIX до середины XX в.). Беспозвоночные. М., Изд-во АН СССР, 1959. 627 с.

Бляхер Л. Я. Очерк истории морфологии животных. М., Изд-во АН СССР, 1962. 263 с.

Выдающиеся отечественные ботаники. (Очерки о жизни и научной деятельности). М., Учпедгиз, 1957. 443 с.

Завадский К. М. Развитие эволюционной теории после Дарвина (1859—1920-е гг.). Л., «Наука», 1973. 423 с.

Зенкевич Л. А. Русские исследования фауны морей.— «Труды Ин-та истории естествознания АН СССР», 1948, т. 2, с. 170—195.

Исаченко Б. Л. Очерки по истории микробиологии в России.— В кн.: Избранные труды, т. 2. М.—Л., Изд-во АН СССР, 1951, с. 314—330.

История биологии с древнейших времен до начала XX века. Под ред. С. Р. Микулинского. М., «Наука», 1972. 563 с.

Коштоянц Х. С. Очерки по истории физиологии в России. М.—Л., Изд-во АН СССР, 1946. 494 с.

Лункевич В. В. От Гераклита до Дарвина. Очерки по истории биологии. Т. 2. М., Учпедгиз, 1960. 547 с.

Мазурмович Б. Н. Выдающиеся отечественные зоологи. М., Учпедгиз, 1960. 425 с.

Майоров Ф. П. История учения об условных рефлексах. Изд 2-е. М.—Л., Изд-во АН СССР, 1954. 368 с.

Микулинский С. Р. Развитие общих проблем биологии в России. Первая половина XIX в. М., Изд-во АН СССР, 1961. 450 с.

Мирзоян Э. Н. Индивидуальное развитие и эволюция. Очерк истории проблемы соотношения онтогенеза и филогенеза. М., Изд-во АН СССР, 1963. 302 с.

Модилевский Я. С. История отечественной эмбриологии высших растений. Киев, Изд-во АН УССР, 1956. 203 с.

Плавильщиков Н. Н. Очерки по истории зоологии. М., Учпедгиз, 1941. 295 с.

Соболь С. Л. История микроскопа и микроскопических исследований в России в XVIII в. М.—Л., Изд-во АН СССР, 1949. 607 с.

Трасс Х. Х. Геоботаника. История и современные тенденции развития. Л., «Наука», 1976. 252 с.

专著

18世纪

Райков Б. Е. Русские биологи — эволюционисты до Дарвина. Материалы к истории эволюционной идеи в России. Т. 1. М.—Л., Изд-во АН СССР, 1952. 472 с.— *М. В. Ломоносов, П. С. Паллас, К. Ф. Вольф, А. А. Каверзнев, М. А. Таушер, Я. К. Кайданов и Л. Я. Боянус.*

Вольф К. Ф. Теория зарождения. М., Изд-во АН СССР, 1950. 631 с.

Гайсинович А. Е. *К. Ф. Вольф* и учение о развитии организмов. М., Изд-во АН СССР, 1961. 548 с.

19世纪前半叶

Райков Б. Е. Русские биологи-эволюционисты до Дарвина. Материалы к истории эволюционной идеи в России. Т. 2. М.—Л., Изд-во АН СССР, 1951. 587 с.— *К. М. Бэр, Х. И. Пандер, Д. И. Соколов, Э. И. Эйхвальд, П. Ф. Горянинов, Г. Е. Щуровский* и московские трансформисты 30-х гг.

Бэр К. М. История развития животных. Наблюдения и размышления. Т. 1—2. М., Изд-во АН СССР, 1950—1953.

Райков Б. Е. *Карл Бэр*, его жизнь и труды. М.—Л., Изд-во АН СССР, 1961. 524 с.

Рулье К. Ф. Избранные биологические произведения. Ред., статья и коммент. Л. Ш. Давиташвили и С. Р. Микулинского. М., Изд-во АН СССР, 1954. 688 с.

Микулинский С. Р. К. Ф. Рулье и его учение о развитии органического мира. М., Изд-во АН СССР, 1957. 355 с.

Райков Б. Е. Русские биологи-эволюционисты до Дарвина. Т. 3. Русский биолог-эволюционист Карл Францевич Рулье. Его жизнь и деятельность. М.—Л., Изд-во АН СССР, 1955. 644 с.

19世纪后半叶—20世纪初

Райков Б. Е. Русские биологи-эволюционисты до Дарвина. Т. 4. М.—Л., Изд-во АН СССР, 1959. 678 с.

Манойленко (Рязанская) К. В. А. Ф. Баталин — выдающийся русский ботаник XIX в. (1847—1896). М.—Л., «Наука», 1962. 132 с.

Бах А. Н. Собрание трудов по химии и биохимии. М., Изд-во АН СССР, 1950. 648 с.

Берг Л. С. Избранные труды. Т. 4, 5. М., Изд-во АН СССР, 1961—1962.

Вавилов Н. И. Избранные труды. Т. 1—5. М.—Л., Изд-во АН СССР, 1959—1965.

Введенский Н. Е. Полное собрание сочинений. Т. 1—7. Л., Изд-во ЛГУ, 1951—1963.

Вернадский В. И. Биосфера. Т. 1—2. Л., 1926.

Русские микробиологи С. Н. Виноградский и В. Л. Омелянский. Сб. статей. М., Изд-во Мин-ва сельского хоз-ва СССР, 1960. 84 с.

Парнес В. А. Михаил Степанович Воронин. 1838—1903. М., «Наука», 1976. 183 с.

Мейер К. И. Иван Николаевич Горожанкин и его роль в развитии русской ботаники (1848—1904). М., Изд-во МГУ, 1966. 96 с.

Данилевский А. Я. Избранные труды. М., Изд-во АН СССР, 1960. 519 с.

Докучаев В. В. Сочинения. Т. 1—8. М.—Л., Изд-во АН СССР, 1949—1961.

Кирьянов Г. Ф. Василий Васильевич Докучаев. 1846—1903. М., «Наука», 1966.

Заварзин А. А. Избранные труды. Т. 1—4. М.—Л., Изд-во АН СССР, 1950—1953.

Ковалевский А. О. Избранные работы. М., Изд-во АН СССР, 1951. 676 с.

Догель В. А. А. О. Ковалевский. М.—Л., Изд-во АН СССР, 1945. 153 с.

Ковалевский В. О. Собрание научных трудов. Т. 1—3. М., Изд-во АН СССР, 1950—1960.

Давиташвили Л. Ш. В. О. Ковалевский. М.—Л., Изд-во АН СССР, 1946. 423 с.

Астауров Б. Л., Рокицкий П. Ф. Н. К. Кольцов. М., «Наука», 1975. 168 с.

Комаров В. Л. Избранные сочинения. Т. 1—12. М.—Л., Изд-во АН СССР, 1958.

Мечников И. И. Избранные биологические произведения. М., Изд-во АН СССР, 1950. 797 с.

Мичурин И. В. Избранные сочинения. М., Сельхозгиз, 1958. 608 с.

Морозов Г. Ф. Избранные труды. Т. 1—2. М., Лесная пром-сть, 1970—1971.

Бейлин И. Г., Парнес В. А. Георгий Федорович Морозов (1867—1920). М., «Наука», 1971. 216 с.

Навашин С. Г. Избранные труды. Т. I. М.—Л., Изд-во АН СССР, 1951.

Павлов И. П. Полное собрание сочинений. Изд. 2-е. Т. 1—6. М.—Л., Изд-во АН СССР, 1951—1952.

Асратян Э. А. И. П. Павлов. М., «Наука», 1974. 456 с.

Палладин В. И. Избранные труды. М., Изд-во АН СССР, 1960. 244 с.

Прянишников Д. Н. Избранные труды. М., «Наука», 1976. 591 с.

Григорян Н. А. Александр Филиппович Самойлов (1867—1930). М., «Наука», 1963. 203 с.

Северцов А. Н. Собрание сочинений. Т. 1—5. М.—Л., Изд-во АН СССР, 1948—1950.

Сеченов И. М. Избранные произведения. Т. 1—2. М., Изд-во АН СССР, 1952—1956.

Коштоянц Х. С. И. М. Сеченов. 1829—1905. Изд. 3-е. М., Гос. изд-во мед. лит-ры, 1950. 224 с.

Ярошевский М. Г. И. М. Сеченов. М., «Наука», 1968. 422 с.

Тимирязев К. А. Сочинения. Т. 1—10. М., Сельхозгиз, 1937—1940.

Холодковский Н. А. Биологические очерки. М.—Пг., Госиздат, 1923. 355 с.

Сенченкова Е. М. Михаил Семенович Цвет. 1872—1919. М., «Наука», 1973. 307 с.

译后记

在中国，"俄国自然科学史"是个很熟悉又相当陌生的话题。人们都知道门捷列夫的化学元素周期表、巴甫洛夫的生理条件反射……进一步全面深入地了解，则需要有关这方面的专著。半个世纪前，苏联科学院自然科学技术史研究所推出了《俄国自然科学史》，系统地概括俄国自然科学史发展历程。

中文版得以成形，全赖于对本人初译稿的审校，其中傅森承担完成了数学、力学和物理部分；王五一承担完成了化学、地质和地理部分；李申承担完成了天文学和综述部分；生物学部分由马小可完成。在此深表感谢。另外，感谢温寰女士对人名的审校工作。此外还应感谢吉新华、张玲、斯特列里科夫（В. Стрелков）、商务印书馆和所有给予帮助者。

任继愈先生（此书原著提供者）说过，中国将出现文化繁荣的新高潮，可是我们这代人是等不到了，我们可以做的是基础性的准备工作。

抛砖引玉，诚恳待批评指正。

马左书

2019 年 3 月 2 日

图书在版编目(CIP)数据

俄国自然科学史/(苏)C. P. 米库林斯基等著;马左书
译.—北京:商务印书馆,2020
ISBN 978-7-100-17347-6

Ⅰ.①俄… Ⅱ.①C… ②马… Ⅲ.①自然科学史—
俄国 Ⅳ.①N095.12

中国版本图书馆 CIP 数据核字(2019)第 071812 号

权利保留,侵权必究。

俄国自然科学史

〔苏〕C. P. 米库林斯基 等著

马左书 译

傅森 王五一 李申 马小可 审校

商 务 印 书 馆 出 版
(北京王府井大街36号 邮政编码100710)
商 务 印 书 馆 发 行
北京市十月印刷有限公司印刷
ISBN 978-7-100-17347-6
审图号:GS(2020)2092号

2020 年 6 月第 1 版　　　　　开本 710×1000 1/16
2020 年 6 月北京第 1 次印刷　　印张 29
定价:89.00 元